“十二五”职业教育国家规划教材
经全国职业教育教材审定委员会审定

高等职业教育电子技术
技能培养规划教材

表面组装技术

（SMT工艺）（第2版）

韩满林 郝秀云 主编　祝长青 魏子陵 主审

Surface Mount Technology
(SMT Process) (2nd Edition)

人民邮电出版社
北京

图书在版编目（CIP）数据

表面组装技术 : SMT工艺 / 韩满林，郝秀云主编
. -- 2版. -- 北京 : 人民邮电出版社，2014.11
高等职业教育电子技术技能培养规划教材
ISBN 978-7-115-34774-9

Ⅰ. ①表… Ⅱ. ①韩… ②郝… Ⅲ. ①SMT技术－高等职业教育－教材 Ⅳ. ①TN305

中国版本图书馆CIP数据核字(2014)第125572号

内 容 提 要

本书以SMT生产工艺为主线，以“理论知识+实践项目”的方式组织教材内容。

本书内容包括SMT综述、SMT生产物料、SMT生产工艺与设备、SMT产品制作4部分内容。

本书可作为高职高专院校或中等职业学校电子类专业教材，也可作为SMT专业技术人员与电子产品设计制造工程技术人员的参考用书。

◆ 主　　编　韩满林　郝秀云
主　　审　祝长青　魏子陵
责任编辑　李育民
执行编辑　王丽美
责任印制　杨林杰

◆ 人民邮电出版社出版发行　　北京市丰台区成寿寺路11号
邮编　100164　　电子邮件　315@ptpress.com.cn
网址　http://www.ptpress.com.cn
北京市艺辉印刷有限公司印刷

◆ 开本：787×1092　1/16
印张：17.75　　2014年11月第2版
字数：455千字　　2024年 8 月北京第18次印刷

定价：39.80　元

读者服务热线：(010)81055256　印装质量热线：(010)81055316
反盗版热线：(010)81055315

第2版前言

目前全国开设“SMT”专业的高职院校越来越多，为满足 SMT 新技术、新工艺、新材料发展的需要，培养企业需要的新型人才。南京信息职业技术学院 SMT 专业教研室的教师全面总结近年来的教学经验和实践体会，成功申报了“表面组装技术（SMT 工艺）”国家精品资源共享课程，也成功申报了《表面组装技术（SMT 工艺）》的“十二五”规划教材。

SMT 专业教研室的教师总结了“十一五”期间的经验和不足。多次深入企业，了解了 SMT 工艺的新发展，开始了新一轮的“表面组装技术（SMT 工艺）”课程的建设。本书为“表面组装技术（SMT 工艺）”课程的国家精品资源共享课程建设的重要组成部分，具有以下特色。

- 本书坚持“以 SMT 生产工艺为主线，以 SMT 岗位职业技能培养为重点”的思路进行编写，突出对学生的知识（应知）、技能（应会）、情感态度（职业素养）的培养。
- 本书以职业岗位要求为目标，强化理论与实践相结合。将“理论知识、基础实践、实战训练”内容融为一体，形成“教、学、做”一体化的教材。
- 本书以 SMT 工艺过程构建教学模块，目的更加明确，使教师、学生在教学的过程中目标明确，有的放矢。
- 为满足教学与生产实际的要求，书中穿插了常用英文专业术语。
- 本书内容突出 SMT 新标准，将国家工业与信息化部和美国 IPC 相关标准融入教材，便于学生考取 SMT 方面的职业资格证书。

本书由南京信息职业技术学院韩满林、郝秀云任主编，祝长青、魏子陵任主审，舒平生、王玉鹏、杨洁、朱桂兵、彭琛、余日新、魏子陵、祝长青、丁卫中参与了编写。其中，韩满林编写第1章，郝秀云编写第2章，朱桂兵、王玉鹏、杨洁、彭琛编写第3章，舒平生、余日新、魏子陵、祝长青、丁卫中编写第4章，全书由韩满林、郝秀云负责全面统稿。

在本书编写过程中，得到了南京 SMT 专委会和南京熊猫电子制造有限公司以及 SMT 相关专家的大力支持和帮助，在此表示感谢。

由于编者水平有限，书中的错误和不足之处在所难免，敬请读者批评指正。

编　者

2014年6月

目录

第1章 SMT综述

教学导航

<table>
<tr><td rowspan="2">知识目标</td><td rowspan="2">✧ 了解 SMT 的发展历程与发展趋势
✧ 理解 SMT 与 THT 的区别
✧ 理解 SMT 的优缺点
✧ 掌握 SMT 的组成与 SMT 生产线体
✧ 理解电路板的不同组装方式
✧ 理解 SMT 工艺流程设计原则
✧ 掌握 SMT 的工艺流程设计
✧ 了解 SMT 生产环境要求</td><td>理论时间</td><td>一体化时间</td></tr>
<tr><td rowspan="5">4 学时</td><td rowspan="5">2 学时</td></tr>
<tr><td>能力目标</td><td>✧ 给定 PCB 能区分 SMT 和 THT
✧ 初步认识 SMC 与 SMD
✧ 能够对给定 PCB 判定其组装方式
✧ 能够对给定 PCB 结合企业设备情况、生产批量情况进行合理的工艺流程设计</td></tr>
<tr><td>重点与难点</td><td>✧ SMT 的基本组成
✧ 电路板的组装方式及其判定
✧ SMT 工艺流程设计原则
✧ 各种组装方式的工艺流程设计</td></tr>
<tr><td>教学辅助工具</td><td>✧ 企业生产线体的布局
✧ PCB 图片及实物</td></tr>
<tr><td>学习方法</td><td>✧ 参观 SMT 实训工厂，了解 SMT 生产线以及 SMT 生产环境
✧ 借助网络资源，行业相关图书、期刊了解 SMT 发展</td></tr>
</table>

自从无线电发明的那天起，电子组装技术就相伴诞生了。随着 20 世纪 40 年代晶体管诞生以及印制电路板（Printed Circuit Board，PCB）的研制成功，人们开始尝试将晶体管等通孔元件直接焊接到印制电路板上，使得电子产品结构变得紧凑、体积大大缩小。到了 20 世纪 50 年代，英国人首先研制出世界上第一台波峰焊接机，于是人们将晶体管等通孔元件插装在印制电路板上，然后通过波峰焊接技术实现通孔组件的装联，这就是通常所说的通孔插装技术（Through Hole Technology，THT），也称穿孔插入组装技术或穿孔插装技术。综上所述，THT 就是一种将引脚位于轴向（或径向）的电子元器件插入以 PCB 为组装基板的规定位置上的焊盘孔内，然后在 PCB 的引脚伸出面上进行焊接的电子装联技术。典型的 THT 工艺流程为元器件预加工（元器件引脚折弯或校直）→元器件插装→波峰焊→引脚修剪→测试→清洗。其生产线组成有元器件引脚折弯机、元器件引脚校直机、半自动插装线体或自动插装机、波峰焊接机、接驳台、引脚剪脚机、补焊线体以及测试设备和清洗设备。

20 世纪 60 年代，在电子表行业以及军用通信中，为了实现电子表和军用通信产品的微型化，人们开发出无引脚电子元器件，将其直接焊接到印制电路板表面，从而达到电子产品微型化的目的，这就是表面组装技术（Surface Mount Technology，SMT）的雏形。因此可以说 SMT 就是将表面贴装元器件贴、焊到印制电路板表面规定位置上的电子装联技术。它彻底改变了传统的通孔插装技术，使电子产品微型化、轻量化成为可能，被誉为电子组装技术的一次革命，是继手工装联、半自动装联、自动插装后的第四代电子装联技术。

SMT 发展至今，已经历了几个阶段。第一阶段（1970 年—1975 年）以小型化为主要目标，此时的表面组装元器件主要用于混合集成电路，如石英表、计算器等。第二阶段（1976 年—1980 年）的主要目标是减小电子产品的单位体积、提高电路功能，产品主要用于摄像机、录像机、电子照相机等。第三阶段（1980 年—1995 年）的主要目标是降低成本，大力发展组装设备，表面组装元器件进一步微型化，提高了电子产品的性价比。第四阶段（1996 年至今），SMT 已进入微组装、高密度组装和立体组装的新阶段，以及多芯片组件等新型表面组装元器件快速发展和大量应用阶段。

总之，SMT 作为新一代的电子装联技术，仅有 50 多年的历史，但这项技术刚问世就充分显示出其强大的生命力，它以非凡的速度走完了从诞生、完善直至成熟的路程，迈入了大范围工业应用的旺盛期。如今，SMT 已广泛地应用于各个领域的电子产品装联中：航空、航天、通信、计算机、医疗电子、汽车、照相机、办公自动化、家用电器行业等，真可谓“哪里有电子产品哪里就有 SMT”。

我国 SMT 起步较晚，我国的电子科技人员从 20 世纪 70 年代末和 80 年代初开始跟踪国外 SMT 技术的发展，并在小范围内应用 SMT 技术。我国最早规模化引进 SMT 生产线起于 20 世纪 80 年代初、中期，经过近 30 年时间，我国的 SMT 从最初的引进消化阶段发展到了现今的深化研究和大批量生产应用阶段。

在这期间，我国电子学会 SMT 专委会成立，很多省市如北京、四川、江苏、上海、陕西、广东等地的 SMT 专委会也相继成立。这些专委会的成立为促进和开展 SMT 专业技术的普及与提高、扶持 SMT 行业企业的繁荣与发展、推进 SMT 专业人才的成长与培养起到了积极的作用。

在 SMT 生产方面，国外知名电子制造业纷纷进驻我国从事电子制造，我国电信产业巨子华为、中兴等公司，大量引进和购置各种 SMT 生产线，这些都大大促进了我国 SMT 事业的发展。

进入 21 世纪以来，我国电子信息产品制造业加快了发展步伐，每年都以 20%以上的速度高速增长，成为国民经济的支柱产业，整体规模连续 3 年居全球第 2 位。随着我国电子制造业的高速发展，SMT 技术及产业也在同步迅猛发展。

1.1 SMT 概述

1.1.1　SMT 及其组成

表面组装技术（SMT）也叫表面贴装技术，是新一代的电子组装技术。它将传统的电子元器件压缩成体积只有几十分之一的器件，从而实现了电子产品组装的高密度、高可靠、小型化、低成本及生产的自动化。

SMT 从狭义讲就是将表面组装元件（Surface Mount Component，SMC）和表面组装器件（Surface Mount Device，SMD）贴、焊到以印制电路板（PCB）为组装基板的表面规定位置上的电子装联技术，所用的 PCB 无需钻插装孔，如图 1-1-1 所示。从工艺角度来细化，就是首先在 PCB 焊盘上涂敷焊膏，再将表面组装元器件准确地放到涂有焊膏的焊盘上，通过加热 PCB 直至焊膏熔化，冷却后便实现了元器件与印制电路之间的互连。

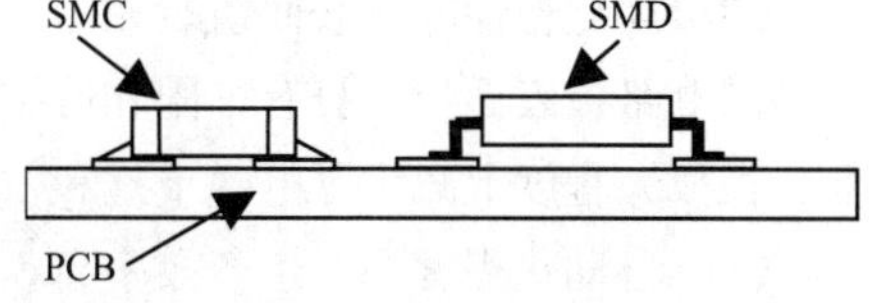

图 1-1-1　SMT 示意图

从广义讲，SMT 涉及化工与材料技术（如各种焊膏、助焊剂、清洗剂、各种元器件等）、涂敷技术（如涂敷焊膏或贴片胶）、精密机械加工技术（如涂敷模板制作，工装夹具制作等）、自动控制技术（如生产设备及生产线控制）、焊接技术和测试、检验技术、各种管理技术等诸多技术，是一项复杂的、综合的系统工程技术。

因此，SMT 的基本组成可以归纳为生产物料、生产设备和生产工艺以及管理四大部分。其中，生产物料和生产设备可以称为 SMT 的硬件，而生产工艺以及管理称为 SMT 的软件。SMT 基本组成如图 1-1-2 所示。

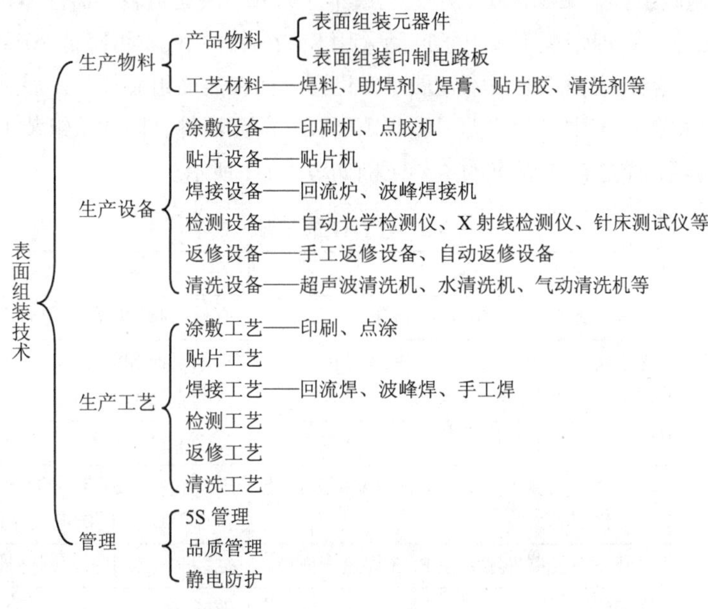

图 1-1-2　表面组装技术的组成

1.1.2 SMT 与 THT 比较

作为新一代电子装联技术，SMT 之所以能发展得这么快，主要是因为 SMT 与传统的 THT 相比，具有如下优点。

（1）元器件组装密度高、电子产品重量轻、体积小。表面组装元器件的体积比传统的通孔插装元器件要小得多，表面组装元器件仅占印制电路板 1/3 ~ 1/2 的空间，且表面组装元器件的重量只有通孔插装元器件的 1/10。电子产品的体积可缩小 40% ~ 60%，重量可减轻 80%以上。

（2）抗震能力强、可靠性高。由于表面组装元器件的体积小、重量轻，故抗震动能力强。表面组装元器件的焊接可靠性比通孔插装元器件要高，故采用表面组装的电子产品平均无故障时间一般为 20 万小时以上，所以可靠性高。

（3）高频特性好。表面组装元器件无引脚或短引脚，从而降低了引脚的分布特性影响，而且在印制电路板表面焊接具有牢固和可靠性高的特点，大大降低了寄生电容和寄生电感对电路的影响，在很大程度上减少了电磁干扰和射频干扰，使得组件的噪声降低，改善了组件的高频特性。

（4）自动化程度高、生产效率高。与 THT 相比，SMT 更适合自动化生产。THT 根据插装元器件的不同，需要不同的插装设备，如跳线机、径向插装机、轴向插装机等，设备生产调整准备时间较长，而且由于通孔的孔径较小，插装的精度也较差，返修的工作量也较大，而且换料时必须停机，增加了工作时间。而 SMT 在一台泛用机上就可以完成贴装任务，且具有不停机换料功能，节省了大量时间，同时由于 SMT 的相关设备具有视觉功能，所以贴装精度高，返修工作量低，这样自动化程度和生产效率就高。

（5）成本降低。SMT 可以进行印制电路板的双面贴装，更加充分地利用印制电路板的表面空间，而且采用 SMT，印制电路板的钻孔数目减少、孔径变细，使得印制电路板的面积大大缩小，降低了印制电路板的制造成本。部分表面组装元器件成本也比通孔插装元器件成本低。同时，采用 SMT，相应的返修工作量减少，降低了人工成本。另外，表面组装元器件体积小、重量轻，减少了包装和运输成本。一般情况下，电子产品采用 SMT 后，总成本可降低 30%以上。

基于上述五大优点，表面组装技术发展非常迅猛。而在表面组装技术发展过程中元器件是其发展动力，由于 SMT 生产中采用“无引脚或短引脚”的元器件，因此从组装工艺的角度分析，表面组装 SMT 和通孔插装 THT 技术的主要区别如表 1-1-1 所示。

表 1-1-1　SMT 与 THT 的区别

类型		SMT	THT
元器件	元件	片式（无引脚）电阻、电容等	有长引脚的电阻、电容等
	器件	无引脚或短引脚的 SOT、SOP、PLCC、LCCC、QFP、BGA、CSP、QFN 等	单列直插 SIP 双列直插 DIP
印制电路板		2.54mm 网格设计	1.27mm 网格设计，甚至更小
		通孔孔径为 ϕ0.8 ~ ϕ0.9mm，主要用来插装元器件引脚	通孔孔径为 ϕ0.3 ~ ϕ0.5mm，主要用来实现多层 PCB 之间的电气互连
组装方法		贴装——元器件贴装在 PCB 焊盘表面	插装——长引脚元器件插入 PCB 焊盘孔内
焊接方法		回流焊	波峰焊

1.1.3　SMT 生产线及其组成

SMT 生产设备具有全自动、高精度、高速度、高效益等特点。SMT 生产线主要生产设备包括印刷机、点胶机、贴片机、回流炉和波峰焊接机，辅助设备有检测设备、返修设备、清洗设备、干燥设备和物料储存设备等。

SMT 生产线按照自动化程度可分为全自动生产线和半自动生产线。全自动生产线是指整条生产线的设备都是全自动设备，通过自动上板机、缓冲带和自动下板机将所有生产设备连成一条自动线。半自动生产线是指主要生产设备没有连接起来或没有完全连接起来，印刷机是半自动的，需要人工印刷或者人工装卸印制电路板。

按照生产线的规模大小，SMT 生产线可分为大型、中型和小型生产线。大型生产线具有较大的生产能力，一条大型单面生产线上的贴片机由一台泛用机和多台高速机组成。中、小型生产线主要适合于研究所和中小企业，满足多品种、中小批量或单一品种。中、小批量的生产任务可以使用全自动生产线或半自动生产线。

根据生产产品的不同，SMT 生产线可分为单生产线和双生产线。SMT 单生产线由印刷机、贴片机、回流炉、测试设备等自动表面组装设备组成，主要用于只在 PCB 单面组装 SMC/SMD 的产品。SMT 单生产线的基本组成示意图如图 1-1-3 所示。SMT 双生产线由两条 SMT 单生产线组成，这两条 SMT 单生产线可以独立存在，也可串联组成，主要用于在 PCB 双面组装 SMC/SMD 的产品。

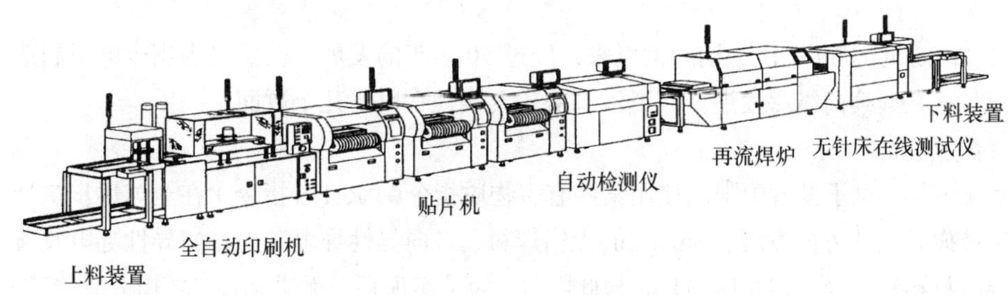

图 1-1-3　SMT 单生产线的基本组成

SMT 生产线的分类如表 1-1-2 所示。

表 1-1-2　SMT 生产线的分类

分类方法	类　　型
按焊接工艺	波峰焊、回流焊
按产品区别	单生产线、双生产线
按生产规模	小型、中型、大型
按生产方式	半自动、全自动
按使用目的	研究试验、小批量多品种生产、大批量少品种生产、变量变种生产
按贴装速度	低速、中速、高速
按贴装精度	低精度、高精度

电子产品的单板组装方式不同采用的生产线也不同，如果印制电路板上仅贴有表面组装元器

件，那么采用 SMT 生产线即可；如果是表面组装元器件和插装元器件混合组装时，还需在 SMT 生产线的基础上附加插装件组装线和相应设备；当采用的是非免清洗组装工艺时，还需附加焊接后的清洗设备。

1.1.4 SMT 生产环境要求

SMT 是一项复杂的综合性系统工程技术，涉及基板、元器件、工艺材料、组装技术、高度自动化的组装、检测设备等多方面因素。其中，SMT 生产设备是高精度的机电一体化设备，SMT 工艺材料中的焊膏和贴片胶都属于触变性流体，他们对环境的清洁度、湿度、温度都有一定的要求。为了保证设备正常运行，保证产品的组装质量，对 SMT 生产环境有以下的要求。

（1）工作间保持清洁卫生，无尘土，无腐蚀性气体。空气清洁度为 100 000 级（BGJ73—84）。

（2）环境温度以（25 ± 2）℃为最佳，一般为 17℃ ~ 28℃，极限温度为 15℃ ~ 35℃。

（3）空气中相对湿度过高，易导致焊接后出现锡珠和焊料飞溅等缺陷；相对湿度过低，则会导致助焊剂中溶剂挥发，而且容易产生静电，造成一系列缺陷。因此，相对湿度应控制在 45% ~ 70% 范围内。

鉴于对 SMT 生产环境有以上要求，因此一般生产车间都应配备空调，而且要求有一定的新风量，以保证人体健康。

1.1.5 SMT 的发展趋势

SMT 自 20 世纪 60 年代中期问世以来，经过 50 多年的发展，已经成为当今电子制造技术的主流，而且正在继续向纵深发展。其发展趋势主要表现在以下几个方面。

1．绿色化生产

随着《电气、电子设备中限制使用某些有害物质指令》（RoHS 指令）在全球逐步执行，SMT 工艺也迅速向无铅化方向发展，SnAgCu 无铅焊料、各向异性导电胶、各向异性导电胶薄膜与焊料树脂导电材料都已经获得实际应用。与此同时，为了实现真正无铅化，与之相适应的工艺材料、元器件、生产设备、检测方法及设备也在不断完善，并已进入实用阶段。

2．元器件的发展

随着元器件研发技术的进步，元器件正朝着体积更小、集成度更高的方向发展，元器件的封装形式也随着组装产品朝体积更小、重量更轻、工作频率更高、抗干扰性更强、可靠性更高的要求发展。

SMC 的模块化是元器件今后的发展方向。由于元器件尺寸已日益面临极限，自动生产设备的精度也趋于极限，片式元件复合化、模块化将得到迅速的发展和广泛的应用。目前英制 0603、0402 和 0201 在 PCB 上的应用非常普遍，但 01005 已经接近设备和工艺的极限尺寸，因此，01005 只适合模块的组装工艺和高性能的手机等场合。

集成电路封装技术的发展也非常迅速，从双列直插（Double In-line Package，DIP）向表面组装器件（SMD）发展，SMD 又迅速向小型、薄型和细间距发展；引脚间距从过去的 1.27mm、1mm、0.86mm、0.65mm 到目前的 0.5mm、0.4mm、0.3mm 发展；引脚排列从周边引脚向器件底部球栅阵列引脚发展；近年来又向二维、三维发展，出现了多芯片组件（Multi Chip Module，MCM）、

封装上堆叠封装（Package on Package，POP）；最后还要向单片系统（System on a Chip，SOC）发展。

随着SMT技术的成熟，特别是低热膨胀系数的PCB以及专用焊料和填充材料的开发成功，裸芯片直接贴装到PCB上的技术发展较为迅速，目前裸芯片技术主要有板载芯片（Chip on Board，COB）技术和倒装芯片（Flip Chip，FC）技术，这将成为21世纪芯片应用的发展主流。

3．生产设备及工艺的发展

为了适应新型元器件的贴装，生产设备的贴装精度越来越高，可贴装超细间距元器件的技术越来越成熟（如0201片式元件和引脚间距在0.3mm的集成电路等），制造工艺技术不断提高，通孔回流焊工艺和选择性波峰焊工艺的应用越来越广泛。

总之，随着小型化高密度封装的发展，随着新型元器件的不断涌现，一些新技术、新工艺也随之产生，极大地促进了表面组装技术的改进、创新和发展，使其向更先进、更可靠的方向发展。

1.2 SMT工艺流程

工艺流程是指导操作人员操作和用于生产、工艺管理等的规范，是制造产品的技术依据。表面组装工艺流程设计合理与否，直接影响组装质量、生产效率和制造成本。在实际生产中，工艺人员应根据所用元器件和生产设备的类型以及产品的需求，设计合适的工艺流程，以满足不同产品生产的需要。

1.2.1 印制电路板组件的组装方式

印制电路板组件（Printed Circuit Board Assembly，PCBA）的组装方式不同，生产过程中所采用的工艺流程也有所不同，因此这里首先介绍SMA的基本组装方式。PCBA的组装方式有单面表面组装、双面表面组装、单面混装和双面混装4种。

单面表面组装是指采用单面PCB，而且全部采用表面组装元器件，如图1-2-1所示。

双面表面组装是指采用双面PCB，而且双面全部采用表面组装元器件，如图1-2-2所示。

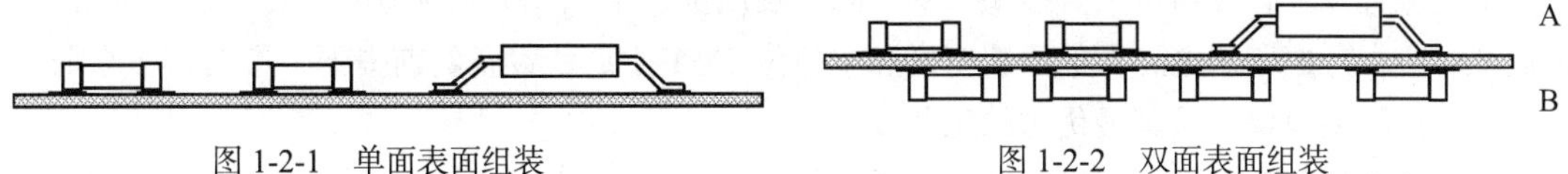

图1-2-1 单面表面组装

图1-2-2 双面表面组装

单面混装是指采用单面PCB，但是PCB上既有表面组装元器件，又有通孔插装元器件，因此，元器件分布在PCB的两面，焊点分布在PCB的一面，如图1-2-3所示。

双面混装是指采用双面PCB，而且PCB上既有表面组装元器件，又有通孔插装元器件，如图1-2-4所示。更为复杂的双面混装则是PCB两面都是既有表面组装元器件，又有通孔插装元器件，这种类型比较少用，因此未列出来。

常见表面组装组件的组装方式基本是上述4种组装方式当中的一种。

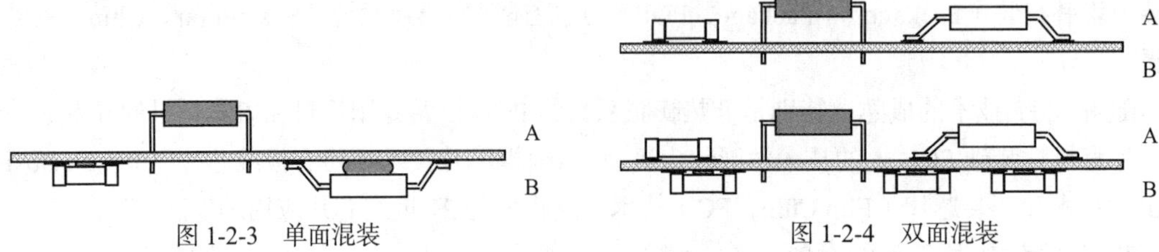

图 1-2-3　单面混装　　　　图 1-2-4　双面混装

1.2.2　基本工艺流程

SMT 组装工艺有两条基本的工艺流程，即焊膏—回流焊工艺和贴片胶—波峰焊工艺，SMT 的所有工艺流程基本是在这两条流程的基础上变化而来的。

焊膏—回流焊工艺如图 1-2-5 所示，就是先在印制电路板焊盘上印刷适量的焊膏，再将片式元器件贴放到印制电路板的规定位置上，最后将贴装好元器件的印制电路板通过回流炉完成焊接过程。其特点是简单、快捷，有利于产品体积的减小。这种工艺流程主要适用于只有表面组装元器件的组装。

贴片胶—波峰焊工艺如图 1-2-6 所示，就是先在印制电路板焊盘间点涂适量的贴片胶，再将表面组装元器件贴放到印制电路板的规定位置上，然后将贴装好元器件的印制电路板进行胶水的固化，之后插装元器件，最后将插装元器件与表面组装元器件同时进行波峰焊接。其特点是利用双面板空间，电子产品体积可以进一步减小，并部分使用通孔元件，价格低廉。这种工艺流程适用于表面组装元器件和插装元器件的混合组装。

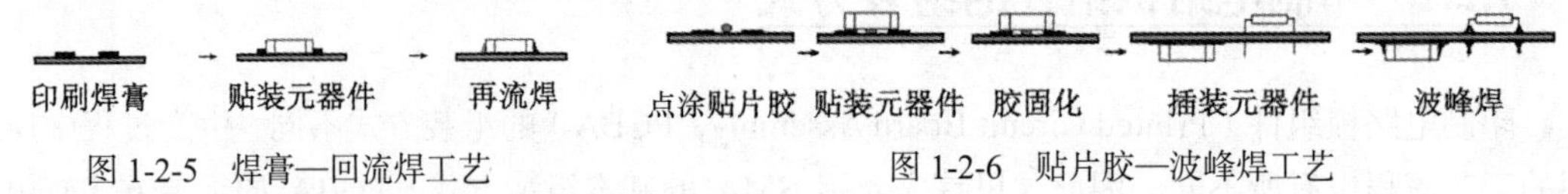

图 1-2-5　焊膏—回流焊工艺　　　　图 1-2-6　贴片胶—波峰焊工艺

1.2.3　SMT 工艺流程设计原则

工艺流程设计合理与否，直接关系到产品组装质量、生产效率和制造成本。工艺员在设计工艺流程时应在考虑印制电路板的组装密度和本单位 SMT 生产线设备的前提下，遵循以下原则。

（1）选择最简单、质量最优秀的工艺。

（2）选择自动化程度最高、劳动强度最小的工艺。

（3）选择加工成本最低的工艺。

（4）选择工艺流程路线最短的工艺。

（5）选择使用工艺材料的种类最少的工艺。

1.2.4　SMT 的工艺流程

现代电子产品往往不仅仅只贴表面组装元器件，还有通孔插装元器件，因此采用 SMT 工艺组装各种产品时所用流程均应以基本工艺流程：焊膏→回流焊工艺和贴片胶→波峰焊工艺为基础，

二者单独使用或者重复混合使用，以满足不同产品生产的需要。下面介绍各种组装方式的常规工艺流程。

1．单面表面组装工艺流程

单面表面组装全部采用表面组装元器件，在印制电路板上单面贴装、单面回流焊，其工艺流程如图 1-2-7 所示。在印制电路板尺寸允许时，应尽量采用这种方式，以减少焊接次数。

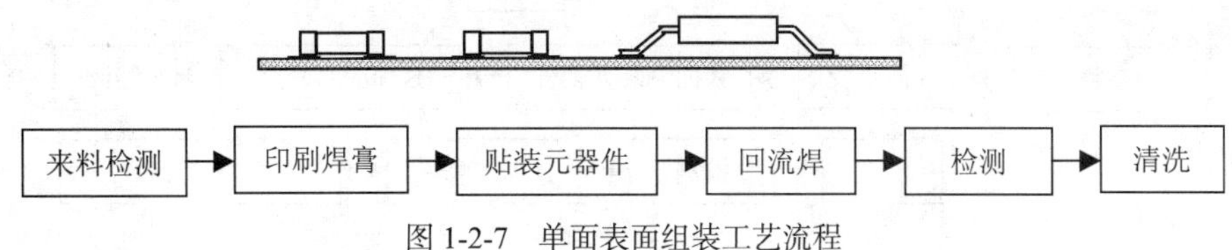

来料检测 → 印刷焊膏 → 贴装元器件 → 回流焊 → 检测 → 清洗

图 1-2-7 单面表面组装工艺流程

2．双面表面组装工艺流程

双面表面组装的表面组装元器件分布在 PCB 的两面，组装密度高，其工艺流程如图 1-2-8 和图 1-2-9 所示。采用图 1-2-9 所示工艺流程的 SMA 要求 B 面不允许存在细间距表面组装元器件和球栅阵列封装等大型集成电路（Integrated Circuit，IC）器件。

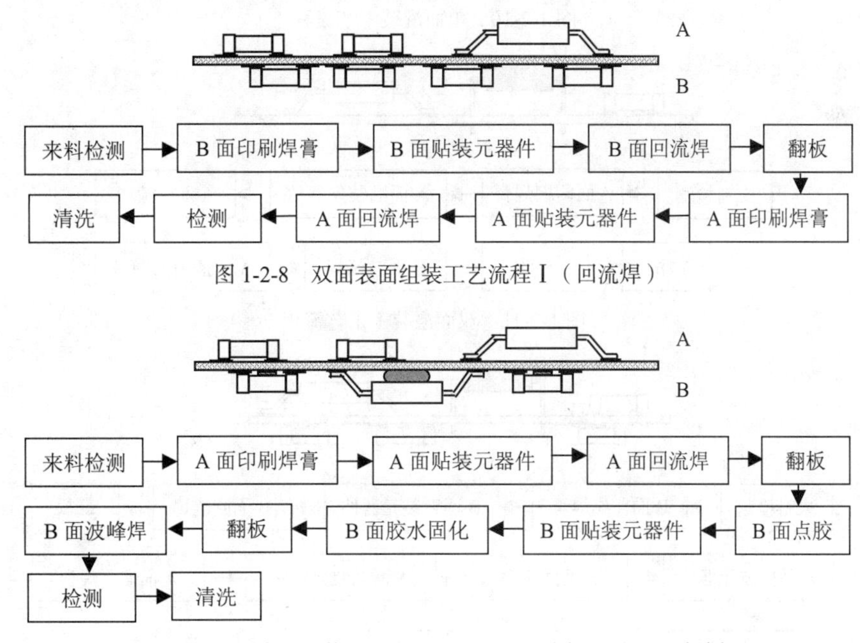

图 1-2-8 双面表面组装工艺流程Ⅰ（回流焊）

图 1-2-9 双面表面组装工艺流程Ⅱ（一面回流焊，另一面波峰焊）

3．单面混装工艺流程

单面混装是多数消费类电子产品采用的组装方式，它的工艺流程有两类：先贴法和后贴法。先贴法适用于贴装元器件数量大于插装元器件数量的情况，后贴法适用于贴装元器件数量少于插装元器件数量的情况。但不管采用先贴法还是后贴法，印制电路板 B 面都不允许存在细间距表面组装元器件、球栅阵列封装等大型 IC 器件。其具体工艺流程如图 1-2-10 所示。

4．双面混装工艺流程

双面混装可以充分利用 PCB 的双面空间，是实现组装面积最小化的方法之一，而且仍保留通孔元器件价廉的优点。双面混装Ⅰ的工艺流程如图 1-2-11 所示。双面混装Ⅱ的工艺流程如图 1-2-12

所示，有两种情况：先 A、B 两面回流焊，再 B 面选择性波峰焊；或先 A 面回流焊，再 B 面波峰焊。采用先 A 面回流焊再 B 面波峰焊的工艺，要求印制电路板 B 面不允许存在细间距表面组装元器件和球栅阵列封装等大型 IC 器件。

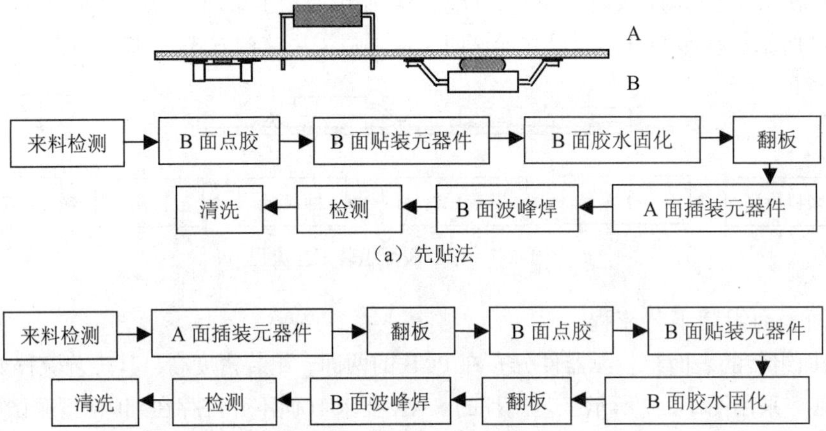

A
B

来料检测 → B 面点胶 → B 面贴装元器件 → B 面胶水固化 → 翻板 → A 面插装元器件 → B 面波峰焊 → 检测 → 清洗

（a）先贴法

来料检测 → A 面插装元器件 → 翻板 → B 面点胶 → B 面贴装元器件 → B 面胶水固化 → 翻板 → B 面波峰焊 → 检测 → 清洗

（b）后贴法

图 1-2-10　单面混装工艺流程

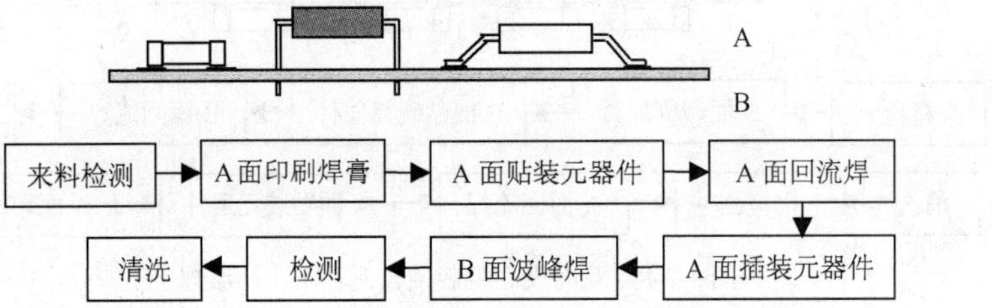

A
B

来料检测 → A面印刷焊膏 → A 面贴装元器件 → A 面回流焊 → A 面插装元器件 → B 面波峰焊 → 检测 → 清洗

图 1-2-11　双面混装Ⅰ工艺流程

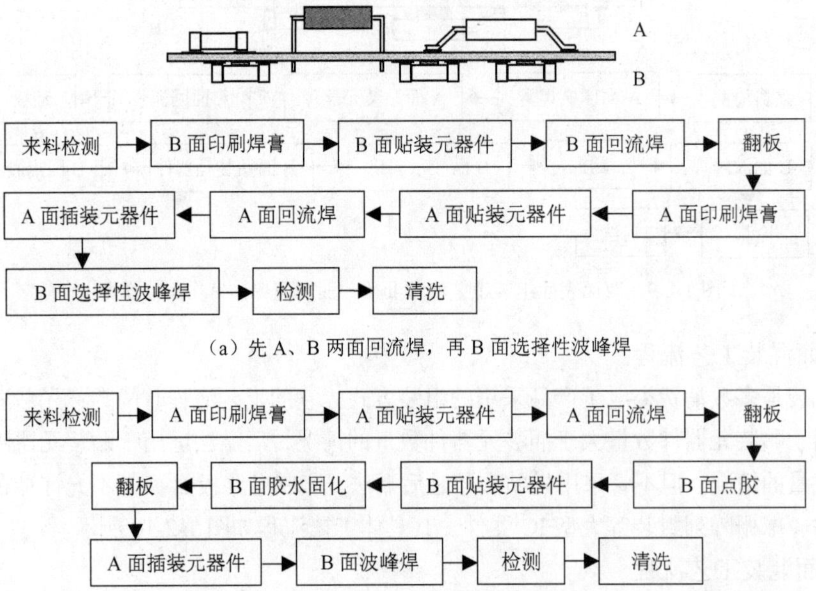

A
B

来料检测 → B 面印刷焊膏 → B 面贴装元器件 → B 面回流焊 → 翻板 → A 面印刷焊膏 → A 面贴装元器件 → A 面回流焊 → A 面插装元器件 → B 面选择性波峰焊 → 检测 → 清洗

（a）先 A、B 两面回流焊，再 B 面选择性波峰焊

来料检测 → A 面印刷焊膏 → A 面贴装元器件 → A 面回流焊 → 翻板 → B 面点胶 → B 面贴装元器件 → B 面胶水固化 → 翻板 → A 面插装元器件 → B 面波峰焊 → 检测 → 清洗

（b）先 A 面回流焊，再 B 面波峰焊

图 1-2-12　双面混装Ⅱ工艺流程

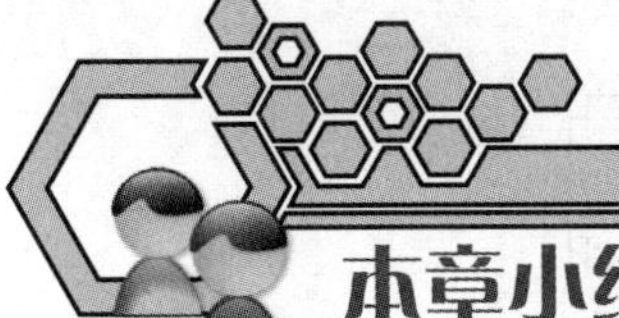

本章小结

SMT 就是将表面组装元器件直接贴、焊到印制电路板的规定位置上，是 20 世纪 70 年代发展起来的新一代电子装联技术。它是一组技术密集、知识密集的技术群，涉及元器件封装、印制电路板技术、印刷技术、自动控制技术、焊接技术、检测技术、清洗技术、品质管理、物理、化工、新型材料等多种专业和领域。这些技术的发展，特别是电子元器件的微型化、多功能化，大大推动了 SMT 技术的发展。

本章通过对 SMT 及其基本设备组成的描述，帮助读者理解电子产品制造过程中 SMT 的基本概念、基本工艺和基本要求等。每个工艺中的细节都会影响电子产品的最终质量。因此，严格遵守各工艺中的质量管理十分重要。

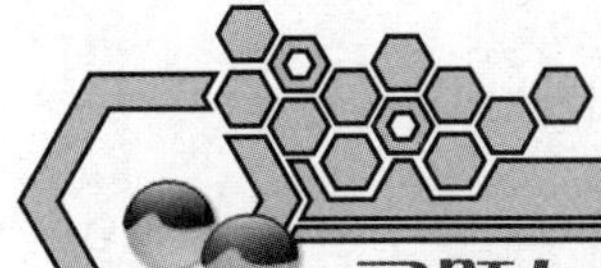

习题与思考

1. SMT、THT、PCB、SMC、SMD 的中文含义是什么？
2. 何谓表面组装技术？SMT 的特点有哪些？
3. 何谓通孔插装技术？
4. SMT 的技术体系包括哪些内容？
5. 描述 SMT 的基本设备组成。
6. SMT 与 THT 相比，有何不同之处？
7. 描述 SMT 的基本工艺流程。
8. 典型表面组装方式有哪些？
9. 简述 SMT 工艺流程的设计原则。
10. 简述 SMT 的发展简史。
11. 试述 SMT 的发展趋势。
12. SMT 的生产环境要求主要有哪些？
13. 下图所示的组装属于何种组装方式，设计其 SMT 的工艺流程（设计两种）。

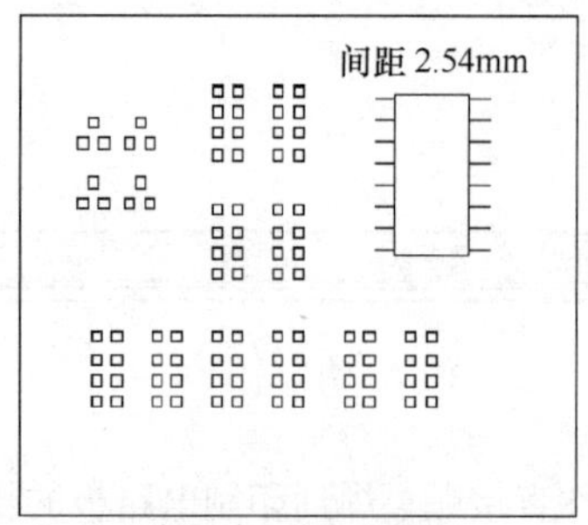

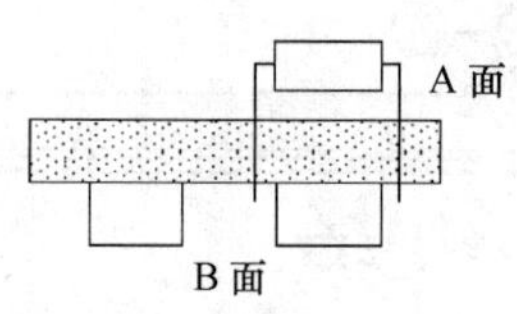

B 面贴片元器件布置图

14．下图所示的组装属于何种组装方式，设计其 SMT 的工艺流程（设计两种）。

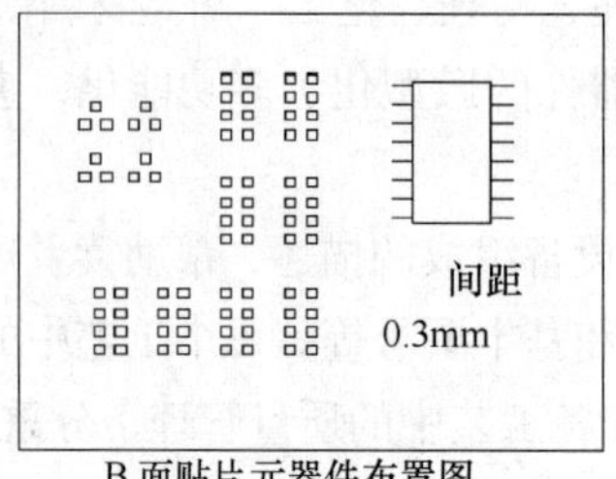

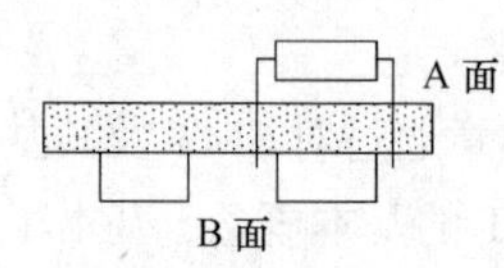

B 面贴片元器件布置图

第2章 SMT 生产物料

教学导航

<table>
<tr><td rowspan="2">知识目标</td><td rowspan="2">✧ 理解表面组装元器件的特点
✧ 熟悉常见表面组装元器件名称、外形、尺寸、标注等
✧ 掌握表面组装元器件的包装形式
✧ 掌握湿敏元器件的储存方式、使用环境及时限要求
✧ 了解印制电路板的常用基材
✧ 理解表面组装印制电路板的基本特征
✧ 理解表面组装印制电路板的设计原则
✧ 掌握常用的无铅焊料种类及性能
✧ 理解贴片胶的基本性能及使用要求
✧ 掌握助焊剂在焊接中的作用及选用
✧ 掌握焊膏的特性及使用</td><td>理论时间</td><td>一体化时间</td></tr>
<tr><td rowspan="2">4 学时</td><td rowspan="2">10 学时</td></tr>
<tr><td>能力目标</td><td>✧ 认识常见表面组装元器件
✧ 能够根据元器件外形或包装读取元器件的标称值及偏差
✧ 能够判定有极性元件的极性
✧ 会判定表面组装元器件第一引脚
✧ 认识表面组装元器件的各种包装形式
✧ 会读取湿度指示卡指示的相对湿度值
✧ 能够根据使用要求，合理选择 SMB 基材
✧ 能够根据生产要求，设计工艺边、定位孔及标记点
✧ 能够对元器件及导线进行简单布局
✧ 能够根据实际使用条件，合理选择无铅合金种类
✧ 能够针对不同成分的贴片胶，选择合适的固化方式
✧ 能够根据实际生产状况，合理选择助焊剂种类
✧ 能够对焊膏进行正确选用和使用</td></tr>
</table>

续表

重点 与 难点	✧ 表面组装元器件的名称、外形、引脚、尺寸和标注 ✧ 表面组装印制电路板的设计原则		
教学辅助工具	✧ 各种类型的表面组装元器件图片及实物、各种包装图片及实物 ✧ 表面组装印制电路板实物、图片 ✧ 焊锡丝、焊膏、助焊剂、贴片胶		
学习 方法	✧ 结合 SMT 实训工厂中各种元器件的实物来认识各类元器件的外形、结构及特点 ✧ 结合 SMT 实训工厂中焊膏、焊料、助焊剂的实物来了解 SMT 工艺材料的特点		

2.1 表面组装元器件

2.1.1 表面组装元器件概述

表面组装元器件俗称无引脚元器件，问世于 20 世纪 60 年代。通常，人们把表面组装无源元件，如片式电阻、电容、电感等称为表面组装元件（SMC）。而将有源元件，如小外形晶体管、四方扁平封装等器件称为表面组装器件（SMD）。无论是 SMC 还是 SMD，在功能上均与通孔插装元件/器件（Through Hole Component/ Device，THC/D）相同。

1. 表面组装元器件的特点

（1）表面组装元器件的焊端上没有引脚或只有非常短的引脚，引线间距缩小，集成化程度提高。传统的通孔插装集成电路的标准引脚间距为 2.54mm，目前表面组装元器件引脚间距最小的已经达到 0.3mm。在集成度相同的情况下，表面组装元器件的体积比通孔插装元器件小很多，或者说，与相同体积的传统电路芯片相比，表面组装元器件的集成度提高了许多倍。

（2）表面组装元器件直接贴装在 PCB 表面，将引脚焊接在与元器件同一面的焊盘上。这样，PCB 上通孔通常仅作为多层电路板的电气连接，其直径由制作印制电路板时的金属化孔的工艺水平决定。通孔的周围没有焊盘，使得 PCB 的布线密度和组装密度大大提高。

（3）表面组装元器件的片式化发展不平衡，阻容元件、晶体管、集成电路发展较快，异型元件、插座、振荡器等发展缓慢，一些大功率、高电压及插拔力大的连接器，无法片式化。

（4）已经片式化的元器件，尚未能完全标准化，不同国家乃至不同厂商的产品存在较大差异。因此，在设计和选用元器件时，一定要首先弄清楚元器件的型号、厂家及性能等，以避免出现互换性差而造成的缺陷。

（5）表面组装元器件与 PCB 表面非常贴近，与基板间隙小，给清洗造成困难。

（6）由于 SMC/SMD 体积小，组装密度高，因此带来了散热性能差，PCB 设计和制造难度大等一些问题。

2. 表面组装元器件的基本要求

（1）表面组装元器件的外形须适合自动化的贴装，元器件的上表面应能够使用真空吸嘴吸取，元器件的下表面具有使用焊膏或者贴片胶的能力。

（2）表面组装元器件的尺寸及形状须实现标准化，并具有很好的尺寸精度和互换性。

（3）表面组装元器件的包装应符合贴片机的贴装要求。

（4）表面组装元器件的引脚或焊端须满足可焊性要求。

（5）表面组装元器件的耐热性须符合回流焊和波峰焊的焊接高温要求，尤其是进行无铅焊接时，具体要求如表 2-1-1 所示。

表 2-1-1　表面组装元器件的耐热要求

焊接方式	焊料类型	温度要求	时　间
回流焊	锡铅焊料	235℃±5℃	10 ~ 15s
	无铅焊料	260℃ ~ 270℃	10 ~ 15s
波峰焊	锡铅焊料	260℃±5℃	5s±0.5s
	无铅焊料	270℃ ~ 272℃	10s±0.5s

（6）表面组装元器件的机械强度要能够承受贴片机的贴装应力和基本的弯折应力。

（7）表面组装元器件的封装外壳要能承受有机溶剂的清洗，不会发生反应。

3．表面组装元器件的分类

表面组装元器件基本为片状结构，但片状是个广义的概念。按照结构形状，表面组装元器件可分为矩形片式、圆柱形、扁平异形等。按功能，表面组装元器件可分为无源元件（SMC）、有源元件（SMD）和机电元件 3 大类，根据元器件对电路的功能，通常也可将机电元件归为 SMC。按照使用环境，表面组装元器件可分为非气密性封装器件和气密性封装器件，非气密性封装器件对工作温度的要求一般为 0℃ ~ 70℃，气密性封装器件的工作温度范围可达到−55℃ ~ 125℃，气密性封装器件价格昂贵，一般使用在军工等高可靠性产品中。

表面组装元器件的分类如表 2-1-2 所示。

表 2-1-2　表面组装元器件的分类

类　别	封装形式	种　类
表面组装无源元件（SMC）	矩形片式	厚膜和薄膜电阻器、热敏电阻、压敏电阻、单层或多层陶瓷电容器、钽电解电容器、片式电感器、磁珠、石英晶体等
	圆柱形	碳膜电阻器、金属膜电阻器、陶瓷电容器、热敏电容器等
	异形	微调电位器、铝电解电容器、微调电容器、线绕电感器、晶体振荡器、变压器等
	复合片式	电阻网络、电容网络、滤波器等
表面组装有源元件（SMD）	圆柱形	二极管
	陶瓷组件（扁平）	无引脚陶瓷芯片载体、陶瓷球栅阵列
	塑料组件（扁平）	小外形晶体管、小外形封装、塑封有引脚芯片载体、四方扁平封装、塑封球栅阵列等
机电元件	异形	继电器、开关、连接器、延迟器、薄型微电动机等

4．表面组装元器件的封装命名方法

（1）表面组装元件的封装命名。表面组装元件 SMC 的封装是以元件的外形尺寸长宽来命名的，图 2-1-1 所示为片式 SMC 的外形示意图。现在有两种表示方法，英制系列和公制系列，欧美产品大多采用英制系列，日本产品大多采用公制系列，我国这两种系列均可以使用。但不管哪种

系列，系列型号的前两位数字表示元件的长度，后两位数字表示元件的宽度。例如，公制系列 3216（英制 1206）的矩形片状电阻，长 L=3.2mm（0.12in），宽 W=1.6mm（0.06in）。系列型号的发展变化也反映了 SMC 元件的小型化进程。典型的 SMC 系列的外形尺寸的公英制对照如表 2-1-3 所示。

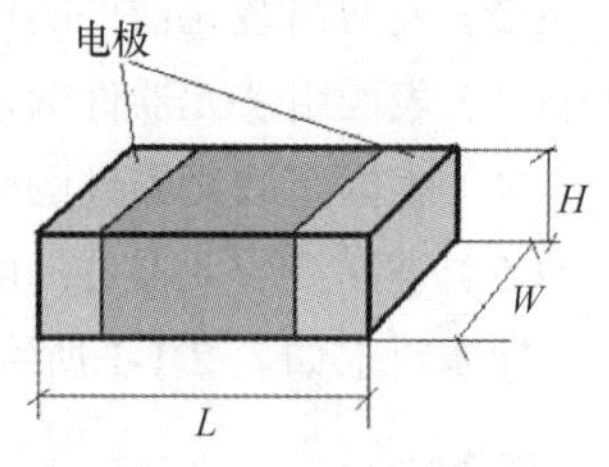

图 2-1-1　SMC 的外形尺寸示意图

（2）表面组装器件的封装命名。表面组装器件 SMD 的封装命名是以器件的外形命名的。SMD 主要有半导体分立器件和集成电路 IC 器件两类。半导体分立器件的封装形式有圆柱形（MELF）和 SOT 型两种。IC 器件有 SOP、SOJ、PLCC、LCCC、QFP、BGA、CSP、PQFN 等。表 2-1-4 所示为常见 SMD 中英文名称及外形。

表 2-1-3　典型 SMC 系列的外形尺寸公英制对照表

公制 SI/mm	英制 In/in
0402	01005
0603	0201
1005	0402
1608	0603
2012	0805
2520	1008
3216	1206
3225	1210
4532	1812
5750	2220

表 2-1-4　常见表面组装器件 SMD 的中英文名称及外形

SMD 类型	SMD 名称		SMD 外形
	中文名称	英文名称	
半导体分立器件	小外形封装二极管	SOD（Small Outline Diode）	
	小外形封装晶体管	SOT（Small Outline Transistor）	
IC 器件	小外形封装器件	SOP（Small Outline Package）	
	小外形 J 型引脚封装	SOJ（Small Outline J-lead Package）	
	塑封有引脚芯片载体	PLCC（Plastic Leaded Chip Carrier）	
	无引脚陶瓷芯片载体	LCCC（Leadless Ceramic Chip Carrier）	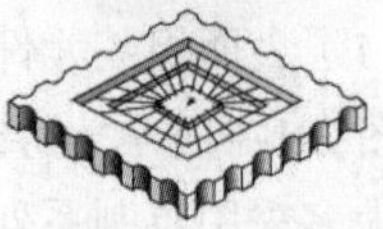

续表

SMD 类型	SMD 名称		SMD 外形
	中文名称	英文名称	
IC 器件	方形扁平封装	QFP（Quad Flat Package）	
	球栅阵列封装器件	BGA（Ball Grid Array）	
	芯片尺寸级封装	CSP（Chip Scale Package）	
	塑封方形扁平无引脚封装	PQFN（Plastic Quad Flat No Lead）	

2.1.2　表面组装元件

表面组装元件包括各种电阻器、电容器、电感器、磁珠、电阻网络、电位器、开关、继电器、连接器等。封装形状有矩形、圆柱形、复合形和异形。

1．表面组装电阻器

当电流通过导体时，导体对电流的阻力称为电阻。在电路中起电阻作用的元件称为电阻器。表面组装电阻器最初为矩形片状，20 世纪 80 年代出现了圆柱形。随着表面组装器件和机电元件等向集成化、多功能化方向发展，又出现了具有短小、扁平引脚的电阻网络（Resistor Networks）。它与分立元件相比，具有微型化、无引脚（或扁平、矮小引脚）、尺寸标准化等特点，特别适合在印制电路板上进行表面组装。表面组装电阻器的工作温度范围为−55℃～125℃，最大工作电压与尺寸有关：0201 最低，0402 及 0603 为 50V，0805 为 150V，其他尺寸为 200V。

（1）矩形片式电阻器。

① 结构。矩形片式电阻器的结构如图 2-1-2 所示。

矩形电阻的基体为高纯度的 Al_2O_3 基板，具有良好的电绝缘性能，基板平整，划线准确、标准，充分保证电阻、电极浆料印刷到位。在此基体上，采用两种不同的制造工艺涂覆电阻膜。根据该阶段制造工艺的不同，矩形电阻可分为两种类型，即厚膜型（RK 型）和薄膜型（RN 型）。厚膜型是在扁平的高纯度 Al_2O_3 基板上印一层二氧化钌基浆料，烧结后经光刻而成，制作工艺简单，价格便宜；薄膜型电阻是在基体上喷射一层镍铬合金而成，性能稳定，阻值精度高，但价格较贵。然后，在电阻膜上涂覆特殊的玻璃釉涂层，一方面起机械保护作用，另一方面使电阻体表面具有绝缘性。

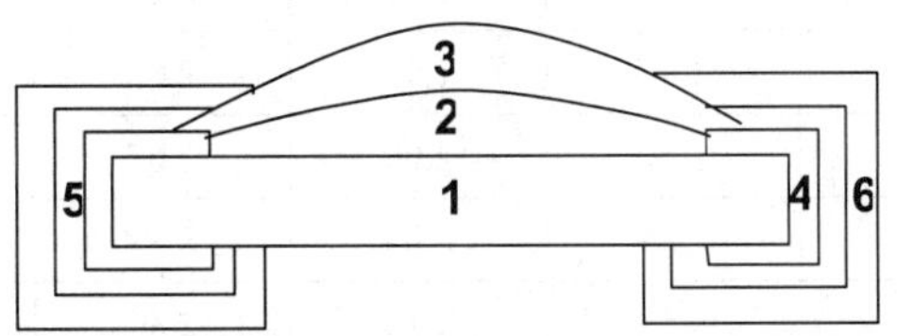

图 2-1-2　矩形片式电阻器结构示意图

1—基板　2—电阻膜　3—玻璃釉层　4—内部电极银钯（Ag-Pd）　5—中间电极镀镍层　6—外层电极端焊头

矩形电阻焊端有 3 层端电极。最内层为连接电阻体的内部电极，一般为银钯（Ag-Pd）合金，约 0.5mil（1mil=0.0254mm）厚，它与陶瓷基板有良好的结合力。中间为镀镍层，又称镍阻挡层，约 0.5mil 厚，它是防止在焊接期间银层的浸析，向外扩散与锡形成合金，同时提高电阻器在焊接时的耐热性。最外层为端焊头，又称可焊层，其成分一般与所用焊料相似，使电极具有良好的可焊性，并延长电极的保存期。不同国家采用不同的材料，日本通常采用 Sn-Pb 合金，厚度为 1mil，美国则采用 Ag 或 Ag-Pd 合金。3 层电极结构，保证了矩形电阻器具有良好的可焊性和可靠性。

② 精度。根据 IEC 63 标准"电阻器和电容器的优选值及其公差"的规定，电阻值允许偏差±10%，称为 E12 系列；电阻值允许偏差±5%，称为 E24 系列；电阻值允许偏差±2%，称为 E48 系列；电阻值允许偏差±1%，称为 E96 系列。

在实际生产中，人们常用字母来表示电阻值的允许偏差，如表 2-1-5 所示。

表 2-1-5　电阻值允许偏差对照表

电阻值允许偏差	代表字母	IEC 标准
±1%	F	E96 系列
±2%	G	E48 系列
±5%	J	E24 系列
±10%	K	E12 系列

常见电阻器为 E24 和 E96 系列，这两系列电阻器也称为标准电阻器。E24 系列电阻器规格如表 2-1-6 所示，E96 系列电阻器规格如表 2-1-7 所示。

表 2-1-6　E24 系列电阻器规格

1.0	1.5	2.2	3.3	5.1	7.5
1.1	1.6	2.4	3.6	5.6	8.2
1.2	1.8	2.7	3.9	6.2	9.1
1.3	2.0	3.0	4.7	6.8	

表 2-1-7　E96 系列电阻器规格

1.00	1.33	1.78	2.37	3.16	4.22	5.62	7.50
1.02	1.37	1.82	2.43	3.24	4.32	5.76	7.68
1.05	1.40	1.87	2.49	3.32	4.42	5.90	7.87
1.07	1.43	1.91	2.55	3.40	4.53	6.04	8.06
1.10	1.47	1.96	2.61	3.48	4.64	6.19	8.25
1.13	1.50	2.00	2.67	3.57	4.75	6.34	8.45
1.15	1.54	2.05	2.74	3.65	4.87	6.49	8.66
1.18	1.58	2.10	2.80	3.74	4.99	6.65	8.87
1.21	1.62	2.15	2.87	3.83	5.11	6.81	9.09
1.24	1.65	2.21	2.94	3.92	5.23	6.98	9.31
1.27	1.69	2.26	3.01	4.02	5.36	7.15	9.53
1.30	1.74	2.32	3.09	4.12	5.49	7.32	9.76

③ 标注。

- 电阻器阻值的标注。电阻器阻值一般以数字的形式标注在电阻器本体上，如图 2-1-3 所示。

图 2-1-3　电阻器标注

当片式电阻阻值精度为±5%时，阻值采用 3 位数字表示，如表 2-1-8 所示。当采用 3 位数字表示时，一般标在元件上，但 0603、0402 系列元件的表面积太小，相关参数则标记在料盘上。

表 2-1-8　　电阻器 3 位数字表示法

阻值范围	标注方法	举　例
R≥10Ω	前面 2 位数字为有效数字，最后 1 位数字为增加的零的个数	10Ω 标记为 100
		100Ω 标记为 101
		5600Ω 标记为 562
R<10Ω	小数点处加 R	1.0Ω 标记为 1R0
		5.6Ω 标记为 5R6

当片式电阻阻值精度为±1%时，阻值采用 4 位数字表示，如表 2-1-9 所示。当采用 4 位数字表示时，一般阻值不在元件上进行标注，只标注在料盘上。

表 2-1-9　　电阻器 4 位数字表示法

阻值范围	标注方法	举　例
R≥100Ω	前面 3 位数字为有效数字，最后 1 位数字为增加的零的个数	100Ω 标记为 1000
		261Ω 标记为 2610
		200000Ω 标记为 2003
R<100Ω	小数点处加 R	1.00Ω 标记为 1R00
		10.0Ω 标记为 10R0
		28.7Ω 标记为 28R7

另外，对于特殊电阻，如跨接线，即电阻为 0Ω 的片状电阻，无论精度为 F 还是 J 时，均记为 000。

- 料盘上的标注。到目前为止，料盘上的标注还没有统一的标准，不同生产厂家的电阻器标注不同。华达电子片状电阻器标识含义如图 2-1-4 所示。

（2）圆柱形电阻器。圆柱形固定电阻器即金属电极无引脚端面型（Metal Electrode Leadless Face Bonding Type）元件，简称 MELF 电阻器。与矩形片式电阻器相比，圆柱形电阻器无方向性和正反面，包装使用方便，装配密度高，固定到印制电路板上有较高的抗弯曲能力，特别是噪声电平和三次谐波失真都比较低，常用于高档音响电器产品中。但是，圆柱形电阻器在组装时可能会滚动，而且标准化不够完整。

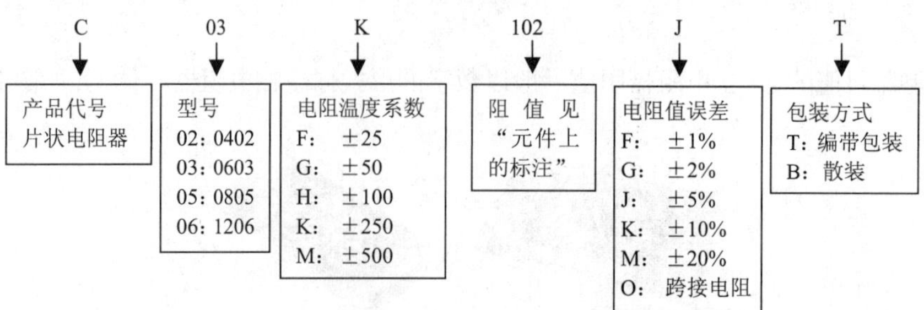

图 2-1-4　华达电子片式电阻器料盘标注

① 结构。如图 2-1-5 所示，MELF 电阻器可以用薄膜工艺来制作。在高纯度陶瓷基柱表面溅射镍铬合金膜或碳膜，在膜上刻槽调整电阻值，两端压上端电极，再涂敷耐热漆形成保护层，并印上色环标志。MELF 电阻器主要有碳膜（ERD）型、金属膜（ERO）型电阻器两种。

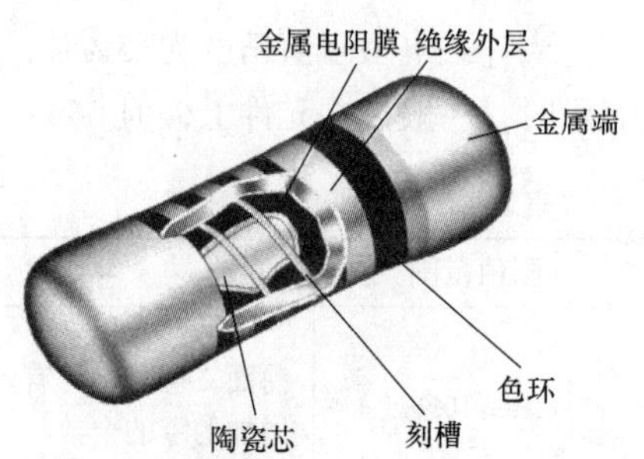

图 2-1-5　圆柱形电阻器结构

② 精度。碳膜（ERD）型电阻器标称阻值公差即精度为 J（±5%），金属膜（ERO）型电阻器精度为 G（±2%）或 F（±1%），如表 2-1-10 所示。

表 2-1-10　MELF 电阻器精度

分　类	碳膜 ERD 型	金属膜 ERO 型	
精度	±5%	±2%	±1%
精度代号	J	G	F
标称阻值系列	E24	E48	E96

③ 标注。标称阻值系列可参见 GB 2691—81。

碳膜 ERD 型电阻器用三色环表示，第 1 条、第 2 条色环表示有效数字，第 3 条色环表示有效数字后面零的个数。金属膜 ERO 型电阻器用四色环或五色环表示，最后一条色环表示阻值允许偏差，倒数第 2 条色环表示有效数字后面零的个数，前面几环即表示有效数字。电阻器色环标记如图 2-1-6 所示，各色环代表的含义如表 2-1-11 所示。

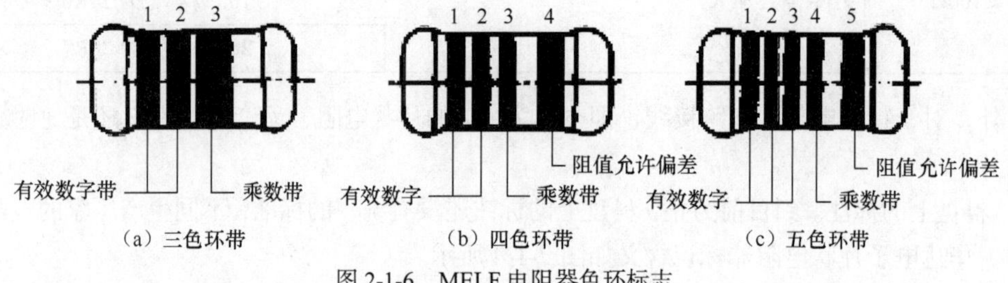

图 2-1-6　MELF 电阻器色环标志

表 2-1-11　MELF 电阻器色环说明

颜色	银	金	黑	棕	红	橙	黄	绿	蓝	紫	灰	白	无
有效数字			0	1	2	3	4	5	6	7	8	9	
乘数	10^{-2}	10^{-1}	10^{0}	10^{1}	10^{2}	10^{3}	10^{4}	10^{5}	10^{6}	10^{7}	10^{8}	10^{9}	
允许偏差（%）	±10	±5		±1	±2			±0.5	±0.25	±0.1		±50	±20

（3）小型固定电阻网络。小型固定电阻网络是指在一块基片上，将多个参数和性能一致的电阻，按预定的配置要求连接后置于一个组装体内形成的电阻网络，也称集成电阻或电阻排，如图2-1-7所示。

小型固定电阻网络结构可分为SOP型、芯片功率型、芯片载体型和芯片阵列型4种。其体形一般采用标准矩形件，主要有0603、0805、1206等尺寸。其精度一般为J、G、F。其跨接电阻网络为0Ω，记为000。

（4）表面组装电位器。表面组装电位器又称为片式电位器，是一种可以人为地将阻值连续可调变化的电阻器，用以调节分电路的电阻和电压，如图2-1-8所示。片式电位器一般适用于-20℃～85℃的温度下，阻值允许偏差一般为±25%。

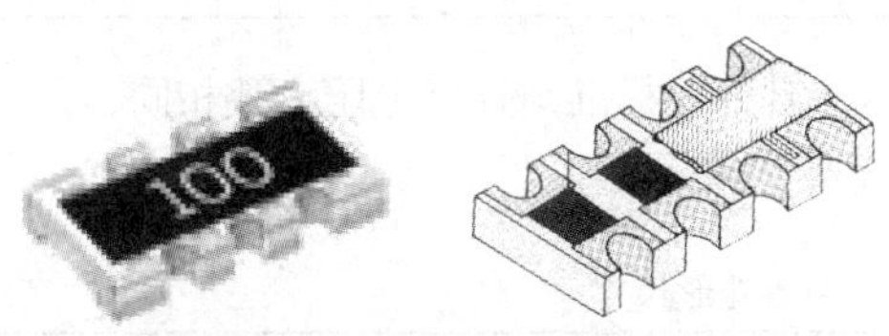

图2-1-7　表面组装电阻网络

图2-1-8　电位器示意图

片式电位器根据其结构可以分为敞开式和密封式。敞开式电位器适用于回流焊工艺，密封式电位器则可以用波峰焊和回流焊进行焊接。

2．表面组装电容器

表面组装电容器已发展为多品种、多系列，按外形、结构、用途来分类，可达数百种。现阶段，表面组装电容器主要有片状瓷介电容器、钽电解电容器、铝电解电容器和有机薄膜、云母电容器。在实际应用中，表面组装电容器中大约有80%是多层片状瓷介电容器，剩余是表面组装钽和铝电解电容器，表面组装有机薄膜和云母电容器很少。本节主要介绍上述各类电容器的结构、性能和外形尺寸等。

（1）片状瓷介电容器。片状瓷介电容器根据其结构和外形可以分为圆柱形瓷介电容器和矩形瓷介电容器。矩形瓷介电容器又分为单层片状瓷介电容器和多层片状瓷介电容器，多层片状瓷介电容器也叫独石电容器。下面主要介绍矩形多层片状瓷介电容器。

① 结构。表面组装瓷介电容器以陶瓷材料为电容介质。多层瓷介电容器（Multilayer Ceramic Capacitor，MLCC）是在单层盘状电容器的基础上构成的，电极深入电容器内部，并与陶瓷介质相互交错。MLCC通常是无引脚矩形结构，外层电极与片式电阻相同，也是3层结构，即Ag-Ni/Cd-Sn/Pb。MLCC的结构如图2-1-9所示。

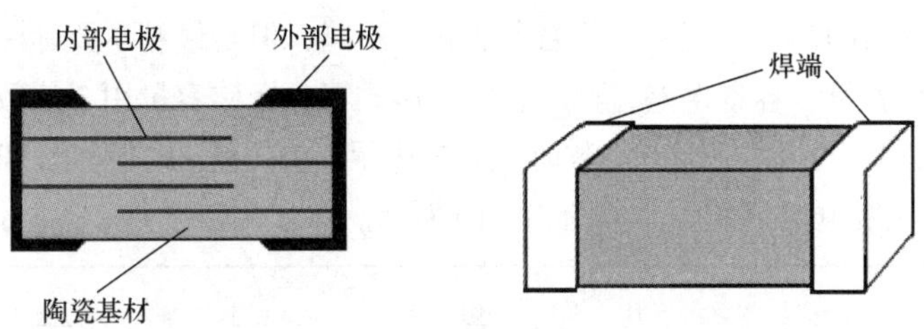

图2-1-9　MLCC结构和外形示意图

MLCC根据结构和用途可以分为Ⅰ类陶瓷、Ⅱ类陶瓷和Ⅲ类陶瓷3种，各类电容器的特点及用途如表2-1-12所示。

表 2-1-12　　各类多层片状瓷介电容器的特点及用途

介质名称	Ⅰ类陶瓷	Ⅱ类陶瓷	Ⅲ类陶瓷
国产型号	CC41	CT41-2X1	CT41-2E6
工作温度范围	–55℃ ~ 125℃	–55℃ ~ 125℃	–55℃ ~ 85℃
特点	低损耗电容材料、高稳定性电容量，不随温度、电压和时间的变化而改变	电气性能较稳定，随温度、电压、时间的变化，其特性变化不显著，属稳定性电容	具有较高的介电常数，电容量较高，属低频通用型
用途	用于稳定性、可靠性要求较高的高频、特高频、甚高频电路	用于隔直、耦合、旁路、滤波，即可靠性要求较高的中高频电路	广泛用于对电容、损耗要求偏低，标称容量要求较高的电路

② 外形尺寸。MLCC 外形如图 2-1-9 所示，其外形标准与片状电阻大致相同，仍然采用长×宽表示。表 2-1-13 所示为常见片式电容的外形尺寸。

表 2-1-13　　常见片式电容外形尺寸

电 容 编 号	尺寸/mm			
	长（L）	宽（W）	高（H）	端头宽度（T）
CC0805	1.8 ~ 2.2	1.0 ~ 1.4	1.3	0.3 ~ 0.6
CC1206	3.0 ~ 3.4	1.4 ~ 1.8	1.5	0.4 ~ 0.7
CC1210	3.0 ~ 3.4	2.3 ~ 2.7	1.7	0.4 ~ 0.7

③ 精度。片状瓷介电容的精度采用字母表示。当电容量≥10pF 时，精度表示如表 2-1-14 所示；当电容量＜10pF 时，其精度表示如表 2-1-15 所示。

表 2-1-14　　片式瓷介电容（电容量≥10pF）精度对照表

精度等级	005 级	01 级	02 级	Ⅰ级	Ⅱ级	Ⅲ级
代表字母	B	F	G	J	K	M
容值偏差	±0.5%	±1%	±2%	±5%	±10%	±20%

表 2-1-15　　片式瓷介电容（电容量＜10pF）精度对照表

代表字母	B	C	D	F
容值偏差	±0.1 pF	±0.2 pF	±0.5 pF	±1 pF

④ 标注。现在，片式瓷介电容器上通常不做任何标注，相关参数标记在料盘上。

不同厂家，电容器的型号、规格、命名方法均有不同，但是最基本要标注的有介质代号、尺寸、温度特性、标称容量、容量误差、耐压、包装形式等。标称容量用 3 位数字表示，前 2 位为有效数字，第 3 位是 10 的幂次，当有小数时，用 R 表示，单位是 pF。例如，4R7 表示 4.7pF，102 表示 1000pF。成都无线电四厂的标注如图 2-1-10 所示。

CC41	03	CH	101	J	50	T
介质代号	尺寸	温度特性	标称容量	容量误差	耐压	包装形式

图 2-1-10　多层片状瓷介电容器的标注

（2）钽电解电容器。表面组装钽电解电容器以金属钽作为电容介质，可靠性很高，单位体积容量大工作温度范围为–50℃ ~ 100℃。在容量超过 0.33μF 时，大都采用钽电解电容器。钽电解电容器一般为浅黄色，也有黑色。由于其电解质响应速度快，因此常应用于需要高速运算处理的大规模集成电路中。按照其外形，钽电解电容器可以分为片状矩形和圆柱形两种。

① 片式矩形固体钽电解电容器。片式矩形固体钽电解电容器采用高纯度的钽粉末与粘结剂混合，埋入钽引脚后，在 1 800℃ ~ 2 000℃的真空炉中烧结成多孔性的烧结体作为阳极；用硝酸锰热解反应，在烧结体表面形成固体电解质的二氧化锰作为阴极，经石墨层、导电涂料层涂敷后，进行阴、阳极引出线的连接，然后用模塑封装成型，如图 2-1-11 所示。

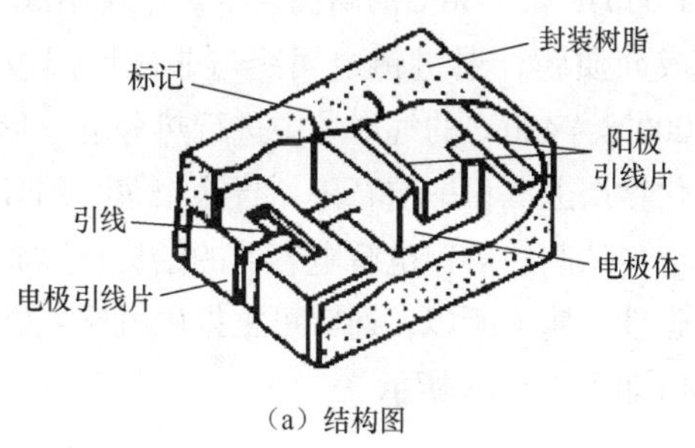

（a）结构图

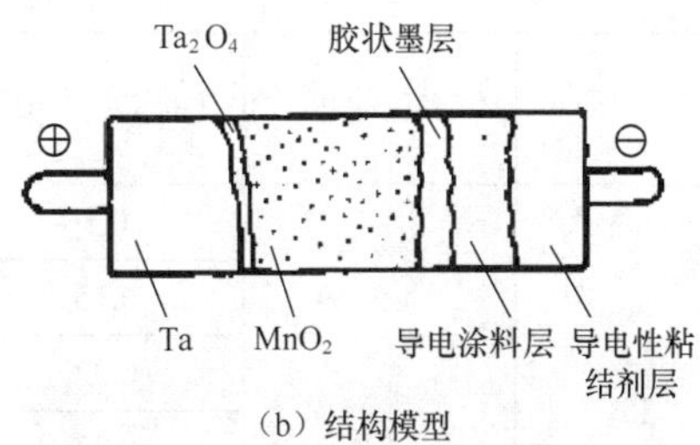

（b）结构模型

图 2-1-11　片式钽电解电容器结构示意图

片式钽电解电容器有 3 种不同类型：裸片型、模塑封装型和端帽型，如图 2-1-12 所示。

- 裸片型即无封装外壳，吸嘴无法吸取，故贴片机无法贴装，一般用于手工贴装。其尺寸小，成本低，但对恶劣环境的适应性差，形状不规则。对于裸片型钽电解电容器来讲，有引线一端为正极。
- 模塑封装型即常见的矩形钽电解电容器，多数为浅黄色塑料封装。其单位体积电容低，成本高，尺寸较大，可用于自动化生产中。该类型电容器的阴极和阳极与框架引脚的连接会导致热应力过大，对机械强度影响较大，广泛应用于通信类电子产品中。对于模塑封装型钽电解电容来讲，靠近深色标记线的一端为正极。

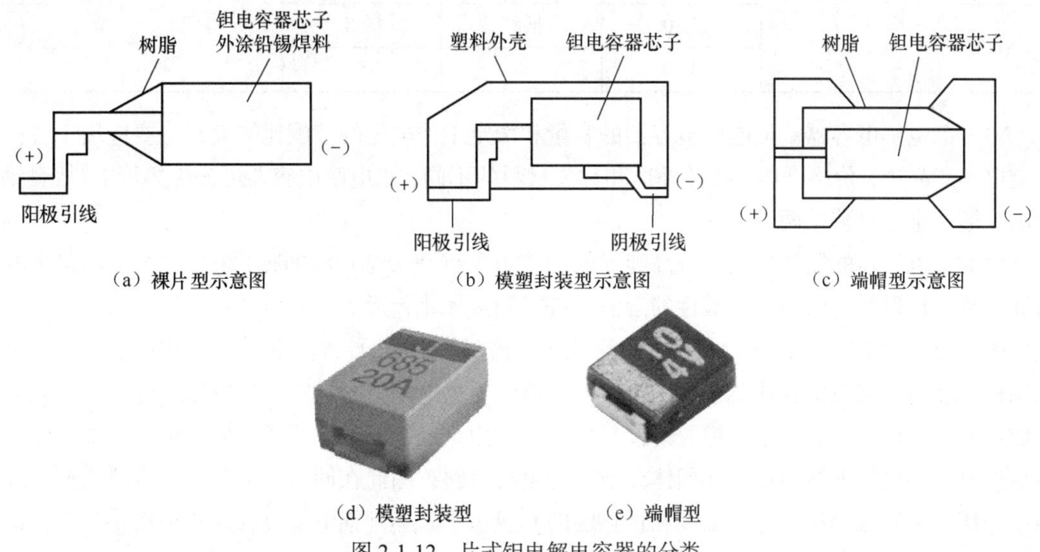

（a）裸片型示意图　（b）模塑封装型示意图　（c）端帽型示意图

（d）模塑封装型　（e）端帽型

图 2-1-12　片式钽电解电容器的分类

- 端帽型也称树脂封装型，主体为黑色树脂封装，两端有金属帽电极。它的体积中等，成本较高，高频性能好，机械强度高，适合自动贴装，常用于投资类电子产品中。对于端帽型钽电解电容器来讲，靠近白色标记线的一端为正极。

② 圆柱形钽电解电容器。圆柱形钽电解电容器由阳极、固体半导体阴极组成，采用环氧树脂封装。该电容器的制作方法为将作为阳极引脚的钽金属线放入钽金属粉末中，加压成形，然后在 1 650℃～2 000℃的高温真空炉中烧结成阳极芯片，将芯片放入磷酸等电解质中进行阳极氧化，形成介质膜，通过钽金属线与非磁性阳极端子连接后作为阳极。然后浸入硝酸锰等溶液中，在 200℃～400℃的气浴炉中进行热分解，形成二氧化锰固体电解质膜并作为阴极。成膜后，在二氧化锰层上沉积一层石墨，再涂银浆，用环氧树脂封装，最后打上标志。

从圆柱形钽电解电容器的结构可以看出，该电容器有极性。阳极采用非磁性金属，阴极采用磁性金属，所以，通常可根据磁性来判断正负电极。其电容值采用色环标定，具体颜色对应的数值如表 2-1-16 所示。

表 2-1-16　　圆柱形钽电解电容器的标志

<table>
<tr><th rowspan="2">额定电压/V</th><th rowspan="2">本色涂色</th><th rowspan="2">标称容量/μF</th><th colspan="4">色　环</th></tr>
<tr><th>第 1 环</th><th>第 2 环</th><th>第 3 环</th><th>第 4 环</th></tr>
<tr><td rowspan="6">35</td><td rowspan="6">橙色</td><td>0.1</td><td>茶</td><td>黑</td><td rowspan="6">黄</td><td rowspan="6">粉红</td></tr>
<tr><td>0.15</td><td>色</td><td>绿</td></tr>
<tr><td>0.22</td><td>红</td><td>红</td></tr>
<tr><td>0.33</td><td>橘红</td><td>橘红</td></tr>
<tr><td>0.47</td><td>黄</td><td>紫</td></tr>
<tr><td>0.68</td><td>蓝</td><td>灰</td></tr>
<tr><td rowspan="3">10</td><td rowspan="5">粉红色</td><td>1.00</td><td>茶</td><td>黑</td><td rowspan="5">绿</td><td rowspan="3">绿</td></tr>
<tr><td>1.50</td><td>色</td><td>绿</td></tr>
<tr><td>2.20</td><td>红</td><td>红</td></tr>
<tr><td rowspan="2">6.3</td><td>3.30</td><td>橘红</td><td>橘红</td><td rowspan="2">黄</td></tr>
<tr><td>4.70</td><td>黄</td><td>紫</td></tr>
</table>

（3）铝电解电容器。铝电解电容器的容量和额定工作电压的范围比较大，主要应用于各种消费类电子产品中，价格低廉。按照外形和封装材料的不同，铝电解电容器可分为矩形（树脂封装）和圆柱形（金属封装）两类。

该类型电容器的制作方法为将高纯度的铝箔（含铝 99.9%～99.99%）电解腐蚀成高倍率的附着面，然后在硼酸、磷酸等弱酸性的溶液中进行阳极氧化，形成电介质薄膜，作为阳极箔；将低纯度的铝箔（含铝 99.5%～99.8%）电解腐蚀成高倍率的附着面，作为阴极箔；用电解纸将阳极箔和阴极箔隔离后烧成电容器芯子，经电解液浸透，根据电解电容器的工作电压及电导率的差异，分成不同的规格，然后用密封橡胶铆接封口，最后用金属铝壳或耐热环氧树脂封装，如图 2-1-13 所示。由于铝电解电容器采用非固体介质作为电解材料，因此在回流焊工艺中，应严格控制焊接温度，特别是回流焊接的峰值温度和预热区的升温速率。异型铝电解电容器常采用手工焊接，焊接时电烙铁与电容器的接触时间应尽量控制在 2s 以下。

铝电解电容器的电容值及耐压值在其外壳上均有标注，外壳上的深色标记代表负极，如图 2-1-14 所示。

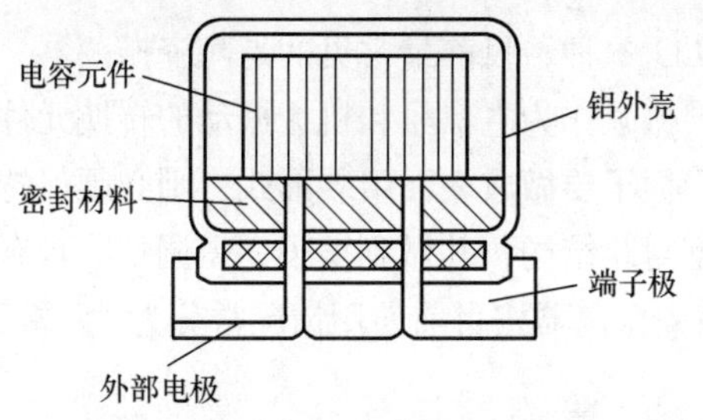

图 2-1-13　铝电解电容器的形状和结构示意图

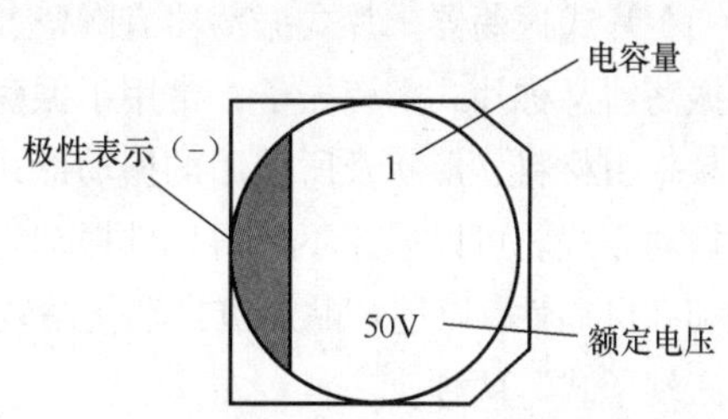

图 2-1-14　铝电解电容器的极性表示方法

3．其他片式元件

（1）表面组装电感器。表面组装电感器是继表面组装电阻器、表面组装电容器之后迅速发展起来的一种新型无源元件，它不仅是表面组装技术的重要基础元件之一，而且在“微组装技术”中也发挥着重要作用。

表面组装电感器除了与传统的插装电感器一样，有相同的扼流、退耦、滤波、调谐、延迟、补偿等功能外，还特别在 LC 调谐器、LC 滤波器、LC 延迟线等多功能器件中体现了独到的优越性。由于电感器受线圈制约，片式化比较困难，故其片式化晚于电阻器和电容器，片式化率也较低。表面组装电感器目前用量较大的主要有绕线型、多层型和卷绕型。图 2-1-15 所示为多层型表面组装电感器的结构示意图。

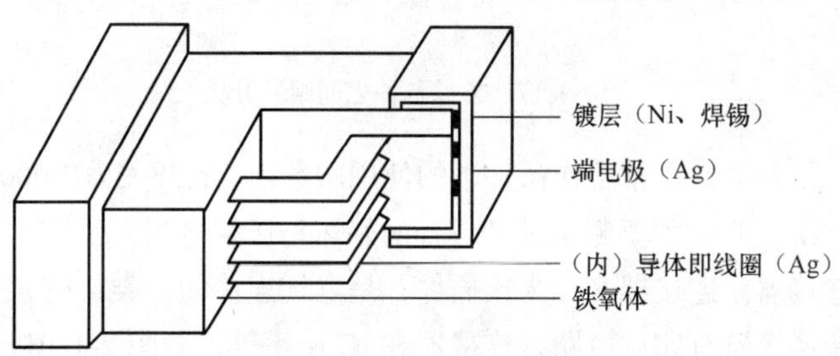

图 2-1-15　多层型表面组装电感器的结构示意图

（2）片式滤波器。目前，常见的片式滤波器主要有片式抗电磁干扰滤波器（片式抗 EMI 滤波器）、片式 LC 滤波器和片式表面波滤波器（晶体滤波器）3 种。

片式抗电磁干扰滤波器可滤除信号中的电磁干扰（EMI）。它主要用于抑制同步信号中的高次谐波噪声，防止数字电路信号失真。片式抗 EMI 滤波器主要由矩形铁氧体磁珠和片式电容器组合而成，经与内、外金属端子的连接，做成 T 形耦合，外用环氧树脂封装。片式抗 EMI 滤波器的厚度只有 1.8mm，适合高密度组装。

片式表面波滤波器是利用表面弹性波进行滤波的带通滤波器。其压电体材料有 LiNb03、LiTa03 等单晶、氧化锌薄膜和陶瓷材料，主要用于要求高的场合。由于表面滤波器具有集中带通滤波性能，其电路无需调整，组成元件数量少，并可采用光刻技术同时进行多元件（电极）的制作，故适合批量生产。片式表面滤波器的外形比插孔组装的要小得多，并可在 10MHz～5GHz 范围内使用。片式表面滤波器的外形如图 2-1-16 所示。

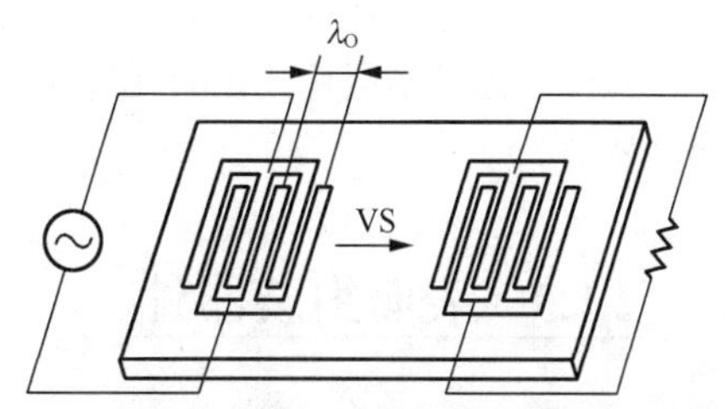

图 2-1-16　片式表面滤波器基本结构示意图

（3）片式振荡器。片式振荡器有陶瓷、晶体和 LC 3 种，目前最常见的是陶瓷振荡器。片式陶瓷振荡器又称片式陶瓷振子，常用于振荡电路中。振子作为电信号和机械振动的转换元件，其谐振频率由材料、形状及所采用的振动形式所决定。振子要做成表面组装形式，则必须保持其基本的振动方式。可以采用不妨碍元件振动方式的新型封装结构，并做到振子无需调整，具有高稳定性和高可靠性，以适合贴片机自动化贴装。片式陶瓷振荡器按目前使用情况常分为“两端子式”和“三端子式”两种。

（4）片式多层延时线。延时线的作用是使信号从输入端到输出端在规定的延迟时间内通过，现在已经能实现片式多层化。村田公司的 LDH36 和 LDH46 适用于计算机调整数据处理工作站和高频测试仪器，TDK 公司的 MXF2525D ~ 5050D 适用于音响产品。

（5）表面组装开关。常用的表面组装开关有旋转开关、轻触开关和拨动开关等，如图 2-1-17 所示。

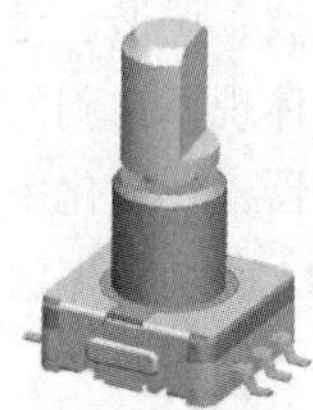
旋转开关

轻触开关

拨动开关

图 2-1-17　常见各种表面组装开关

开关的主要参数是开关在正常工作条件下的使用次数，一般开关为 5 000 ~ 10 000 次，要求较高的开关可达 5×10^5 次。开关主要测量其开、合的好坏与接触电阻。

（6）表面组装连接器。连接器又称为接插件，是电气连接的一类机电元件，使用十分广泛。

常用的表面组装连接器有印制电路板连接器和 IC 插座等，如图 2-1-18 所示。

印制电路板连接器

IC 插座

图 2-1-18　常见各种表面组装连接器

此外，已经多层片式化的元件还有片式多层扼流线圈、片式多层变压器及片式多层压电陶瓷滤波器等。

2.1.3　表面组装器件

表面组装器件（SMD）是在原有双列直插（Dual in-line Package，DIP）器件的基础上发展而来的，是通孔插装技术（THT）向 SMT 发展的重要标志，也是 SMT 发展的重要推动力。表面组装器件主要有半导体分立器件和集成电路 IC 两类。

1．半导体分立器件

半导体分立器件常见的封装形式是小外形封装二极管 SOD 和小外形封装晶体管 SOT。

（1）小外形封装二极管。小外形封装二极管（SOD）有圆柱形和矩形两种封装形式。

圆柱形二极管的型号有 LL34、LL41、DL41。圆柱形二极管采用玻璃体封装，将二极管芯片封装在有电极的玻璃管中，玻璃管两端有金属帽正负电极，通常有黑道的一侧为负极，如图 2-1-19 所示。它主要应用于齐纳二极管、高速开关二极管和通用二极管。其封装尺寸有 0805、1206、2309 等。

矩形二极管有翼形和 J 形两种引脚形式，通常有标记线一侧为其负极，如图 2-1-20 所示。

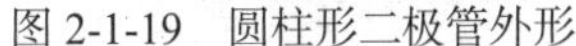

图 2-1-19　圆柱形二极管外形

图 2-1-20　矩形二极管

片式发光二极管是近几年新开发的产品，其特点是尺寸小、光强高、功率低、可靠性高、寿命长。主要用于移动电话、LCD 背光源、汽车仪表照明及表面贴装结构的电子产品等。其常见外形如图 2-1-21 所示，其黑端或有标识一端为负极。

图 2-1-21　片式发光二极管

（2）小外形封装晶体管。小外形封装晶体管（SOT）的封装形式主要有 SOT-23、SOT-89、SOT-143、SOT-252 等。

① SOT-23。SOT-23 是最常用的三极管封装形式，有 3 条翼形引脚，分别为集电极、发射极和基极，分列于元件长边两侧，其中，发射极和基极在同一侧。引脚材质为 42 号合金，强度好，但可焊性差。SOT-23 工作功率为 150～300mW，常见于小功率晶体管、场效应管和带电阻网络的复合晶体管。其外形和内部封装结构如图 2-1-22 所示。

② SOT-89。SOT-89 具有 3 条薄的短引脚，分布在晶体管的一侧，另外一侧为金属散热片，与基极相连，以增加散热能力。SOT-89 适用于较高功率的场合，功耗为 300mW～2W，这类封装常见于硅功率表面组装晶体管，其外形和内部封装结构如图 2-1-23 所示。

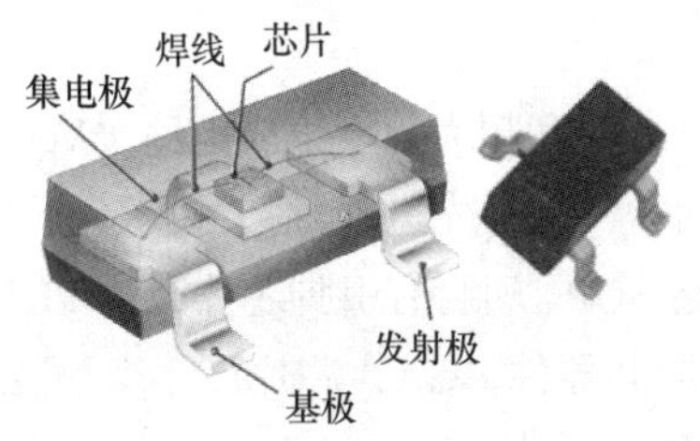

图 2-1-22　SOT-23 外形及内部封装结构

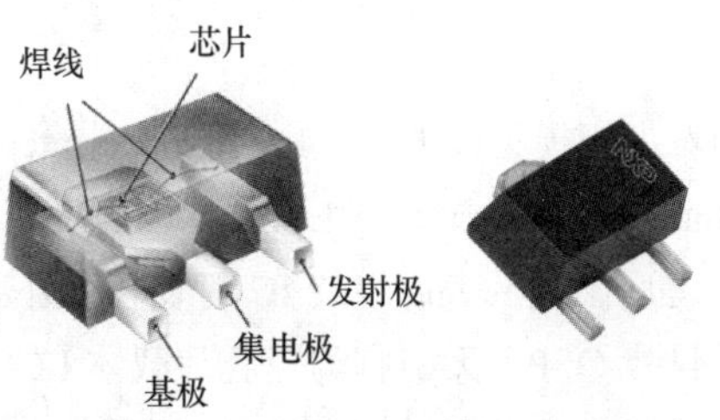

图 2-1-23　SOT-89 外形及内部封装结构

③ SOT-143。SOT-143 具有 4 条翼形短引脚，从两侧引出，引脚中宽度偏大的一端为集电极。它的散热性能与 SOT-23 基本相同，这类封装常见于双栅场效应管及高频晶体管，其外形如图 2-1-24 所示。

④ SOT-252。SOT-252 的功耗在 2～50W 之间，属大功率晶体管。引脚分布形式与 SOT-89 相似，3 条引脚从一侧引出，中间一条引脚较短，呈短平形，为集电极，与另一端较大的引脚相连，该引脚为散热作用的铜片。其外形如图 2-1-25 所示。

图 2-1-24　SOT-143 外形

图 2-1-25　SOT-252 外形

2．集成电路

集成电路（Integrated Circuit，IC）就是采用一定的工艺，把一个电路中所需的晶体管、二极管、电阻、电容和电感等元件及布线互连在一起，制作在一小块或几小块半导体晶片或介质基片上，然后封装在一个管壳内，成为具有所需电路功能的微型结构，其中所有元件在结构上已组成一个整体。集成电路是最能体现电子产业飞速发展的一类电子元器件。

表面组装 IC 器件是由通孔插装器件发展而来的。通孔插装器件中 DIP 是其主要封装形式，DIP 封装是指采用双列直插形式封装的集成电路芯片，通孔插装器件中绝大多数中小规模集成电路采用这种封装形式，其引脚一般不超过 100，其外形如图 2-1-26（a）所示。通孔插装器件中还有一种常用封装形式为针栅阵列封装（Pin Grid Array，PGA），PGA 封装的芯片内外有多个方阵形的插针，每个方阵形插针沿芯片的四周间隔一定的距离排列，根据引脚数目的多少，可以围成 2～5 圈。安装时将芯片插入专门的 PGA 插座，该技术主要适用于插拔比较频繁的场合。PGA 的引脚间距大多为 2.54mm，目前已推出 1.27mm 间距的 PGA，其外形和插座如图 2-1-26（b）所示。

（a）双列直插器件 DIP

（b）针栅阵列封装 PGA

图 2-1-26　通孔插装器件

随着大规模集成电路（Large Scale Integrated Circuit，LSI）和超大规模集成电路（Very Large Scale Integrated Circuit，VLSI）技术的飞速发展，I/O 数猛增，各种先进 IC 封装技术先后出现。在 DIP 之后出现的表面组装 IC 封装有小外形封装集成电路 SOP、塑封有引脚芯片载体 PLCC、方形扁平封装 QFP、无引脚陶瓷芯片载体 LCCC、球栅阵列封装器件 BGA，芯片尺寸级封装 CSP、塑封方形扁平无引脚封装 PQFN，以及裸芯片等，品种繁多。

（1）小外形封装集成电路。20 世纪 60 年代，飞利浦公司研制出可表面组装的纽扣状微型器件——供手表工业使用的小外形封装集成电路，它的引线对称分布在器件两侧，这种器件即小外形封装集成电路 SOIC（Small Outline Integrated Circuit）的雏形。

SOIC 封装有两种不同的引脚形式：一种是翼形引脚的 SOP，其封装结构如图 2-1-27 所示；另一种具有 J 形引脚的 SOJ，其封装结构如图 2-1-28 所示。

SOP 封装常见于线性电路、逻辑电路、随机存储器。SOP 的体长由引脚数目确定，根据 IPC 标准，目前常见的 SOP 的型号有 SOP8、SOP14、SOP16、SOP20、SOP24、SOP28、SOP32、SOP36、SOP48、SOP56、SOP64 等。SOP 的引脚间距有 1.27mm、1.0mm、0.76mm、0.65mm、0.5mm、0.4mm、0.3mm 等几种。其中装配高度小于 1.27mm 的 SOP 叫薄形小外形封装器件（Thin Small Outline Package，TSOP），引脚间距小于 1.27mm 的 SOP 叫收缩型小外形封装器件（Shrink Small Outline Package，SSOP）。

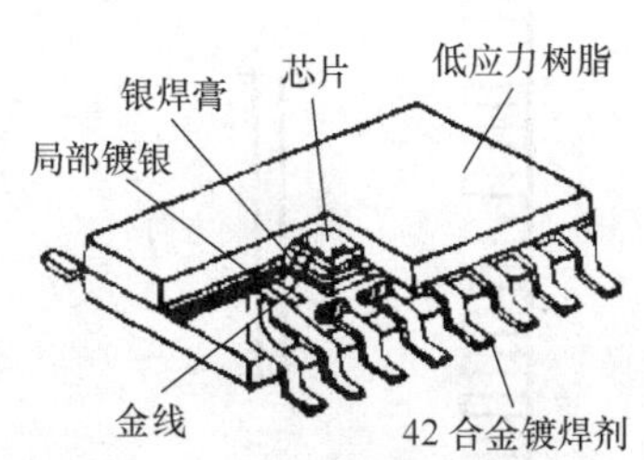

图 2-1-27　翼形 SOP 封装结构示意图

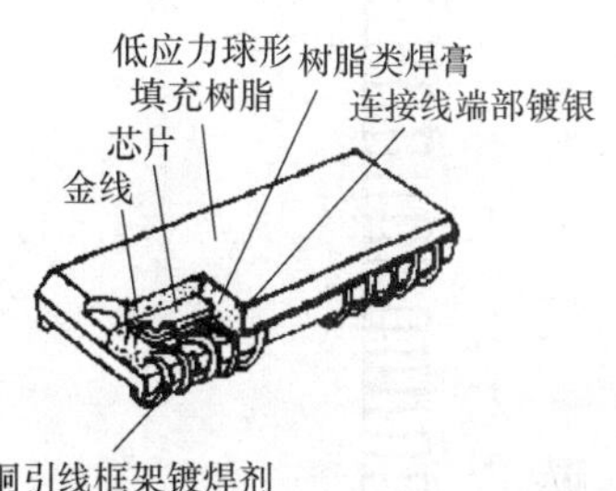

图 2-1-28　J 形 SOJ 封装结构示意图

SOJ 与 SOP 不同，其引脚间距只有 1.27mm，引脚数主要有 14、16、18、20、22、24、26、28。与翼形引脚相比，J 形引脚比较粗，不易变形，J 形引脚具有一定的弹性，可以缓解贴装和焊接的压力，防止焊点开裂，但由于 J 形引脚在器件四周底部位置，因此检测和返修不方便。

每个 SOP 或 SOJ 表面均有标记点，如图 2-1-29 所示，用以判断引脚序列，供贴片时判定方向，标记点对应的左下角为第一引脚。

（a）SOP 标记点

（b）SOJ 标记点

图 2-1-29　小外形封装器件标记点

（2）塑封有引脚芯片载体。塑封有引脚芯片载体（PLCC）封装有四边引脚，引脚采用 J 形，常见的引脚间距多为 1.27mm，封装外形及结构如图 2-1-30 所示。PLCC 封装主要用于计算机微处理单元、专用集成电路（ASIC）、门阵列电路等。

PLCC 的外形有方形和矩形两种，方形的称为 JEDEC MO-047，引脚有 20 ~ 84 条；矩形的称为 JEDEC MO-052，引脚有 18 ~ 32 条。

每个 PLCC 表面均有标记点，如图 2-1-31 所示，用以判断引脚序列，供贴片时判定方向。

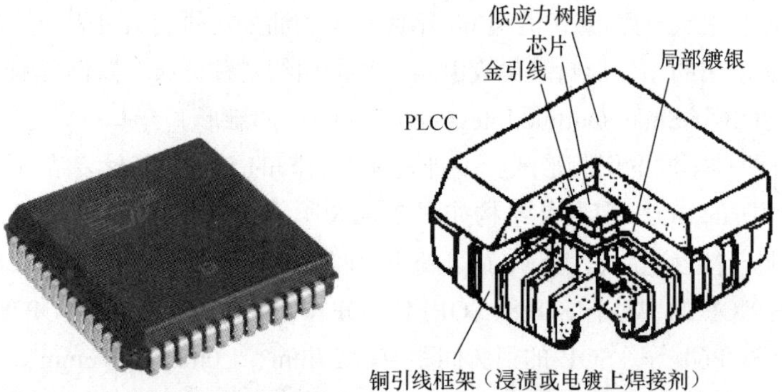

图 2-1-30 塑封有引脚芯片载体封装外形及封装结构

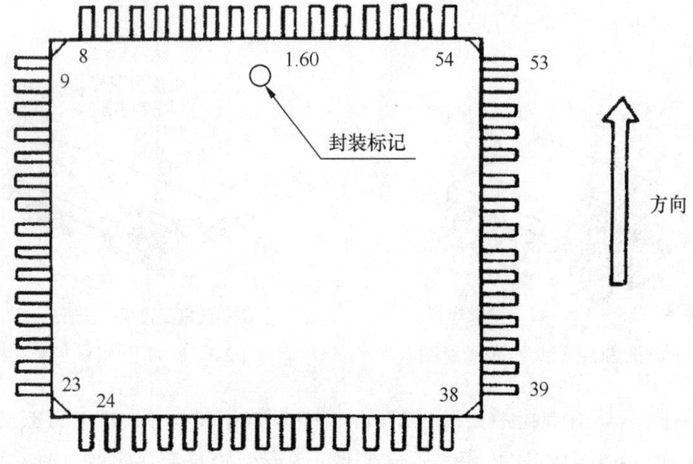

图 2-1-31 PLCC 封装标记点示意图

（3）无引脚陶瓷芯片载体。无引脚陶瓷芯片载体（LCCC）的芯片被封装在陶瓷载体上，无引脚的电极焊端排列在封装底面上的四边，引脚间距有主要有 1.27mm 和 1.0mm 两种。LCCC 外形有正方形和矩形两种，正方形有 16、20、24、28、44、52、68、84、100、124 和 156 个电极数，矩形有 18、22、28 和 32 个电极数。其结构如图 2-1-32 所示。

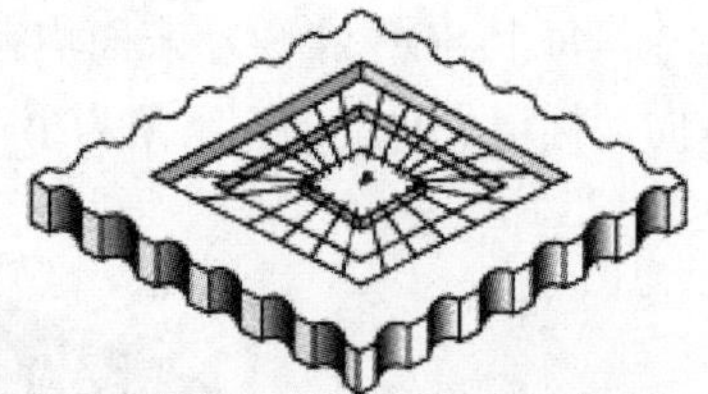

图 2-1-32 LCCC 的结构示意图

LCCC 引出端子的特点是在陶瓷外壳侧面有类似城堡状的凹槽和外壳底面镀金电极相连，提供了较短的信号通路，电感和电容损耗较低，可用于高频工作状态，如微处理器单元、门阵列和存储器。LCCC 集成电路的芯片是全密封的，可靠性高，但价格也高，主要用于军用产品中，并且必须考虑器件与电路板之间的热膨胀系数是否一致的问题。

（a）QFP 器件　（b）BQFP 器件

图 2-1-33 QFP 和 BQFP 器件外形

（4）方形扁平封装（见图 2-33）。方形扁平封装（QFP）是适应集成电路内容增多、I/O 数量增多而出现的封装形式，是专门为小引脚间距 IC 而研制的新型封装形式，是 1980 年由日本首先发明的，目前已被广泛使用，并由日本工业协会（EIAJ）制定出相关标准 EIAJ—IC—74—4。后来为适应市场的需要，美国在 QFP 的基础上开发

了一种带凸点的方形扁平封装（Bumped Quad Flat Package，BQFP），在四角各有一个凸出的角，有利于运输、传送过程中保护引脚的共面性。QFP 及 BQFP 器件外形如图 2-1-33 所示。

QFP 是一种塑封多引脚器件，四边有引脚，通常为翼形引脚，封装结构如图 2-1-34 所示。还有少量为 J 形引脚，又简称 QFJ。QFP 封装的芯片一般都是大规模集成电路，有方形和矩形两种，在商品化的 QFP 芯片中，电极引脚数目最少为 28 脚，最多可达到 576 脚，常见的引脚间距有 1.0mm、0.8mm、0.65mm、0.5mm 直至 0.3mm。

每个 QFP 表面均有标记点，如图 2-1-35 所示，用以判断引脚序列，供贴片时判定方向。

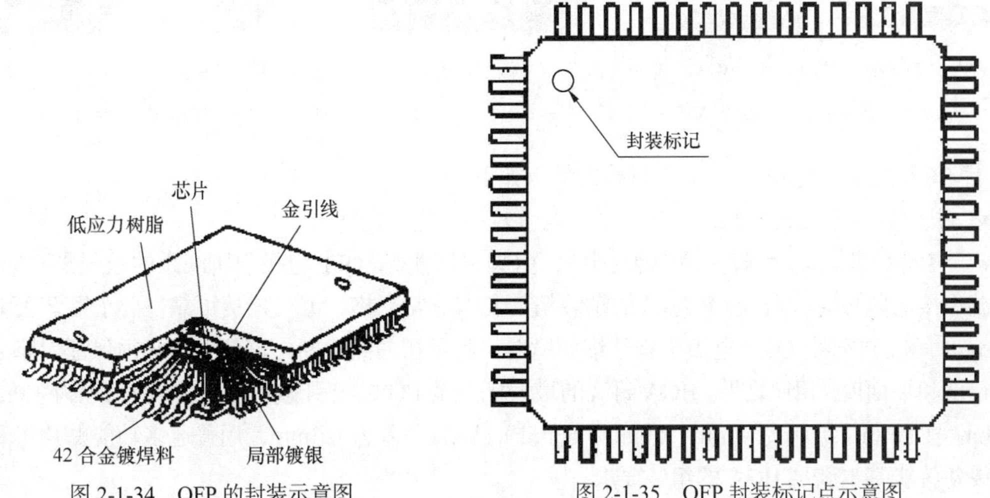

图 2-1-34　QFP 的封装示意图

图 2-1-35　QFP 封装标记点示意图

随着 QFP 封装技术的不断发展，目前已研制出收缩型四方扁平封装（Shrink Quad Flat Package，SQFP）、薄型四方扁平封装（Thin Quad Flat Package，TQFP）等新型的封装形式，它们的尺寸比传统的 QFP 更小，其中 TQFP 封装的厚度已经降到 1.0mm 甚至 0.5mm。

上述 QFP 均为塑封 QFP，较常使用。除此之外，还有陶瓷封装的 QFP 即 CQFP，其金属引脚需要成型，主要用于高可靠性要求领域，如图 2-1-36 所示，其引脚数主要为 28 ~ 196，引脚间距为 1.27mm、1.0mm、0.8mm、0.65mm 几种。

图 2-1-36　CQFP

（5）球栅阵列封装。20 世纪 80 年代中后期至 20 世纪 90 年代，周边端子型的 IC（以 QFP 为代表）得到了很大发展和广泛应用。但由于组装工艺的限制，QFP 的尺寸、引脚数目和引脚间距已达到了极限，为了适应 I/O 数的快速增长，由美国 Motorola 公司和日本 Citizen Watch 公司共同开发的新型封装形式——门阵列式球形封装（Ball Grid Array，BGA）于 20 世纪 90 年代初投入实际使用。

QFP 封装和 BGA 封装的集成电路比较如图 2-1-37 所示。显然，图 2-1-37（a）所示的 QFP 封装芯片，从器件本体四周“单线性”顺序引出翼形电极的方式，其电极引脚之间的距离不可能非常小。如果提高芯片的集成度，必然使电路的 I/O 输入、输出电极增加，由于电极引脚间距的限制，必将导致芯片的封装面积变大。BGA 封装的大规模集成电路如图 2-1-37（b）所示。BGA 封装是将原来器件 PLCC/QFP 封装的 J 形或翼形电极引脚，改变成球形引脚，把从器件本体四周“单线性”顺列引出的电极，变成本体底面之下“全平面”式的格栅阵排列，这样，既可以疏散引

脚间距，又能够增加引脚数目。BGA 器件焊球阵列在器件底面可以呈完全分布、部分分布以及外围加中间分布等几种分布形式，如图 2-1-38 所示。

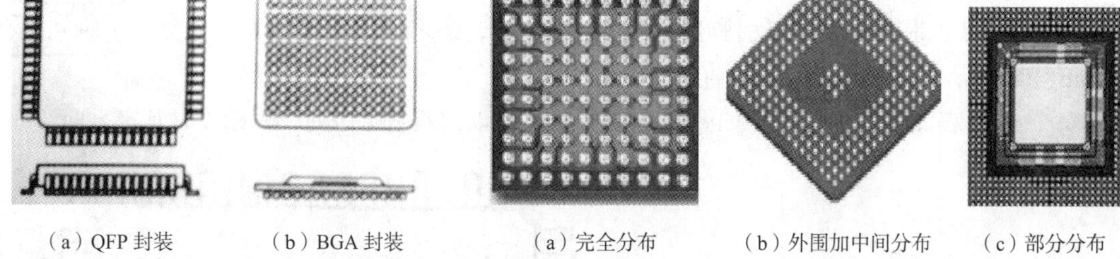
（a）QFP 封装 （b）BGA 封装

图 2-1-37 QFP 封装和 BGA 封装的集成电路比较

（a）完全分布 （b）外围加中间分布 （c）部分分布

图 2-1-38 BGA 封装的焊球的排列方式

① BGA 封装的优缺点。BGA 封装的优点如下。

- 引脚短，组装高度低，寄生电感、电容较小，电性能优异。
- 集成度非常高，引脚多、引脚间距大，引脚共面性好。QFP 电极引脚间距的极限是 0.3mm，在装配焊接电路板时，对 QFP 芯片的贴装精度要求非常严格，电气连接可靠性要求贴装公差是 0.08mm。间距狭窄的 QFP 电极引脚纤细而脆弱，容易扭曲或折断，这就要求必须保证引脚之间的平行度和平面度。相比之下，BGA 封装的最大优点是 I/O 电极引脚间距大，典型间距为 1.0mm、1.27mm、1.5mm（英制为 40mil、50mil、60mil），贴装公差为 0.3mm，用普通多功能贴片机和回流焊设备就能基本满足 BGA 的组装要求。
- 散热性能良好，BGA 在工作时芯片的温度更接近环境温度。

BGA 封装在具有上述优点的同时，也存在下列问题。

- BGA 焊后检查和维修比较困难，必须使用 X 射线透视或 X 射线分层检测，才能确保焊接连接的可靠性，设备费用大。
- 由于引脚在器件的底部，易引起焊接阴影效应，因此对焊接温度曲线要求较高。
- 个别焊点坏，必须把整个器件取下来，且拆下的 BGA 不可重新使用。

② 典型 BGA 的焊球间距。目前，可以见到的 BGA 芯片的焊球间距有 1.5mm、1.27mm、1.0mm 3 种，而微型 BGA（μBGA 或 Micro-BGA）芯片的焊球间距有 0.8mm、0.65mm、0.5mm、0.4mm 和 0.3mm 多种。

③ BGA 封装的类型。BGA 通常由芯片、基底、引脚和封壳等组成，根据芯片位置、引脚排列、基底材料和密封方式的不同，BGA 的封装结构也不同。按照封装材料和基底材料不同，BGA 可分为塑封球栅阵列（Plastic Ball Grid Array，PBGA）、陶瓷球栅阵列（Ceramic Ball Grid Array，CBGA）、陶瓷柱栅阵列（Ceramic Column Grid Array，CCGA）和载带球栅阵列（Tape Ball Grid Array，TBGA）等几种。

PBGA 是最普通的 BGA 封装类型，芯片正面朝上，通过金线压焊到基底的上表面，然后模制树脂成型将芯片封装起来，其结构及外形如图 2-1-39 所示。

由于 PBGA 封装易于吸收湿气，为了解决 PBGA 的吸湿开发出了第二种 BGA 封装，即 CBGA。CBGA 芯片是连接在多层陶瓷基底上表面。芯片与陶瓷基底之间的连接有两种方法，一种是与 PBGA 相同，芯片正面朝上通过金线压焊到基底上，另一种是芯片正面朝下，通过小焊球连接在基底上，这种连接方法称为倒装法，如图 2-1-40 所示。

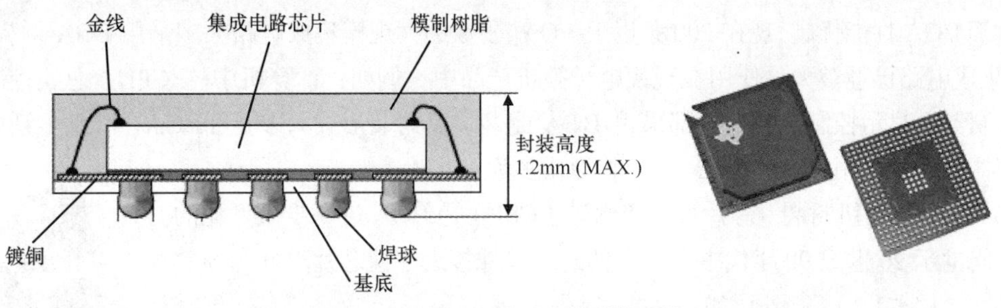

图 2-1-39　PBGA 封装的内部结构及外形

CBGA 封装尺寸大于 32 mm^2 时，PCB 与 CBGA 的多层陶瓷基底之间的热膨胀系数不同，极易导致焊点热循环失效，为了避免此类问题发生开发了 CCGA 器件。CCGA 底部的焊端不是焊球，而是焊料柱，如图 2-1-41 所示。

TBGA 是采用铜/聚酰亚胺/铜双金属层带作为其基底，基底的上表面分布有信号传输用的铜导线，而另外一面作为地层使用。芯片与基底之间的连接通常用倒装技术来实现，如图 2-1-42 所示。

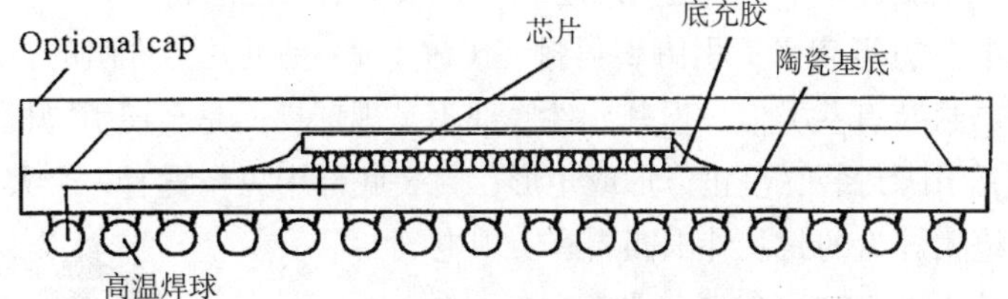

图 2-1-40　CBGA 封装的内部结构示意图

图 2-1-41　CCGA 底部的焊料柱

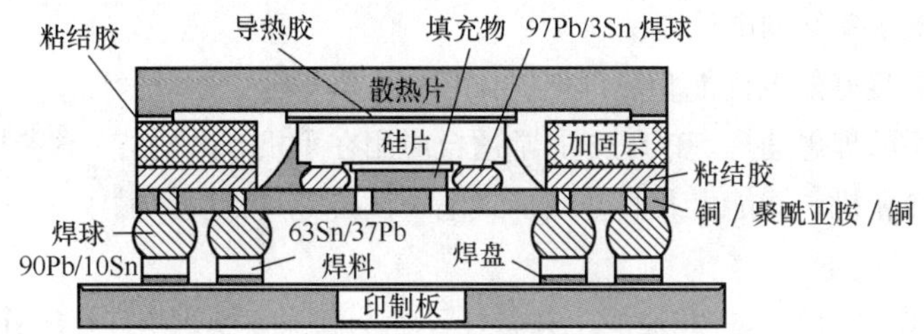

图 2-1-42　TBGA 的内部结构示意图

上述各种 BGA 封装的主要焊球尺寸及优缺点如表 2-1-17 所示。

表 2-1-17　　各种 BGA 封装对照表

封装形式	焊球材料	焊球直径/mm	焊球间距/mm	优　缺　点
PBGA	Sn63Pb37	0.65 ~ 1.0	1.27、1.0	封装成本低；引脚不易变形；可靠性高
				易吸湿；拆下后，须重新植球
CBGA	Sn10Pb90	0.65 ~ 1.0	1.27、1.0	电性能、热性能、机械性能高；抗腐蚀、抗湿性能好
				封装尺寸大时，陶瓷与基体之间的 CTE 失配，易引起热循环失效
CCGA	Sn10Pb90	0.5	1.27	焊料柱可承受元器件、PCB 之间 CTE 不同而产生的应力
				组装过程中焊料柱比焊球更易受机械损伤
TBGA	Sn10Pb90	0.65	1.27、1.0、1.5	体积小、轻；电性能优异；易批量组装；与 PCB 的 CTE 匹配性好
				易吸湿；封装费用高

由于 BGA 性能优越，现在 200 条以上 I/O 端子数的大规模集成电路大多采用 BGA 封装形式，BGA 集成电路已经被大量使用在现代电子整机产品中。例如，计算机中的 CPU、总线控制器、数据控制器、显示控制器芯片等都采用 BGA 封装，其封装形式大多是 PBGA；移动电话中的中央处理器芯片也采用 BGA 封装，其封装形式多为 μBGA。

（6）芯片尺寸级封装。芯片尺寸级封装（CSP）是 BGA 进一步微型化的产物，问世于 20 世纪 90 年代中期。它的封装尺寸接近于裸芯片尺寸（通常二者尺寸之比≤1.2），其外形如图 2-1-43 所示。

图 2-1-43　CSP 外形

CSP 器件具有下列特点。

① CSP 是一种品质能保证的器件，出厂时在半导体制造厂家均须经过性能测试，确保器件质量是可靠的。

② 封装尺寸比 BGA 小，更平整，有利于提高回流焊质量。

③ CSP 比 QFP 提供了更短的互连，因此电性能更好，更适合在高频场合应用。

④ CSP 器件本体更薄，故具有更好的散热性能。

但 CSP 同 BGA 一样，存在着焊接后焊点质量检测问题和热膨胀系数匹配问题。

（7）方形扁平无引脚塑料封装。方形扁平无引脚塑料封装（PQFN）是近几年推出的一种全新的封装类型。PQFN 封装和 CSP 封装有些类似，但其元件底部不是焊球，而是金属引脚框架，如图 2-1-44 所示。PQFN 是一种无引脚封装，呈正方形或矩形，封装底部中央位置有一个大面积裸露焊盘，提高了散热性能。围绕大焊盘的封装外围四周有实现电气连接的导电焊盘。由于 PQFN 封装不像 SOP、QFP 等具有翼形引脚，其内部引脚与焊盘之间的导电路径短，自感系数及封装体内的布线电阻很低，所以它能提供良好的电性能。

由于 PQFN 具有良好的电性能和热性能，体积小、重量轻，因此已经成为许多新应用的理想选择。PQFN 非常适合应用在手机、数码相机、PDA、视频照相机、智能卡及其他便携式电子设备等高密度产品中。

图 2-1-44　PQFN 封装外形

3．裸芯片

由于 LSI、VLSI 迅速发展，芯片的工艺特征尺寸达到深亚微米级（0.15μm），芯片尺寸达到 20 mm^{2}以上，其 I/O 数已经超过 1000 个，但是，芯片封装却成了一个大难题，人们试图将它直接封装在 PCB 上，通常采用的方法有两种：一种是板载芯片（COB）法，另一种是倒装焊（FC）法。适用 COB 法的裸芯片又称为 COB 芯片，后者则称为 Flip Chip（FC），两者的结构有所不同。

（1）COB 法。COB 法是采用引线键合（Wire Bonding，WB）的方法将裸芯片直接组装在 PCB 上，如图 2-1-45 所示。焊区与芯片体在同一平面上，焊区周边均匀分布，焊区最小面积为 90μm × 90μm，最小间距为 100μm，PCB 焊盘有相应的焊盘数，也是周边排列。采用线焊（绑定机）将引线和 PCB 焊盘焊好之后，通常采用环氧树脂进行封装以保护键合引线。

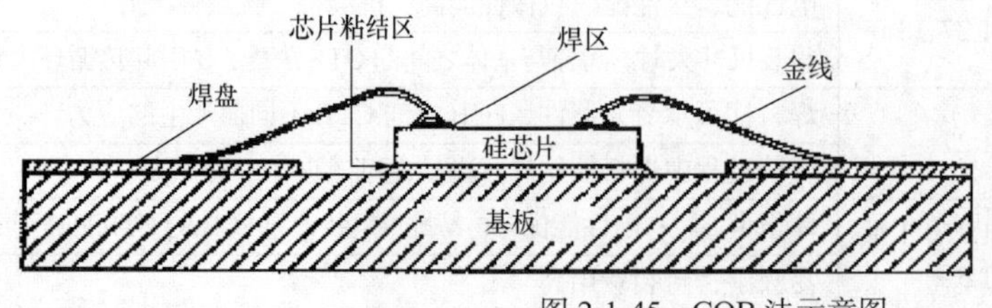

图 2-1-45　COB 法示意图

从上述工艺看，COB 法不适合大批量自动贴装，并且用于 COB 法的 PCB 制造工艺难度也相对较大，此外，COB 的散热也有一定困难。通常 COB 只适用于低功耗（0.5 ~ 1W）的 IC 芯片。目前，COB 芯片均可以定做，一般价格仅为 QFP 的一半。

（2）FC 法。FC 法是 20 世纪 60 年代由美国 IBM 公司首先研制成功的。它与 COB 的区别在于焊点是呈面阵列式排在芯片上，焊点朝下置于 PCB 上，并且焊区做成凸点结构，凸点外层即为 SnPb 焊料，可以采用 SMT 方法实现焊接。FC 工艺如图 2-1-46 所示。这种方法的焊接有下列名称：国内称为倒装焊（FC）；国外称可控塌陷芯片连接（Controlled Collapsed Chip Connection，C4）。

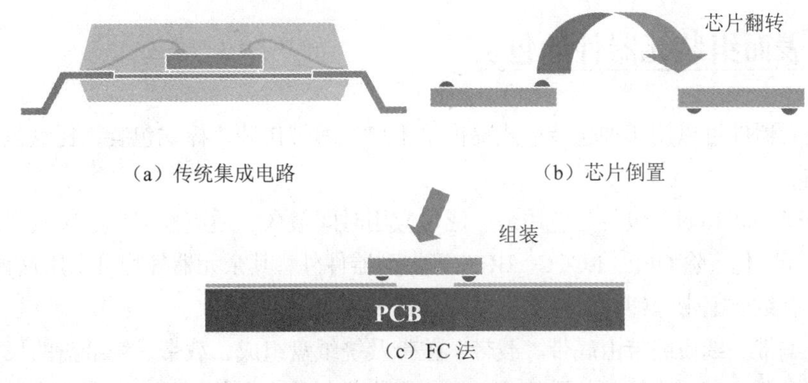

图 2-1-46　FC 工艺示意图

综上所述，集成电路的封装技术已经历经了好几代变迁，从 DIP、SOP、QFP 到 BGA，芯片体积日益减小，引脚数目增多，引脚间距减小，芯片重量减轻，功耗降低，技术指标、工作频率、耐温性能、可靠性和适用性都取得了巨大的进步。目前常见的半导体器件的封装形式及特点如图 2-1-47 所示。

由图 2-1-47 可以看出，SMT 中 SMD 器件引脚的形状主要有 3 种，即翼形引脚、J 形引脚和球形引脚。

翼形引脚（Gull-Wing）常见于器件 SOP、QFP 中。具有翼形引脚的器件焊接后具有吸收应力的特点，因此与 PCB 匹配性好，且便于目视检查，但是器件引脚共面性差，特别是多引脚细间距的 QFP，引脚极易损坏，贴装过程应小心对待。

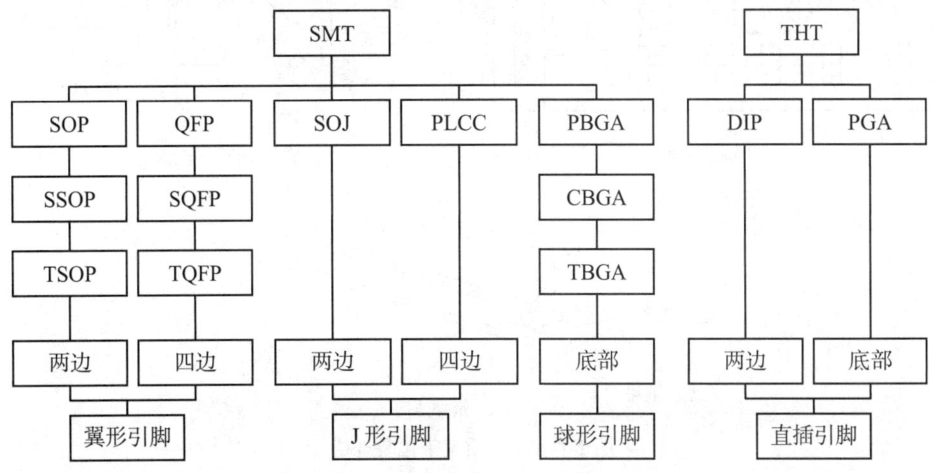

图 2-1-47　常用半导体器件的封装形式及特点

J 形引脚常见于 SOJ 和 PLCC 器件中。J 形引脚刚性好且间距大，共面性好，但 1.27mm 的标准间距限制了其微型化。由于引脚在元件本体之下，故有阴影效应，不便于目视检查，焊接温度不易调节。

球形引脚的芯片的 I/O 端子呈阵列式分布在器件底面上，并呈球状，适应于多引脚数器件的封装，常见的有 BGA、CSP、FC 等。这类器件的组装密度高，并且在回流焊时，焊料球的表面张力使该类器件具有“自对中”或“自定位”效应，这使贴装操作简单易行，降低了精度要求，贴装失误率大幅度下降，显著提高了组装的可靠性。但这类器件焊接时也存在阴影效应，且不利于目视检查。此外，器件与 PCB 之间存在着差异性，应认真对待。

2.1.4　表面组装元器件的包装

表面组装元器件可以用 4 种包装形式提供给用户：编带包装、棒式包装、托盘包装和散装。

1．编带包装

编带（Tape and Reel）包装是应用最广泛、应用时间最久、适应性强、贴装效率高的一种包装形式，已经标准化。除 QFP、LCCC、BGA 等大型器件外，其余元器件均可采用这种包装形式。所用编带主要有纸质编带、塑料编带和粘接式编带 3 种。

（1）纸质编带。纸质编带由底带、载带、盖带及绕纸盘组成，载带、绕纸盘的尺寸及纸带结构如图 2-1-48 所示。载带上圆形小孔为定位孔，以供供料器上齿轮驱动；矩形孔为承料腔，元件放上后卷绕在料盘上。纸带宽度一般为 8mm，定位孔的孔距一般为 4mm，小于 0402 系列的定位孔距为 2mm。定位孔间距和元器件间距视元器件具体情况而定，一般为 4 的倍数。

用纸质编带进行元器件包装的时候，要求元件厚度与纸带厚度差不多，纸质编带不可太厚，否则供料器无法驱动，因此，纸质编带主要包装较小型的矩形片式元件，如片式电阻、片式电容、圆柱状二极管等。

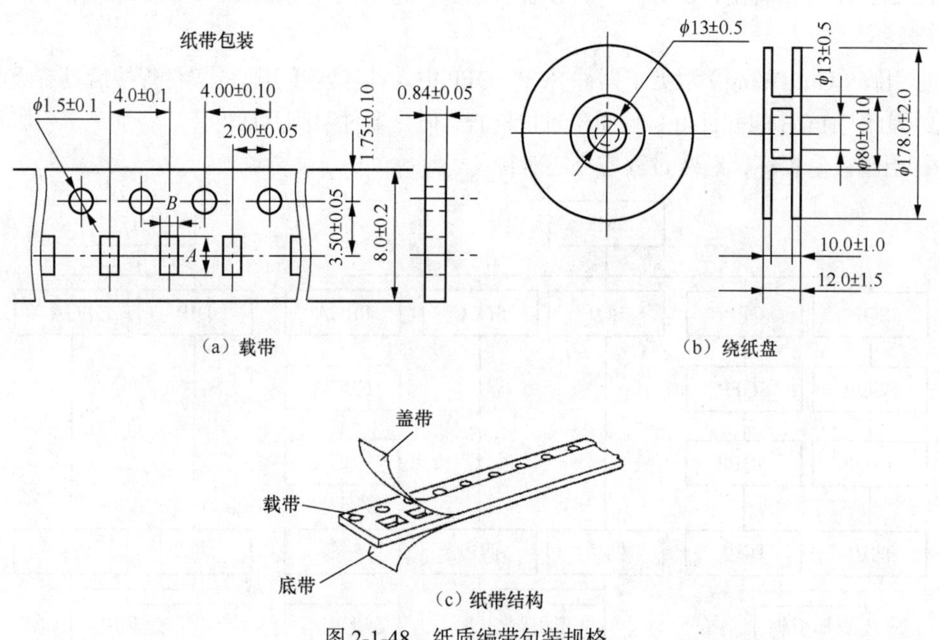

图 2-1-48　纸质编带包装规格

（2）塑料编带。塑料编带与纸质编带的结构尺寸大致相同，所不同的是料盒呈凸形，如图 2-1-49

所示。塑料编带可以包装一些比纸质编带包装稍大的元器件，包括矩形、圆柱形、异形 SMC 和小型 SOP。贴片时，供料器上的上剥膜装置除去薄膜盖带后再取料。

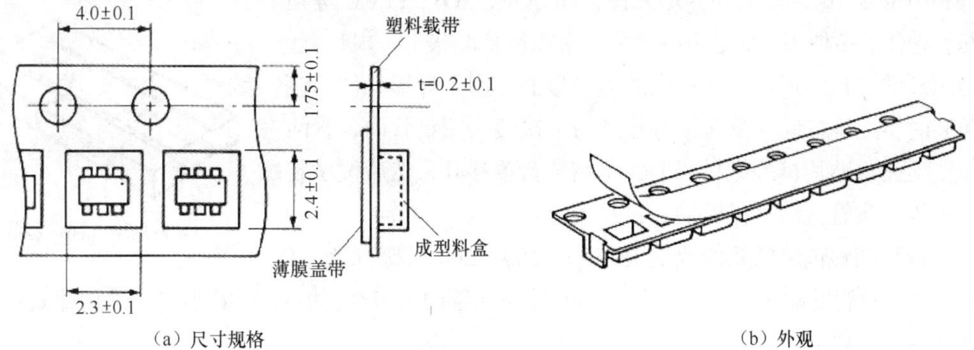

（a）尺寸规格　　（b）外观

图 2-1-49　塑料编带示意图

（3）粘接式编带。粘接式编带的底面为胶带，IC 贴在胶带上，且为双排孔驱动。贴片时，供料器上有下剥料装置。粘接式编带主要用来包装尺寸较大的片式元器件，如 SOP、片式电阻网络、延迟线等。

编带包装是最常见的元器件包装形式，贴片时，编带装在供料器上供料，二者相匹配的是带宽，即按照编带的带宽来选择供料器规格，常见的编带带宽有 8mm、12mm、16mm、24mm、32mm、44mm、56mm、72mm 等。表 2-1-18、表 2-1-19 所示分别为 IPC 标准规定的矩形电阻、多层片式瓷介电容包装的具体规格尺寸。

表 2-1-18　矩形电阻器的包装规格

Size（元件尺寸）/In	Tape Width（带宽）/mm	Tape Pitch（间距）/mm	Reel Size（料盘尺寸）/In	Qty per Reel（每盘数量）	Tape Type（包装材料）
0201	8	2	7	15 000	Paper
0402	8	2	7	10 000	Paper
0603	8	4	7	5 000	Paper
0805	8	4	7	5 000	Paper
1206	8	4	7	5 000	Paper
1210	8	4	7	5 000	Paper

表 2-1-19　多层片式瓷介电容的包装规格

	Size（元件尺寸）/In	Tape Width（带宽）/mm	Tape Pitch 间距/mm	Reel Size（料盘尺寸）/In	Qty per Reel（每盘数量）	Tape Type（包装材料）
SMC-PA	0201	8	2	7	15 000	Paper
	0402	8	2	7	10 000	Paper
	0603	8	4	7	4 000	Paper
	0805	8	4	7	4 000	Paper
	1206	8	4	7	4 000	Paper
SMC-PL	0805	8	4	7	4 000	Plastic
	1206	8	4	7	3 000	Plastic
	1210	8	4	7	3 000	Plastic
	1812	12	8	7	1 000	Plastic
	1825	12	8	7	1 000	Plastic

注：SMC-PA 指采用纸质编带包装电容器；SMC-PL 指采用塑料编带包装电容器。

2．棒式包装

棒式（Stick）包装有时又称为管式（Tube）包装，如图 2-1-50 所示，主要用于包装矩形、片式元件和小型 SMD 以及某些异形元件，如 SOP、SOJ、PLCC 等集成电路，适合于品种多、批量小的产品。棒式包装形状为一根长管，内腔为矩形的，包装矩形元件；内腔为异形的，用于异形元件的包装。包装时将元件按同一方向重叠排列后一次装入塑料管内，管两端用止动栓插入贴片机的供料器上，将贴装盒罩移开，然后按贴装程序，每压一次管就给基板提供一只片式元件。

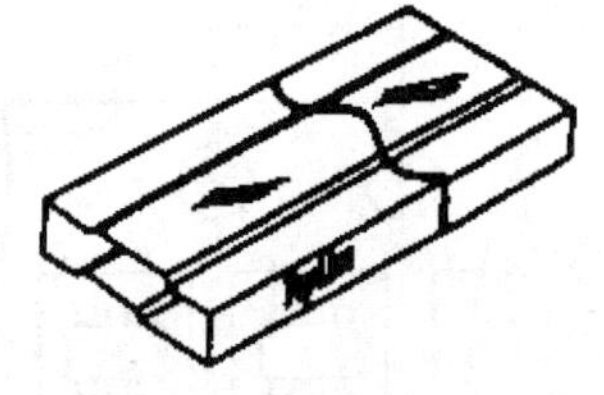

图 2-1-50　管式包装

棒式包装能够包装的元件数受限（一般 100～200 只/管），而且供料时，如果每管的贴装压力不均衡，则元件易在管内被卡住。但对于 IC 器件，采用棒式包装的成本比托盘包装要低。

3．托盘包装

托盘（Tray）又称为华夫盘（Waffle），是矩形隔板使托盘按规定的空腔部分，再将器件逐一装入盘内，一般 50 只/盘，装好后盖上保护层薄膜。托盘有单层、多层，最多可达 100 多层，如图 2-1-51 所示。托盘包装主要用于体形较大或引脚较易损坏的元器件的包装，如 QFP、窄间距 SOP、PLCC、BGA 等 IC 器件和异形片式元件。

托盘包装的托盘有硬盘和软盘之分。硬盘多用来包装多引脚、细间距的器件，这样器件引脚不易变形。软盘则用来包装普通的异形片式元件。

图 2-1-51　华夫盘

4．散装

散装是将片式元件自由地封入成形的塑料盒或袋内，贴装时把塑料盒插入料架上，利用送料器或送料管使元件逐一送入贴片机的料口。这种包装方式成本低、体积小，但适用范围小，不利于自动化设备的拾取和贴装。散装主要用于包装无引脚、无极性的表面组装元件，如一般矩形、圆柱形电容器和电阻器。

表 2-1-20 所示为主要元器件的常见包装形式。

表 2-1-20　主要元器件的常见包装形式

	编带包装	棒状包装	托盘包装	散　装
矩形 R	√			√
圆柱形 R	√			√
电阻网络	√			
电位器	√	√		
多层片状瓷介电容	√			√
钽电解电容	√	√		
铝电解电容	√	√		
电感器	√			√
磁珠	√			√
二极管	√			
三极管	√			

续表

	编 带 包 装	棒 状 包 装	托 盘 包 装	散　装
SOP	√	√	√	
PLCC	√	√	√	
QFP			√	
BQFP	√	√	√	
BGA			√	
CSP			√	

2.1.5　湿度敏感器件的保管与使用

由于塑封元器件能大批量生产，并降低成本，所以绝大多数电子产品中所用 IC 均为塑封器件。但塑封器件具有一定的吸湿性，因此塑封器件 SOP、PLCC、QFP、PBGA 等都属于湿度敏感器件（Moisture Sensitive Devices，MSD）。湿度敏感器件主要指非气密性器件，包括：塑料封装；其他透水性聚合物封装（环氧、有机硅树脂等）；一般 IC、芯片、电解电容、LED 等。

回流焊和波峰焊都是瞬时对整个 SMD 加热，当焊接过程中的高温施加到已吸湿的塑封器件的壳体上时，所产生的热应力会使封装外壳与引脚连接处发生裂纹。裂纹会引起壳体渗漏并使芯片受潮慢慢地失效，还会使引脚松动而造成早期失效。

1．湿度敏感器件的湿度敏感等级

IPC/JEDEC J-STD-020 标准对器件的湿度敏感等级进行了分类，如表 2-1-21 所示。该表中的现场使用寿命是针对锡铅焊接的，由于无铅焊接与锡铅焊接相比，焊接温度升高，根据经验，焊接温度每提高 10℃，器件的湿度敏感等级就提高 1 级。因此如果锡铅焊接时器件为 3 级，那么采用无铅焊接时就为 4 级。

表 2-1-21　　MSD 的湿度敏感等级

分　级	拆封后环境	拆封后现场使用寿命
1 级	≤30℃，85%RH	无限
2 级	≤30℃，60%RH	1 年
2a 级	≤30℃，60%RH	4 周
3 级	≤30℃，60%RH	168 小时
4 级	≤30℃，60%RH	72 小时
5 级	≤30℃，60%RH	48 小时
5a 级	≤30℃，60%RH	24 小时
6 级	≤30℃，60%RH	按潮湿敏感标签规定

2．湿度敏感器件的存储

（1）湿度敏感器件存放的环境条件。

① 环境温度：库存温度＜40℃。

② 生产场地温度＜30℃。

③ 环境相对湿度 RH＜60%。

④ 环境气氛：库存及使用环境中不得有影响焊接性能的硫、磷、酸等有毒气体。

⑤ 防静电措施：要满足表面组装元器件对防静电的要求。

⑥ 元器件的存放周期：从元器件厂家的生产日期算起，库存时间不超过 2 年；整机厂用户购买后的库存时间一般不超过 1 年；假如自然环境比较潮湿的整机厂，购入表面组装元器件以后应在 3 个月内使用，并在存放地及元器件包装中采取适当的防潮措施。

（2）不贴装时不开封。塑封 SMD 出厂时，都被封装在带湿度指示卡（Humidity Indicator Card，HIC）和干燥剂的防潮湿包装袋（Moisture Barrier Bag，MBB）内，并注明其防潮有效期为 1 年，不用时不开封。不要因为清点数量或其他一些原因将 SMD 零星存放在一般管子或口袋内，以免造成 SMD 塑封壳大量吸湿。

3．湿度敏感器件的开封使用

（1）开封时先观察包装袋内附带的湿度指示卡。湿度指示卡是用来显示密封空间湿度状况的卡片，圆圈上方或侧方的百分率数据是对应圆圈指示的相对湿度数据。

湿度指示卡有许多品种，最常见的是六圈式，如图 2-1-52 所示。六圈式的可显示的湿度为 10%、20%、30%、40%、50%和 60%。未吸湿时，所有的圈均为蓝色，吸湿了就会变成粉红色，其所指示的相对湿度是介于粉红色圈与蓝色圈之间的淡紫色圈所对应的百分比。例如，20%的圈变成粉红色，40%的圈仍显示蓝色，则蓝色与粉红色之间显示淡紫色的圈旁的 30%即为相对湿度值。

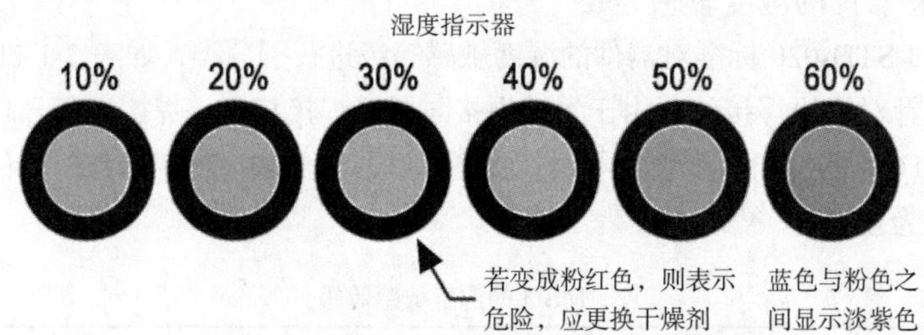

图 2-1-52　六圈式湿度指示卡

开封使用时，应先观察包装袋内附带的湿度指示卡，如果所有圆圈都显示蓝色，说明该包装中所有 SMD 都是干燥的，可放心使用；如果只有 10%和 20%的圆圈变成粉红色，也是安全的；如果 30%的圆圈也变成粉红色，即表示包装中 SMD 有吸湿的危险，并表示干燥剂已变质；如果所有的圈都变成粉红色，即表示该包装中所有的 SMD 已严重吸湿，装焊前一定要对该包装袋中所有的 SMD 进行吸湿烘干处理。

（2）包装袋开封后的操作。SMD 的包装袋开封后，应遵循下列要求从速取用。

生产场地的环境为室温低于 30℃、相对湿度小于 60%，各级别器件的使用期限参见表 2-1-21 中的现场使用寿命。若不能用完，应存放在 RH 为 20%的干燥箱内。

（3）剩余 SMD 的保存方法。开封后的元器件如果不能在规定的现场使用寿命期限内使用完毕，应采用以下方法加以保存。

① 将开封后暂时不用的 SMD 连同供料器一同存放在专用低温低湿存储箱内，但费用较高。

② 只要原有防潮包装袋未破损，且内装的干燥剂良好，湿度指示卡上所有圈均为蓝色，仍可以将未用完的 SMD 重新装入该袋中，然后密封好存放。

4．已吸湿 SMD 的烘干

所有湿敏 SMD 当有开封时发现湿度指示卡的湿度为 30%以上或开封后的 SMD 未在规定的时间内装焊完毕，以及超期存储的 SMD 等情形时，在贴装前一定要进行驱湿烘干。烘干方法分为低温烘干法和高温烘干法两种。

（1）低温烘干法。烘箱温度：（40±2）℃；相对湿度：＜5%；烘干时间：192h。

（2）高温烘干法。烘箱温度：（125±5）℃；烘干时间：5～48h。

注意

凡采用塑料管包装的 MSD（如 SOP、SOJ、PLCC 等），由于包装不耐高温，不可直接放在烘烤箱内，应另行放在金属管或金属盘内烘干。另外，QFP 的包装托盘有耐高温和不耐高温两种，耐高温的可以直接放入烘烤箱中，不耐高温的应另放在金属盘内，转放时应防止损伤引脚，以免破坏及影响引脚共面性。

5．湿度敏感器件使用中注意事项

装有干燥剂的密封包装袋不需要高度真空，因为高真空度有利于袋子内的湿气扩散。

密封包装袋的密封日期及最小为 12 个月的存储寿命不是包装内元器件使用截止日期。袋子打开后，要严格以湿度指示卡的读数来作为是否需要烘干的判断因素。

从来没有暴露过并且储存在 RH 为 10%的干燥柜中的元件，其储存寿命也有期限。即使没有暴露到室温条件下，也会超出其吸湿临界水平。

车间内条件超过 30℃/60%RH 时，MSD 标签上标明的现场使用寿命无效，这时真正的现场使用寿命必须降级。

返修前必须烘板，以避免在局部回流焊时损坏湿敏器件。

2.2 表面组装印制电路板

印制电路板的发明者是奥地利人保罗·爱斯勒（Paul Eisler），他于 1936 年在一个收音机装置内采用了印制电路板。1943 年，美国人将该技术大量使用于军用收音机内。1948 年，美国正式认可这个发明用于商业用途。自 20 世纪 50 年代中期起，印制电路板技术才开始被广泛采用。

2.2.1 印制电路板的基本知识

1．印制电路板及其作用

在绝缘基材上，按预定的设计附着一层用于连接电子元器件的导电图形的基板，称为印制电路板（PCB）。其中用于表面组装的印制电路板又称为表面组装印制电路板（SMB）。

印制电路板在电子产品中具有如下功能。提供集成电路等各种电子元器件的固定、装配等机械支撑；实现集成电路等各种电子元器件之间的布线和电气连接或电绝缘；提供所要求的电子特性，如特性阻抗的功能；为自动焊接提供阻焊图形，为元件插装、贴装、检查、维修提供识别字符和图形。因此印制电路板是电子产品的重要部件之一，几乎每种电子产品，小到电子手表、计算器，大到计算机、通信电子设备等，只要存在电子元器件，它们之间的电气互连就要用到印制电路板。

2．印制电路板的组成要素

由图 2-2-1 可见，PCB 主要由以下要素构成。

图 2-2-1　HX203T—FM/AM 收音机 PCB 样例

（1）覆铜板。覆铜板（Copper Clad Laminate，全称覆铜板层压板，英文简称 CCL），是由木浆纸或玻纤布等作增强材料，浸以树脂，单面或双面覆以铜箔，经热压而成的一种产品，如图 2-2-2 所示。

覆铜板是电子工业的基础材料，主要用于加工制造印制电路板，广泛用于电视机、收音机、计算机、移动通信等电子产品。

图 2-2-2　覆铜板及其构造示意图

（2）铜箔导线。PCB 本身的基板是由绝缘隔热、并不易弯曲的覆铜板制作而成。在表面可以看到的细小线路材料是铜箔，原本铜箔是覆盖在整个板子上的，而在制造过程中部分被蚀刻处理掉，留下来的部分就变成网状的细小线路了，如图 2-2-3 所示。这些线路被称作导线或布线，并用来提供 PCB 上零件的电路连接，是 PCB 重要的组成部分。导线的主要属性为宽度，它取决于承载电流的大小和铜箔的厚度。

印制电路板上，铜箔对电子产品的电气性能有一定的影响。铜箔按制造方法可分为压延铜箔和电解铜箔两类。压延铜箔要求铜纯度≥99.9%，用字母 W 表示，其铜箔弹性好，可焊性好，适用于高性能 PCB；电解铜箔要求铜纯度等于 99.8%，用字母 E 表示，其可焊性稍差，适用于普通 PCB。

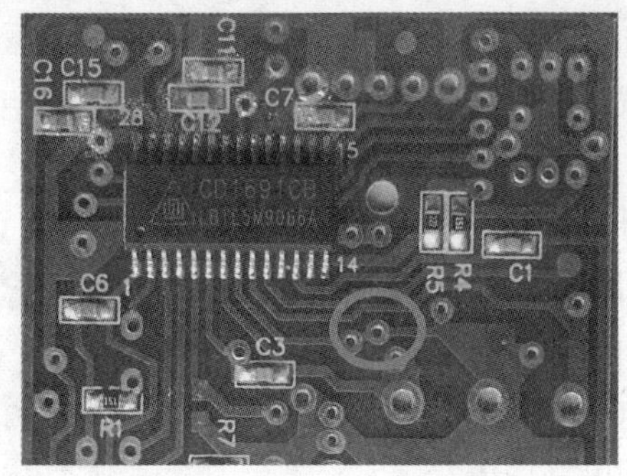

图 2-2-3　PCB 上的铜箔导线

常用铜箔厚度有 9μm、12μm、18μm、35μm、70μm 等，其中 35μm 的使用较多。铜箔越薄，耐温性越差，且浸析会使铜箔穿透；铜箔太厚，则容易脱落。

（3）焊盘。焊盘用于焊接元件实现电气连接并同时起到固定元件的作用。

焊盘的基本属性有形状、所在层、外径及孔径。双层板及多层板的焊盘都经过了孔壁的金属化处理。

（4）过孔。过孔用于实现不同工作层间的电气连接，过孔内壁同样做金属化处理。过孔仅是提供不同层间的电气连接，与元件引脚的焊接及固定无关。

过孔分为 3 种。从顶层贯穿至底层的称为穿透式过孔或通孔；只实现顶层或底层与中间层连接的过孔称为盲孔，减小了孔的深度；只实现中间层连接，而没有穿透顶层或底层的过孔称为埋孔，可使孔的深度进一步减小，3 种孔如图 2-2-4 所示。尽管盲孔和埋孔在制作时难度大，但却大大地提高了 SMB 制造的可靠性。通过 SMB 光板测试就可判别线路网络是否连通，不必再担心产品在使用过程中由于外界不可知的因素导致金属化孔的断裂。

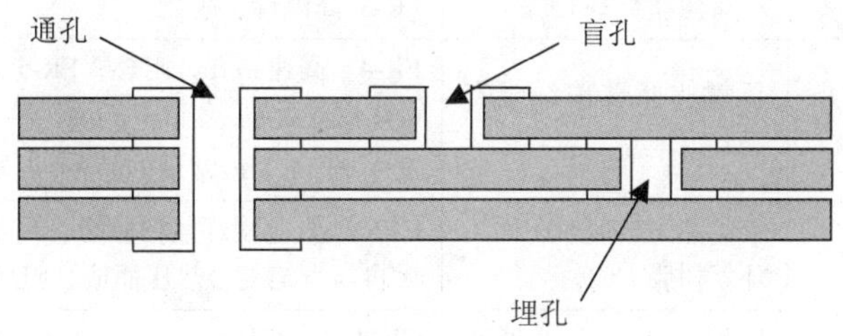

图 2-2-4　通孔、盲孔和埋孔示意图

（5）其他辅助性说明信息。为了阅读 PCB 或装配、调试等需要，可以加入一些辅助信息，包括图形或文字。元件的图形符号反映了元件外形轮廓的形状及尺寸，与元件的引脚布局一起构成元件的封装形式。印制元件图形符号的目的是显示元件在 PCB 上的布局信息，为装配、调试及检修提供方便。

3．印制电路板的基材及分类

印制电路板基材选用时要从电气性能、可靠性、加工工艺要求、经济指标等方面考虑。用于 PCB 的基材很多，主要有两大类：有机类和无机类。有机类基板是用增强材料如玻璃纤维布等浸以树脂类粘结剂，烘干后覆上铜箔，经高温高压而制成，这类基板又称为覆铜箔层压板（Copper Clad Laminations，CCL）。无机类基板主要是陶瓷板和瓷釉包覆钢基板。

印制电路板根据制作基板的介质材料的刚柔不同分为刚性印制电路板、柔性印制电路板和

刚—柔印制电路板。刚性印制电路板是指在不易弯曲的基材表面上覆铜箔层压制成的印制电路板，它要求平整，具有一定的机械强度，能够起到支撑作用。柔性印制电路板是指在柔性基材表面覆铜箔层压制成的印制电路板，它散热性好，超薄，既可弯曲、折叠、卷绕，又可在三维空间任意移动和伸缩，因此可形成三维空间的立体线路板，如图 2-2-5 所示。刚性印制电路板和柔性印制电路板结合起来形成刚—柔性印制电路板，它主要用于刚性印制电路板和柔性印制电路板的电气连接处。

图 2-2-5　柔性印制电路板

印制电路板根据覆铜箔的层数不同分为单面板、双面板和多层板。单面板是指绝缘基板表面只有一面覆有导电图形的印制电路板。双面板是指绝缘基板的两面都覆有导电图形的印制电路板，印制电路板两面的导体通过焊盘和过孔进行连接。多层板是指一层铜箔一层绝缘基板交替粘接而成的印制电路板。若是四层铜箔，则称之为四层板，若是六面覆有铜箔，则称之为六层板，板层之间的电气互连通过焊盘、通孔、盲孔和埋孔等来实现。大部分的主机板都是 4 ~ 8 层的结构，目前国际最高水平可以做到近 100 层。

各种基材材质、特性等如表 2-2-1 所示。其中 FR-4 基板具有较好的性价比，广泛应用于各种电子产品中。

表 2-2-1　　　　印制电路板基材

<table>
<tr><th colspan="2">分类</th><th>材质</th><th>名　称</th><th>代码及特征</th></tr>
<tr><td rowspan="9">有机 CCL</td><td rowspan="7">刚性 CCL</td><td rowspan="2">纸基 CCL</td><td>酚醛树脂纸基 CCL</td><td>FR-1 经济性，阻燃；FR-2 高电性，阻燃，冷冲；XXXPC 冷冲；XPC 经济性，冷冲</td></tr>
<tr><td>环氧树脂纸基 CCL</td><td>FR-3 高电性，阻燃</td></tr>
<tr><td>玻璃布基 CCL</td><td>环氧树脂玻璃纤维布基 CCL</td><td>FR-4 高速钻孔，阻燃；FR-5 阻燃，耐热性高；G10、G11 耐热性高
其中 FR-4 为最常用的品种，用量占总应用量的 90%以上</td></tr>
<tr><td rowspan="2">复合基 CCL</td><td>纸（芯）玻璃布（面），环氧树脂 CCL</td><td>CEM1 纸基浸环氧树脂后，再双面复合玻璃纤维布，然后再与铜箔复合热压而成，阻燃</td></tr>
<tr><td>玻璃毡（芯）玻璃布（面），环氧树脂 CCL</td><td>CEM3 玻璃毡浸环氧树脂后，再双面复合玻璃纤维布，然后再与铜箔复合热压而成，阻燃</td></tr>
<tr><td rowspan="2">金属类 CCL</td><td>金属基板型 CCL</td><td>铜板、钢板或铝板、环氧树脂半固化片、铜箔三者热压而制成，机械性能好，散热性能好</td></tr>
<tr><td>金属芯基板型 CCL</td><td>铜、钢、铜三者做成金属芯，再与环氧树脂半固化片及铜箔热压而成，CTE 低，散热性好</td></tr>
<tr><td rowspan="2">柔性 CCL</td><td colspan="2">聚酯薄膜型柔性 CCL</td><td rowspan="2">具有折弯性能，超薄，可形成三维空间的立体线路板，阻燃</td></tr>
<tr><td colspan="2">聚酰亚胺薄膜型柔性 CCL</td></tr>
<tr><td colspan="2" rowspan="3">无机基板</td><td rowspan="2">陶瓷基板</td><td>氧化铝基板</td><td rowspan="2">CTE 低，耐高温性好，化学稳定性好，但较脆，不宜做大型 PCB</td></tr>
<tr><td>氧化铍基板</td></tr>
<tr><td>瓷釉包覆钢基板</td><td></td><td>脆性较低，可制作大面积 PCB，介电常数低，可制作高速电路板</td></tr>
</table>

4．印制电路板的标称厚度

表 2-2-2 所示为印制电路板标称厚度的优选值，其中 0.2mm、0.5mm 主要为柔性印制电路板。

表 2-2-2　　印制电路板标称厚度的优选值

公制/mm	0.2	0.5	0.8	1.0	1.2	1.6	2.0	2.5	3.2	6.4
英制/in	0.008	0.02	0.031	0.039	0.047	0.07	0.08	0.094	0.125	0.25

2.2.2　表面组装印制电路板的特征

作为电子元器件组装和互连使用的印制电路板必须适应当前表面组装技术的迅速发展，表面组装印制电路板已成为当前 PCB 制造厂的主流产品，几乎 100%的 PCB 都是 SMB，其功能与通孔插装 PCB 相同，但在工艺上由于要将 SMC/SMD 直接贴装在 SMB 上，因此对其要求比插装 PCB 高得多，设计制造也复杂得多。SMB 与插装 PCB 相比，有下面一些主要特征。

1．高密度

由于 SMD 引脚数高达几百甚至数千条，引脚中心距已可达到 0.3mm，因此 SMB 要求细线、细间距，线宽从 0.2～0.3mm 缩小到 0.1mm 甚至 0.05mm，2.54mm 网格之间过双线已发展到过 4 根、5 根甚至 6 根导线。细线、细间距极大地提高了 SMB 的组装密度。

2．小孔径

SMB 中大多数金属化孔不是用来插装元器件引脚的，在金属化孔内也不再进行焊接，金属化孔仅仅作为层与层之间的电气互连，因此要尽可能地减小孔径，为 SMB 提供更多的空间。孔径从过去的 0.5mm 变为 0.2mm、0.1mm 甚至 0.05mm。

3．热膨胀系数低

任何材料受热后都会膨胀，高分子材料通常高于无机材料，当膨胀应力超过材料承受限度时，会对材料造成破坏。

由于 SMD 引脚多且短，器件本体与 PCB 之间的 CTE 不一致，由热应力而造成器件破坏的事情经常会发生，因此要求 SMB 基材的 CTE 应尽可能地低，以适应与器件的匹配性。

4．耐高温性能好

现今的 SMB 多数需要双面贴装元器件，因此要求 SMB 能耐两次回流焊温度，而且现今多用无铅焊接，焊接温度要求更高，并要求焊接后 SMB 变形小、不起泡，焊盘仍有优良的可焊性，SMB 表面仍有较高的光滑度。

5．平整度高

细线、高精度对基板的表面缺陷要求严格，特别是对基板平整度要求更为严格，SMB 的翘曲度要求控制在 0.5%以内，而一般非 SMB 印制电路板翘曲度则要求为 1%～1.5%。

同时，SMB 对焊盘上的金属镀层也有较高的平整度要求。在焊盘上电镀锡铅合金时，由于热熔过程中锡铅合金融化后表面张力的作用一般呈圆弧形表面，不利于 SMD 准确定位贴装；垂直式热风整平涂覆焊料的印制电路板，由于重力的作用，一般焊盘的下部比上部较凸起，不够平整，也不利于贴装 SMD，而且垂直热风整平的印制电路板受热不均匀，板下部受热时间比上部要长，易发生翘曲，因此 SMB 不宜采用热熔的锡铅合金镀层和垂直式热风整平的焊料涂覆层，要求用水平式热风整平技术、镀金工艺或者预热助焊剂涂敷工艺。

此外，SMB 上的阻焊图形也要求高精度。常用的网印阻焊图形方法已很难满足高精度要求，因此 SMB 上阻焊图形大都采用液体感光阻焊剂。由于在 SMB 上可两面组装 SMD，因此 SMB 还要求板两面都印有阻焊图形及标记符号。而且，随着电子产品体积的减小，组装密度的提高，单面或双面印制电路板已很难满足要求，因此需要多层布线，一般现今的 SMB 多为 4 ~ 6 层板，最多可达 100 层左右。

综上所述，SMB 与插装 PCB 相比，无论是基材的选用，还是 SMB 本身的制造工艺，其要求远远超过插装 PCB。

2.2.3 表面组装用印制电路板的设计原则

当今 SMT 已经十分成熟，并得到了广泛应用，相关 SMT 设备都已达到了相当高的精度，然而在一些使用高精度设备的工厂，其 SMT 产品并没有达到预期的质量，其中最主要原因之一就是 SMB 设计问题。在 SMT 工艺中，元器件贴装后只是被焊膏临时固定在印制电路板的相应位置上，回流焊过程中，当焊膏达到熔融温度时，焊料还要再流动一次，元器件受熔融焊料表面张力的作用会发生位置移动。如果 PCB 焊盘设计正确，元器件焊端与印制电路板焊盘的可焊性良好，元器件的全部焊端与相应焊盘同时被熔融焊料润湿时，就会产生自定位效应，当元器件贴装有少量偏离时，在表面张力的作用下，能自动被拉回近似目标位置。但是如果 PCB 焊盘设计不十分准确，回流焊时由于表面张力不平衡，即使贴装位置准确，焊接后也会出现元件位置偏移、立碑、桥接等焊接缺陷。正是由于回流焊工艺具有再流动和自定位特点，因此对 SMB 设计提出了更严格的要求。

1. PCB 外观

SMT 生产设备具有全自动、高精度、高速度、高效益等特点。PCB 设计必须满足 SMT 设备的要求，否则会影响组装质量和生产效率，严重时可能无法实现自动贴装。因此对 PCB 外形、尺寸，定位孔和工艺边，基准标记，拼板等都有严格要求。

（1）PCB 外形、尺寸。PCB 外形应尽可能简单，一般为长宽比不太大的矩形，板面也不要过大，要在 SMT 生产设备允许的板面大小范围之内。长宽比过大或板面过大，回流焊时容易产生翘曲变形。同时板面尺寸大小与板厚也要匹配。常见的长宽比为 3∶2 或 4∶3。表 2-2-3 所示为 SMB 板厚、最大宽度与最大长宽比。

表 2-2-3　　SMB 板厚、最大宽度和最大长宽比

厚度/mm	最大宽度/mm	最大长宽比
0.8	50	2.0
1.0	100	2.4
1.6	150	3.0
2.4	300	4.0

当 PCB 外形为异形时，必须设计工艺边，使 PCB 外形呈直线，生产结束后再把此工艺边去掉，如图 2-2-6 所示。

（2）定位孔、工艺边与基准标记。一般 SMT 生产设备在装夹 PCB 时主要采用针定位或者边定位，因此在 PCB 上需要有适应 SMT 生产的定位孔或者工艺边。基准标记则是为了纠正 PCB 制作过程中产生误差而设计的提供机器光学定位的标记。

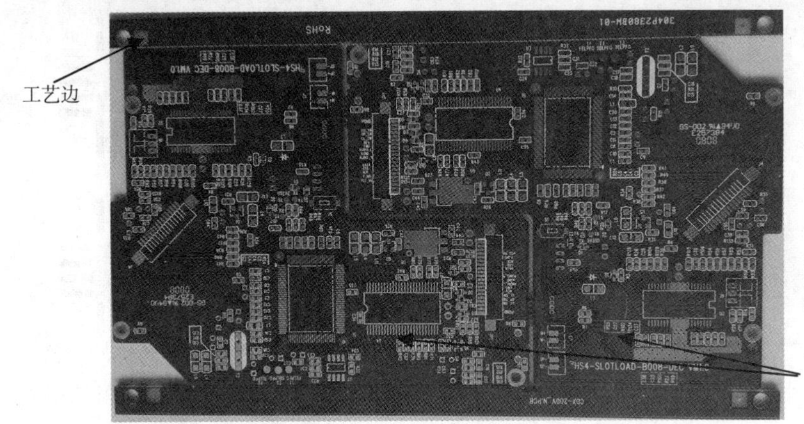

图 2-2-6　PCB 外观要求

① 定位孔。定位孔位于印制电路板的四角，以圆形为主，也可以是椭圆，定位孔内壁要求光滑，不允许有电镀层，定位孔周围 2mm 范围内不允许有铜箔，且不得贴装元器件。定位孔尺寸及其在 PCB 上的位置如图 2-2-7 所示。

② 工艺边。若 PCB 夹持边两侧 5mm 以内不贴元器件，则可以不设工艺边。若 PCB 因外形要求无法满足此要求时，则需在 PCB 上沿夹持方向增设工艺边，一般工艺边长度根据 PCB 的大小来确定，为 5 ~ 8mm 不等。当生产工序完成并经检测合格后，再去掉工艺边。

③ 基准标记。基准标记有 PCB 基准标记（PCB Mark）和器件基准标记（IC Mark）两大类。其中 PCB 基准标记是 SMT 生产时 PCB 的定位标记，器件基准标记则是贴装大型 IC 器件，如 QFP、BGA、PLCC 等时，进一步保证贴装精度的标记。

基准标记的形状可以是圆形、方形、十字形、三角形、菱形、椭圆形等，以圆形为主，尺寸一般为 ϕ（1 ~ 2）mm，其外围有等于其直径 1 ~ 2 倍的无阻焊区，如图 2-2-8 所示。

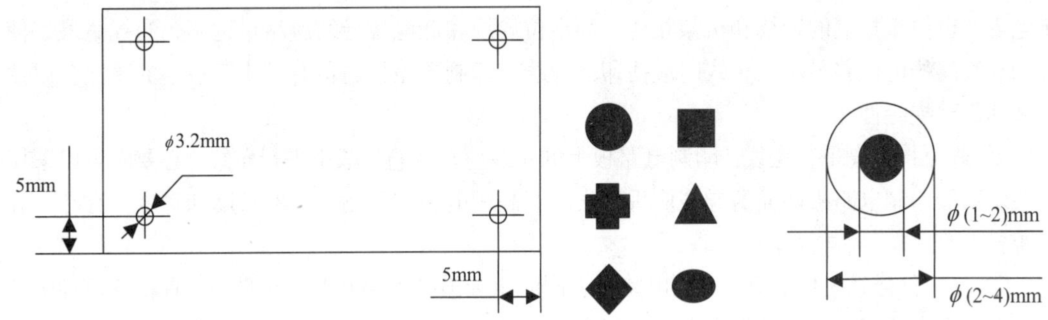

图 2-2-7　定位孔尺寸及其在 PCB 上的位置示意图　　图 2-2-8　基准标记形状及其示意图

PCB 基准标记一般在印制电路板对角两侧成对设置，距离越大越好，但两圆点的坐标值不应相等，以确保贴片时印制电路板进板方向的唯一性。当 PCB 较大（≥200mm）时，则一般需在印制电路板的 4 个角分别设置基准标记，不可对称分布，并在 PCB 长度的中心线上或附近增设 1 ~ 2 个基准标记，如图 2-2-9 所示。

器件基准标记则应设置在焊盘图形内或其外的附近地方，同样成对且可对称设置，如图 2-2-10 所示。

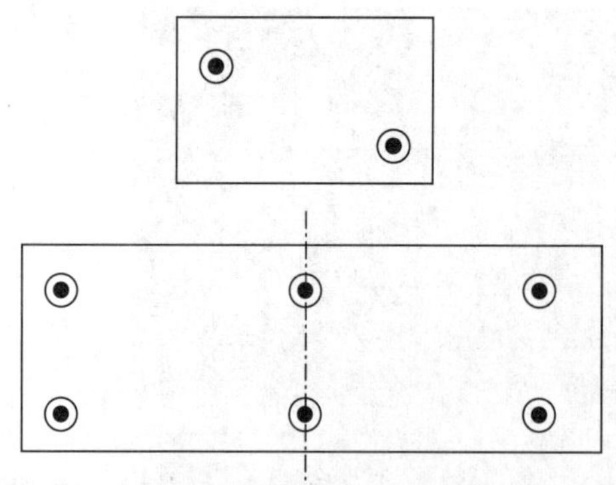
图 2-2-9　PCB 基准标记位置示意图

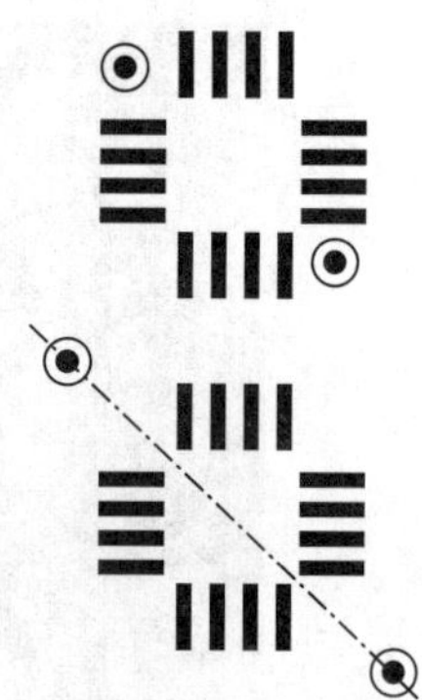
图 2-2-10　器件基准标记位置示意图

（3）拼板。当单个 PCB 尺寸较小，PCB 上元器件较少，且为刚性板时，为了适应 SMT 生产设备的要求，经常将若干个相同或者不同单元的 PCB 进行有规则地拼合，把它们拼合成长方形或正方形，这就是拼板（Panel），如图 2-2-11 所示。这种设计可以采用同一块模板，节省编程、生产准备时间，提高生产效率和设备利用率。

拼板之间采用 V 形槽、邮票孔、冲槽等手段进行组合，要求既有一定的机械强度，又便于组装后的分离。

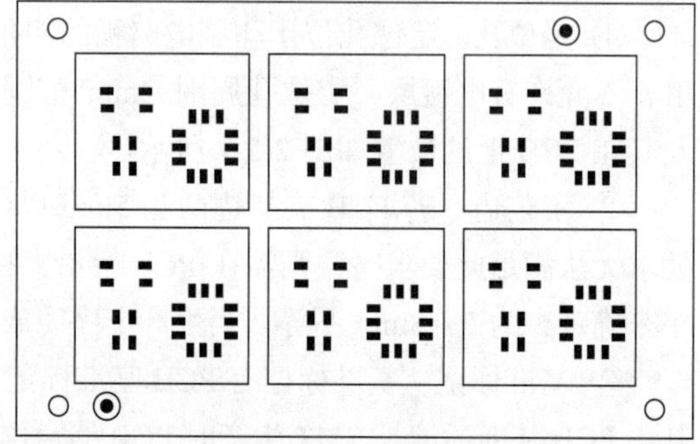
图 2-2-11　拼板示意图

2．布线设计

（1）布线原则。PCB 上组件位置和外形确定后，即可根据组件位置进行布线。

① 低频导线靠近印制电路板边布置。将电源、滤波、控制等低频和直流导线放在印制电路板的边缘。公共地线应布置在板的最边缘，高频线路应放在板面的中间，以减小高频导线对地的分布电容，也便于板上的地线和机架相连。高电位导线和低电位导线应尽量远离，布线时最好使相邻的导线间的电位差最小。布线时应使印制导线与印制电路板边留有不小于板厚的距离，以便于组装和提高绝缘性能。

② 避免长距离平行走线。印制电路板上的布线应短而直，减小平行布线，必要时可以采用跨接线。双面印制电路板两面的导线应垂直交叉。高频电路的印制导线的长度和宽度都宜小，导线间距要大。

③ 不同信号系统应分开。印制电路板上同时组装模拟电路和数字电路时，宜将这两种电路的地线系统完全分开，它们的供电系统也要完全分开。

④ 采用恰当的接插形式，有接插件、插接端和导线引出等形式。输入电路的导线要远离输出电路的导线，引出线要相对集中设置。布线时使输入输出电路分列于印制电路板的两边，并用地线隔开。

⑤ 设置地线。印制电路板上每级电路的地线一般应自成封闭回路，以保证每级电路的地电流主要在本地回路中流通，减小级间地电流耦合。但印制电路板附近有强磁场时，地线不能做成封闭回路，以免成为一个闭合线圈而引起感应电流。电路的工作频率越高，地线应越宽，或采用大面积敷铜。

⑥ 导线不应有急弯和尖角，转弯和过渡部分宜用半径不小于 2mm 的圆弧连接或用 45° 角连

线，且应避免分支线。

（2）印制导线宽度及间距。印制导线的宽度取决于导线的载流量和允许温升。敷铜箔板铜箔的厚度一般为 0.02～0.05mm。印制导线的宽度不同，其截面积也不同。不同截面积的导线，在限定的温升条件下，其载流量也不同，面积越大，载流量也越大。而且，导线越细加工难度越大。因此，在布线空间允许的条件下，应适当选择宽一些的导线。如有特别大的电流应另加导线解决。印制导线的图形、同一印制板上的导线的宽度宜一致，地线可适当加宽。

印制板导线间距、相邻导线平行段的长度和绝缘介质决定了印制电路板表层导线间的绝缘电阻，因此，在布线允许的条件下，应适当加大导线间距。一般情况下，导线间距应等于导线宽度。具体设计时应考虑下述 3 个因素。

① 低频低压电路的导线间距取决于焊接工艺。采用自动化焊接时间距可小些，手工操作时宜大些。

② 高压电路的导线间距取决于工作电压和基板的抗电强度。

③ 高频电路主要考虑分布电容对信号的影响。

（3）导线与焊盘的连接。导线与焊盘连接时，可以采用图 2-2-12 所示的方式进行。与矩形焊盘连接的导线最好从焊盘长边的中心引出，避免一定的角度。当焊盘需与较宽导线连接时，应将导线上与焊盘相连的部分做细。

3．元器件布局

（1）元器件的选取。应根据 PCB 的实际需要，尽可能选取常规元器件，不可盲目地选取过小元件或过复杂 IC 器件，如 0201 和超细间距集成电路。

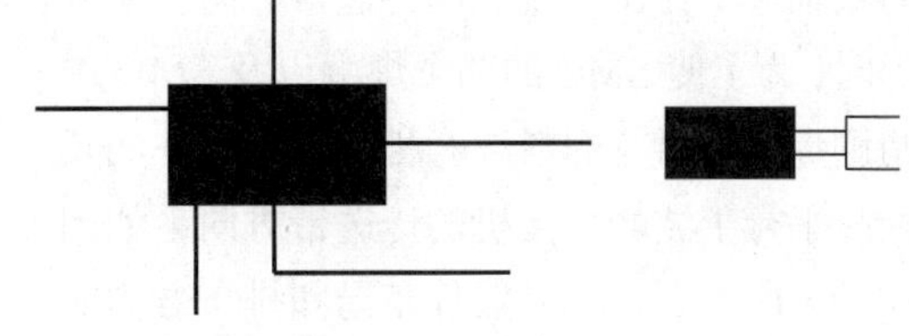

图 2-2-12　导线与焊盘的连接位置及连接方式示意图

（2）元器件的布局原则。通常元器件布置在印制电路板的一面，此种布置便于加工、组装和维修。对于双面板而言，主要元器件也是组装在板的一面，在另一面可有一些小型元件，一般为表面贴装元件。在保证电性能要求的前提下，元器件应平行或垂直于板面，并和主要板边平行或垂直，在板面上的分布应均匀整齐。一般不得将元器件重叠安放，如果确实需要重叠，应采用结构件加以固定。

元器件应尽可能有规则地排列，以得到均匀的组装密度。大功率元器件周围布置热敏元器件和其他元器件时要有足够的距离。元器件排列的方向和疏密要有利于空气对流。元器件宜按电路原理图顺序呈直线排列，并力求紧凑以缩短印制导线长度。如果由于板面尺寸限制，或由于屏蔽要求而必须将电路分成几块时，应使每一块印制电路板成为独立的功能电路，以便于单独调整、测试和维修，这时应使每一块印制电路板的引出线为最少。

为使印制电路板上元器件的相互影响和干扰最小，高频电路和低频电路、高电位与低电位电路的元器件不能靠得太近。元器件排列方向与相邻的印制导线应垂直交叉。特别是电感器件和有磁芯的元件要注意其磁场方向。线圈的轴线应垂直于印制电路板面，以求对其他零件的干扰最小。

考虑元器件的散热和相互之间的热影响，发热量大的元器件应放置在有利于散热的位置，如散热孔附近。元件的工作温度高于 40℃时应加散热器。散热器体积较小时可直接固定在元件上，体积较大时应固定在底板上。在设计印制电路板时要考虑到散热器的体积以及温度对周围元件的影响。

提高印制电路板的抗震、抗冲击性能。要使板上的负荷分布合理以免产生过大的应力。对大而重的元件尽可能布置在靠近固定端，或加金属结构件固定。如印制电路板比较狭长，则可考虑用加强筋加固。

元器件布局要满足回流焊、波峰焊工艺要求。采用双面回流焊时，应将大型元器件分布在一面，小型元器件分布在另一面，这样可以防止在第二面（大型元器件面）进行回流焊时已经焊接的第一面（小型元器件面）元器件掉落回流炉中；采用一面回流焊一面波峰焊时，应将大型贴装元器件分布在回流焊接面，小型元器件分布在波峰焊接面。

（3）元器件的方向设计。同类元器件尽可能按相同的方向排列，特征方向应一致，以便于元器件的贴装、焊接和检测，如电解电容极性、二极管的正极、集成电路的第一引脚排列方向应尽量一致。

回流焊时，为了使 SMC 的两个焊端以及 SMD 两侧引脚同步受热，减少由于元器件两侧焊端不能同步受热而产生立碑、移位、焊端脱离焊盘等焊接缺陷，要求 PCB 上 SMC 的长轴应垂直于回流炉的传送带方向，SMD 的长轴应平行于回流炉的传送带方向。波峰焊时，为了使 SMC 的两个焊端以及 SMD 的两侧焊端同时与焊料波峰相接触，SMD 的长轴应平行于波峰焊接机的传送带方向，如图 2-2-13 所示，而且元器件布局和排布方向应遵循较小元件在前和尽量避免互相遮挡的原则。

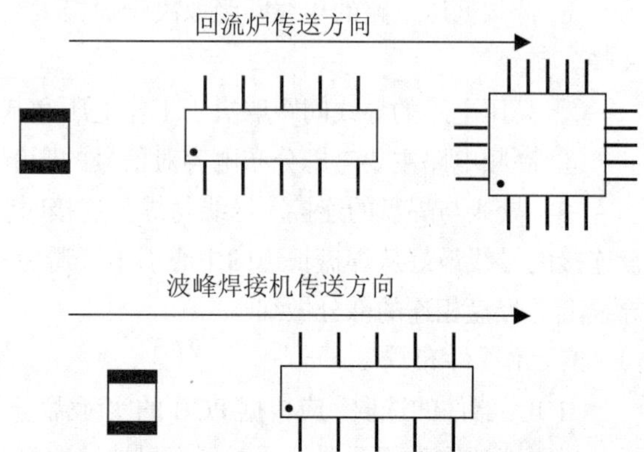

图 2-2-13　回流焊、波峰焊元器件排列方向示意图

（4）元器件的间距设计。为了保证焊接时焊盘间不会发生桥接，以及在大型元器件的四周留下一定的维修间隙，在分布元器件时，要注意元器件间的最小间距，波峰焊接工艺要略宽于回流焊接工艺。一般组装密度的表面贴装元器件之间的最小间距如下。

① 片式元件之间，SOT 之间，SOP 与片式元件之间为 1.25mm。

② SOP 之间，SOP 与 QFP 之间为 2mm。

③ PLCC 与片式元件、SOP、QFP 之间为 2.5mm。

④ PLCC 之间为 4mm。

4．焊盘设计

PCB 焊盘不仅与焊接后焊点的强度有关系，也与元件连接的可靠性，以及焊接时的工艺有关系。设计优良的焊盘，其焊接过程几乎不会出现虚焊、桥接等缺陷；相反，不良的焊盘设计将导致 SMT 生产无法进行，因此焊盘设计必须严格按照设计规范进行设计。本节仅介绍几种典型元器件的焊盘设计原则，全面的焊盘设计可参考相关 PCB 标准或者相关 PCB 软件数据库。

（1）矩形片式元件焊盘设计。矩形片式元件及焊盘如图 2-2-14 所示，具体参数如表 2-2-4 所示。

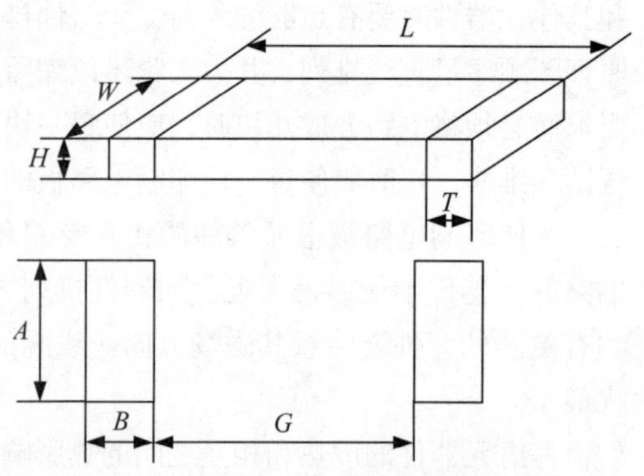

图 2-2-14　矩形片式元件及焊盘示意图

L—元件长度/mm　*W*—元件宽度/mm

T—元件焊端宽度/mm　*H*—元件高度/mm

矩形片式元件焊盘设计原则如下。

① 焊盘宽度：$A = W_{max} - K$。

② 焊盘长度：电阻器 $B = H_{max} + T_{max} + K$，电容器 $B = H_{max} + T_{max} - K$。

③ 焊盘间距：$G = L_{max} - 2T_{max} - K$。

其中 K 为常数，一般取 0.25mm。

表 2-2-4　　矩形片式元件焊盘设计参数

元件规格		焊盘宽度	焊盘长度	焊盘间距
公　制	英　制	（A）/mil	（B）/mil	（G）/mil
4564	1825	250	70	120
4532	1812	120	70	120
3225	1210	100	70	80
3216	1206	60	70	70
2012	0805	50	60	30
1608	0603	25	30	25
1005	0402	20	25	20
0603	0201	12	10	12

（2）小外形封装焊盘设计。SOP 封装外形及焊盘设计如图 2-2-15 所示。

SOP 焊盘设计原则如下。

① 焊盘中心距等于引脚中心距。

② 单个引脚焊盘设计的一般原则为 $Y = T + b_1 + b_2 = 1.5 \sim 2\text{mm}$，（$b_1 = b_2 = 0.3 \sim 0.5\text{mm}$），$X = (1 \sim 1.2)W$。

③ 相对两排焊盘内侧距离：$G=F-K$，其中 K 为常数，一般取 0.25mm。

（3）四方扁平封装焊盘设计。QFP 封装外形及焊盘设计如图 2-2-16 所示。

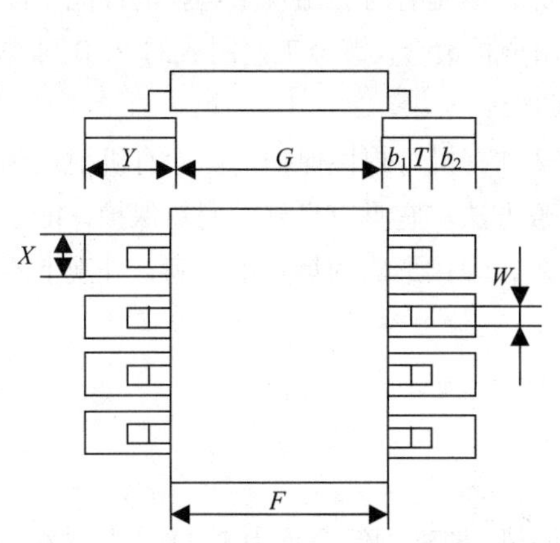

图 2-2-15　SOP 封装外形及焊盘设计示意图
G—两排焊盘之间的内侧距离/mm　F—元器件壳体封装尺寸/mm　W—单个引脚宽度/mm　X—单个焊盘宽度/mm　Y—单个焊盘长度/mm

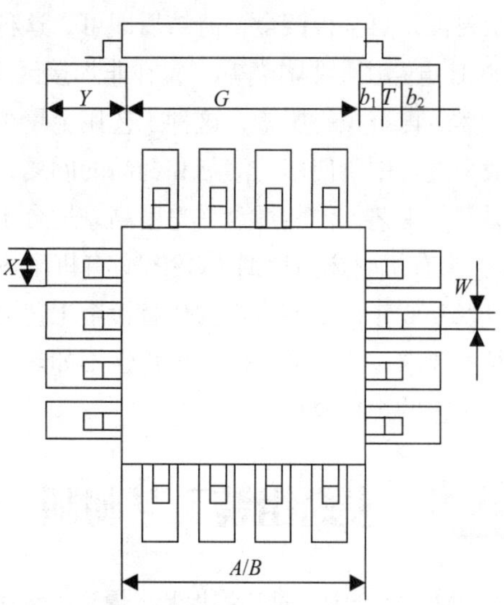

图 2-2-16　QFP 封装外形及焊盘设计示意图
G—两排焊盘之间的内侧距离/mm　A/B—元器件壳体封装长度或者宽度/mm　W—单个引脚宽度/mm　X—单个焊盘宽度/mm　Y—单个焊盘长度/mm

QFP 焊盘设计原则如下。

① 焊盘中心距等于引脚中心距。

② 单个引脚焊盘设计的一般原则为 $Y = T + b_1 + b_2 = 1.5 \sim 2\text{mm}$，（$b_1 = b_2 = 0.3 \sim 0.5\text{mm}$），$X = (1 \sim 1.2)W$。

③ 相对两排焊盘内侧距离：$G = A/B - K$，其中 K 为常数，一般取 0.25mm。

5．PCB 可焊性设计

PCB 电路蚀刻制作完成后，需在 PCB 表面进行涂敷处理，这种处理主要有两方面：在 PCB 上非焊接区涂敷阻焊膜，可以防止焊料漫流引起桥接以及影响焊接后防潮的功能；在 PCB 焊盘上涂敷以防止焊盘氧化，提高可焊性。

（1）阻焊膜涂敷。阻焊膜通常为热固化或者光固化的树脂，如丙烯树脂、环氧树脂、硅树脂等。阻焊膜涂敷可分为干膜法和湿膜法。干膜法是将制成一定厚度的薄膜覆盖在 PCB 上，然后采用光刻法暴露出焊盘部分。湿膜法是在 PCB 上整体印刷液态光成像阻焊膜，然后再用光刻法暴露出焊盘部分。阻焊膜开窗的尺寸精度取决于 PCB 制造商的工艺水平。

（2）焊盘涂覆。印制电路板焊盘是金属铜组成。铜具有优良的可焊性，但是在含酸的潮湿空气中，铜表面极易氧化，因而失去可焊性。为了防止或推迟可焊性变差的过程，必须对铜表面进行适当的表面涂覆。铜焊盘表面的涂覆通常采用以下几种工艺。

① SnPb 热风整平工艺。SnPb 热风整平工艺是传统的焊盘涂敷方法，其具体工艺过程为 PCB 电路蚀刻完成后，浸入熔融的 SnPb 合金中，再慢慢提起，并在热风作用下使焊盘涂敷 SnPb 合金层，力求平整、光滑。SnPb 热风整平工艺形成的 SnPb 涂层具有下列优点。Sn63Pb37 涂层熔点低，可为印制板提供可靠性高的焊点；抗腐蚀性好，尤其是热熔后的涂层可使印制板保持可焊性时间长，通常可放 12 个月以上；价格便宜。因此 SnPb 涂层一直以来是公认的最好的可焊性保护层。

② 镀金工艺。镀金工艺有全板镀金和化学镀金两种。全板镀金是在 PCB 电路图形制作好后，先全板镀镍，再全板镀金，清洁后即可，这种工艺比较成熟，镀金层薄，但成本较高。化学镀金是在 PCB 电路图形制作好后，先在非焊接区涂敷阻焊膜，然后通过化学还原反应在焊盘上沉积一层镍，然后再沉积一层金，这种工艺用金量少，成本低，但是有时会出现阻焊膜的性能不能适应化学镀金过程中所使用的溶剂和药品的问题，因此多用全板镀金。镀金工艺制成的 PCB 可焊性不如热风整平工艺，但其焊盘平整度高，适合于各种 PCB。

③ 涂有机耐热预焊剂（OSP）。有机耐热预焊剂又称有机可焊性保护剂。涂有机耐热预焊剂是 20 世纪 90 年代中期出现的代替镀金工艺的一种涂敷方法。它具有良好的耐热保护，能承受二次焊接的要求，成本低，但其可焊性不如热风整平工艺，焊接形成的焊点不饱满，外观上不及前面两种工艺的焊接效果。

2.3 表面组装工艺材料

在 SMT 生产中，通常将焊料、焊膏、贴片胶、助焊剂、清洗剂等合称为 SMT 工艺材料。SMT 工艺材料类型如表 2-3-1 所示。SMT 工艺材料对 SMT 品质、生产效率起着至关重要的作用，是表面组装工艺的基础之一。进行 SMT 工艺设计和建立生产线时，必须根据工艺流程和工艺要求选择合适的工艺材料。

表 2-3-1　　SMT 工艺材料类型

组装工序 \ 工艺	波峰焊	回流焊	手工焊
贴装	贴片胶	焊膏（粘结剂）	粘结剂（选用）
焊接	助焊剂 棒状焊料	焊膏 预成型焊料	助焊剂 焊锡丝
清洗	各种溶剂		

2.3.1　焊料

焊料是易熔金属，它在母材表面能形成合金，并与母材连为一体，不仅可实现机械连接，同时也可用于电气连接。焊料通常由两种基本金属和几种熔点低于 425℃的金属组成。焊料中的合金成分和比例对焊料的熔点、密度、机械性能、热性能和电性能都有显著的影响。

由于 Sn 和许多金属元素容易形成化合物，在常温下不易氧化，在大气中有较好的抗腐蚀性，不易失去光泽，对人类环境无害，因此很久以来 Sn 一直被用作两种金属之间的焊接材料。Sn 可与 Pb、Ag、Cu、Bi、In 等其他金属元素组成高、中、低温各种用途的焊料。

1．锡铅焊料

表 2-3-2 和表 2-3-3 分别列出了常用焊料的组成及其主要性能。由表 2-3-2 和表 2-3-3 可以看出，锡铅焊料具有良好的机械性能和电气性能，而且 Sn63Pb37 共晶焊料的熔点为 183℃，正好在电子设备最高工作温度之上，而焊接温度分 225℃～230℃，该温度在焊接过程中对元件所能承受的高温来说仍是适当的，完全符合焊接工艺的要求。同时，锡铅金属在地球上含量是非常丰富的，已探明的锡储量大约在 1 000 万吨左右，锡铅金属价格比其他金属要低得多。因此锡铅焊料以其高性能、低价格等优势，长期以来被人们广泛使用。

由表 2-3-2 可以看出，在锡铅焊料中，加入铋和铟，焊料的最低熔点可降至 150℃左右，而锡铅焊料中锡的含量降至 10%以下或在其中加入银等金属后，熔点可升至 300℃以上。由表 2-3-3 可以看出，从熔点、机械性能和电性能等综合考虑，焊料 Sn63Pb37 和 Sn62Pb36Ag2 是最佳的选择，而在低熔点焊料中，Sn43Pb43Bi14 则是较好的选择。

表 2-3-2　　常用焊料合金组成

成　分/%								熔融温度/℃
Sn	Pb	Ag	Bi	Cd	Sb	Au	In	
63	37							183
60	40							183～190
50	50							183～216
40	60							183～238
30	70							183～255
25	75							183～266
10	90							268～299
5	95							305～312
62	36	2						179

续表

成　分/%								熔融温度/℃
Sn	Pb	Ag	Bi	Cd	Sb	Au	In	
96.5		3.5						221
95		5						221 ~ 245
10	88	2						268 ~ 302
5	92.5	2.5						280
—	97．5	2.5						305
1	97.5	1.5						309
42			58					138
43	43		14					144 ~ 163
50	32			18				145
95					5			232 ~ 240
20						80		280
37.5	37.5						25	134 ~ 281
	50						50	180 ~ 209
	75						25	227 ~ 264
	92.5						5	283
	90	5					5	296 ~ 310

表 2-3-3　　各种焊料的物理和机械性能

焊料合金/%							熔化温度/℃		机械性能			热膨胀系数（$\times 10^{-6}$/℃）	导电率
Sn	Pb	Ag	Sb	Bi	In	Au	液相线	固相线	拉伸强度/MPa	延伸率/%	硬度/HB		
63	37						183	183	61	45	16.6	24.0	11.0
60	40						183	183					
10	90						299	268	41	45	12.7	28.7	8.2
5	95						312	305	30	47	12.0	29.0	7.8
62	26	2					179	179	64	39	16.5	22.3	11.3
1	97.5	1.5					309	309	31	50	9.5	28.7	7.2
96.5		3.5					221	221	45	55	13.0	25.4	13.4
	97.5	2.5					304	304	30	52	9.0	29.0	8.8
95			5				245	221	40	38	13.3	—	11.9
43	43			14			163	144	55	57	14	25.5	8.0
42				58			138	138	77	20 ~ 30	19.3	15.4	5.0
48					52		117	117	11	83	5		11.7
	15	5			80		157	157	17	58	5		13.0
20						80	280	280	28	—	118		75
	96.5					3.5	221	221	20	73	40		14.0

（1）锡铅焊料状态相图。在一系列配比的锡铅焊料中，随着锡和铅配合比的改变，各种特性也就随之发生变化，因此，应当根据优先考虑的那种要求，来选定最佳配合比的焊料。

表示对应于锡铅系焊料的锡和铅配合比与温度关系，金属状态怎样发生变化的图形叫做状态图（相图），它对理解焊料的特性并掌握各种基础知识，是非常重要的，图 2-3-1 所示为锡铅系焊料的状态图。在这种焊料中，Sn 和 Pb 的两种成分都各有一部分成为固溶体。即有固溶体（Limited-solid solution），因而焊料就成为混合物。

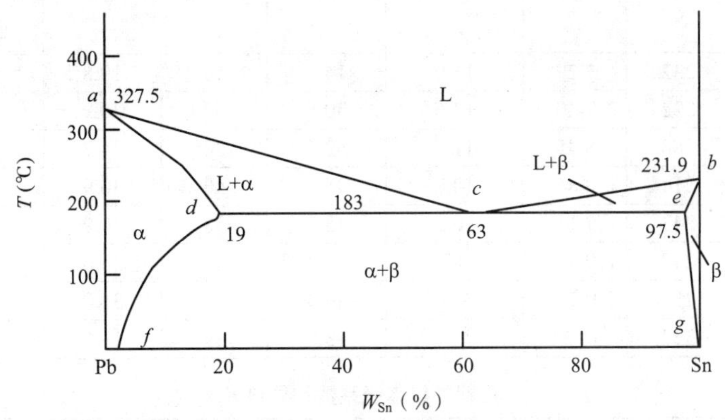

图 2-3-1　锡铅合金相图

图 2-3-1 中的 *a* 点为铅的熔点（327℃），*b* 点为锡的熔点（232℃）。*acb* 线称为液相线或初晶线，以这根线为分界线，在它以上的区域，不管是哪种配合比的焊料都是液态。另外，*adc* 线和 *ceb* 称为固相线，△*adc* 和△*ceb* 的内部是α固溶体和溶液以及β固溶体和溶液构成的半熔融状态（也叫半固体和浆糊状）。

dce 线称为共晶线，*c* 点称为共晶点。在这根共晶线以下的区域是由α相和β相构成的固体。

ad 线和 *be* 线分别为α固溶体和β固溶体的固相线，*df* 线和 *eg* 线分别为α固溶体和β固溶体的溶解度线。

从图 2-3-1 可以看出，焊锡根据不同的温度划分为液体、半固体、固体 3 种状态。

也就是说，图中 *acb* 液相线以上的区域 L 部分是液体，从 *adc* 和 *ceb* 固相线到液相线之间的三角形内是液体和固体混合物，而 *adceb* 固相线以下的区域则是固体。因此，如果把正在熔化的焊锡温度降低，则首先在液相线温度开始凝固，然后在共晶线或固相线凝固完毕。另外，如果对凝固的焊锡加热，则与上面情况正好相反，在共晶线温度或固相线温度开始溶化，在液相线温度完全熔化。

（2）锡铅焊料的物理特性。表 2-3-4 所示为锡铅系焊料按不同组成划分的物理特性。从表上可以看出，熔化温度、密度、电导率、机械特性等随着锡和铅的配合比（重量比）而变化。

如表 2-3-4 所示，锡含量为 60%的焊料，抗拉力和剪切力的数值高，机械特性也好，而在电特性方面，锡含量越多，电导率就越好。

焊锡本身的强度如表中所列。实际上在进行焊接时，由于使被焊接的金属熔化，因而也会发生变化，一般强度要增大几倍。当然，它还因母材金属的质量、结合时的温度和时间、结合间隙的不同而不同。

表 2-3-5 所示为焊锡在各种组成中的线膨胀系数和导热率。这些数据对于陶瓷和玻璃底板等的钎锡，以及硅芯片的钎焊都是很重要的。

表 2-3-4　　锡铅系焊料的物理特性

序号	特性/%		融化温度/℃	密度/g/cm^3	电导率（设铜为100%）	抗拉强度/MPa	延伸率/%	剪切强度/MPa	维氏硬度	
	锡	铅							10 天后表面硬度	1 月后中心硬度
1	100	0	232	7.29	13.9	14.6	55	19.8	10	10
2	95	5	222	7.40	13.6	30.8	47	30.9	20	16
3	60	40	188	8.45	11.6	52.5	30	34.7	15	15
4	50	50	214	8.86	10.7	46.4	40	30.9	14	13
5	42	58	243	9.15	10.2	43.2	38	30.9	13	11
6	35	65	247	9.45	9.7	44.8	25	33.0	12.5	10
7	30	70	252	9.73	9.3	46.4	22	34.0	12	10
8	0	100	327	11.34	7.91	13.9	39	13.6	6	1

表 2-3-5　　焊料的线膨胀系数和导热率

Sn/%	Pb/%	线膨胀		导热率	
		℃	系数/10^{-6}/℃	cal/cm^2/cm/℃/s	Bty/英尺^2/英寸/°F/s
100	0	0~100	23.0	0.157	0.127
70	30	15~110	21.6	—	—
63	37	15~100	24.7	0.121	0.0976
50	50	15~110	23.5	0.111	0.0895
20	80	15~110	26.5	0.089	0.072
5	95	15~110	28.7	0.085	0.067
0	100	17~100	29.3	0.083	0.076

2．无铅焊料

（1）无铅焊料提出及相关立法。焊料在电子互连过程中具有如下作用。作为电子元器件及线路板之间的连接材料；作为元器件引脚的涂层；作为 PCB 上的表面涂层。含铅焊料（主要是 Sn37Pb63 和 Sn40Pb60）具有合适的熔化温度、较高的强韧性及热疲劳抗力，导电导热性能也能满足要求，且成本低廉，非常适合在电子行业中大范围应用，因此其在电子行业中一直处于主导地位。

随着人们环保意识增强，铅污染问题逐渐提到议事日程上来。一般地，金属铅先与酸性物质作用，转化成离子铅，渗入地下水，然后进入人体，并逐渐沉积到骨骼和内脏中，进而对人体产生伤害。铅的离子化过程为

$$Pb + \frac{1}{2}O_2 \rightarrow PbO$$

$$PbO + 2H^+ \rightarrow Pb^{2+} + H_2O$$

铅对人体及环境危害主要表现在以下几方面。

对于胎儿或发育期儿童，铅中毒将严重损伤其智力和神经系统；铅对肾具有损伤作用，且具有致癌可能；对于哺乳动物和鸟类来说，铅对一些器官组织，如血液系统、中枢神经系统、肾、再生系统和免疫系统具有毒副作用；对于水中动物而言，铅的主要毒副作用表现在使其脊骨畸形和尾部变黑。

同时，随着高新技术的迅猛发展，电子产品更新换代的周期越来越短，电子垃圾每年在以 18% 的速度增长。据国外一个关注电脑废弃物问题的组织报告，每个显示器的显像管内含有 4～81 磅铅，电路板中也含有大量铅；如果将废旧计算机丢弃到荒野或垃圾堆填区域，这些重金属就会严重污染地下水。人们饮用地下水或食用受污染的动植物后，铅在人体内积聚而引起铅中毒。因此电子产品无铅化越来越受到人们的关注。我国是电子产品生产和出口大国，如果没有做好充分的技术准备，一旦有关国家加强了对铅限制的立法，将会对我国电子产品进入国际市场构成极大威胁。

（2）无铅焊料的定义及分类。无铅焊料是相对于含铅焊料而言的。在含铅焊料中，铅是作为一种基体元素存在的，但并不意味无铅焊料中绝对不含铅，Pb 可以作为一种杂质元素存在。可见，“无铅焊料”中 Pb 的含量存在一个上限，因此“无铅焊料的定义问题”可以转化为“无铅焊料中铅含量上限值的问题”，但目前尚没有一个针对无铅焊料的国际标准。表 2-3-6 所示为 RoHS 指令中相关有毒物质限量的规定。

表 2-3-6　RoHS 指令中相关有毒物质限量的规定

有毒物质		最高限量（wt.%）
重金属	Lead 铅	0.1% (1000ppm)
	Mercury 汞	0.1% (1000ppm)
	Cadmium 镉	0.1% (1000ppm)
	Chromium (VI) 六价铬	0.1% (1000ppm)
有机物	Polybrominated biphenyls (PBB) 多溴联苯	0.1% (1000ppm)
	Polybrominated diphenylethers (PBDE's) 多溴联苯醚	0.1% (1000ppm)

在 1990 年左右，针对二元合金无铅焊料，ISO 9453、JIS Z 3282 等国际标准对其杂质含量做出了规定，即铅的质量分数要小于 0.1%，如表 2-3-7 和表 2-3-8 所示。同时，欧盟在最近出台的 RoHS 指令草案中提议，将铅的质量分数控制在 0.1%以下。因此，无铅焊料铅含量一般应在 0.1%以下。

无铅焊料一般按照组元、成分及熔化温度来分类。多按组元分类，通常分为二元合金、三元合金和多元合金，其中二元合金包括 SnZn、SnCu、SnBi、SnAg、SnIn、SnSb、SnAu 等；三元合金主要包括 SnAgCu、SnAgBi、SnZnBi 等；多元合金主要包括 SnAgCuBi、SnAgCuRE、SnZnBiRE、SnAgCuZn 等。

表 2-3-7　ISO 9453 标准中关于无铅焊料成分的规定

元素 / 质量分数 / 合金	Sn	Pb	Sb	Bi	Cd	Cu	In	Ag	Al	As	Fe	Zn
Sn3Ag	Res	0.1	0.1	0.1	0.002	0.1	0.05	3.0～3.5	0.001	0.03	0.02	0.001
Sn4Ag	Res	0.1	0.1	0.1	0.002	0.05	0.03	3.5～4.0	0.001	0.03	0.02	0.001
Sn1Cu	Res	0.1	0.05	0.1	0.002	0.45～0.9	0.05	0.05	0.001	0.03	0.02	0.001
Sn3Cu	Res	0.1	0.05	0.1	0.002	2.5～3.5	0.05	0.05	0.001	0.03	0.02	0.001
Sn3Sb	Res	0.1	4.5~5.5	0.1	0.002	0.1	0.05	0.05	0.001	0.03	0.02	0.001

表 2-3-8　日本 JIS Z 3282 标准中关于无铅焊料成分的规定

元素 / 质量分数 / 合金	Sn	Pb	Ag	Sb	Cu	Bi	Zn	Fc	Al	As	Cd
Sn3Ag	Res	0.1	3.0 ~ 3.5	0.1	0.1	0.1	0.002	0.02	0.002	0.03	0.002
Sn3.5Ag	Res	0.1	3.2 ~ 3.8	0.12	0.05	0.1	0.002	0.02	0.002	0.03	0.002
Sn4Ag	Res	0.05	3.5 ~ 4.0	0.1	0.05	0.1	0.002	0.02	0.002	0.03	0.002
Sn1Cu	Res	0.1	0.05	0.05	0.45 ~ 0.9	0.1	0.002	0.02	0.002	0.03	0.002
Sn3Cu	Res	0.1	0.05	0.05	2.5 ~ 3.5	0.1	0.002	0.02	0.002	0.03	0.002
Sn5Sb	Res	0.1	0.05	4.5~5.5	0.05	0.1	0.002	0.02	0.002	0.03	0.002

按照成分无铅焊料可归纳为 Sn0.7Cu、Sn3.5Ag、Sn58Bi、Sn3.5Ag0.75Cu、Sn（3.4 ~ 4.1）Ag（0.45 ~ 0.9）Cu、Sn3Ag2Bi、Sn57Bi1Cu、Sn3.5Ag0.5CuZn 等。

按照熔化温度分，无铅焊料可分为低温无铅焊料、中温无铅焊料和高温无铅焊料，但熔化温度的界限不明确。一般认为熔点低于 138℃的无铅焊料为低温焊料，如 Sn52In 等；熔点高于 250℃的为高温无铅软焊料，如 Au20Sn 等；其余为中温无铅软焊料，如 Sn3.5Ag，Sn0.7Cu 等。

（3）常用无铅焊料合金系列。无铅化的核心和首要任务是无铅焊料。据统计，全球范围内共研制出焊膏、焊丝、波峰焊基材 100 多种无铅焊料，但真正公认能用的只有几种。对于无铅焊料合金，要求合金的熔点、物理性能、化学性能、冶金性能、机械强度及可制造性等各方面尽量与传统的 SnPb 共晶合金相接近。

因为 Sn 能与铜（Cu）、镍（Ni）、银（Ag）等金属（母材）形成合金（金属间化合物），进而实现可靠的电气、机械连接，而且其资源丰富，价格便宜。因此，最有可能替代 SnPb 焊料的无铅合金是 Sn 基合金。以 Sn 为主，添加 Ag、Cu、Zn、Bi、In、Sb 等金属元素，构成二元、三元或多元合金，通过添加金属元素来改善合金性能，提高可焊性、可靠性。主要有 SnAg 共晶合金，SnAgCu 三元合金，SnCu 系焊料合金（仅日本开发应用），SnBi 系焊料合金，511-81 系焊料合SnIn 和 SnSb 系合金。

① SnAg 系焊料合金。Sn-3.5Ag 共晶合金是早期开发的无铅焊料，共晶点为 221℃。

在 Sn-3.5Ag 二元共晶合金中，Sn 中几乎不能固溶 Ag，Sn-Ag 所形成的合金组织是由不含银的纯 β-Sn 和微细的 Ag_3Sn 相结成的二元共晶组织。添加 Ag 所形成的 Ag_3Sn 因为晶粒细小，因此 Ag_3Sn 是稳定的化合物，改善了合金的机械性能。Sn-3.5Ag 无铅焊料具有优良的机械性能、拉伸强度、蠕变特性，耐热老化比 SnPb 共晶焊料优越，延展性比 SnPb 稍差。因此 Sn-3.5Ag 共晶合金很早以前就被应用在军工产品和 IC 的封装中。但该焊料熔点偏高、润湿性差、成本高，限制了它的广泛使用。

② SnCu 系焊料合金。Sn-0.75Cu 为共晶合金，共晶点 227℃，主要用于波峰焊。

SnCu0.75 共晶合金的熔点为 227℃。SnCu 系焊料的润湿性、波峰焊接后残渣的形成和可靠性仅次于 SnAgCu 系焊料，而成本比 SnAgCu 系焊料低得多。但过量 Cu 会在焊料内出现粗化结晶物，造成熔融焊料的黏度增加，影响润湿性和焊点的机械强度。研究表明，在 SnCu 系合金中添加少量的 Ni 可以增加焊接中焊料的流动性，添加少量的 Ag 可以改善焊料的机械性能，添加少量的 Sb 可以减少焊料中残渣的产生。目前，国外已把 SnCu0.7Ni 用作专用无铅波峰焊焊料。

③ SnZn 系焊料合金。SnZn8.8 为共晶合金，其熔点为 198.5℃，与 Sn63Pb37 相近。SnZn 系合金具有较低的熔点，机械性能好，长期延展性与 Sn63Pb37 相当，具有良好的蠕变特性，可制成线材使用，储量丰富，价格低。但 SnZn 系合金中的 Zn 极易氧化形成稳定的化合物，导致润湿性变差，可焊性差，焊接后的 SnZn 焊点也因 Sn 与 Zn 之间电极电位差构成微电池而易形成腐蚀。研究表明，在 SnZn 系中添加 Ag、Cu、In 等元素，可以提高其强度和抗腐蚀性，添加 Bi 可以改善其润湿性，但不能添加过多的 Bi，因为 Bi 不仅会降低液相线温度，还会使合金变硬。常用的 Sn-10Bi-8Zn 的熔点为 186℃～188℃，Sn-8Zn-5In-0.1Ag 合金的熔点为 185℃～198℃。如图 2-3-2 所示是 Sn-Zn 合金二元相图。

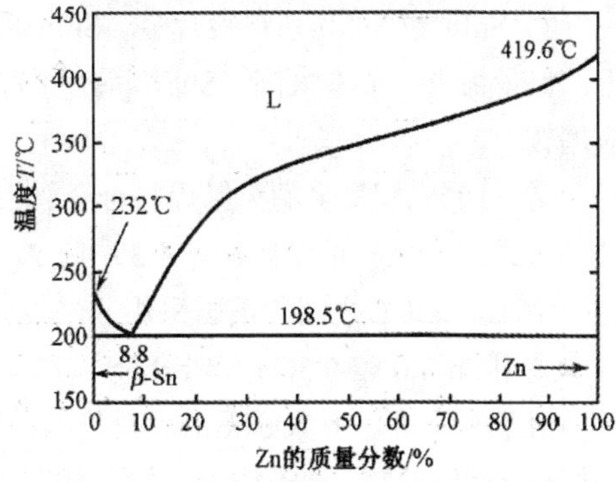

图 2-3-2　SnZn 系二元合金相图

在氮气中焊接也能改善润湿性，因此目前 SnZn 系的研究重点已转到可用于大气条件下焊接的焊剂研究。

④ SnAgCu 系焊料合金。SnAgCu 三元合金（熔点 216℃～222℃）是目前被大家公认的适用于再流焊的合金组分，其 Ag 含量在 3.0%～4.0%（质量百分比）、Cu 含量在 0.5%～0.75%范围内都是可接受的合金。

图 2-3-3 所示为日本研究的 SnAgCu 三元合金相图，共晶点成分是 Sn-3.24Ag-0.57Cu，共晶温度为 217.7℃。SnAgCu 合金相当于在 SnAg 合金里添加 Cu，能够在维持在 SnAg 合金良好性能的同时稍微降低熔点。Cu 和 Ag 一样，也是几乎不能固溶于 β-Sn 的元素，所形成的合金组织是由不含 Ag、Cu 的 β-Sn 和细微的 Ag_3Sn、Cu_6Sn_5 相结成的共晶组织。

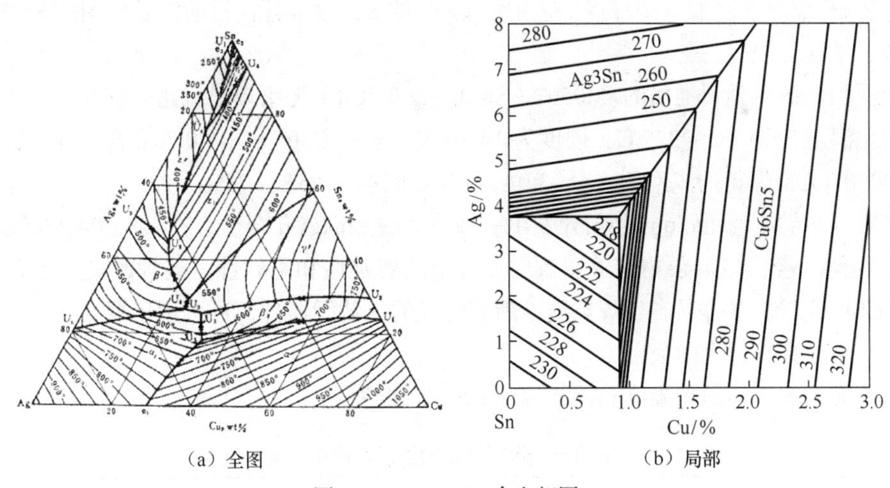

（a）全图　　（b）局部

图 2-3-3　SnAgCu 合金相图

⑤ SnBi 系焊料合金。Sn-57Bi 为共晶合金，熔点 139℃。SnBi 系无铅焊料多是以 SnAg（Cu）系合金为基体、添加适量的 Bi 组成的合金焊料。SnBi 系焊料能在 139℃～232℃宽熔点范围内形成，合金熔点最接近 Sn37Pb 合金，因而工艺相容性较好。SnBi 系焊料降低了熔点，与 SnPb 共晶焊料相近；蠕变特性好，增大了合金的拉伸强度。但该焊料延展性变坏，变得硬而脆；加工性差，不能加工成线材使用；另外，SnBi 系还存在一个致命弱点，即 Bi 在凝固过程会偏析而造成共晶

溶解与 Bi 的粗化，在焊区底部形成富 Bi 低熔点相，凝固时，引线和焊料热缩应力对焊区底部产生拉伸而导致焊区部提升（焊缝浮起）的现象，也称为焊点剥离现象。通常通过添加第三种元素的微合金化使 Bi 微细分散，从而改善 SnBi 合金的性能。

⑥ SnIn 和 SnSb 系焊料合金。SnIn 系合金熔点低，蠕变特性差，In 极易氧化，且 In 在地球上的储量稀少、成本太高。SnSb 系合金润湿性差，Sb 还稍有毒性。因此这两种合金体系开发和应用较少。

⑦ 目前应用最多的无铅焊料合金。目前应用最多的、用于回流焊的无铅焊料是三元共晶或近共晶形式的 SnAgCu 焊料。Sn（3～4）Ag（0.5～0.7）Cu 是可接受的范围，其熔点为 217℃左右（在 216℃～220℃之间）。美国采用 Sn-3.9Ag-0.6Cu 无铅合金，欧洲采用 Sn-3.5Ag-0.7Cu 无铅合金，日本采用 Sn-3.0Ag-0.5Cu 无铅合金。

由于 Sn-3.5Ag-0.7Cu 无铅焊料美国已经有了专利权，另外由于 Ag 含量为 3.0%的焊料没有专利权，价格较便宜，焊点质量较好，因此 IPC 推荐采用 Ag 含量为 3.0%（质量百分比）的 SnAgCu 焊料。

Sn-0.7Cu 或 Sn-0.7Cu-0.05Ni 焊料合金用于波峰焊，其熔点为 227℃；但在要求高可靠性场合，波峰焊工艺大多还是采用 SnAgCu 焊料。

手工电烙铁焊大多采用 SnAgCu、SnAg、SnCu 焊料。

虽然 Sn 基无铅合金已经被较广泛地应用，SnAgCu 合金作为无铅焊料已进入实用阶段，但其较高的熔点给它的应用带来了许多限制。与 Sn-37Pb 共晶焊料相比较，它仍然有以下问题：熔点高（高出 34℃）；表面张力大、润湿性差；价格高。

尽管 IPC 认为无铅焊料的种类不能很多，要单一标准化，否则对元件、对可靠性会有很大影响。但是目前国内外对无铅焊料合金的研究一直没有停止，针对目前使用的无铅合金存在以上问题做了许多研究和试验，如在波峰焊工艺中用低 Ag 的 SnAgCu 替代目前广泛应用的 Sn-3Ag-0.5Cu 有了突破。

我国深圳亿铖达公司推出的 M0507（Sn-0.5Ag-0.7Cu）无铅焊料就是一款性价比非常高的产品，其熔化温度为 217℃～227℃，硬度为 14.3HV，与 SAC305 和 Sn-0.7Cu 合金的性能表现相差不大。M0507 无铅焊料的成本约占 Sn-3.0Ag-0.5Cu 成本的 65%～75%。

另一家焊料供应商 Indium 公司开发出一种改良的 SnAgCu 合金，在 Sn-1.0Ag-0.5Cu 的基础上掺杂了其他元素，该掺杂物能够有效增加合金的展延性和柔软性。这种改良无铅合金可用于 BGA 和 CSP 这类非常容易产生焊点脆性断裂麻烦的封装元器件，还可用于现有的生产设备，这对于制造商来说具有很大的吸引力。

常用的无铅焊料的固相温度和液相温度如表 2-3-9 所示。

表 2-3-9　常用无铅焊料合金的固相、液相温度

合 金 成 分	固相温度/℃	液相温度/℃
SnIn52	118	118
SnBi58	139	139
SnIn20Ag2.8	179	189
SnBi10Zn5	168	190
SnZn8.8	198.5	198.5
SnAg3.8Cu0.7	216.4	217

续表

合 金 成 分	固相温度/℃	液相温度/℃
SnAg3.5Cu0.7	217	218
SnAg3.0Cu0.5	216	220
SnAg3.5In1.5	218	218
SnAg3.5	221	221
SnAg2	221	226
SnCu0.7Ni0.05	226	227

3．焊料形状

表面组装焊接工艺中常用的焊料形式有棒状、丝状、预成形和膏状。在不同的应用场合应采用不同形式的焊料。

（1）棒状焊料。棒状焊料如图 2-3-4（a）所示，用于浸渍焊接和波峰焊接。使用时应将棒状焊料溶于焊料槽中。实际应用时要注意两个问题，即液面的氧化和焊料成分的不均匀化。

（2）丝状焊料。丝状焊料如图 2-3-4（b）所示，用于手工烙铁焊接场合。丝状焊料采用线材引伸加工——冷挤压法或热挤压法制成，中空部分填装助焊剂，焊接过程中能均匀地供给助焊剂。助焊剂的填装有许多诀窍，可以防止助焊剂飞溅。在有些情况下，也可采用实心丝状焊料。

（3）预成形焊料。预成形焊料如图 2-3-4（c）所示，主要在激光等回流焊接工艺中采用，也可用于普通回流焊接工艺。这种焊料有不同的形状，一般有垫片状、小片状、圆片状、环状和球状，可根据不同需要选择使用。

（4）膏状焊料。在回流焊接工艺中采用膏状焊料，称为焊膏，如图 2-3-4（d）所示。

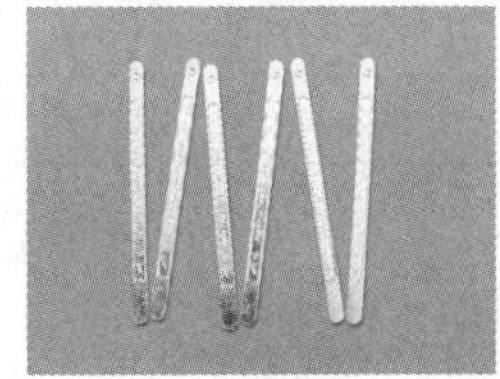
（a）棒状焊料

（b）丝状焊料

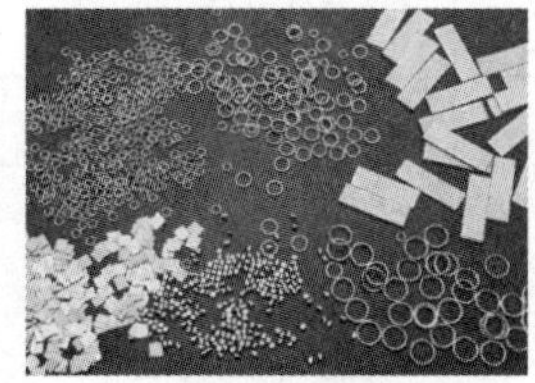
（c）预成形焊料

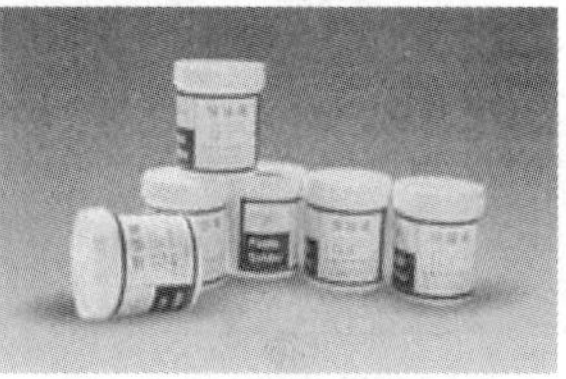
（d）膏状焊料

图 2-3-4　焊料形状

表 2-3-10 所示为各种常用焊料合金温度以及使用场合。

表 2-3-10　各种焊料合金温度对照表

	合　金	熔点温度范围		适 用 产 品				建 议 用 途
		℉	℃	焊丝	焊棒	焊膏	预成形	
锡合金	Sn63Pb37	361	183	√	√	√	√	在印制电路板组装应用上被最普遍使用的合金比例
	Sn60Pb40	361～374	183～190	√	√	√	√	通常在单面板焊锡及沾锡作业中被应用
	Sn55Pb45	361～397	183～203	√	√		√	不常被使用，除了高温焊锡的沾锡作业
	Sn50Pb50	361～420	183～214	√	√		√	用于铁、钢等难焊金属的焊接
	Sn40Pb60	361～460	183～238	√	√		√	用于高温用途，用于汽车工业冷却器的焊接

续表

	合　金	熔点温度范围		适用产品				建议用途
		℉	℃	焊丝	焊棒	焊膏	预成形	
	Sn30Pb70	361～496	183～258	√	√		√	用于修补汽车凹痕
	No.123	366～503	186～262	√	√			低锡渣合金，用于高温镀锡线作业
	Sn20Pb80	361～536	183～280	√	√		√	不常被使用，除了在汽车工业
	Sn10Pb90	514～576	268～302	√	√	√	√	用于制造 BGA 和 CGA 的球脚
	Sn05Pb95	574～597	301～314				√	高温合金，很少被用到
无铅合金	Sn96.5Ag3.5	430	221	√	√	√	√	高温合金，形成的焊点有很高的强度
	Sn96Ag04	430～444	221～229	√	√		√	在需要高强度的焊点时会用到
	Sn95Ag5	430～473	221～245	√	√	√	√	在需要高强度的焊点时会用到
	100%Sn	450	232	√	√		√	添加锡炉中，用于补充锡的损耗
	Sn95Sb05	450～464	232～240	√	√	√	√	高温焊锡使用
	SAF-A-LLOY	426～454	219～235	√	√		√	专为无铅制程发展出的合金
其他合金	Sn62Pb36Ag02	354～372	179～189	√	√	√	√	用于镀银陶瓷板或银、钯导体的焊接
	Sn60Pb36Ag04	354～475	179～246	√	√		√	用于镀银陶瓷板或银、钯导体的焊接，避免银的流失
	Sn10Pb88Ag02	514～570	268～299	√	√	√	√	用于在高温工作环境的产品
	Sn05Pb93.5Ag1.5	565～574	296～301	√			√	用于在高温工作环境的产品
	Sn05Pb92.5Ag2.5	536	280	√	√		√	焊锡合金中具有共熔温度且最高者
	Sn43Pb43Bi14	291～325	144～163	√	√	√	√	低温焊锡合金

2.3.2　助焊剂

自然界中，除金、铂之外，几乎所有的金属暴露在空气中均会发生氧化，表面生成氧化层，妨碍焊接的发生。所以在焊接过程中，可加入一种能净化焊接表面金属和焊料表面，帮助焊接的物质，即助焊剂，简称焊剂。在波峰焊接工艺中，采用液态助焊剂，助焊剂和焊料是分开使用的。在回流焊工艺中，助焊剂则是焊膏的重要组成部分。

1．助焊剂的化学组成

传统的 SMT 工艺中助焊剂通常以松香为基体，松香具有弱酸性和热熔流动性，并具有良好的绝缘性、耐湿性、无腐蚀性、无毒性和长期稳定性，是性能优良的助焊材料。松香随着品种、产地、生产工艺的不同，其化学组成和性能有较大的差异，因此，对松香优选是保证助焊剂质量的关键。此外，通用的助焊剂还包括活性剂、成膜物质、添加剂和溶剂等。

（1）活性剂。活性剂（Activator）是为提高助焊剂助焊能力而加入的活性物质，它对助焊剂净化焊料和被焊件表面起主要作用。活性剂的活性是指它与焊料和被焊件表面氧化物等起化学反应的能力，也反映了清洁金属表面和增强润湿性的能力。润湿性强则助焊剂的扩展性高，可焊性就好。在助焊剂中，活性剂的添加量较少，但在焊接时起很大的作用。若为含氯的化合物，其氯含量应控制在 0.2%以下。

活性剂分为无机活性剂和有机活性剂两种。无机活性剂，如氯化锌、氯化铵等，助焊性好，但作用时间长、腐蚀性大，不宜在电子装联中使用；有机活性剂，如有机酸及有机卤化物，作用柔和、作用时间短、腐蚀性小、电气绝缘性好，适宜在电子产品装联中使用。

（2）成膜物质。加入成膜物质，能在焊接后形成一层紧密的有机膜，起到保护焊点和基板的作用，具有防腐蚀性和优良的电气绝缘性。常用的成膜物质有松香、酚醛树脂、丙烯酸树脂、氯乙烯树脂、聚氨酯等。在普通家电或要求不高的电器装联中，使用成膜物质，装联后的电器部件可不清洗以降低成本，但在精密电子装联中焊后仍需要清洗。

（3）添加剂。添加剂是为适应工艺和工艺环境而加入的具有特殊物理和化学性能的物质。常见的添加剂有以下几种。

① 调节剂。调节剂是为调节助焊剂的酸性而加入的材料，例如，三乙醇胺可调节助焊剂的酸度；在无机助焊剂中加入盐酸可抑制氧化锌的生成。

② 消光剂。消光剂能使焊点消光，以便在操作和检验时缓解眼睛疲劳和视力衰退。一般可加入无机卤化物、无机盐、有机酸及金属盐类（如氯化锌、氯化锡、滑石、硬脂酸、硬脂肪铜、钙等）。

③ 光亮剂。如果要使焊点光亮，可加入甘油、三乙醇胺等。

④ 缓蚀剂。加入缓蚀剂能保护印制电路板和元器件引脚。缓蚀剂具有防潮、防霉、防腐蚀性能，又能保持优良的可焊性。用作缓蚀剂的物质大多是以含氮化合物为主体的有机物。

⑤ 阻燃剂。为保证使用安全，提高抗燃性，可加入阻燃剂，如 2，3-二溴丙醇等。

（4）溶剂。溶剂是助焊剂的主要成分，一般占到 90%以上。它可以使助焊剂中的其他成分有效地溶解，并可调节助焊剂的浓度，以适应不同的涂敷要求。在生产中常使用乙醇、异丙醇及二者的混合物作为溶剂。

在选择溶剂时，有以下 4 条要求。

① 溶剂对助焊剂中固体成分均有较好的溶解性。

② 常温下挥发程度适中。

③ 焊接时能迅速挥发掉。

④ 毒性小，气味小。

2．助焊剂的作用

助焊剂在焊接中的作用主要体现在以下 4 个方面。

（1）去除焊接表面的氧化物或其他污染物。焊接前的首要任务是去除焊接表面的氧化物。助焊剂中松香酸在活化温度范围内能够与被焊金属表面的氧化膜发生还原反应，生成松香酸铜，它易与未参加反应的松香混合，留在裸露的金属铜表面以便使焊料润湿。助焊剂中活性剂与氧化铜发生反应，最终置换出纯铜。助焊剂中的金属盐与被焊金属表面氧化物发生置换反应。助焊剂中有机卤化物同样能与被焊金属表面发生反应，起到去除氧化物的作用。

（2）防止焊接时焊料和焊接表面的再氧化。助焊剂比重小于焊料比重，因此焊接时助焊剂覆盖在被焊金属和焊料表面，使被焊金属和焊料表面与空气隔离，焊接时能够有效防止金属表面在高温下再次氧化。

（3）降低熔融焊料的表面张力，促进焊料的扩展和流动。助焊剂在去除焊接表面的氧化物时发生了一定的化学反应，在化学反应过程中发出的热量和激活能能够降低熔融焊料的表面张力和黏度，同时使金属表面获得激活能，促进液态焊料在被焊金属表面漫流，增加表面活性，从而提高焊料的润湿性。

（4）有利于热量传递到焊接区。助焊剂降低了熔融焊料的表面张力和黏度，这样就增加了液态焊料的流动性，因此有利于将热量迅速、有效地传递到焊接区，加快扩散速度。

3．助焊剂的分类

助焊剂的品种、数量很多，但目前为止还没有统一的分类标准，仅进行技术性的大致分类。

（1）按助焊剂的活性分类。助焊剂按其活性特性可分为 4 类，如表 2-3-11 所示。

表 2-3-11　　助焊剂按活性分类

类　型	标　识	用　途
低活性	R	用于较高级别的电子产品，可实现免清洗
中等活性	RMA	民用电子产品
高活性	RA	可焊性差的元器件
特别活性	RSA	元器件的可焊性差或有铁镍合金

这里的活性标识为国内的习惯用法，目前在 IPC-A-610B 等标准中，助焊剂活性的标识已采用 L、M 和 H 来表示，它们的相互关系如下。

L0 型焊剂——所有低活性（R）类、某些中等活性（RMA）类，以及某些低固含量免清洗焊剂。

L1 型焊剂——大多数中等活性（RMA）类、某些高活性（RA）类。

M0 型焊剂——某些高活性（RA）类、某些低固含量免清洗焊剂。

M1 型焊剂——大多数高活性（RA）类。

H0 型焊剂——某些水溶性焊剂。

H1 型焊剂——所有特别活性（RSA）类、大部分水溶性和合成全活性焊剂。

（2）按助剂中固体含量分类。助焊剂按照其固体含量的分类如表 2-3-12 示。

表 2-3-12　　助焊剂按固体含量分类

类　型	固 体 含 量	用　途
低固含量	3%以下	免清洗焊接
中固含量	3% ~ 15%	通用电子产品
高固含量	15%以上	民用电子产品

（3）按化学成分分类。

① 松香系列焊剂。松香是最普通的助焊剂，其主要成分是松香酸及其同素异形体、有机多脂酸和碳氢化萜。在室温下松香是硬的，最纯的松香是水白松香，简称 WW，它是最弱的非活性焊剂。在焊接工艺中，水白松香能去除足够的金属氧化物，而使焊料获得优良的润湿性能。为了改善水白松香的活性，可添加诸如烷基胺氢卤化物（联胺卤化物）等活性剂，形成不同类型的松香系列焊剂。

松香系中的 RMA 型通常以液体形式用于波峰焊接和以焊剂形式用于焊锡膏。RA 型广泛用于工业和消费类电子产品的制造，如收音机、电视机和电话机等产品。RSA 型焊剂有腐蚀性并且较难清洗，因此一般不能用于任何类型的电路组件上。

② 合成焊剂。合成焊剂的主要成分是合成树脂，可根据用途不同配成不同类型，主要用于波峰焊接。采用合成焊剂树脂和松香焊剂组成的合成焊剂可以解决双波峰焊工艺中的焊料擦洗问题，否则，采用双波峰焊时，由于焊接时第 1 个波峰会洗掉焊料，将导致焊接第 2 个波峰时由于焊料不足而出现焊料拉尖和断路的现象。

③ 有机焊剂。有机焊剂又称为有机酸焊剂，类似于特别活性的松香焊剂，可溶于水。这类焊剂属于腐蚀性焊剂，焊后必须从组件上去除，所以在 SMT 工艺的应用方面没有前途，但它们已广泛用于普通组件的焊接工艺上。

（4）按残留物的溶解性能分类。按照残留物的溶解性能分，助焊剂可分为 3 类。

① 有机溶剂清洗型。低活性（R）类、中等活性（RMA）类、高活性（RA）类。

② 水清洗型（WS）。有机盐类、无机盐类、有机酸类。

③ 免清洗型（LS）。免清洗型助焊剂只含有极少量的固体成分，不挥发含量只有 1/5 ~ 1/20，卤素含量低于 0.01% ~ 0.03%，一般是以合成树脂为基础的助焊剂。

其中，替代 CFC 清洗剂的有效途径是使用水清洗助焊剂，水清洗助焊剂已在波峰焊工艺中使用，但焊后清洗液体的排放问题尚未完全解决。目前，正在研制适用于 SMT 工艺回流焊的水溶性焊剂配制的焊锡膏。

4．对助焊剂性能的要求

为在焊接过程中能充分发挥助焊剂的作用，对助焊剂的性能提出了以下要求。

① 具有去除表面氧化物、防止再氧化、降低表面张力等特性，这是助焊剂必须具备的基本性能。

② 熔点比焊料低，在焊料熔化之前，助焊剂要先熔化以充分发挥其作用。

③ 润湿扩散速度要比焊料熔化快，通常要求扩展率在 90%以上。

④ 黏度和密度比焊料小，黏度大会使扩散困难，密度大就不能覆盖焊料表面。

⑤ 焊接时不产生锡珠飞溅，也不产生毒气和强烈的刺激性臭味。

⑥ 焊后残渣易于去除，并具有不腐蚀、不吸湿和不导电等特性。

⑦ 焊接后不沾手、不易拉尖。

⑧ 在常温下存储稳定。

5．助焊剂的选用

助焊剂的选择一般考虑助焊效果好、无腐蚀、高绝缘、耐湿、无毒和长期稳定等特点，但还应根据不同的焊接对象来选用不同的助焊剂。

① 不同的焊接方式需要不同状态的助焊剂。波峰焊应用液态助焊剂，回流焊应用糊状助焊剂。

② 当焊接对象可焊性好时，不必采用活性强的助焊剂；当焊接对象可焊性差时，必须采用活性较强的助焊剂。在 SMT 工艺中最常用的是低活性或中等活性的助焊剂。

③ 根据清洗方式不同选用不同类型的助焊剂。选用有机溶剂清洗，需和有机类或树脂类助焊剂相匹配；选用去离子水清洗，必须用水清洗型助焊剂；选用免洗方式，只能用固体含量在 0.5% ~ 3%的免清洗型助焊剂。

6．无铅助焊剂的特点、问题与对策

无铅合金与传统 Sn-37Pb 共晶焊料相比具有熔点高、润湿性差等特点，而且波峰焊工艺大多采用水基溶剂型助焊剂，工艺难度比较大。无铅助焊剂要适应无铅合金的高温、润湿性差等特点，

采取提高活化温度（耐高温）和活性的措施，工艺上也要根据焊料合金的熔点及助焊剂的活化温度正确设置温度曲线。如果控制不当会影响可焊性，造成过多的焊接缺陷，影响可靠性。无铅助焊剂的主要问题与对策如下。

（1）焊剂与合金表面之间有化学反应，因此不同合金成分要选择不同的助焊剂。

（2）无铅合金的润湿性差，因此要求助焊剂活性高。

（3）无铅合金的润湿性差，需要增加助焊剂的用量，因此要求焊后残留物少，并且无腐蚀性，以满足 ICT 探针能力和电迁移。

（4）无铅合金的熔点高，因此要求提高助焊剂的活化温度，以适应无铅焊接的高温。

（5）无铅助焊剂是水基溶剂型助焊剂，焊接时如果水未完成挥发，会引起焊料飞溅、气孔和空洞。因此要求增加预热时间，手工焊接的焊接时间比有铅助焊剂长一些。

（6）印刷性、可焊性的关键在于助焊剂。确定了无铅合金后，关键在于助焊剂。例如，有 8 家助焊剂公司给某公司提供无铅焊膏进行试验，试验结果差别很大。润湿性差的焊膏焊上后电阻、电容移位比较多；润湿性好的焊膏，焊后不立碑。因此选择焊膏要做工艺试验，看看印刷能否满足要求，焊后质量如何。例如，间隔 1 个小时观察印刷质量有无变化；要测 1 ~ 8h 的黏度变化。

（7）无铅焊剂必须专门配制。免清洗锡钎焊膏已经使用多年，而且已是成熟的技术。早期，无铅焊膏的做法是简单地将锡铅焊料、免清洗焊剂和无铅合金混合，结果很糟糕。焊膏中助焊剂和焊料合金间的化学反应影响了焊膏的流变特性（对印刷性能至关重要）。因此，无铅焊剂必须专门配制。

开发活性更强、润湿性更好的新型助焊剂，要与预热温度和焊接温度相匹配，而且要满足环保要求。实际测试证明，免清洗助焊剂用于无铅焊接更好。

同样，波峰焊中无 VOC 免清洗焊剂也需要特殊配制。无铅焊膏和波峰焊的水溶性焊剂对某些产品也是需要的。

2.3.3 焊膏

焊膏又称焊锡膏，是由合金焊料粉末、糊状助焊剂和一些添加剂混合而成的，是具有一定黏性和良好触变特性的浆料或膏状体，如图 2-3-5 所示。它是 SMT 工艺中不可缺少的焊接材料，广泛用于回流焊中。常温下，由于焊膏具有一定的黏性，可将电子元器件粘贴在 PCB 的焊盘上，在倾斜角度不是太大，也没有外力碰撞的情况下，一般元器件是不会移动的。当焊膏被加热到一定温度时，焊膏中的合金粉末熔融再流动，液体焊料润湿元器件的被焊端与 PCB 焊盘，在焊接温度下，随着溶剂和部分添加剂挥发、冷却后元器件的被焊端与焊盘被焊料互连在一起，形成电气与机械相连接的焊点。

图 2-3-5　焊膏

1．焊膏的化学组成

焊膏主要由合金焊料粉末和助焊剂组成，如图 2-3-6 所示，表 2-3-13 所示为焊膏的组成比例。

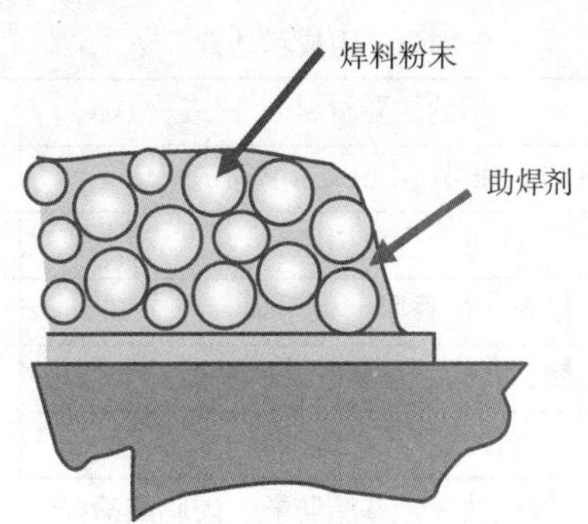

图 2-3-6　焊膏组成示意图

表 2-3-13　　焊膏的组成成分

成　分	质量百分数/%	体积百分数/%
合金焊料粉末	85 ~ 90	50 ~ 60
助焊剂	10 ~ 15	40 ~ 50

（1）合金焊料粉末。合金焊料粉末是焊膏的主要成分。常用的合金焊料粉末有锡-铅（Sn-Pb）、锡-银-铜（Sn-Ag-Cu）、锡-铅-银（Sn-Pb-Ag）、锡-铅-铋（Sn-Pb-Bi）等，不同合金比例有不同的熔化温度。合金焊料粉末的形状、粒度和表面氧化程度对焊膏性能的影响很大。合金焊料粉末按形状可以分为球形和不定形，如图 2-3-7 所示。球形合金粉末的表面积小、氧化程度低、制成的焊膏具有良好的印刷性能。合金焊料粉末的粒度一般在 25 ~ 45μm，粒度越小，黏度越大。粒度过大，会使焊膏粘接性能变差；粒度太细，由于表面积增大，会使表面含氧量增高，不宜采用。

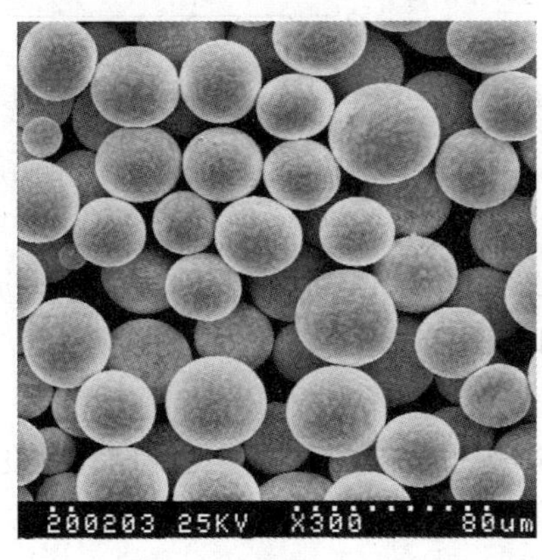

（a）球形

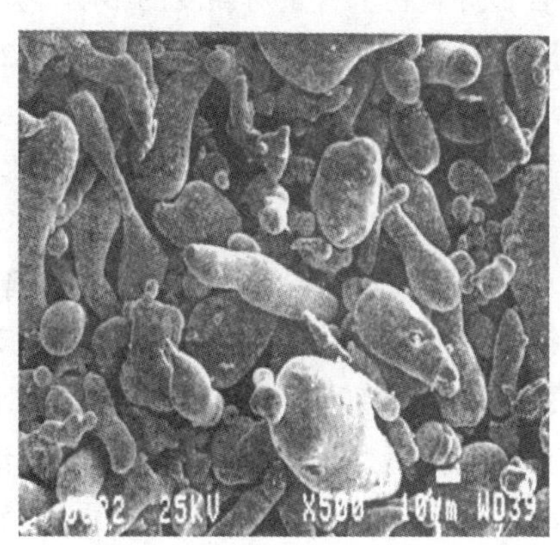

（b）不定形

图 2-3-7　合金焊料粉末形状

（2）助焊剂。在焊膏中，糊状助焊剂是合金焊料粉末的载体，其组成和通用助焊剂基本相同。为了改善印刷效果和触变性，有时还需加入触变剂。通过助焊剂中活性剂的作用，助焊剂能清除被焊金属表面以及合金粉末本身的氧化膜，使焊料迅速扩散并附着在被焊金属表面。助焊剂的组成对焊膏的扩展性、润湿性、塌陷、黏度变化、清洗性质、锡珠飞溅以及存储寿命均有较大影响。表 2-3-14 所示为焊膏的组成成分及功能。

表 2-3-14　焊膏的组成和功能

组　成		使用的主要材料	功　能
合金焊料粉末		Sn-Pb；Sn-Ag-Cu；Sn-Pb-Bi	元器件和电路的机械和电气连接
助焊剂系统	焊剂	松香、合成树脂	净化金属表面，提高焊料润湿性
	粘结剂	松香、松香脂、聚丁烯	提供贴装元器件所需黏性
	活性剂	硬脂酸、盐酸、联氨、三乙醇胺	净化金属表面，提高助焊性能
	溶剂	甘油、乙二醇	调节焊膏特性
	触变剂	蓖麻蜡、脂肪酸酰胺、羟基脂肪酸、硬脂酸盐类	防止分散、防止塌边

2．焊膏的性质

焊膏与其他焊接材料相比，具有独特的性质，最典型的是具有触变特性和黏性。

（1）触变特性。通常会在焊膏中加入一定量的触变剂，以使焊膏具有触变性能。焊膏的触变特性体现为随着所受外力的增加，焊膏的黏度迅速下降，但下降到一定程度后又开始稳定下来，这种性质在印刷焊膏时是非常有用的。即焊膏在印刷时，受到刮刀的推力作用，其黏度下降，当到达模板窗口时，黏度达到最低，故能够顺利通过窗口沉降到 PCB 焊盘上，随着外力的停止，焊膏的黏度又迅速回升，这样就不会出现印刷图形的塌陷和漫流，得到良好的印刷效果，如图 2-3-8 所示。

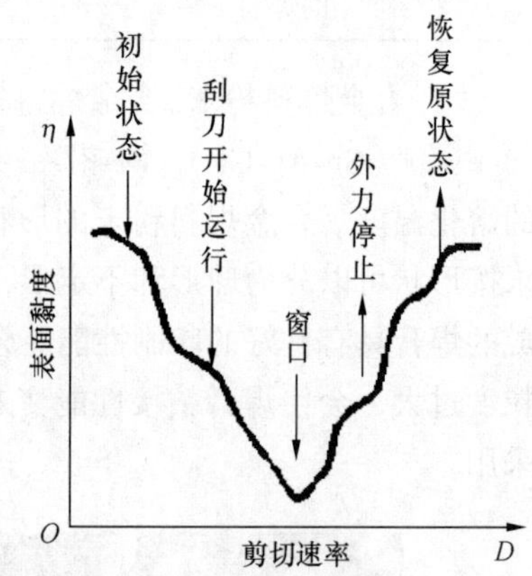

图 2-3-8　焊膏印刷时黏度的变化规律

（2）黏性。焊膏具有一定的黏度是焊膏的另一特性。影响焊膏黏度的因素为合金焊料粉末含量、焊料粉末粒度和温度。

① 合金焊料粉末含量对黏度的影响。焊膏中合金焊料粉末含量的增加会明显引起黏度增加，如图 2-3-9（a）所示。合金焊料粉末的增加可以有效地防止印刷后及预热阶段焊膏塌落，焊接后焊点饱满，有利于焊接质量的提高。这也是我们常选用合金焊料粉末含量高的焊膏，并采用金属模板印刷的原因。

② 焊料粉末粒度对黏度的影响。在焊膏中金属粉末含量及焊剂完全相同时，焊料粉末粒度的大小将会影响黏度。当粒度增加时，黏度反而会降低，这与焊料粉末粒度减少，剪切力增大有关，如图 2-3-9（b）所示。

③ 温度对焊膏黏度的影响。温度对焊膏的黏度影响很大，随着温度的升高，黏度会明显下降，如图 2-3-9（c）所示。因此，无论是测试焊膏的黏度，还是印刷焊膏都应该注意环境温度。通常印刷焊膏时，最佳环境温度为（25±2）℃，精密印刷时则应由印刷机恒温系统来保证。

3．焊膏的分类

目前，焊膏的品种繁多，尚缺乏统一的分类标准，一般根据合金熔点、焊剂的活性程度及黏度进行分类。

（1）按合金焊料粉末的熔点分类。按合金焊料粉末的熔点，焊膏可分为低温焊膏、中温焊膏和高温焊膏。人们习惯上将 Sn63Pb37 焊膏称为中温焊膏，低于此熔化温度的称为低温焊膏，如铋基、铟基焊膏；高于此熔化温度的称为高温焊膏，如 Sn96 焊膏。

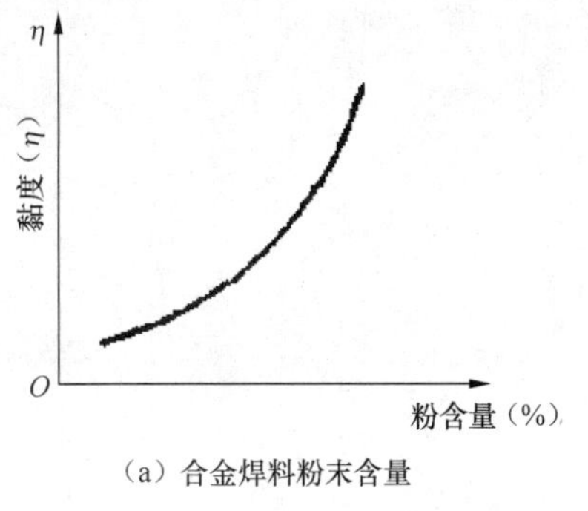

（a）合金焊料粉末含量

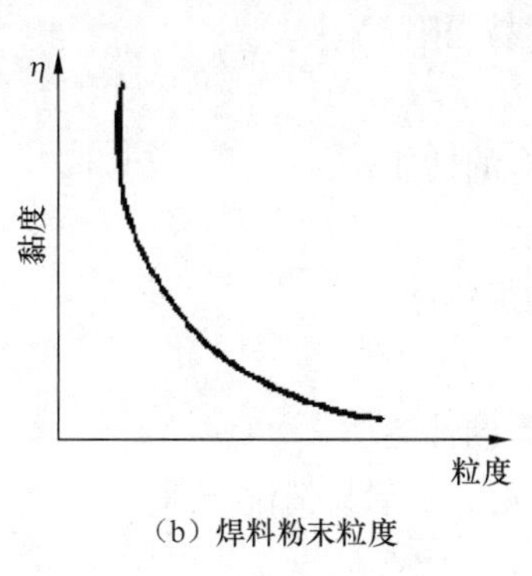

（b）焊料粉末粒度

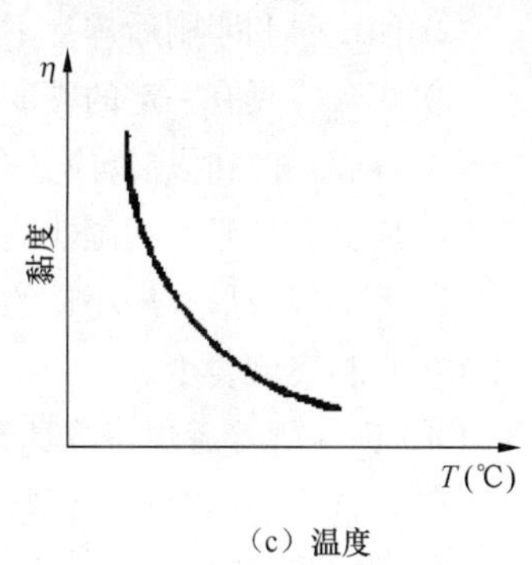

（c）温度

图 2-3-9　影响焊膏黏度的因素

（2）按通用液体焊剂活性分类。参照通用液体焊剂活性的分类原则，焊膏可分为低活性（R）、中等活性（RMA）和高活性（RA）3 个等级，如表 2-3-15 所示，使用时可以根据 PCB 和元器件的情况及清洗工艺要求进行选择。

表 2-3-15　焊膏按焊剂的活性分类

类　型	焊剂和活性剂	应 用 范 围
R	水白松香，非活性	航天、军事
RMA	松香，非离子性卤化物等	军事和其他高可靠性电路组件
RA	松香，离子性卤化物	消费类电子产品

（3）按焊膏的黏度分。根据焊膏的黏度分类，是为了适应不同工艺方法分配焊膏的需要，如表 2-3-16 所示。

表 2-3-16　按焊膏的黏度分类

合金粉含量/%	黏度值/（Pa·s）	应 用 范 围
90	350 ~ 600	模板印刷
90	200 ~ 350	丝网印刷
85	100 ~ 200	分配器

（4）按清洗方法分。电子产品的清洗方式分为有机溶剂清洗、水清洗、半水清洗、免清洗等。这是根据焊接过程中所使用的焊剂、焊料成分来确定的。目前，有专门用于免清洗焊接的焊膏（如 SQ-1030 SOM）和水清洗焊接的焊膏（如 2062-506A-40-9.5）。一般用于水清洗和免清洗的焊膏不含氯离子。从保护环境的角度考虑，水清洗、半水清洗和免清洗是电子产品工艺的发展方向。

4．表面组装对焊膏的要求

在表面组装的不同工艺或工序中，要求焊膏具有与之相对应的性能。SMT 工艺对焊膏特性和相关因素的具体要求如下。

（1）焊膏应具有良好的保存稳定性。焊膏制备后，印刷前应能在常温或冷藏条件下保存 3 ~ 6 个月而性能不变。

（2）印刷时和回流加热前焊膏应具有的性能。

① 印刷时焊膏应具有优良的脱模性。

② 印刷时和印刷后焊膏不易塌陷。

③ 焊膏应具有一定的黏度。

（3）回流加热时焊膏应具有的性能。

① 应具有良好的润湿性能。

② 不形成或形成最小量的焊料球。

③ 焊料飞溅要少。

（4）回流焊接后焊膏应具有的性能。

① 焊剂中固体含量越低越好，焊后易清洗干净。

② 焊接强度高。

5．焊膏的选用原则

焊膏的种类和规格非常多，即使是同一厂家，也有合金成分、颗粒度、黏度、清洗方式等方面的差别，而且价格差异也很大。如何选择合适的焊膏，对产品质量和成本都有很大的影响。一般应结合具体的生产环境，参照焊膏的活性、黏度、粉末形状、粒度以及焊膏的熔点来进行选择。

（1）首先确定合金成分。合金是形成焊点的材料，它与被焊的金属界面形成合金层，同时合金成分也决定了焊接温度，因此应首先确定合金成分。合金成分主要根据电子产品和工艺来选择，应尽量选择与元件焊端相容的合金成分，同时还要考虑焊接温度等工艺因素。

一般镀锡铅印制电路板采用 Sn63Pb37；钯金和钯银厚膜端头和引脚可焊性较差的元器件、要求焊点质量高的印制电路板采用 Sn62Pb38。

（2）选择焊膏中的助焊剂。焊膏的印刷性、可焊性主要取决于焊膏中的助焊剂，因此在确定了焊膏中合金成分后就应该选取与生产工艺相适应的助焊剂。

选取时，需根据 PCB 和元器件存放时间及表面氧化程度选择其活性：一般产品采用 RMA 型；高可靠性产品选择 R 型；PCB、元器件存放时间长，表面严重氧化时采用 RA 型，且焊后应该清洗。

（3）确定焊膏中合金成分与助焊剂的配比。合金成分和助焊剂的配比直接影响焊膏的黏度和印刷性。表 2-3-14 给出了焊膏中合金成分和助焊剂的一般配比情况。

（4）根据施加焊膏的工艺及组装密度选择焊膏的黏度。施加焊膏的方式有多种，不同的施加方式对焊膏的黏度有不同的要求，如表 2-3-17 所示。

同时，选择焊膏时，应多选几家公司的焊膏做实验，对印刷性、脱模性、触变性、黏性、润湿性及焊点缺陷、残留物等做比较和评估，才能选择到合适的焊膏。

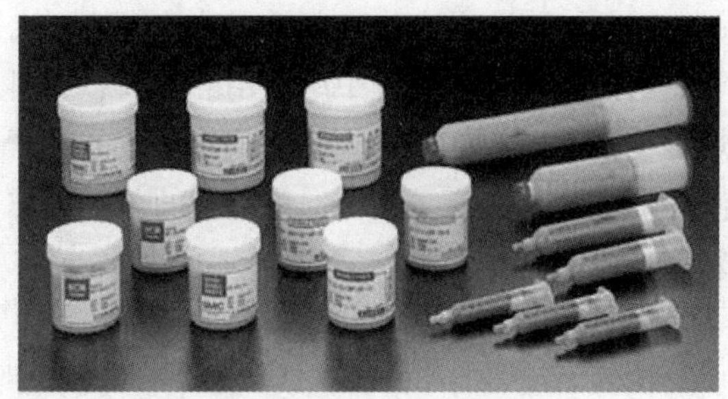

图 2-3-10　焊膏的常见包装

6．焊膏的包装

焊膏通常采用塑料瓶装，规格多为 500g/瓶，也有塑料管包装，如图 2-3-10 所示。

7．焊膏的存储和使用注意事项

（1）焊膏的存储。焊膏是一种比较敏感的焊接材料，污染、氧化、吸潮都会使其产生不同程度变质，因此焊膏一般要求低温、低湿、密封保存。密封状态下，依然要求瓶口竖直向上摆放，

防止助焊剂渗出，影响其活性。

① 根据生产需要控制焊膏使用周期，存货存储时间不超过 3 个月。

② 焊膏入库保存要按不同种类、批号，不同厂家分开放置。

③ 焊膏的存储条件要求温度 4℃～8℃，相对温度低于 50%。不能把焊膏放到冷冻室急冻，特殊焊膏依厂家资料而定。

④ 焊膏使用应遵循先进先出的原则，并应作记录。

⑤ 每周都应检测存储的温度及湿度并作记录。

（2）焊膏的使用注意事项。

① 焊膏从冰箱拿出，贴上“焊膏控制使用标签”，填上“回温开始时间”并“签名”，焊膏控制使用的标签如图 2-3-11 所示。焊膏需完全回温方可开盖使用，回温时间规定为 6～12h，并在“使用标签”上填上“开盖时间”及“使用有效时间”。如未回温完全便使用，焊膏会冷凝空气中的水气，造成坍塌，锡爆等问题。

焊膏控制使用标签	回温开始时间：
	开盖时间：__________ 使用有效时间：__________

图 2-3-11　焊膏控制使用标签

② 焊膏使用前应先在罐内进行充分搅拌，搅拌方式有两种：第 1 种为机器搅拌，机器搅拌的时间一般为 3～4min；第 2 种为人工搅拌，人工搅拌焊膏时，要求按同一方向搅拌，以免焊膏内混有气泡，搅拌时间为 2～3min。

③ 从瓶内取出焊膏时应注意尽量少量添加到模板上，添加完后一定要旋好盖子，防止焊膏暴露在空气中造成助焊剂挥发，开盖后的焊膏使用有效期在 24h 内。

④ 印刷焊膏过程在 25℃±2℃，40%～50%RH 环境作业最好，不可有冷风或热风直接对着吹，温度超过 26.6℃，会影响焊膏性能。

⑤ 已开盖的焊膏原则上应尽快用完，如果不能做到这一点，可在工作日结束时将模板上剩余的焊膏装进一空罐子内，留待下次使用。使用过的焊膏不能与未使用的焊膏混装在同一瓶内，因为新鲜的焊膏可能会受使用过的焊膏所污染而发生变质。

⑥ 使用已开盖的焊膏前，必须先了解开盖时间，确认是否在使用的有效期内。

⑦ 当天没有用完的焊膏，如果第 2 天不再生产需将其放回冰箱保存，并在标签上注明。

⑧ 印刷后尽量在 4h 内完成回流焊。

⑨ 免清洗焊膏修板后不能用酒精擦洗。

2.3.4 贴片胶

表面组装技术有两类典型的工艺流程，一类是焊膏—回流焊工艺，另一类是贴片胶—波峰焊工艺。后者是将片式元器件采用贴片胶粘合在 PCB 表面，并在 PCB 另一面上插装通孔元件，然后通过波峰焊就能顺利地完成装接工作。贴片胶的作用是在波峰焊前把表贴元器件暂时固定在 PCB 相应的焊盘图形上，以免波峰焊时引起元器件偏移或脱落。焊接完成后，它虽然失去了作用，但仍然留在 PCB 上，具有很好的粘接强度和电绝缘性能。

1. 贴片胶的化学组成

表面组装贴片胶通常由基体树脂、固化剂和固体促进剂、增韧剂以及填料组成。

（1）基体树脂。基体树脂是贴片胶的核心，一般是环氧树脂和丙烯酸酯类聚合物。近年来也用聚氨酯、聚酯、有机硅聚合物以及环氧树脂—丙烯酸酯类共聚物。

（2）固化剂和固体促进剂。贴片胶在常温下是一种黏稠胶水状态，具有一定的黏性，贴片后必须固化才能使元器件暂时固定在 PCB 上，所以通常需要加入一些固化剂来促进固化。常用的固化剂和固化促进剂为双氰胺、三氰化硼—胺络合物、咪唑类衍生物、酰胺、三嗪和三元酸酰肼等。

（3）增韧剂。由于单纯的基体树脂固化后较脆，为弥补这一缺陷，需在配方中加入增韧剂以提高固化后贴片胶的韧性。常用的增韧剂有邻苯二甲酸二丁酯、邻苯二甲酸二辛酯、液体丁腈橡胶和聚硫橡胶等。

（4）填料。加入填料后可以改善贴片胶的某些特性，如可提高贴片胶的电绝缘性能和耐高温性能，还可使贴片胶获得合适的黏度和粘接强度等。常见的填料有硅微粉、膨润土、白炭黑、硅藻土、钛白粉、铁红和炭黑等。

2．贴片胶的分类

（1）按化学性质分。贴片胶按化学性质可分为热固型、热塑型、弹性型和合成型。

① 热固型贴片胶固化之后再加热也不会软化，不能重新建立粘接连接。热固型贴片胶又可分为单、双组分两类。单组分是指树脂和固化剂在包装时已经混合，它使用方便，质量稳定，但要求存放在冷藏条件下，以免固化。双组分的树脂和固化剂分别包装，使用时才混合，保存条件不苛刻，但使用时的配比常常把握不准，影响性能。热固型贴片胶可用于把 SMD 粘接在 PCB 上，主要有环氧树脂、腈基丙烯酸酯、聚丙烯和聚脂。

② 热塑型贴片胶固化后可以重新软化，重新形成新的粘结剂，它是单组分系统。

③ 弹性型贴片胶是具有较大延伸率的材料，它由合成或天然聚合物用溶剂配制而成，呈乳状，如硅树脂和天然橡胶等。

④ 合成型贴片胶由热固型、热塑型和弹性型按一定比例配制而成。它利用了每种材料最有用的性能，如环氧—尼龙、环氧聚硫化物和乙烯基—酚醛塑料等。

（2）按基体材料分。贴片胶按基体材料可分为环氧树脂和聚丙烯两大类。

环氧树脂是最老的和用途最广的热固型、高黏度的贴片胶，常用双组分。聚丙烯贴片胶则常用单组分，它不能在室温下固化，通常用短时间紫外线照射或用红外线辐射固化，固化温度约为 150℃，固化时间约为 10s 到数分钟。

（3）按功能分。贴片胶按功能可分为结构型、非结构型和密封型 3 大类。

结构型贴片胶具有高的机械强度，用来把两种材料永久地粘接在一起，并能在一定的荷重下使它们牢固地结合。非结构型贴片胶用来暂时固定具有不大荷重的物体，如把 SMD 粘接在 PCB 上，以便进行波峰焊接。密封型贴片胶用来粘接两种不受荷重的物体，用于缝隙填充、密封或封装等。前两种粘结剂在固化状态下是硬的，而密封型粘结剂通常是软的。

（4）按使用方法分。贴片胶按使用方法可分为针式转移式、压力注射式、丝网/模板印刷等工艺方式适用的贴片胶。

3．表面组装对贴片胶的要求

为了确保表面组装的可靠性，贴片胶应符合以下要求。

① 常温使用寿命要长。

② 合适的黏度。贴片胶的黏度应能满足不同施胶方式、不同设备、不同施胶温度的需要。胶滴时不应拉丝；涂敷后能保证足够的高度，而不形成太大的胶底；涂敷后到固化前胶滴不应漫流，以免流到焊接部位，影响焊接质量。

③ 快速固化。贴片胶应在尽可能低的温度下，以最快的速度固化。这样可以避免 PCB 翘曲和元器件的损伤，也可避免焊盘氧化。

④ 粘接强度适当。贴片胶在焊前应能有效地固定片式元器件，检修时应便于更换不合格的元器件。贴片胶的剪切强度通常为 6～10MPa。

⑤ 其他。在固化后和焊接中应无气体析出；应能与后续工艺中的化学制剂相容而不发生化学反应；不干扰电路功能；有颜色，便于检查，供 SMT 用贴片胶的典型颜色为红色或橙色。

4．贴片胶的存储与使用

贴片胶应在 2℃～8℃的冰箱中低温避光密封保存。贴片胶在使用中应注意下列问题。

① 使用时从冰箱中取出后，应使其温度与室温平衡后再打开容器，以防止贴片胶结霜吸潮。

② 贴片胶打开瓶盖之后，搅拌均匀后再使用。如发现结块或黏度有明显变化，说明贴片胶已失效。

③ 使用后留在原包装容器中的贴片胶仍要低温密封保存。

④ 贴片胶涂敷的方法主要有针式转移法、注射法和印刷法。不同的点胶方式对贴片胶的黏度有不同的要求，在点胶后可采用手工贴片、半自动贴片或采用贴装机自动贴片，然后固化。

⑤ 贴片胶用量应控制适当。用量过少会使粘接强度不够，波峰焊时易丢失元器件；用量过多会使贴片胶流到焊盘上，妨碍正常焊接，给维修工作带来不便。

5．贴片胶的包装

目前，市场上主要有两种形式的贴片胶包装，注射针管式和听装，如图 2-3-12 所示。注射针管式的规格主要有 5mL、10mL、20mL 和 30mL，可直接上点胶机；此外还有 300mL 注射管大包装，使用时分装到小针管中再上点胶机。通常包装量越大价格越便宜，但将大包装分装到小注射针管中则应采用专用工具。听装主要用于针式转移法和印刷法。

图 2-3-12　注射针管和听装贴片胶

6．贴片胶的选用

贴片胶的选用应根据工厂的设备状态及元件形状来决定。

（1）环氧树脂型贴片胶的特点。

① 环氧树脂型贴片胶可用回流炉固化，只需添置低温箱。

② 用于焊膏的工作环境均适用环氧树脂类。

③ 热固化，无阴影效应，适合不同形状的元器件，点胶位置也无特殊要求。

（2）选用丙烯酸酯型贴片胶时，应满足的条件如下。

① 添置紫外灯。

② 点胶位置有要求，胶点应分布在元器件外围，否则不易固化，且有阴影效应。

2.3.5 清洗剂

SMT 焊接后，PCB 上总是存在不同程度的助焊剂残留物以及其他类型的污染物，这些会引起电路断路等问题，因此，需要进行清洗。

1．清洗剂的类型

（1）溶剂型清洗剂。早期采用的清洗剂有醇、丙酮、三氯烯等。现在广泛采用以 CFC-113（三氟三氯乙烷）和甲基氯仿（三氯乙烷）为主体的两大类清洗剂，但他们对大气臭氧层有破坏作用，因此相继开发出一些 CFC 替代产品。

① 氟氯烃化合物。氟氯烃化合物清洗剂主要是指以 CFC-113 为主要成分的清洗剂，它有对助焊剂残渣溶解能力强、易挥发、无毒、不燃不爆、对元器件和 PCB 无腐蚀性以及性能稳定等优点，多年来一直被使用。但近年来发现 CFC 对大气臭氧层有破坏作用，严重危害人类的生存环境。1987 年 9 月 16 日，在加拿大蒙特利尔签订了保护臭氧层的协定书《蒙特利尔协定书》，规定到 2010 年全面停止使用 CFC。

② CFC 的代用品。为了减轻 CFC 对臭氧层的破坏，科学家引入氢原子代替部分氯原子，研制出改良的 HCFC。采用这种含氢的氟氯烃化合物，对臭氧层的破坏能力仅为原来的 1/10。但是仍有氯原子的存在，因此对臭氧层仍具有破坏作用，所以，该产品只是过渡性的代替品。

除了改性的 CFC 外，市场上还出现了多种 CFC 的代用品，如卤化碳氢化合物、乙二醇醚类溶剂以及醇类溶剂和酮类溶剂。

（2）水清洗剂。为彻底消除 CFC 对臭氧层的破坏作用，也为更好地适应水清洗工艺，出现了以皂化水和净水为代表的水清洗剂。皂化水为以水为溶剂，在皂化剂的作用下，把松香变成水溶性物质去除，最后再用纯水清洗干净。

2．清洗剂的特点

一般说来，一种性能良好的清洗剂应当具有以下特点。

① 脱脂效率高，对油脂、松香及其他树脂有较强的溶解能力。

② 表面张力小，具有较好的润湿性。

③ 对金属材料不腐蚀，对高分子材料不溶解、不溶胀，不会损害元器件和标记。

④ 不燃、不爆、低毒性，利于安全操作，也不会对人体造成危害。

⑤ 残留量低，清洗剂本身不污染印制电路板。

⑥ 易挥发，在室温下即能从印制电路板上除去。

⑦ 稳定性好，在清洗过程中不会发生化学或物理作用，并具有存储稳定性。

本章小结

通过本章的学习，读者可较系统地掌握表面组装技术中所用的各种生产物料：表面组装元器件、表面组装印制电路板以及在生产过程中可能用到的各种工艺材料。

本章重点介绍了表面组装元器件的类型，各种表面组装元器件的名称、外形结构、包装等；对表面组装印制电路板所用基材、铜箔以及表面组装印制电路板的设计原则进行了简单介绍；最后对表面组装工艺过程中所需的各种工艺材料分别从它们的作用、分类以及成分等方面进行了描述，为读者掌握后续的表面组装工艺奠定了基础。

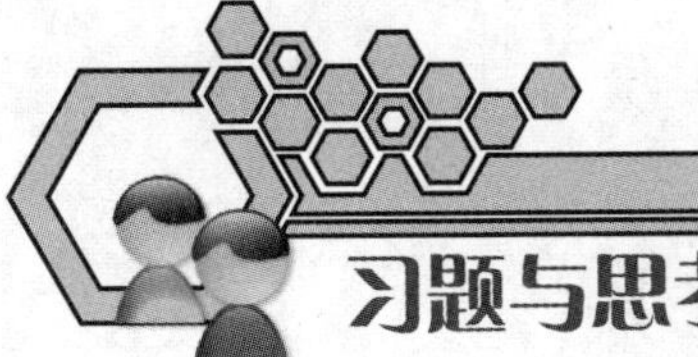

习题与思考

1. 表面组装元器件与通孔插装元器件相比有哪些优点？
2. 矩形片式元件主要以外形尺寸长和宽命名，试写出常见片式元件的英制、公制规格（至少写 8 组），并以其中一组为例，写出其具体尺寸。
3. 写出下列两个矩形片式电阻器的标称阻值。

4. 矩形钽电解电容按外形可分为哪几种？极性如何判断？
5. 认识 SOD、SOT、SOP、PLCC、QFP、TSOP、TSSOP、TQFP、TSQFP 各种器件外形，并解释其中文名称。
6. 表面组装器件常见的引脚有哪些形式？各自特点如何？并将常见的器件根据其引脚形式进行相应分类。
7. 表面组装元器件有几种包装类型？各种包装适用于哪些元器件？
8. 湿敏器件主要指哪些器件？如何对其进行保管？
9. 印制电路板常用基材有哪些？各有什么特点？
10. 表面组装印制电路板与通孔插装印制电路板相比有哪些特点？
11. 表面组装印制电路板上有几类基准标记？其形状如何？分别位于电路板上哪个位置？
12. 常用的无铅焊料有哪些？各自有何优缺点？
13. 简述助焊剂的作用。
14. 简述焊膏的选用原则。

第3章 SMT 生产工艺与设备

教学导航

		理论时间	一体化时间
知识目标	✧ 掌握印刷工艺过程及参数设置 ✧ 理解模板印刷常见缺陷 ✧ 掌握点胶工艺参数的设置 ✧ 掌握贴片机的贴装过程和贴装工艺 ✧ 掌握贴片机离线编程与在线编程的方法 ✧ 掌握贴片程序的优化方法 ✧ 掌握贴片常见缺陷及其形成原因 ✧ 掌握回流焊温度曲线的构成及各部分的作用 ✧ 掌握温度曲线的测定方法 ✧ 掌握影响回流焊接质量的因素 ✧ 掌握常见回流焊接缺陷形成原因及解决办法 ✧ 掌握波峰焊接工艺参数设置方法与温度曲线作用 ✧ 掌握影响波峰焊接质量的因素 ✧ 掌握波峰焊缺陷及解决措施 ✧ 熟悉 SMT 检测设备的测试方法 ✧ 熟悉 SMT 检测设备对相关缺陷的诊断 ✧ 熟悉检测设备的选用 ✧ 掌握返修基本技巧 ✧ 掌握片式元器件、多引脚器件、BGA 的返修流程	10 学时	20 学时
能力目标	✧ 能够根据实际生产条件，正确设置模板印刷参数 ✧ 能够根据模板印刷效果，正确判断印刷质量，并针对出现的印刷缺陷，提出相关解决措施 ✧ 能够根据具体生产要求，合理设置点胶参数		

续表

能力目标	✧ 能够在主流贴片机上进行在线编程 ✧ 能够对贴片机的程序进行合理的优化 ✧ 能够针对具体的贴装缺陷进行合理分析，找出形成原因，提出解决方案。 ✧ 能够测定回流炉温度曲线，并根据温度曲线进行参数优化 ✧ 能够通过分析回流焊接缺陷提出相应的解决措施 ✧ 能够对波峰焊机进行参数设置 ✧ 能够通过分析波峰焊接缺陷提出相应的解决措施 ✧ 能够运用 SMT 检测设备对 SMA 的相关缺陷进行诊断 ✧ 能够针对具体的 SMA 组件选择检测设备检测 ✧ 能够对片式元器件和多引脚器件进行返修 ✧ 能够进行 BGA 的返修与植球 ✧ 能够正确设定用于 BGA 返修的温度曲线		
重点与难点	✧ 模板印刷操作流程及相关参数设置 ✧ 生产物料、印刷设备、印刷工艺及生产环境对模板印刷质量的影响 ✧ 实际生产中相关焊膏印刷、点胶缺陷的分析及工艺改进 ✧ 影响贴片精度、贴片速度的因素 ✧ 贴片机离线编程与在线编程方法及程序的优化 ✧ 回流焊温度曲线关键参数的设置及焊接温度曲线的测定 ✧ 回流焊接缺陷分析及解决办法 ✧ 波峰焊接工艺参数设置方法与温度曲线各阶段的作用 ✧ 影响波峰焊接质量的因素与波峰焊常见缺陷及解决措施 ✧ AOI 的测试方法、AOI 的编程方法、AOI 对缺陷的诊断 ✧ X-RAY 射线管工作原理、X-RAY 透视检查机工作原理 ✧ 在线测试仪（ICT）工作原理、ICT 的测试方法 ✧ 检测缺陷的判别 ✧ 各类元器件的返修流程和返修方法 ✧ BGA 植球方法 ✧ BGA 返修操作及温度曲线设定		
教学辅助工具	✧ 焊膏、贴片胶、模板、印刷机、点胶机 ✧ 贴片机、各种类型元器件 ✧ 回流焊炉、波峰焊机、温度曲线测试仪 ✧ 检测设备及检测设备测试软件 ✧ 防静电腕带、烙铁、热风枪、返修工作台、植球器、海绵、烙铁架、镊子、放大镜、焊锡丝、吸锡带/器		
学习方法	✧ 通过操作 SMT 实训工厂生产线，掌握涂敷工艺、贴装工艺、焊接工艺、检测工艺流程以及工艺参数的设置 ✧ 通过对 SMT 实训工厂生产线的操作，能够对涂敷工艺、贴装工艺、焊接工艺过程中常见问题进行分析解决		

3.1 涂敷工艺及设备

涂敷的主要目的是将胶水或焊膏精确地涂敷于 PCB 上，使贴片工序贴装的元器件能够粘在 PCB 焊盘上。按照涂敷方式的不同表面涂敷工艺可分为以下几种。

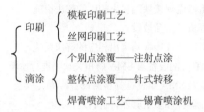

- 印刷
  - 模板印刷工艺
  - 丝网印刷工艺
- 滴涂
  - 个别点涂覆——注射点涂
  - 整体点涂覆——针式转移
  - 焊膏喷涂工艺——锡膏喷涂机

根据焊膏与贴片胶组成成分的不同，焊膏涂敷通常采用模板/丝网印刷工艺、喷涂工艺、点涂工艺，贴片胶涂敷通常采用注射点涂工艺、针式转移工艺、丝网/模板印刷工艺，二者的优先选择顺序也分别是模板/丝网印刷工艺和注射点涂工艺。

焊膏或贴片胶涂敷时，大批量生产一般使用大型自动化设备，诸如，印刷机、点胶机、点膏机等。小批量或手工涂敷时，通常采用台式点胶或点膏机、台式印刷机甚至手工涂敷。

3.1.1 表面涂敷工艺原理

表面涂敷工艺是电子产品制造工艺的第一道重要环节，电子产品制造过程中有 60% ~ 70%的缺陷来自于涂敷工艺，如图 3-1-1 所示，是影响整个 SMT 加工直通率的关键因素之一。

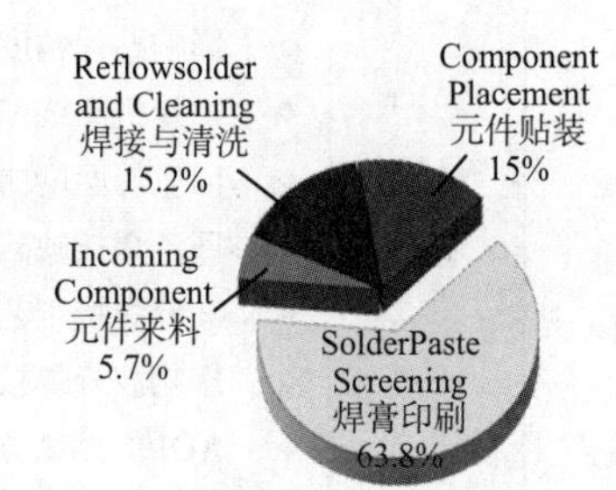

图 3-1-1 电子产品缺陷归属分布

印刷涂敷工序有两种主流工艺：涂敷焊锡工艺和涂敷贴片胶工艺。所谓涂敷焊锡工艺即利用涂敷设备和不锈钢模板，在元器件贴装到 PCB 上之前，将焊膏准确涂敷到 PCB 上的规定位置，涂敷贴片胶工艺则是利用点胶涂敷设备或印刷设备将贴片胶涂敷到 PCB 上的规定位置。

1．涂敷工作环境要求

焊膏是一种特殊的触变性流体，环境温度的变化会引起焊膏黏度的变化，温度升高，黏度降低，印刷后易引起焊膏的坍塌，最终导致焊接后桥接。环境湿度过高，焊膏会吸收空气中的湿气，造成焊接后锡珠等焊接缺陷。因此焊膏印刷环境要求较高。

焊膏涂敷工作环境尽管归属于 SMT 制造工厂的整体环境，但是考虑到焊膏、贴片胶、助焊剂等工艺耗材的易挥发性与不稳定性，影响焊膏涂敷工作的环境因素主要有温度、湿度、空气清洁度、通风风速等。

温度以维持锡膏的使用条件（要求 23℃左右）为基准，不适条件会引起锡膏黏稠或过干。湿度要求在 50%左右，小于 50%会使锡膏变干，挥发性材料会蒸发，大于 50%会使锡膏吸收潮气，结果会使锡膏失效或是产生锡球。在印刷区保持最小的通风，也是得到最好印刷质量的保证，保证印刷环境具有足够的清洁度，具体要求如下。

（1）电源要求：电源电压和功率要符合设备要求，电压要稳定，要求单相 AC220（220V±10%，50/60 Hz），三相 AC380V（220V±10%，50/60 Hz）。

（2）温度：环境温度以 23±2℃为最佳，一般为 17℃～28℃，极限温度为 15℃～35℃。

（3）湿度：相对湿度为 45%～70%RH。

（4）工作环境：工作间保持清洁卫生，无尘土、无腐蚀性气体。空气清洁度为 100 000 级。（BGJ 73—84）；在空调环境下，要有一定的新风量，尽量将 CO_2 含量控制在 1 233mg/m^3 以下，CO 含量控制在 12.33mg/m^3 以下，以保证人体健康。

（5）防静电：生产设备必须接地良好，应采用三相五线接地法并独立接地。生产场所的地面、工作台垫、坐椅等均应符合防静电要求。

（6）排风：回流焊和波峰焊设备都有排风要求。

2．表面涂敷方法

表面组装涂敷工艺就是把一定量的焊膏或胶水按要求涂敷到 PCB 上的过程，即焊膏涂敷和贴片胶涂敷，它是 SMT 生产工艺中的第一道工艺。焊膏涂敷有点涂、丝网印刷和金属模板印刷，这是表面涂敷的 3 种方法，其中金属模板印刷是目前应用最普遍的方法。图 3-1-2 所示即为常用的几种焊膏涂敷方法。

（a）点涂方法

（b）丝网印刷方法

（c）金属模板印刷方法

图 3-1-2　几种不同焊膏涂敷方法

（1）模板印刷。模板印刷工艺主要用于大批量生产、组装密度大，以及有多引脚、细间距器件的产品。对于焊膏来讲，模板印刷的质量比较好，不锈钢模板的使用寿命也比较长，因此模板印刷工艺是表面涂敷工艺中应用最广泛的涂敷方法。

模板印刷根据非印刷状态模板与 PCB 之间是否有足够间隙可分为接触式印刷和非接触式印刷，通常接触式印刷选择全金属结构模板，后者选择柔性金属模板。根据 PCB 导入的方向不同，模板印刷可分为单向印刷和双向印刷。根据焊膏在模板上是否直接暴露在空气中，印刷方式可分为密闭式印刷工艺和开放式印刷工艺。

（2）注射点涂。自动点涂主要用于批量生产，因为焊膏的流动性不如贴片胶好，但贴片胶的触变性又不如焊膏稳定，因此在焊膏涂敷中运用较少，主要用于涂敷贴片胶，而且，点涂质量不易控制，因此整体应用相对较少；手工点涂主要用于极小批量生产或新产品的模型样机和性能样机的研制，以及生产中返修、更换元件等。

（3）丝网印刷。丝网板不同于不锈钢金属模板，而且组成结构不同，从而导致丝网板的可流通性比不锈钢模板差，脱模性也差，因此丝网印刷只能用于元器件焊盘间距较大、组装密度不高的中小批量生产。丝网印刷时刮刀也容易损坏感光胶膜和丝网，使用寿命短，因此现在已经很少应用。

贴片胶涂敷就是将胶水涂敷在 PCB 规定位置上，这样在混合组装中就可把表面组装元器件暂时固定在 PCB 的焊盘图形上，以便随后的波峰焊接等工艺操作得以顺利进行。

3．模板印刷原理

焊膏模板印刷工艺的目的是为 PCB 上元器件焊盘在贴片和回流焊接之前提供焊膏，使贴片工

艺中贴装的元器件能够粘在 PCB 焊盘上，同时为 PCB 和元器件的焊接提供适量的焊料，以形成焊点，达到电气连接。

（1）模板印刷的基本过程。焊膏模板印刷的基本过程如图 3-1-3 所示，概括起来可分为 5 个步骤：定位、填充、刮平、释放、擦网。与这些步骤有关的主要设备结构有印刷刮刀头模块，印刷工作台模块，CCD 照相识别模块，模板调节模块，模板清洗机构，导轨调节模块等。

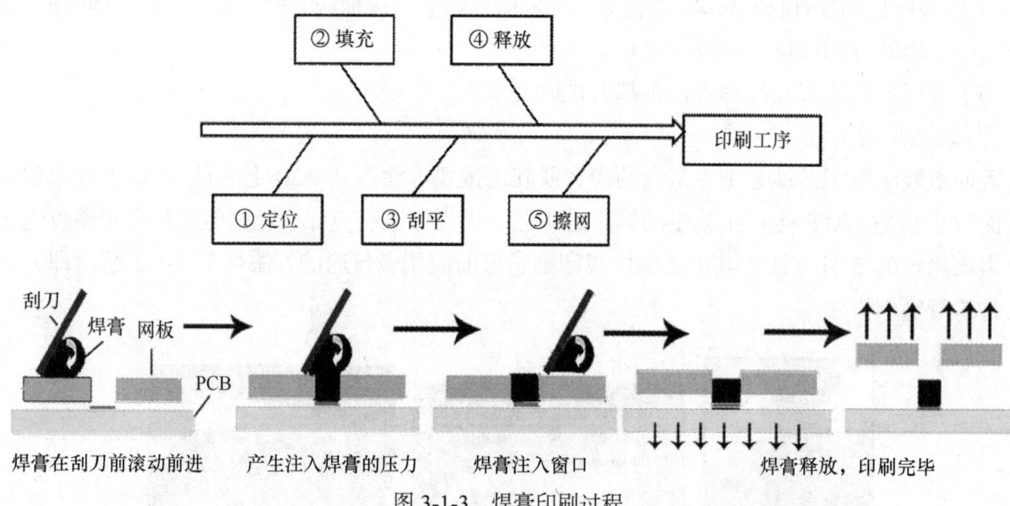

图 3-1-3　焊膏印刷过程

（2）模板印刷的受力分析。焊膏是一种触变流体，具有一定的黏性，当刮刀以一定的速度和角度向前移动时，对焊膏将产生压力 F，F 可以分解成水平压力 F_1 和垂直压力 F_2，如图 3-1-4 所示。F_1 推动焊膏在模板上向前滚动，F_2 将焊膏注入模板开孔。由于焊膏的黏度随着刮刀与模板交接处产生的切变将逐渐下降，因此在 F_2 的作用下焊膏能够顺利地注入模板开孔，并最终牢固且准确地涂敷在焊盘上。

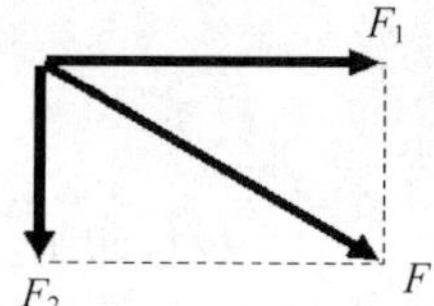

图 3-1-4　压力分析

焊膏印刷时的粘力计算公式如式（3-1）所示。

$$P_{\mathrm{h}} = V \times n \times \frac{\sqrt{v}}{(\sin\alpha)^2} \tag{3-1}$$

式中：P_{h} 为锡膏的流体压力；V 为刮刀下的锡膏量；n 为锡膏黏性 Viscosity；v 为锡膏刮动速度；α 为刮刀角度。

焊膏在印刷时必须保证以滚动的方式匀速向前运行，滚动体的直径约为 1cm，如图 3-1-5 所示，焊膏只有通过合适的压力，合适的速度才可以顺利通过窗口涂敷到 PCB 的焊盘上。

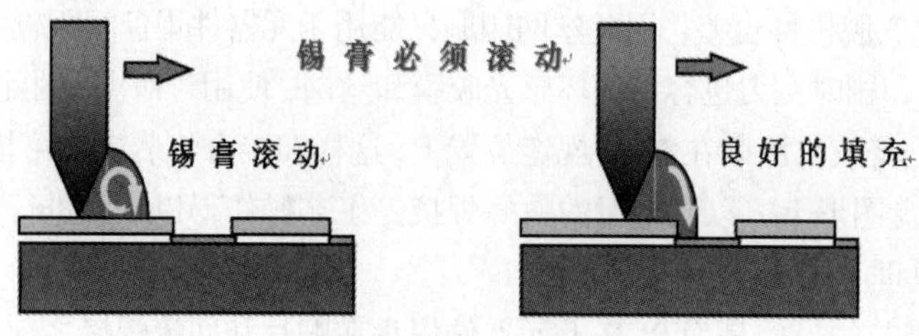

图 3-1-5　焊膏滚动向前

3.1.2　涂敷设备及治具

1．印刷设备

印刷机作为一台高智能化、高精度的机电一体化设备，是 SMT 的主体设备之一，目前主流品牌有 DEK 和 MPM，这两个品牌的印刷机约占总印刷机市场的一半，其他品牌诸如日本日立、松下、MINAMI、YAMAHA、SANYO，德国的 EKRA 等。

当前，用于焊膏印刷的印刷机品种很多，以自动化程度来分类，可以分为手动印刷机、半自动印刷机、全自动印刷机 3 类，如图 3-1-6 所示。

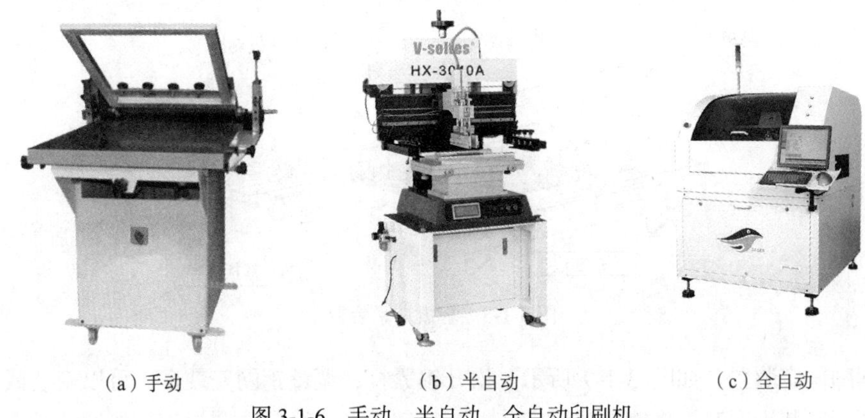

（a）手动　（b）半自动　（c）全自动

图 3-1-6　手动、半自动、全自动印刷机

手动印刷机的各种参数和动作均需要人工调节与控制，通常仅用于小批量生产或难度不高的产品。

半自动印刷机除了 PCB 装夹过程是人工放置以外，其余动作均由机器连续完成，但第一块 PCB 与模板的窗口位置是通过人工来对准的。通常 PCB 是通过印刷机台面上的定位销来实现定位对准的，因此 PCB 板面上应设有高精度的定位孔，以供装夹用。

全自动印刷机通常带有光学对中系统，通过对 PCB 和模板上对中标志（Fiducial Mark）的识别，可实现模板开口与 PCB 焊盘的自动对中。印刷机一般的重复精度可达 ± 0.025mm，在配有 PCB 装夹系统后，能实现全自动运行。但印刷机的多种工艺参数，如刮刀速度、刮刀压力、模板与 PCB 之间的间隙仍然需要人工来设定。

印刷机中，PCB 放进和取出的方式有两种，一种是将整个刮刀机构连同模板抬起，将 PCB 放进和取出，PCB 定位精度取决于转动轴的精度，一般不太高，这种方式多见于手动印刷机和半自动印刷机；另一种是刮刀机构与模板不动，PCB 平进与平出，模板与 PCB 垂直分离，这种方式定位精度高，多见于全自动印刷机。

无论哪种印刷机，都是由机架、印刷工作台、模板固定机构、印刷头系统以及其他保证印刷精度而配备的选件，如 CCD、定位系统、擦板系统、2D 及 3D 测量系统等组成的。印刷工作台及刮刀头如图 3-1-7 所示。

（1）机架。稳定的机架是印刷机保持长期稳定性和长久印刷精度的基本保证。

（2）印刷工作台。印刷工作台包括工作台面、基板夹紧装置、工作台传输控制机构，如图 3-1-8 所示。

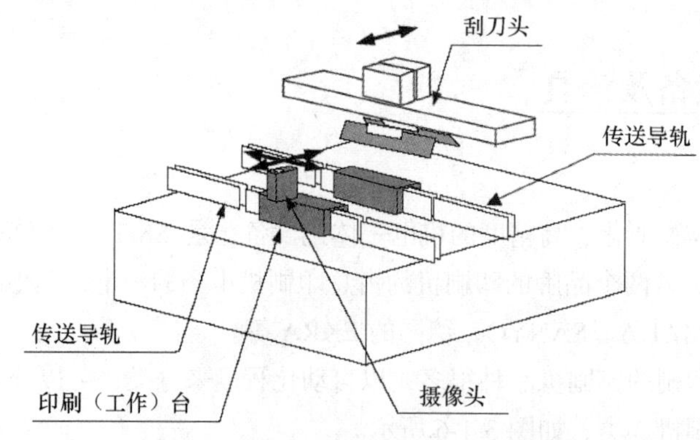

图 3-1-7　印刷机工作台及刮刀示意图

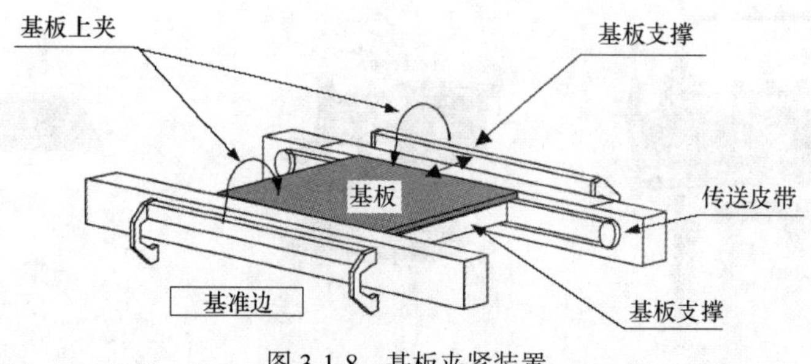

图 3-1-8　基板夹紧装置

（3）钢网固定装置，如图 3-1-9 所示。松开锁紧杆，调整钢网安装框，可以安装或取出不同尺寸的钢网。安装钢网时，将钢网放入安装框，抬起一点，轻轻向前滑动，然后锁紧。钢网允许的最大尺寸是 750mm× 750mm。当钢网安装架调整到 650mm 时，选择合适的锁紧孔锁紧，这是极限位置，超出这个位置，印刷台将发生冲撞。

（4）印刷头系统。印刷头系统由刮刀（不锈钢、橡胶、硬塑料）、刮刀固定机构（浮动机构）、印刷头的传输控制系统组成。图 3-1-10 所示为刮刀头。

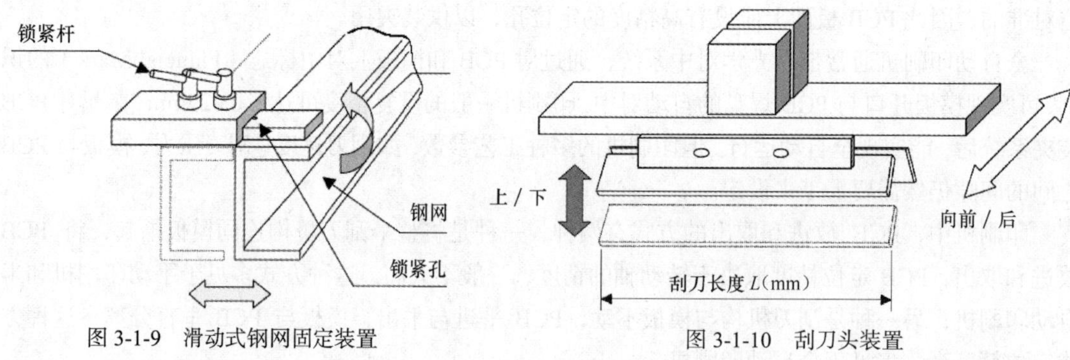

图 3-1-9　滑动式钢网固定装置　　　图 3-1-10　刮刀头装置

适当长度的刮刀固定架有利于焊膏的使用，刮刀固定架的金属部件与钢网摩擦可能引起不良印刷。标准的刮刀固定架长为 480mm，可视情况使用 340mm、380mm 和 430mm 的刮刀固定架。刮刀材料有橡胶、金属两大类。橡胶刮刀的形状有菱形和拖尾两种。金属刮刀分为不锈钢刮刀和高质量合金钢并在刀刃上涂有涂层的刮刀。

（5）PCB 视觉定位系统。PCB 视觉定位系统是修整 PCB 加工误差用的。为了保证印刷质量的一致性，使每一块 PCB 的焊盘图形都与模板开口相对应，每一块 PCB 印刷前都要使用视觉定

位系统定位。

（6）滚筒式卷纸清洁装置。滚筒式卷纸清洁装置如图 3-1-11 所示。

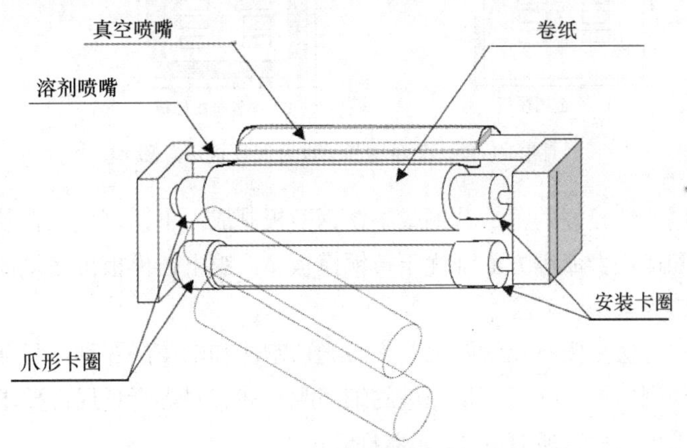

图 3-1-11　滚筒式卷纸清洁装置

该清洁装置可以采用 8 种清洗模式，如表 3-1-1 所示。这 8 种清洗模式可以有效地清洁钢网背面和开孔上的焊膏微粒和助焊剂。装在机器前方的卷纸容易更换，便于维护。

表 3-1-1　清洁模式的种类

清 洗 模 式	干：使用卷纸加真空吸附 湿：使用溶剂
1	干
2	干 + 干
3	湿 + 干
4	湿 + 湿
5	干 + 湿
6	干 + 湿 + 干
7	湿 + 湿 + 干 + 干
8	湿 + 干 + 干 + 干

2．印刷用治具——模板

金属模板（Stencil）又称漏板、钢板、钢网，用来定量分配焊膏，是保证焊膏印刷质量的关键治具。模板就是在一块金属片上，用化学方式蚀刻出漏孔或用激光刻板机刻出漏孔，用铝合金边框绷边，做成合适尺寸的金属板。

根据模板材料和固定方式，模板可分成 3 类：网目/乳胶模板、全金属模板、柔性金属模板。网目/乳胶模板的制作方法与丝网板相同，只是开孔部分要完全蚀刻透，即开孔处的网目也要蚀刻掉，这将使丝网的稳定性变差，另外这种模板的价格也较贵。全金属模板是将金属钢板直接固定在框架上，它不能承受张力，只能用于接触式印刷，也叫刚性金属模板，这种模板的寿命长，但价格也贵。柔性金属模板是将金属模板用聚酯并以（30～223）N/cm^2 的张力张在网框上，丝网的宽度为 30～40mm，以保证钢板在使用中有一定的弹性，这种模板目前应用最广泛。图 3-1-12 所示为全金属和柔性金属模板。

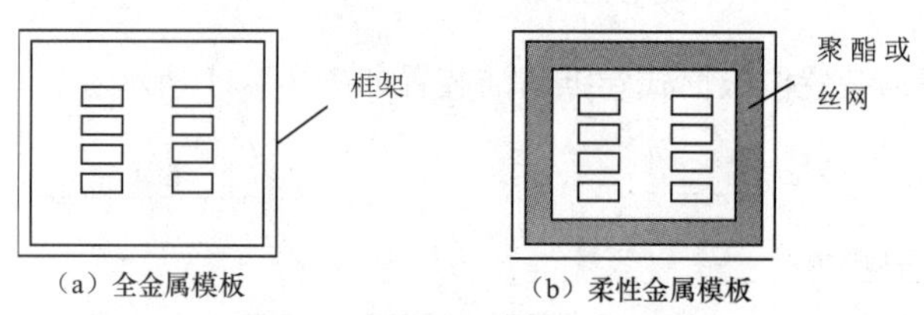

图 3-1-12　全金属和柔性金属模板示意图

金属模板一般用弹性较好的镍、黄铜或不锈钢薄板制成。不锈钢模板在硬度、承受应力、蚀刻质量、印刷效果和使用寿命等方面都优于黄铜模板，而镍电铸模板价格最高，因此，不锈钢模板在焊膏印刷中被广为采用。

金属模板的开孔方法主要有化学腐蚀法、激光切割法和电铸法 3 种。目前激光切割法制作的模板是业界的主流印刷模板，除了少量先进的细间距 CSP、对焊膏量局部要求较多的通孔回流器件不能使用外，几乎可以覆盖所有 SMT 元器件。

模板开口尺寸大小直接关系到焊膏印刷量，从而影响焊接质量。开口形状则会影响焊膏的脱模效果，不锈钢模板的开口设计要素如下。

（1）开口形状。模板开口通常有矩形、方形和圆形 3 种。矩形开口比方形和圆形开口具有更好的脱模效率。开口垂直或喇叭口向下时焊膏释放顺利，如图 3-1-13 所示。

图 3-1-13　模板开口壁的形状

（2）开口尺寸设计。为了控制焊接过程中出现焊料球或桥接等焊接缺陷，模板开口的尺寸通常情况下比焊盘图形尺寸略小。印刷锡铅焊膏时，一般模板开口尺寸＝0.92 × 焊盘尺寸。

（3）模板宽厚比和面积比。焊膏印刷过程中，当焊膏与 PCB 焊盘之间的粘合力大于焊膏与开口壁之间的摩擦力时，就有良好的印刷效果。

宽厚比＝W/H＝窗口宽度/模板厚度，面积比＝$L \times W/[2(L+W)H]$＝窗口面积/窗口孔壁面积。各尺寸如图 3-1-14 所示。在印刷锡铅焊膏时，当宽厚比≥1.6，面积比≥0.66 时，模板具有良好的漏印性。而在印刷无铅焊膏时，由于无铅焊膏比重较小，且润湿性差，因此开口要大些，即宽厚比≥1.7，面积比≥0.7 时，模板有良好的漏印性。

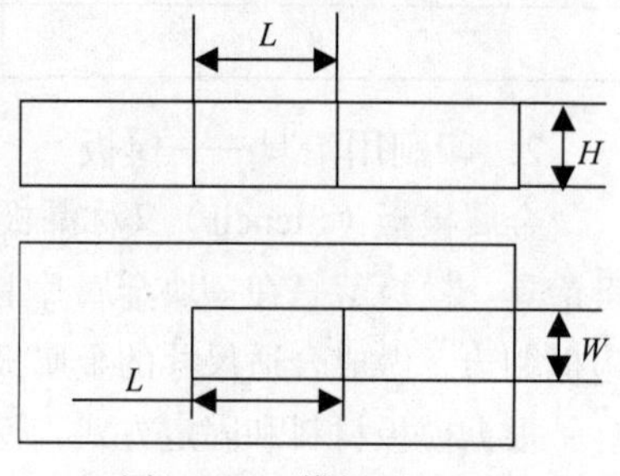

图 3-1-14　模板开口尺寸

（4）金属模板的厚度。模板的厚度直接关系到印刷后的焊膏量，对电子产品焊接质量影响也很大，通常情况下，如果没有 BGA、CSP、FC 等器件存在，模板厚度一般取 0.15mm 就可以了。但随着电子产品小型化，电子产品组装技术越来越复杂，为实现 BGA、CSP、FC 与 PLCC、QFP 等器件共同组装，甚至是和通孔插装元器件共存，模板的尺寸也不能唯一固定了。

3．点涂设备

点胶机可分为手动和自动两种，手动点胶机用于试验或小批量生产，自动点胶机用于大批量生产。下面介绍点胶机中最主要的部件点胶头及点胶机的常规技术参数。

（1）点胶头。点胶头根据分配泵的不同可分为时间—压力式、螺旋泵式、线性正相位移泵式、喷射泵式4种，如图3-1-15所示。

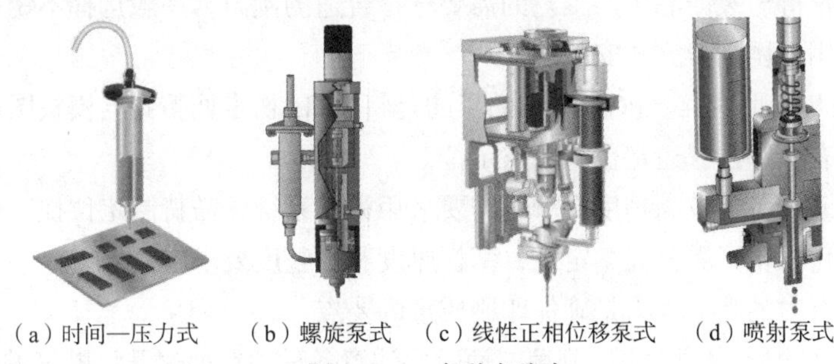

（a）时间—压力式　（b）螺旋泵式　（c）线性正相位移泵式　（d）喷射泵式

图3-1-15　各种点胶头

① 时间—压力式点胶头。长期以来，气压泵一直被认为是最直接的点涂方式，它根据时间—压力原理，利用压缩机产生受控脉冲气流进行工作。它有一个注射器，在末端装有针头，工作时气流脉冲作用时间越长，从针头推出的涂敷材料数量就越多。

② 螺旋泵式点胶头。螺旋泵式点胶头灵活性强，适合滴涂各种贴片胶，对贴片胶中混入的空气不太敏感，但对黏度的变化敏感，点涂速度对点涂一致性也有影响。

③ 线性正相位位移点胶头。线性正相位位移点胶头高速点涂时对胶点一致性好，能点大胶点，但清洗复杂，对贴片胶中的空气敏感。

④ 喷射泵式点胶头。喷射泵式属于非接触式点胶头，点胶速度快，对PCB的翘曲和高度变化不敏感，但大胶点速度慢，需要多次喷射，清洗复杂。

（2）点胶机的常规技术参数。点胶机的常规技术参数有点胶量的大小、点胶压力（背压）、针头大小、针头与PCB板间的距离、胶水温度、胶水的黏度、固化温度曲线和气泡等。

3.1.3　表面涂敷工艺参数

1．印刷工艺参数设计

模板印刷作为最基本的焊膏印刷方式，尽管现代印刷设备有多种，但其印刷基本过程一样，如图3-1-16所示。

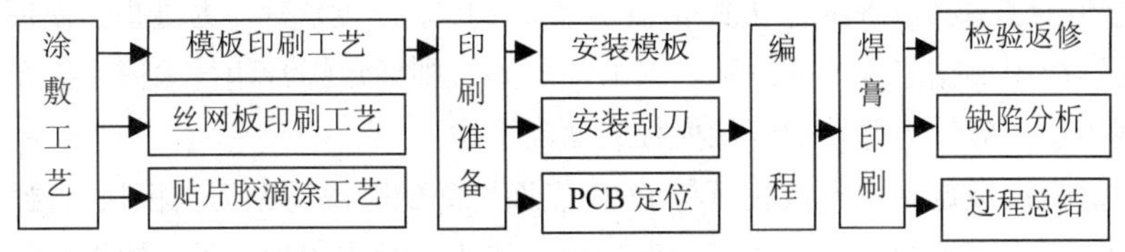

图3-1-16　焊膏模板印刷过程

（1）印刷准备。在印刷之前，印刷机的操作人员要进行印刷前准备，准备主要分为3类。第一类：治具准备，准备模板、刮刀、工具诸如内六角螺丝刀等；第二类：材料准备，准备焊膏、用周转箱装好的PCB、酒精、擦拭纸等；第三类：文件准备，准备装配技术文件、工艺卡、注意事项等。

（2）安装模板、刮刀。模板安装，将其插入模板轨道上并推到最后位置卡紧，拧下气压制动开关，固定。

刮刀安装，根据待组装产品生产工艺的需要选择合适的刮刀，一般选择不锈钢刮刀，特别是高密度组装时，采用拖尾刮刀方式安装。

（3）PCB 定位与图形对准。PCB 定位的目的是将 PCB 初步调整到与模板图形相对应的位置上。基板定位方式有孔定位、边定位、真空定位。

孔定位：半自动设备，较高精度要求时需要采用视觉系统，需特制定位柱。

边定位：自动化设备，需要光学定位，基板厚度和平整度要求较高。

真空定位：强有力的真空吸力是确保印刷质量的要点。

双面贴装 PCB 采用孔定位时，印刷第二面时要注意各种顶针要避开已贴好的元器件，不要顶在元器件上，以防止元器件损坏。PCB 定位后要进行图形对准，即通过对印刷工作平台或对模板的 X、Y、θ 的精细调整，使 PCB 的焊盘图形与模板漏孔图形完全重合。

图形对准时需要注意 PCB 的方向与模板印刷图形一致；应设置好 PCB 与模板的接触高度，图形对准必须确保 PCB 图形与模板完全重合。

（4）设置工艺参数。主要参数有刮刀压力、刮刀速度、刮刀角度、刮刀选择、分离速度、印刷间隙、印刷行程、清洗模式及频率等。

为避免焊膏造成浪费及浪费印刷时间，印刷前一般需要设置前、后印刷极限，即确定印刷行程。前极限一般在模板图形前 20 mm 处，后极限一般在模板图形后 20 mm 处，如图 3-1-17 所示。

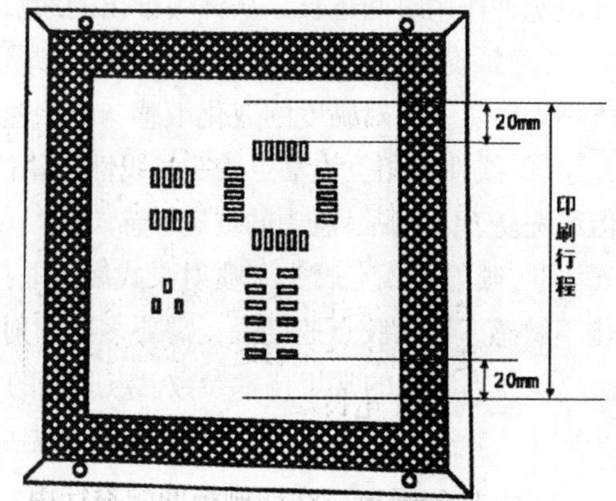

图 3-1-17　印刷极限位置与行程

印刷速度一般设置为 15 ~ 100 mm/s。速度过慢，焊膏黏度大，不易漏印，而且影响印刷效率；反之，速度过快，刮刀经过模板开口的时间太短，焊膏不能充分渗入开口中，容易造成焊膏图形不饱满或漏印的印刷缺陷。

刮刀压力一般设置为 2 ~ 6kg/cm^2，具体刮刀压力要根据实际生产产品的要求而定。压力太小，可能会发生如下两种情况。第一种情况是由于刮刀压力小，刮刀在前进过程中产生的向下的分力也小，会造成漏印量不足；第二种情况是由于刮刀压力小，刮刀没有紧贴模板表面，印刷时由于刮刀与 PCB 之间存在微小的间隙，因此相当于增加了印刷厚度。另外力过小会使模板表面留有一层焊膏，容易造成图形粘连等印刷缺陷。太大的压力，则导致焊膏印得太薄，甚至会损坏模板。因此理想的刮刀压力应该恰好将焊膏从模板表面刮干净。

印刷间隙是指模板装夹后模板底面与 PCB 表面之间的距离（刮刀与模板未接触前）。根据印刷间隙的存在与否，模板的印刷方式可分为接触式和非接触式印刷两类。模板与印制板之间存在间隙的印刷称为非接触式印刷。在机器设置时，这个距离是可调整的，一般间隙为 0 ~ 1.27mm。而没有印刷间隙（即零间隙）的印刷方式称为接触式印刷。接触式印刷的模板垂直抬起可使印刷质量所受影响最小，它尤适用于细间距的焊膏印刷。

当刮刀完成一个印刷行程后，模板离开 PCB 的瞬时速度称为分离速度。印制板与模板的分离速度也会对印刷效果产生较大影响。脱模时间过长，易在模板底部残留焊膏，脱模时间过短，不利于焊膏的直立，影响其清晰度，模板与 PCB 分离时，印刷间隙与分离速度以及空气瞬间负压形

成的效果如图 3-1-18 所示。理想的印刷速度，引脚间距，分离速度，刮刀压力关系表如表 3-1-2 所示。

表 3-1-2　推荐分离速度

引 脚 间 距	推 荐 速 度	刮 刀 速 度	刮 刀 压 力
<0.3mm	0.1 ~ 0.5mm/s	15 ~ 30mm/s	3 ~ 10kg
0.3 ~ 0.4mm	0.2 ~ 0.5mm/s	20 ~ 35mm/s	3 ~ 10kg
0.4 ~ 0.5mm	0.3 ~ 1.0mm/s	25 ~ 45mm/s	3 ~ 10kg
0.5 ~ 0.65mm	0.5 ~ 1.0mm/s	30 ~ 65mm/s	3 ~ 10kg
>0.65mm	0.8 ~ 2.0mm/s	40 ~ 100mm/s	3 ~ 10kg

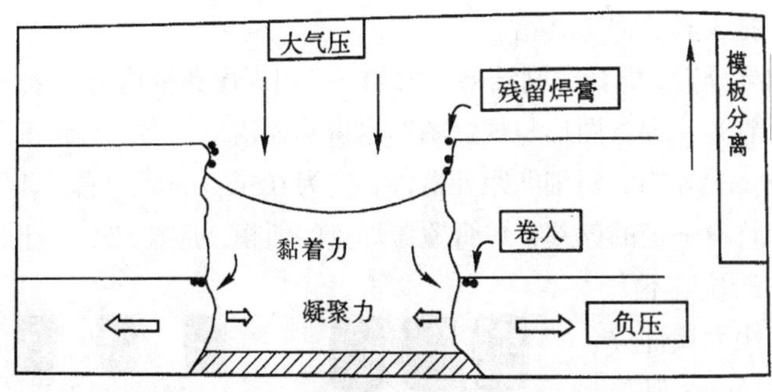

图 3-1-18　印刷间隙与分离速度的关系

印刷机刮刀根据制造材质的不同，主要有金属刮刀和硬树脂刮刀。根据形状主要有菱形刮刀和拖尾刮刀。刮刀角度一般为 45° ~ 60°，此时，焊膏具有良好的滚动性。刮刀角度的大小影响刮刀对焊膏垂直方向分力的大小，角度越小，其垂直方向的分力越大。通过改变刮刀角度可以改变刮刀所产生的压力，刮刀长度选择不宜过长，一般以 PCB 的宽度加 50mm 为宜，菱形刮刀与拖尾刮刀如图 3-1-19 所示。

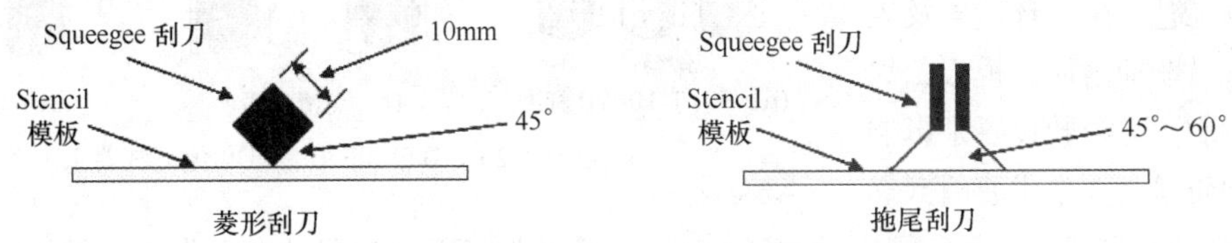

图 3-1-19　刮刀角度

经常清洗模板底面也是保证印刷质量的因素。在印刷过程中对模板底部进行清洗，可消除其底部的附着物，以防止对 PCB 的污染。在印刷过程中，印刷机要设定清洗的频率，一般为 8 ~ 10 块洗一次，要根据模板的开口情况和焊膏的连续印刷性而定。有细间距、高密度图形时，清洗频率要高一些，以保证印刷质量为准。

焊膏印刷厚度是由模板的厚度所决定的，与机器设定和焊膏的特性也有一定的关系。通常模板的厚度有 0.2mm、0.18mm、0.15mm、0.12mm、0.10mm、0.08mm 等，模板厚度是与 IC 脚距密切相关的，引脚间距越小选择模板厚度越薄。印刷厚度的微量调整，经常通过调节刮刀速度及刮刀压力来实现。

（5）添加焊膏并印刷。用小刮勺将焊膏均匀沿刮刀宽度方向施加在模板的漏印图形后面，不能将焊膏施加到模板的漏孔上。如果印刷机没有恒温恒湿密封装置，焊膏量一次不要加得太多，能使印刷时沿刮刀宽度方向形成ϕ10mm 左右的圆柱状即可。

印刷时一般选择试印并检验首件印刷质量。如果首件检验不符合要求，则应根据缺陷检验报告重新调整印刷参数，严重时需要重新对准图形，然后再试印，直到符合质量标准后才能正式连续印刷。

当班生产结束后要及时清洗印刷机，用一个空焊膏罐取下多余的焊膏，送料检部门检验，并隔离保存；及时取下模板，用酒精和擦拭纸把模板擦干净，确保模板上不能有任何焊膏、锡珠、纤维等杂质存在，窗口一定要干净，待酒精挥发干后再把模板放到模板架上，签字确认；取下刮刀，用酒精和擦拭纸把刮刀擦干净，并把刮刀放回原处；正常关机，关掉电源；关掉气源开关；把印刷机擦拭干净，把工具放回工具箱。

（6）模板印刷结果分析。焊膏印刷结果要求如下。印刷焊膏量均匀一致性好；焊膏图形清晰，相邻图形之间尽量不粘连；焊膏图形与焊盘图形尽量不要错位；在一般情况下，焊盘上单位面积的焊膏量应为 0.8mg/mm^2 左右，对细间距元器件，应为 0.5mg/mm^2 左右；印刷在基板上的焊膏与希望重量值相比，允许有一定的偏差；焊膏覆盖焊盘的面积，应在 75%以上；焊膏印刷后应无严重塌落，边缘整齐，错位应不大于 0.2 mm，对细间距元器件焊盘，错位应不大于 0.1 mm；基板不允许被焊膏污染，图 3-1-20 所示为 SJ/T 10670 标准和免清洗印刷结果要求。

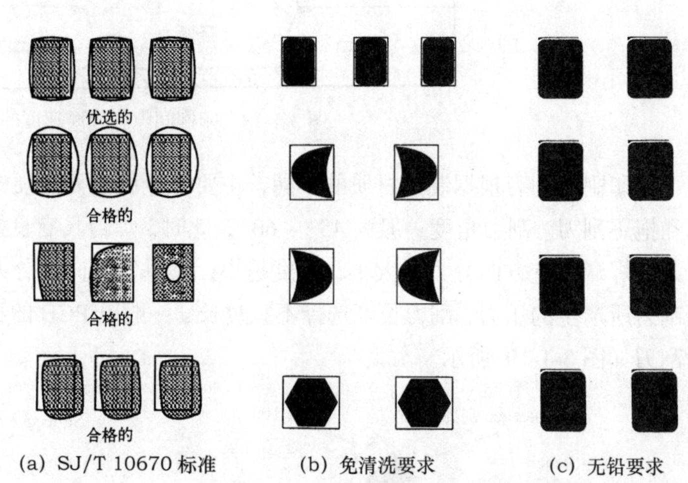

图 3-1-20　SJ/T 10670 标准和免清洗要求

总体来讲，影响焊膏印刷质量的因素主要有 8 个方面，即焊膏、PCB、模板、印刷设备与治具、印刷工艺、生产环境以及生产工作人员职业素质，模板、焊膏以及印刷工艺参数设置是影响焊膏印刷质量的 3 个主要因素。

① 模板与刮刀对焊膏印刷质量的影响因素。模板厚度及开口尺寸对焊膏印刷量的影响最大，模板厚度过厚、开口尺寸偏大，焊膏量过多，会产生桥接；反之，焊膏量少会产生焊锡不足或虚焊。模板开口形状以及开口是否光滑还会影响焊膏的脱模质量。具体影响如下。

- 模板开口的外形尺寸及开口形状。模板上开口的形状和尺寸与 PCB 上焊盘的形状和尺寸是否匹配对焊膏的精密印刷是非常重要的。模板上的开口主要由 PCB 上相对应的焊盘的尺寸来决定，模板上开口的尺寸与相对应焊盘之比一般为 0.9 ~ 1。印刷锡铅焊膏时，模板开口面积与开口壁面积比≥0.66（印刷无铅焊膏，面积比≥0.7），开口宽度与模板厚度比≥1.6（印刷无铅焊膏，宽厚比≥1.7）时，焊膏脱模顺利。开口的加工要求要做到以下几点。位置及尺寸要确保较高的开口精度，严格按规定开口方式开口；开口孔壁光滑，制作过程中要求供应商作抛光处理；以印刷面为上面，网孔下开口应比上开口宽 0.01mm 或 0.02mm，即开口成倒锥形，便于焊膏有效释放；独立开口尺寸不能太大，宽度不能大于 2mm，焊盘尺寸大于 2 mm 的中间需架 0.4 mm 的桥，以

免影响模板强度；开口区域必须居中。

- 模板的厚度。一般情况下，对 0.5mm 的引线间距，用厚度为 0.12 ~ 0.15mm 模板；0.3 ~ 0.4mm 的引线间距，用厚度为 0.1mm 模板。
- 刮刀的材质、硬度不同对焊膏印刷质量的影响。焊盘表面粗糙度不同，刮刀对焊膏的挖掘程度也不同，金属刮刀的挖掘量比聚酯刮刀要小得多，金属刮刀印刷的焊膏厚度比聚酯刮刀更接近于模板的实际厚度。

② 焊膏对焊膏印刷质量的影响。

- 焊膏的黏度。焊膏的黏度是影响印刷性能的重要因素，黏度太大，焊膏不易穿过模板的开孔，印出的线条残缺不全；黏度太小，容易流淌和塌边，影响印刷的分辨率和线条的平整性。焊膏黏度可用精确黏度仪进行测量。
- 焊膏的黏性。焊膏的黏性不够，印刷时焊膏在模板上不会滚动，其直接后果是焊膏不能全部填满模板开孔，造成焊膏沉积量不足。焊膏的黏性太大则会使焊膏挂在模板孔壁上而不能全部漏印在焊盘上。
- 焊膏颗粒的均匀性与大小。焊膏中焊料颗粒形状、直径大小及其均匀性也影响其印刷性能。一般焊料颗粒直径约为模板开口尺寸的 1/5，即遵循三球五球定律，如图 3-1-21 所示，对细间距 0.5mm 的焊盘来说，其模板开口尺寸在 0.25mm，其焊料颗粒的最大直径不超过 0.05mm，否则易造成印刷时的堵塞。具体的引脚间距与焊料颗粒的关系如表 3-1-3 所示。

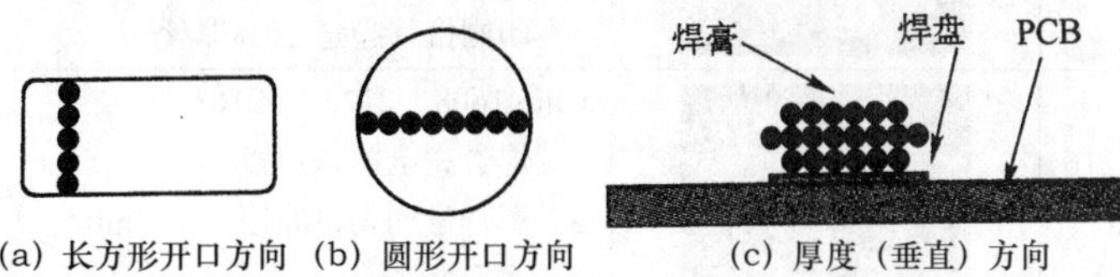

(a) 长方形开口方向　(b) 圆形开口方向　(c) 厚度（垂直）方向

图 3-1-21　三球五球定律

表 3-1-3　引脚间距和焊料颗粒的关系

引脚间距/mm	0.8 以上	0.65	0.5	0.4
颗粒直径/μm	75 以上	60 以下	50 以下	40 以下

- 焊膏的金属含量与触变指数。焊膏中金属的含量决定着焊接后焊料的厚度。随着金属所占百分含量的增加，焊料厚度也增加。但在给定黏度下，随金属含量的增加，焊料桥连的倾向也相应增大。回流焊后要求器件引脚焊接牢固，焊点饱满、光滑并在器件端头高度方向上有 1/3 ~ 2/3 高度的爬升。具体金属含量与焊料厚度的关系如表 3-1-4 所示。触变指数和塌落度，触变指数越高，塌落度越小，印刷后焊膏图形好。

表 3-1-4　金属含量与焊料厚度的关系

金属含量/%	厚度/英寸	
	湿润的焊膏	回 流 后
90	0.009	0.004 5
85	0.009	0.003 5
80	0.009	0.002 5
75	0.009	0.002 0

③ 印刷工艺参数对焊膏印刷质量的影响。刮刀压力、印刷速度、印刷行程、刮刀的参数、分离速度、模板清洗等参数对焊膏印刷质量都有很大的影响，这点可见前面印刷工艺参数设置。

（7）焊膏印刷缺陷分析。Chip 元件、MELF 元件、SOT、SOIC、QFP、PLCC、LCCC、BGA、CSP、FC 等元器件的印刷效果一般以 IPC 为依托，表 3-1-5 列出了 Chip 1608、2125、3216 焊膏印刷规格。具体元器件的印刷效果读者可参阅 IPC 标准。

表 3-1-5　　Chip 1608、2125、3216 焊膏印刷规格

Chip 1608、2125、3216 焊膏印刷规格示范		标准（Preferred）： 1．焊膏并无偏移 2．焊膏量，厚度均匀 8.31mil 3．焊膏成形好，无崩塌断裂 4．焊膏覆盖焊盘 90%以上
		允收（Acceptable）： 1．钢板的开孔有缩孔但焊膏仍有 85%覆盖焊盘 2．焊膏量均匀 3．焊膏厚度处于规格内
Chip 1608、2125、3216 焊膏印刷规格示范		拒收（Not Acceptable）： 1．焊膏量不足 2．两点焊膏量不均 3．印刷偏移超过 20%焊盘
Chip 1608、2125、3216 焊膏厚度的规格示范		Chip 1608、2125、3216： 1．焊膏完全覆盖焊盘 2．焊膏量均匀，厚度 8 ~ 12mil 3．成形好

焊膏印刷缺陷有多种，主要缺陷有印刷不均匀、漏印、焊膏塌落、焊球、污损、偏移和清洗不彻底，这些缺陷都与焊膏、印刷设备等有或多或少的关系。分析焊膏印刷缺陷时，一般按照一定的顺序进行分析，其步骤如下。① 观察焊膏自身的质量。② 观察模板的质量。③ 观察 PCB 的质量。④ 印刷设备的性能和精度。⑤ 企业生产环境。⑥ 技术分析缺陷。以上 6 步要做到有机结合，联合分析，抛弃传统的单方向思考的习惯。

印刷缺陷形成原因与解决办法如表 3-1-6 所示。

表 3-1-6　　印刷缺陷形成原因与解决办法

缺陷名称	缺陷形成原因分析	解 决 措 施
焊膏坍塌与模糊	① 刮刀硬度过小，反面支撑不足。刮刀硬度偏低将导致焊膏不易成形，脱模时不能保持焊膏印刷形状，外观模糊 ② 焊膏黏度过低 ③ 印刷焊膏厚度过高 ④ 模板不干净	① 选用较硬刮刀，提高支撑力度 ② 可以通过改变搅拌速度、增加焊膏中的金属含量百分比、降低合金粉末的粒度、降低工作环境的温度、改变刮刀速度等来调节 ③ 可以通过调整印刷间隙、选用较薄的模板、减少施加的印刷压力、调整架空高度、选用较硬刮刀等来调节 ④ 改变清洗模式、增加清洗频率，模板背面一定要干净

续表

缺陷名称	缺陷形成原因分析	解 决 措 施
漏印、印刷不完全	① 模板漏孔堵塞 ② 分离速度过慢。焊膏在常温下具有一定黏度，分离速度过慢将导致焊膏不能很好地脱网，不仅使焊盘得不到足够的焊膏，印刷不完全，也沾污了网板。 ③ 模板开口偏小或位置不对 ④ 焊膏滚动性不好	① 更换模板清洗模式及频率，擦拭模板底部，严重时需要用无纤维纸或软毛刷蘸无水乙醇反复擦拭，直至模板漏孔不出现堵塞现象 ② 提高分离速度 ③ 改变模板开口尺寸与形状 ④ 刮刀印刷速度可以改变焊膏的滚动性，减慢印刷速度，适当增加刮刀延时，使刮刀上的焊膏充分流到模板上，可改善其滚动性
焊膏图形粘连	① 印刷压力过大 ② 模板底面不干净 ③ 焊膏黏度偏低 ④ 焊膏印刷太厚 ⑤ 印刷遍数太多 ⑥ 环境温度与湿度过高	① 修改印刷工艺参数，减小印刷压力 ② 更换模板清洗模式及频率，常清洗模板，减少底部污垢造成焊膏图形粘连 ③ 选择黏度合适的焊膏，一般选择粒度在 25～45μm（325～500 目）、金属含量比例在 85%～92%的焊膏 ④ 降低所印刷的焊膏的厚度，一般是把浮动印刷头降至架空高度低端，降低刮刀压力及速度，调低印刷间隙 ⑤ 修改印刷机的工艺参数，减少印刷遍数 ⑥ 降低环境的温度（降至 25℃以下）和湿度（60%RH 以下）
焊膏印刷厚度太薄	① 印刷遍数太少 ② 模板太薄 ③ 焊膏流动性差，不易在模板上滚动，从而导致焊膏印刷太薄 ④ 印刷间隙太小 ⑤ 印刷速度太快，容易导致焊膏注入窗口困难，从而焊膏厚度达不到规定要求 ⑥ 印刷压力太大	① 印刷一般为一遍，部分焊膏可以增加印刷遍数 ② 可以适当整体增加模板厚度，或局部增加模板厚度 ③ 更换焊膏，选择流动性好的焊膏 ④ 适当增加印刷间隙，提高印刷机的准确度 ⑤ 减慢印刷速度 ⑥ 增加模板与 PCB 的印刷间隙，减少印刷压力
焊膏黏着力不足	① 焊料粉末粒度太大 ② 操作环境温度和湿度偏高，风速大 ③ 合金粉末过多 ④ 搅拌不均匀	① 选择合适粒度的焊膏 ② 生产车间的环境一般为（23±2）℃，相对湿度在 60%RH 以下，防静电，防尘，尽量做到无风，减少焊剂的挥发 ③ 选择金属含量比例在 85%～92%的焊膏 ④ 焊膏搅拌时间过长，造成黏度下降；搅拌时间过短，搅拌不均匀，部分焊膏不能完全浸润
焊膏印刷凹陷	① 印刷压力过大，焊膏成型困难，形成凹陷 ② 刮刀硬度较低，在高压力作用下刮刀变形，从而使焊膏凹陷 ③ 模板窗口设计不合理 ④ 焊膏较干，润湿性差	① 降低刮刀压力 ② 选用硬度较高的刮刀 ③ 改变模板窗口设计 ④ 选用合适的焊膏

续表

缺陷名称	缺陷形成原因分析	解决措施
焊膏印刷偏离	① 印刷机的重复精度较低 ② 网板位置偏离或制造尺寸误差 ③ PCB 制造尺寸误差 ④ 印刷压力过大 ⑤ 浮动机构调节不平衡	① 必要时更换印刷机零部件 ② 通过精确地调节网板在印刷机上的位置，选用制造精度更高的模板来降低焊膏印刷的偏离 ③ 选用制造精度高的 PCB ④ 降低印刷压力 ⑤ 调好浮动机构的平衡度
焊膏印刷拉尖	① 离网不良，易造成焊膏不易从模板窗口分离，污染模板，形成拉尖 ② 印刷平面不平行，影响印刷厚度 ③ 网板开口面有凹凸不平，焊膏不易分离，造成拉尖 ④ 印刷间隙不良 ⑤ 焊膏黏度太大	① 改善印刷机的分离速度 ② 调整印刷机的水平度 ③ 提高网板窗口四壁的精度、降低其粗糙度 ④ 改善印刷间隙 ⑤ 选用合适黏度的焊膏
PCB 表面沾污	① PCB 表面有较多的残余焊膏粒子，纤维以及灰尘等污垢 ② 模板底部被污染 ③ 返工时 PCB 没有被清洗干净 ④ 人员操作不规范	① 清洁 PCB 表面 ② 改善清洗模式和清洗频率 ③ 改善清洗工艺流程 ④ 加强人员管理

2．贴片胶涂敷工艺

贴片胶涂敷可采用分配器点涂技术、针式转印技术和印刷技术。分配器点涂是将贴片胶一滴一滴地点涂在 PCB 贴装元器件的部位上；针式转印技术一般是同时成组地将贴片胶转印到 PCB 贴装元器件的所有部位上；印刷技术与焊膏印刷技术类似，因此本节主要介绍前两种技术。

（1）分配器点涂技术。分配器点涂是涂敷贴片胶最普遍采用的方法。先将贴片胶灌入分配器中，点涂时，从上面加压缩空气或用旋转机械泵加压，迫使贴片胶从针头排出并脱离针头，滴到 PCB 要求的位置上，从而实现贴片胶的涂敷。采用该方法进行贴片胶点涂时，气压、针头内径、温度和时间是重要工艺参数。这些参数控制着贴片胶量的多少、胶点的尺寸大小以及胶点的状态。气压和时间调整合理，可以减少拉丝现象。为了精确调整贴片胶量和点涂位置的精度，专业点胶设备一般均采用微机控制，按程序自动进行贴片胶点涂操作。

分配器点涂技术的特点是适应性强，特别适合多品种产品场合的贴片胶涂敷；易于控制，可方便地改变贴片胶量以适应大小不同元器件的要求；贴片胶处于密封状态，性能稳定。贴片胶点胶涂敷过程如图 3-1-22 所示。

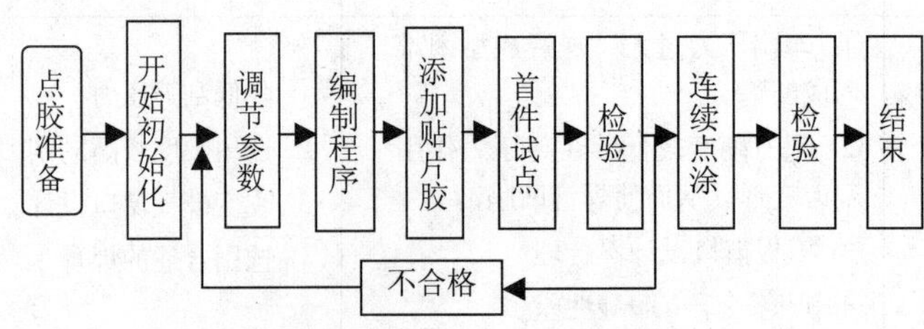

图 3-1-22　贴片胶点涂过程

① 点胶准备及开机。贴片胶需在冰箱中存储，使用时必须提前几个小时从冰箱中取出放在空气中缓冷。

检查点胶孔是否畅通，确保针孔完好无损，不堵塞，清洁，有弹性；检查点涂使用状态是否完好，电气等动力源是否准备到位，安全警戒是否符合要求；其他辅助工具和材料是否准备好。检查并熟悉装配技术文件，点涂标准和工艺卡要熟记于心。

② 贴片胶涂敷工艺技术参数设置。与贴片胶涂敷质量有关的参数有两类：贴片胶的技术指标和涂敷工艺技术参数，前者与贴片胶自身有关，后者决定于设备、环境、操作人员、工艺方法等因素。常见的涂敷工艺技术参数有点胶压力、针头内径、止动高度、针头与 PCB 板间的距离、胶点涂敷数量等，由这些参数最终决定胶点高度和胶点数量。

贴片胶的技术指标主要有黏度、润湿度、流动性、针入度等，黏度是最重要的指标。贴片胶的黏度通常有 100 ~ 150Pa·s，影响黏度的主要因素有温度（(23 ± 2)℃）、压力（0.3 ~ 0.35MPa）。黏度小，出胶量大，胶点的高度降低，且初始强度差，元件易移位；黏度大，易拖尾拉丝。

- 点胶压力。点胶机采用给点胶头胶筒施加一个压力的方法来保证有足够的胶水挤出。压力太大易造成胶量过多，压力太小则会出现点胶断续的现象。应根据胶水的品质、工作环境温度来选择压力。环境温度高则会使胶水黏度变小、流动性变好，这时调低压力即可保证胶水的供给，反之亦然。点胶机的压力控制在 0.5MPa 之内，通常设为 0.3 ~ 0.35MPa，并设定一个最低压力的限值，生产中不允许低于此压力。

- 胶点直径、胶点高度、点胶针头内径。由于片式元器件的大小不一样，与 PCB 之间所需要的粘接强度也就不一样，即元件与 PCB 之间涂布的胶量不一样，故在点胶机中常配置不同内径的针头。例如，松下点胶机配置 3L、S 和 VS 3 种内径的针头，它们的尺寸分别是 0.510mm、0.410mm 和 0.330mm。

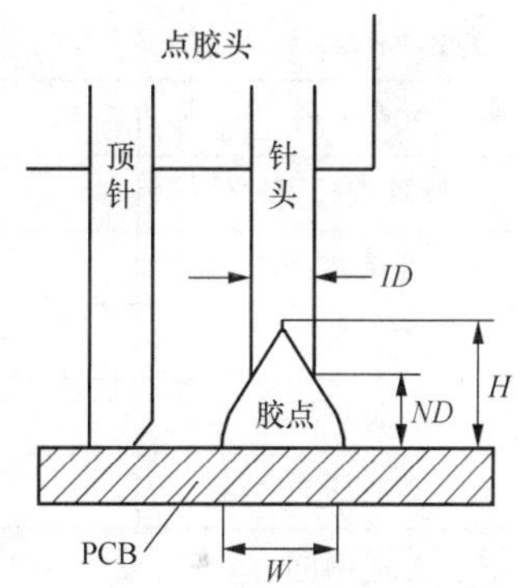

图 3-1-23　针头内径与胶点直径的关系
ID—针头内径　*ND*—止动高度
W—胶点直径　*H*—胶点高度

图 3-1-23 绘出了针头内径和胶点直径等示意图。元件的焊盘间距确定胶点的最大许可直径，最小胶点许可直径要满足元件所需的最小粘接力要求，只要实际胶点直径（*W*）处于上述尺寸范围之内即可。胶点高度应达到元器件贴装后胶点能充分接触到元器件底部的高度。通常胶点直径（*W*）与胶点高度（*H*）之比为 2.7 ~ 4.6，而胶点直径（*W*）与针头内径（*ID*）之比为 2 : 1（2 : 1 时点胶不易出现拉丝拖尾现象）。以 0402、0805 片式元件为例，胶点直径与针头内径如表 3-1-7 所示。

表 3-1-7　片式元件焊盘尺寸与针头内径关系

元件尺寸	焊盘宽度/m	两焊盘间距离/m	胶点允许最大直径/m	推荐针头内径/m
[0402] 1.0mm × 0.5mm	1.0	0.5	0.35	0.2
[0805] 2.0mm × 1.25mm	2.14	1.0	0.7	0.4

- 压力、时间与止动高度的关系。影响贴片胶涂敷质量的另一个重要因素是点涂时针头距离 PCB 的距离，即止动高度（*ND*），如图 3-1-24（a）所示。当 *ND* 过小，压力与时间设定偏大时，由于针头与 PCB 之间空间太小，贴片胶会受压并会向四周漫流，甚至会流到定位针附近，容易污

染针头和顶针；反之，*ND* 过大，压力和时间设定偏小时，胶点直径（*W*）变小，胶点的高度（*H*）增大，当点胶头移动的一刹那，会出现拉丝、拖尾现象，如图 3-1-24（b）所示。通常 *ND* 大小为针头内径 *ID* 的 $\frac{1}{2}$，*ND* 确定后，仔细调节压力和时间，使三者达到最佳设置。

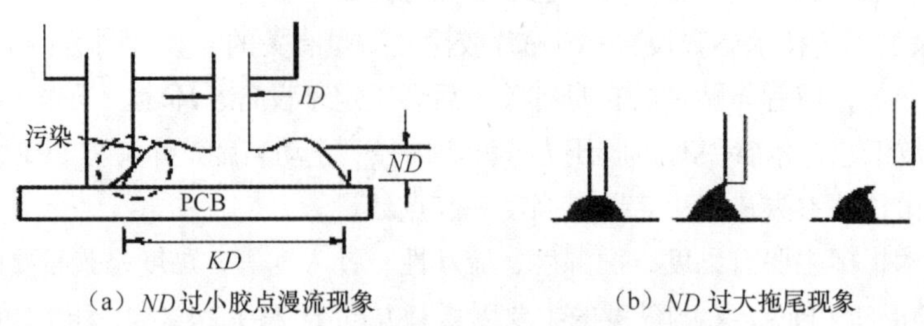

（a）*ND* 过小胶点漫流现象　　（b）*ND* 过大拖尾现象

图 3-1-24　止动高度对涂敷质量的影响

- 胶点数量。根据元器件的大小不同，选择合适的胶点数量。片式元件通常选用 1 ~ 2 个（多 2 个）胶点，SOT 选择 1 ~ 2 个（多 2 个），SOIC 选择 3 ~ 4 个，PLCC、QFP 一般选择 4 ~ 8 个。具体元器件贴片胶参数设置如表 3-1-8 所示。

表 3-1-8　贴片胶参数设置

元　件	0603	0805	1206
胶嘴内径 *ID*	0.3mm	0.4mm	0.4mm
止动高度 *ND*	0.1mm	0.1mm	0.15mm
胶点数量	2 个	2 个	2 个
胶点直径 *W*	0.5mm	0.7mm	0.9mm
点胶压力	3bar	3bar	3bar
点胶时间	50ms	50ms	80ms
胶管温度	（23 ± 2）℃	（23 ± 2）℃	（23 ± 2）℃

③ 点胶并检验。按照 Gerber 文件编制点胶涂敷点的坐标，把回温好的贴片胶注入点胶机中进行点胶。添加贴片胶的原则是以先少后多的方式，逐渐增加。

④ 点胶结果分析。

- 合格胶点的标准形状。合格的贴片胶胶点应该是表面光亮、饱满，有良好的外部形状和几何尺寸，无拉丝和拖尾现象，黏附力合适，涂敷面积适中，无腐蚀，抗震动性强。

Chip 1608、2125、3216 点胶规格示范如表 3-1-9 所示，具体元器件的贴片胶涂敷效果读者可参阅 IPC 标准。

表 3-1-9　不同元器件贴片胶涂敷效果

Chip 1608、2125、3216 点胶规格示范		标准（Preferred）： （1）胶无偏移 （2）胶量均匀 （3）胶量足，1.5kg 的推力仍然未掉件

续表

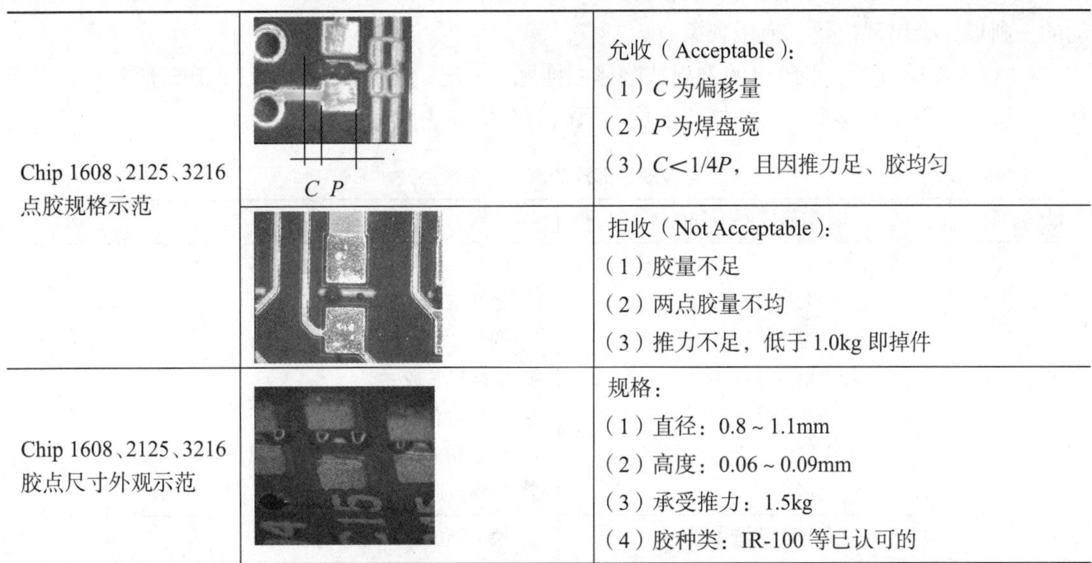

Chip 1608、2125、3216 点胶规格示范	C P	允收（Acceptable）： （1）C 为偏移量 （2）P 为焊盘宽 （3）$C<1/4P$，且因推力足、胶均匀
		拒收（Not Acceptable）： （1）胶量不足 （2）两点胶量不均 （3）推力不足，低于 1.0kg 即掉件
Chip 1608、2125、3216 胶点尺寸外观示范		规格： （1）直径：0.8 ~ 1.1mm （2）高度：0.06 ~ 0.09mm （3）承受推力：1.5kg （4）胶种类：IR-100 等已认可的

- 施加贴片胶的技术要求。如果采用光固型贴片胶，元器件下面的贴片胶至少有一半的量处于被照射状态；如果采用热固型贴片胶，贴片胶滴可完全被元器件覆盖，如图 3-1-25 所示。

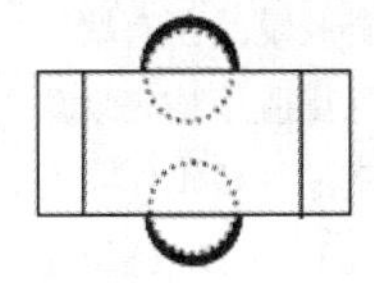

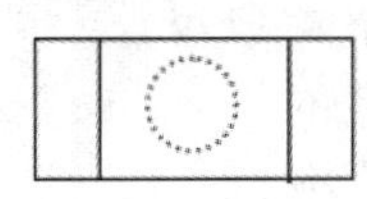

（a）光固型贴片胶位置　　（b）热固型贴片胶位置

图 3-1-25　贴片胶涂敷位置

小元件可涂一个胶点，大尺寸元器件可涂敷多个胶点。

胶点的尺寸与高度取决于元器件的类型，胶点的高度应达到元器件贴装后胶点能充分接触到元器件底部的高度；胶点量（尺寸大小或胶点数量）应根据元器件的尺寸和重量而定，尺寸和重量大的元器件胶点量应大一些，胶点的尺寸和量也不宜过大，以保证足够的粘接强度为准，同时贴装后贴片胶不能污染元器件端头和 PCB 焊盘。

- 影响贴片胶涂敷质量的因素。优良的胶点应是表面光亮，有适合的形状和几何尺寸，无拉丝和拖尾现象。国内外有许多公司研究表明胶点质量不仅取决于贴片胶品质，而且与点胶机参数设置及工艺参数的优化也有很密切的关系。

贴片胶对涂敷质量的影响。目前普遍采用热固型贴片胶，要考虑固化前性能、固化性能及固化后性能；满足表面组装工艺对贴片胶的要求。应优先选择固化温度较低、固化时间较短的贴片胶。

涂敷工艺技术参数对涂敷质量的影响。温度将影响黏度和胶点形状，温度升高，贴片胶的黏度就会降低，这意味着同等时间、同等压力下从针管流出的贴片胶量增加。一般点胶的环境温度基本上是恒定的，大多数点胶机依靠针嘴上的或胶管的温度控制装置来保持胶的温度在（23 ± 2）℃范围内。点胶压力大小的设定和保持恒定，由机器调节器的品质、开关信号的灵敏度以及注射器中气压的变化等因素决定。当止动高度（ND）过小，压力、时间设定偏大时，由于针头与 PCB 之间空间太小，贴片胶受压并会向四周漫流，甚至会到定位针附近，易污染针头和顶针；反之 ND

过大，压力、时间设定又偏小时，胶点直径（W）变小，胶点的高度（H）将增大，当点胶头移动的一刹那，会出现拉丝、拖尾现象。

- 点胶缺陷分析。点胶机的常规缺陷诸如拖尾、拉丝、胶嘴堵塞、空打、蘑菇形胶点、元器件移位、固化强度不够等。点胶缺陷形成的原因与解决办法如表 3-1-10 所示。

表 3-1-10　　点胶缺陷形成的原因与解决办法

缺陷名称	缺陷形成原因分析	解决措施
拉丝/拖尾	① 胶嘴内径太小 ② 点胶压力太高 ③ 胶嘴与 PCB 的间距太大 ④ 贴片胶过期或品质不好 ⑤ 贴片胶黏度太高 ⑥ 从冰箱中取出后未能恢复到室温 ⑦ 点胶量太多	① 改换内径较大的胶嘴 ② 降低点胶压力 ③ 调节“止动”高度 ④ 更换贴片胶 ⑤ 选择适合黏度的胶种 ⑥ 从冰箱中取出后恢复到室温（约 4h） ⑦ 调整点胶量
胶嘴堵塞	① 针孔内未完全清洗干净 ② 贴片胶中混入杂质 ③ 有堵孔现象 ④ 不相容的胶水相混合	① 换清洁的针头 ② 换质量好的贴片胶 ③ 及时检查与清洗点胶针头 ④ 贴片胶牌号不应搞错
元器件移位	① 贴片胶出胶量不均匀（如片式元件两点胶水中一个多一个少） ② 贴片时元件移位 ③ 贴片胶初黏力低 ④ 点胶后 PCB 放置时间太长 ⑤ 胶水半固化	① 检查胶嘴是否有堵塞 ② 排除出胶不均匀现象 ③ 调整贴片机工作状态，更换合适黏度的贴片胶 ④ 点胶后 PCB 放置时间不应太长（小于 4h） ⑤ 增加烘干温度与时间
掉　件	① 固化工艺参数不到位 ② 温度不够 ③ 元件尺寸过大 ④ 吸热量大 ⑤ 光固化灯老化 ⑥ 胶水量不够 ⑦ 元件/PCB 有污染	① 调整固化曲线 ② 提高固化温度 ③ 提高热固化胶的峰值固化温度，选择合适元件 ④ 提高峰值温度 ⑤ 观察光固化灯是否老化，灯管是否有发黑现象，及时更换 ⑥ 提高胶水的数量 ⑦ 及时观察元件/PCB 是否有污染，并对其进行清洗
元件引脚上浮/移位	① 贴片胶不均匀 ② 贴片胶量过多 ③ 贴片元件偏移	① 调整点胶工艺参数 ② 控制点胶量 ③ 调整点胶工艺参数

（2）针式转印技术。在单一品种的大批量生产中可采用针式转印技术涂敷贴片胶。

针式转印技术的原理如图 3-1-26 所示。将针定位在贴片胶窗口容器上面（见图 3-1-26（a））；而后将钢针头部浸没在贴片胶中（见图 3-1-26（b））；当把钢针从贴片胶中提起时（见图 3-1-26（c）），由于表面张力的作用，使贴片胶粘附在针头上；然后将粘有贴片胶的针在 PCB 上方对焊盘图形定位，而后使针向下移动直至贴片胶接触焊盘，而针头与焊盘保持一定间隙（见图 3-1-26（d））；当提起针时，一部分贴片胶离开针头留在 PCB 的焊盘上（见图 3-1-26（e））。

上面用一根钢针转印贴片胶的过程分析了针式转印技术的原理。而在实际应用中的针式转印

机是采用针矩组件，同时进行多点涂敷。因此，对于每一特定的 PCB，就要求有一个与之相适应的针矩阵组件，以便在 PCB 的设定位置上实现一次转印所需的贴片胶的涂敷。针式转印技术可应用于手工施胶，也可采用自动化针式转印机进行自动施胶，自动针式转印机经常与高速贴装机配套组成生产线。

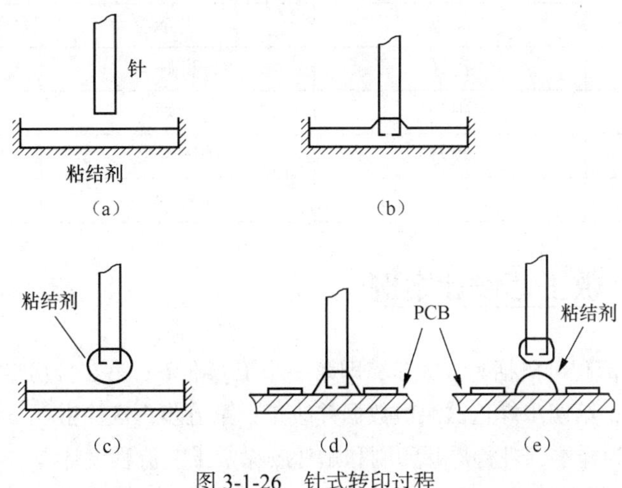

图 3-1-26　针式转印过程

为了防止贴片胶滴发生畸变，在转印操作时，针头一般不与 PCB 接触。由于 PCB 总是存在一定程度的可允许翘曲（一般规定为印制电路板长度的 1 %），因此转印操作必须与这种偏差相适应。为此，可采用图 3-1-27 所示的针头，这种针头在顶端磨出一个小凸台，这样可以防止主体与 PCB 接触。这个凸台可以小到不致影响贴片胶滴的形状。

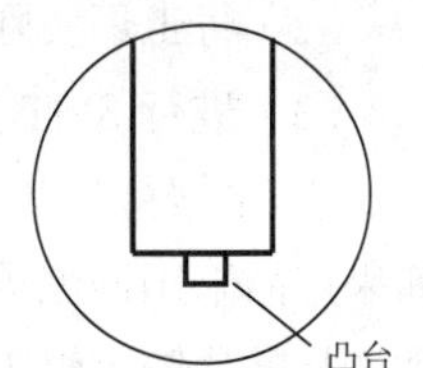

图 3-1-27　改型针头

针式转印技术的另一种方法是用单个针头把贴片胶涂敷到元件的下面而不是涂敷在 PCB 上。贴装机从供料器上拾取元件后，马上用针头把贴片胶涂敷到元件下面。这能避免对应于每一种 PCB 就要采取一个针矩阵组件的缺点，但效率较低。

针式转印技术的成败取决于几个因素。最主要的因素是贴片胶的黏度，它控制着转印的贴片胶量。另外，控制环境的温度和湿度在一定范围内，可以使转印贴片胶滴的偏差减到最小。PCB 翘曲也是一个重要因素，因为转印的贴片胶滴的大小与针头和 PCB 之间的间距有关。上述采用针头上磨出凸台的改型针头只能补偿 PCB 下翘曲引起的偏差，而不能补偿由于上翘曲而引起的偏差。

针式转印术的优点是能一次完成许多元器件的贴片胶涂敷，设备投资成本低，但有施胶量不易控制、胶槽中易混入杂物等缺陷。

（3）印刷工艺。印刷贴片胶的原理、过程和设备与印刷焊膏相同。它是通过镂空图形的漏印工具模板，将贴片胶印刷到 PCB 上。通过模板设计，采用特殊的塑料模板、增加模板厚度、开口数量等方法来控制胶量的大小和高度。

印刷工艺优点是生产效率高，适合大批量生产；更换品种方便，只要更换模板即可；涂敷精度也比针式转印法要高；印刷机的利用率增高，不需添加点胶装置，节约成本。

印刷工艺缺点是贴片胶暴露在空气中，对环境要求较高；胶点高度不理想，只适合平面印刷。

3 种贴片胶涂敷方法技术比较如表 3-1-11 所示。

表 3-1-11　3 种贴片胶涂敷工艺比较

工 艺 性 能	针 印 工 艺	注 射 工 艺	印 刷 工 艺
速度	固定、快	以点数计、慢	以板块计、快
工艺难度	简单	复杂	中等
对胶点流动控制	良好	良好	较差
胶点外形控制	中等	良好	较差
胶量控制	较差	中等 ~ 良	良好
混装板处理	可行	可行	不可行

3.1.4　表面涂敷工艺设计案例

PCB 的表面涂敷流程可概括为五大步，即第一步工艺准备；第二步初步设置涂敷参数；第三步实际生产试验涂敷；第四步修正试涂敷数据并改正；第五步再次涂敷。下面以 MPM 印刷机和 Panasert HDF 点胶机为样本，进行焊膏印刷和贴片胶涂敷工艺流程设计。

1．MPM 印刷工艺设计

（1）将待印刷的 PCB 通过进行 3D 静态仿真试验，得到主要的、相对准确的 PCB 设计参数。

（2）将工厂实际设备参数和加工要求输入仿真软件。

（3）进行 SMT 生产线设计。

① 根据待生产产品选择合适的组装方式。组装方式不同对应的表面涂敷方式也不一样。通常，如果产品采用回流焊炉进行焊接，则选择锡膏印刷涂敷工艺；如果产品选择波峰焊炉进行焊接，则选择贴片胶点涂工艺。

② 设备选择和产能估算。根据产品的生产要求，确定并组建 SMT 生产线体，确定全部或大部分产品将由这些生产线完成，并对剩余产品的生产制造有明确的规划。

③ 确定自动化程度和工艺要求。通常根据产品的生产批量大小、现有设备的自动化程度，对常规元件的生产工艺选择，特殊元件的生产工艺要求等因素确定自动化程度和工艺要求。

④ MPM 印刷机操作及编程。

• 选择实际印刷机，如图 3-1-28 所示。

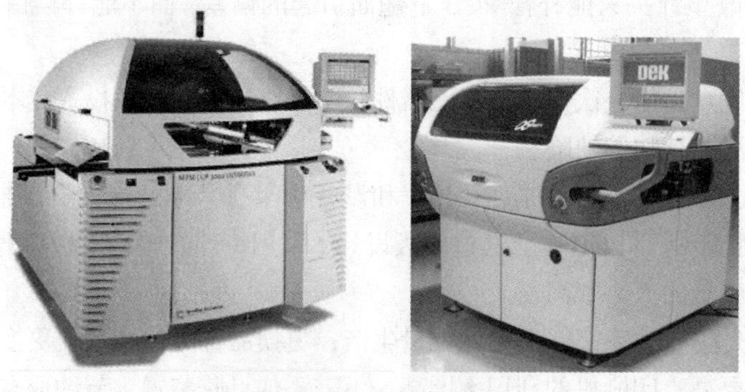

图 3-1-28　选择印刷机

• 不锈钢模板设计，如图 3-1-29 所示。调出 PCB 的原始设计文件，找到主要 PCB 的设计参数，例如，用于描述 PCB 的具体线路层，阻焊层，字符层等图像及钻、铣数据的文档格式集合的 Gerbel 文件；导入设计的元器件清单 BOM，逐个元器件选择设计模板厚度；焊膏的厚度主要由模板厚度决定，模板的开口宽度与厚度之比即宽厚比 W/T：无铅焊膏 $W/T>1.6$，有铅焊膏 $W/T>1.5$。面积比（$S=WL/2T(W+L)$）即窗口开口面积与孔壁四周的截面积的和之比，无铅焊膏 S>0.7，有铅焊膏 S>0.66.。窗口的长与宽之比（L/W）一般大于 5。

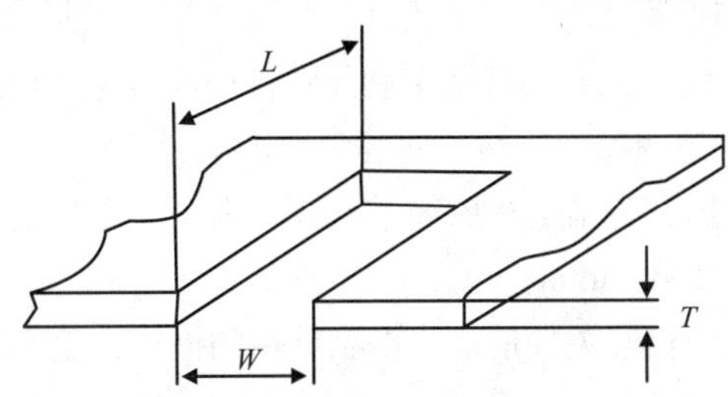

元件类型	翼型引脚 QFP/SOP/SOIC					
间距	1.27	0.8	0.65	0.5	0.4	0.3
开口宽度 W	0.5±0.05	0.4±0.04	0.31±0.02	0.25±0.015	0.2±0.015	0.15±0.01
开口长度 L	2.5 ~ 3.0	2.0-2.5	2.0-2.2	1.7-2.0	1.7	1.7
模板厚度 T	0.2	0.2	0.2	0.15	0.15 ~ 0.12	0.1
元件类型	CHIP					
间距						
开口宽度 W	相同焊盘宽度					
开口长度 L	相同焊盘长度					
模板厚度 T	0.2 ~ 0.3					
元件类型	欧型引脚 PLCC/LCC/SOJ					
间距	1.27					
开口宽度 W	相同焊盘宽度					
开口长度 L	相同焊盘长度					
模板厚度 T	0.2					
元件类型	BGA/CSP/FLIPCHIP					
间距	1.5	1.27	1	0.8	0.65	0.5
开口直径 ϕ	焊盘直径−0.05					
模板厚度 T	0.15	0.15	0.12	0.12	0.1	0.1

图 3-1-29　不同元件模板窗口的尺寸设计

• 计算机辅助制造 CAM 程序编程：印刷涂敷系统工具设置，包括印刷头方向、锡膏参数、钢板工具、支撑点工具；印刷机器参数设置，包括机台基本方向、进板、出板、输送带速度；表面组装涂敷工艺 CAM 程序编程，包括设定 PCB 数据，标号 Fiducial 示教，设定支撑点，设定印刷参数。

• 根据仿真实验所得数据，进行实际生产，MPM 印刷机的操作动作包括面板开关的使用，

电脑软件的操作，生产模拟运行，生产操作，机器日常保养和常规维护等。

2．Panasert HDF 点胶工艺设计

Panasert HDF点胶机的虚拟点胶工艺过程类似上文的MPM印刷机，主要步骤是首先读入EDA设计文件，再进行系统设置 Setup，最后进行 CAM 程式编程，必要时进行机器参数设置。

（1）导入 EDA 设计文件，确定 PCB 尺寸。

（2）调 PCB 示教静态仿真，确定 Mark 点。

（3）点胶机 Program 程序编程。

① 编辑顺序 Program，先导入元器件清单和元器件中心坐标，再按元器件清单顺序，参照说明逐个设置点胶量、S&R 拼板图形、旋转方向等参数。

② 编辑元器件 Parts 数据，包括选择胶筒、点胶头类型、点胶量、速度、方向、图形等。

③ 编辑试生产程式 Pre-Programm。

点胶机的操作步骤包括面板开关的使用，电脑软件的操作，生产模拟运行，生产操作，机器日常保养和常规维护。

3．半导体收音机印刷工艺设计

收音机的 PCB 采用拼板设计，如图 2-2-1 所示，印刷机采用 MPM 印刷机，依照具体印刷工艺准备好焊膏，模板、PCB、工具及必要的治具等。

（1）开机准备。按照涂敷设备操作规范和操作规程要求开启涂敷设备，检查设备运行状态是否正常。

确认防静电工作服、防静电工作鞋、防静电工作帽、防静电手套等已穿戴好，且干净完整；确认塑料铲刀、焊料、清洁用纸、台式放大镜等工具准备好。

确认待印刷的 PCB 是否正确且放置位置正确，检查焊膏的时间标签，检查焊膏的回温时间是否满足 3h、确保开封使用的时间不能超过 24h。

印刷支撑系统安装位置以 PCB 平稳，细间距元件下有支撑，确保没有顶到元件为安装标准。

模板表面干净、漏孔无破损、模板标识完好；刮刀表面无污染、刀口无变形、无缺口。

PCB 拆封后在开封标识上记录开封时间和禁用时间；开封后的 PCB 必须保证在 24h 内投入使用并使用完。

（2）安装模板与刮刀。根据 PCB 放置的方向，安装模板，模板定位方式采用真空定位，如图 3-1-30 所示，确保定位销准确定位，CCD 能准确识别并推动调整 Mark 点，使 PCB 与模板的 Mark 点重合。刮刀安装在印刷机的印刷头上，印刷头为浮动机构。

图 3-1-30　模板真空定位

（3）设置印刷参数并优化。分别设置 PCB 方向、轨道宽度、刮刀起始点、刮刀位置、刮刀压力、涂敷速度、分离速度、清洗等，如表 3-1-12 所示。

表 3-1-12　　半导体收音机印刷参数设置

印刷设备	MPM 印刷机	PCB 方向	从左向右
轨道宽度	55mm	刮刀长度	380mm
刮刀印刷行程	90mm	刮刀运行速度	60mm/s
刮刀压力	6kg	印刷角度	60°
清洗频率	5～8 片/次	清洗方式	“干+湿”洗
模板厚度	0.15mm	分离速度	1.2mm/s

在编制完成程序后，必须在线对程序进行模拟优化，并验证程序的完整性，在进行首件试生产后，针对涂敷精度和速度进行程序优化。

（4）添加焊膏与焊膏搅拌。根据 PCB 的大小和焊盘数量的多少选择首次添加焊膏的量，焊膏应在添加前 4h 从冰箱中取出，等放在桌上缓冷后再手工或机器搅拌，一般选择机器搅拌，一般匀速机器搅拌 3～5min，手工搅拌则需要 8～10min。

（5）首件试印刷并检验。

（6）调整印刷工艺参数。

（7）批量印刷。

3.2 贴装工艺与设备

1．贴片机工作原理

贴片机作为电子产业的关键设备之一，采用全自动贴片技术，能有效提高生产效率，降低制造成本。贴片机主要可以分为高速机和泛用机（多功能贴片机）。高速贴片机主要贴装片式元件，它的贴装速度已由原先的每小时几千片元件发展到现在的每小时十万多片；泛用机贴装精度高，主要用于贴装大规模的集成电路芯片，当然它也可以贴装高速机所能贴装的所有芯片，只是其速度不如高速机快，但它的贴装速度也由原先的每小时一千多片发展到现在的每小时三万多片。随着电子元件日益小型化以及电子器件多引脚、细间距的趋势，对贴片机的精度与速度要求越来越高，但精度与速度是需要折中考虑的，一般高速贴片机的高速往往是以牺牲精度为代价的。

贴片机实际上是一种精密的工业机器人，是机—电—光以及计算机控制技术的综合体。它通过吸取—位移—定位—放置等功能，在不损伤元件和印制电路板的情况下，实现了将 SMC / SMD 元件快速而准确地贴装到 PCB 板所指定的焊盘位置上。元件的对中有机械对中、激光对中、视觉对中 3 种方式。贴片机由机架、x—y 运动机构（滚珠丝杆、直线导轨、驱动电机）、贴装头、元器件供料器、PCB 承载机构、器件对中检测装置、计算机控制系统组成，整机的运动主要由 x—y 运动机构来实现，通过滚珠丝杆传递动力、由滚动直线导轨运动副实现定向的运动，这样的传动形式不仅其自身的运动阻力小、结构紧凑，而且较高的运动精度有力地保证了各元件的贴装位置精度。

贴片机在重要部件如贴装主轴、动 / 静镜头、吸嘴座、送料器上进行了 Mark 标识。机器视觉能自动求出这些 Mark 中心系统坐标，建立贴片机系统坐标系和 PCB、贴装元件坐标系之间的转换关系，计算得出贴片机的运动精确坐标；贴装头根据导入的贴装元件的封装类型、元件编号

等参数到相应的位置抓取吸嘴、吸取元件；静镜头依照视觉处理程序对吸取元件进行检测、识别与对中；对中完成后贴装头将元件贴装到 PCB 上预定的位置。这一系列元件识别、对中、检测和贴装的动作都是工控机根据相应指令获取相关的数据后控制系统自动完成。

贴片机的工作流程如图 3-2-1 所示。

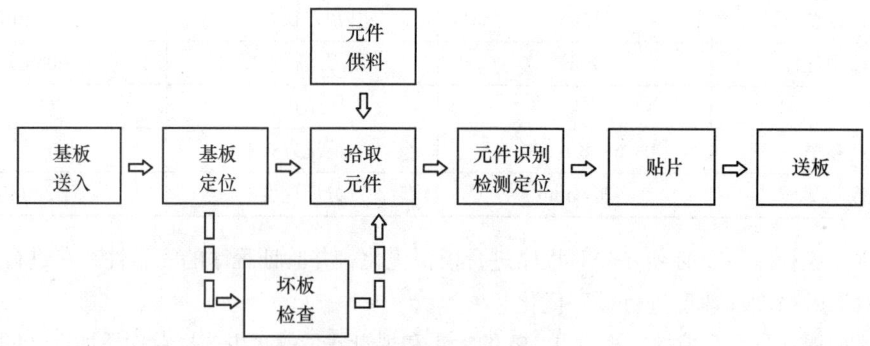

图 3-2-1　表面贴装工艺的基本工艺过程

（1）基板定位。PCB 板经贴片机轨道到达停板位置并且顺利、稳定、准确的停板，以便下一步的贴片。当 PCB 到达贴片位置时，是通过 PCB STOP 来机械定位的，有些设备在停板时还有减速装置，减少停板时的冲击力。

（2）组件送料。送料器的种类有带状送料器、盘状送料器、管状送料器、散装送料器。

（3）组件拾取。贴片头从送料器顺利、完整地拾取组件的过程，与组件大小、形状；吸嘴的大小、形状；组件位置等因素有关。

（4）组件定位。通过机械或者光学方式确定组件的位置。

（5）组件贴放。贴片头拾取组件后把组件准确、完整地贴放的 PCB 板上。

2．贴片机的基本结构

不论是哪一种贴片机，其总体结构基本上是类似的，主要是由机架、PCB 传送机构及支撑台、X，Y 与 Z/θ同服、定位系统、光学识别系统、贴片头、供料器、传感器和计算机控制系统等组成。

（1）贴片头系统。贴片头是贴片机上最复杂、最关键的部件，可以说它是贴片机的心脏。它在拾取元器件后能在校正系统的控制下自动校正位置，并将元器件准确地贴放到指定的位置。

① 贴片头。贴片头（Placement Head）的发展是贴片机进步的标志，贴片头已由早期的单头、机械对中发展到多头、光学对中。图 3-2-2 所示为贴片头的种类。

a．固定式单头。早期单头贴片机主要由吸嘴、定位爪、定位台、Z 轴和 θ 角运动系统组成，并固定在 X、Y 传动机构上，当吸嘴吸取一个元件后，通过机械对中机构实现元件对中，并给供料器一个信号，使下一个元件进入吸片位置，但这种方式贴片速度很慢，通常贴放一只片式元件需 1s。为了提高贴片速度，人们采取增加贴片头数量的方法，即采用多个贴片头来增加贴片速度。

b．固定式多头。这是通用型贴片机采用的结构，它在单头的基础上进行了改进，即由单头增加到了 3～6 个贴片头。他们仍然被固定在 X、Y 轴上，但不再使用机械对中，而改为多种形式的光学对中，工作时分别吸取元器件，对中后再依次贴放到 PCB 指定位置上。这类机型的贴片速度可达 3 万个元件/小时，而且这类机器的价格较低，并可组合连用。固定式多头系统的外观如图 3-2-3 所示。

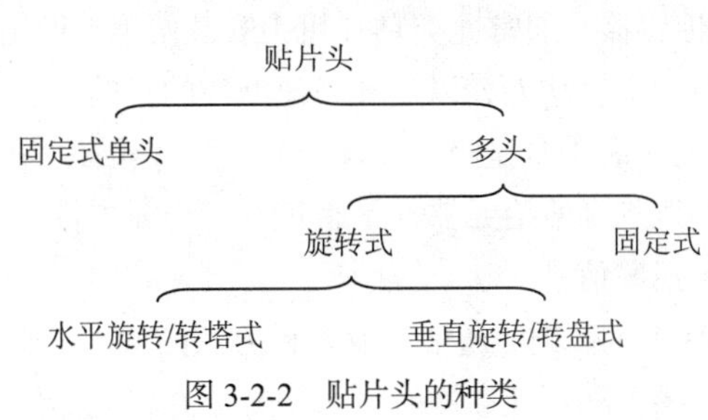

图 3-2-2　贴片头的种类

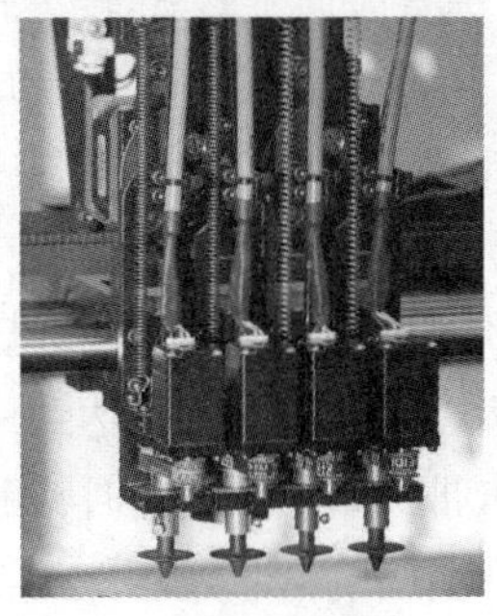
图 3-2-3　贴片机的固定多头系统

c．旋转式多头。高速贴片机多采用旋转式多头结构，这种结构极大地提高了贴片速度。旋转式多头分为水平旋转式/转塔式与垂直方向旋转式/转盘式两种，下面分别介绍。

- 水平旋转式/转塔式。这类机器多用于松下、三洋和富士制造的贴片机中。贴片头的结构示意图和外观如图 3-2-4 所示。该贴片机中有 16 个贴片头，每个头上有 6 个吸嘴，故可以吸放多种大小不同的元件。16 个贴片头固定安装在转塔上，只能做水平方向旋转。旋转头各位置的功能做了明确的分工，贴片头在 1 号位从供料器上吸取元器件，然后在运动过程中完成校正、测试、直至 5 号位完成贴片工序。由于贴片头是固定旋转的，不能移动，元件的供给只能靠供料器在水平方向的运动来完成。贴放位置则由 PCB 工作台的 *X*、*Y* 高速运动来实现。这类贴片机的高速度取决于旋转头的高速运行，在贴片头的旋转过程中，供料器以及 PCB 也在同步运行。

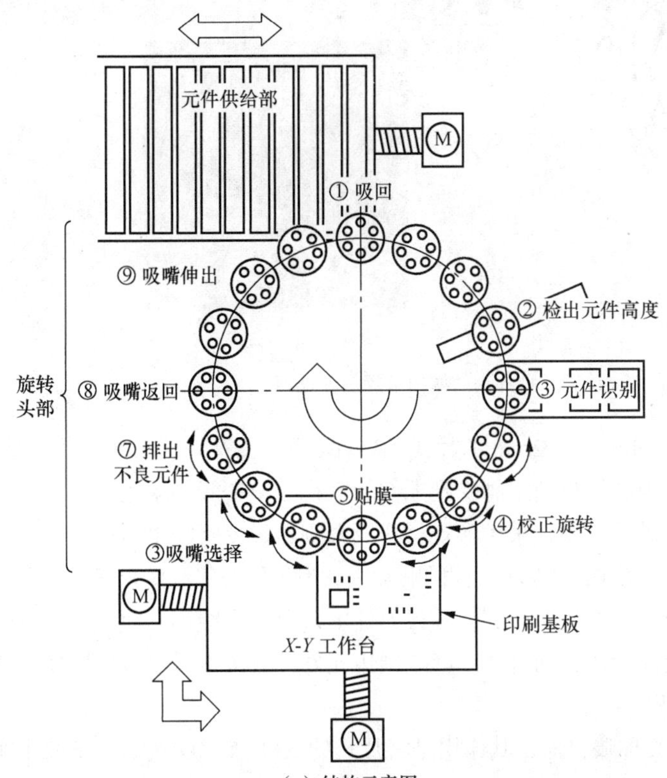

（a）结构示意图

（b）外观

图 3-2-4　水平旋转式贴片头的结构示意图和外观

- 垂直方向旋转式/转盘式。这类贴片头多见于西门子贴片机，它的结构示意图和外观如图 3-2-5 所示。该贴片机旋转头上安装有 12 个吸嘴，工作时每个吸嘴均吸取元件，并在 CCD 处调整 $\Delta\theta$，吸嘴中均安装有真空传感器和压力传感器。通常此类贴片机中安装两组或四组旋转头，其中一组在贴片，而另一组则在吸取元件，然后交换功能，以达到高速贴片的目的。

② 吸嘴。贴片头上实际进行拾取和贴放的贴装工具是吸嘴（Nozzle），它是贴片头的心脏。

吸嘴在吸片时，必须达到一定的真空度方能判别所拾元器件是否正常，当元器件侧立或因元器件“卡带”未能被吸起时，贴片机将会发出报警信号。

贴片头吸嘴拾起元器件并将其贴放到 PCB 上的瞬时，通常采取两种方法贴放。一种是根据元器件的高度，即事先输入元器件的厚度，当吸嘴下降到此高度时，真空释放并将元器件贴放到焊盘上，采用这种方法有时会因元器件厚度的误差，出现贴放过早或过迟现象，严重时会引起元器件移位或飞片的缺陷；另一种更先进的方法是，吸嘴会根据元器件与 PCB 接触的瞬间产生的反作用力，在压力传感器的作用下实现贴放的软着陆，又称为 Z 轴的软着陆，故贴片轻松，不易出现移位与飞片缺陷。

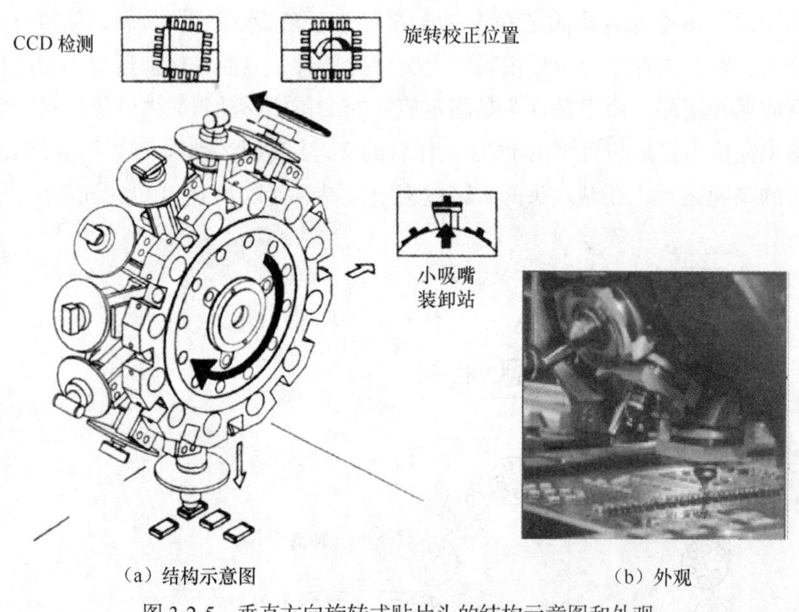

（a）结构示意图　　（b）外观

图 3-2-5　垂直方向旋转式贴片头的结构示意图和外观

随着元器件的微型化，现已出现 0.4mm × 0.2mm 的片式元器件，而吸嘴又高速与元器件接触，其磨损是非常严重的，故吸嘴的材料与结构也越来越受到人们的重视。早期吸嘴采用合金材料，后又改为碳纤维耐磨塑料材料，更先进的吸嘴则采用陶瓷材料及金刚石，使吸嘴更耐用。

吸嘴的结构也做了改进，特别是在 0402、0603 元件的贴片中，为了保证吸起的可靠性，在吸嘴上开两个孔，以保证吸取时的平衡。此外还考虑到，不仅元件本身尺寸在减小，而且与周围元件的间隙也在减小，因此不仅要能吸起元件，而且要不影响周边元件，故改进后的吸嘴即使元件之间的间隙为 0.15 mm，也能方便地贴装。

（2）供料器。供料器（Feeder）又称喂料器，其作用是将片式的 SMC/SMD 按照一定的规律和顺序提供给贴片头，以方便贴片头吸嘴准确拾取，它在贴片机中占有较多的数量和位置，它也是选择贴片机和安排贴片工作的重要组成部分。随着贴片速度和精度要求的提高，近年来供料器

的设计与安装越来越受到人们的重视。供料器按照驱动方式的不同可以分为电驱动、空气压力驱动和机械打击式驱动，其中电驱动的振动小，噪声低，控制精度高，因此目前高端贴片机中供料器的驱动基本上采用电驱动，而中低档贴片机都是采用空气压力驱动和机械打击式驱动。根据 SMC/SMD 包装的不同，供料器通常有带状供料器（Tape Feeder）、管状供料器（Tube Feeder）、盘状供料器（Tray Feeder）和散装供料器（Bulk Feeder）等几种。

① 带状供料器。带状供料器用于编带包装的各种元器件。由于带状供料器的包装数量比较大，小元件每盘可以装 5 000 个，甚至更多，大的 IC 每盘也能装几百个以上，不需要经常续料，人工操作量少，出现差错的几率小，因此带状供料器的用途最广泛。

带状供料器根据材质的不同，有纸编带、塑料编带和粘接式塑料编带供料器。带状供料器的规格是根据编带宽度来确定的，编带宽度是根据所装载不同尺寸的元器件制定的，是标准化的。带状供料器的规格通常有 8mm、12mm、16mm、24mm、32mm、44mm、56mm 和 72mm 等。由于元件的尺寸越来越小，因此有的公司把 8mm 带状供料器做成双 8mm 带状供料器，这样，一个双 8mm 供料器可以装两种小元件，这种措施相当于增加了贴片机料站的数量。图 3-2-6 所示为带状供料器的外形。

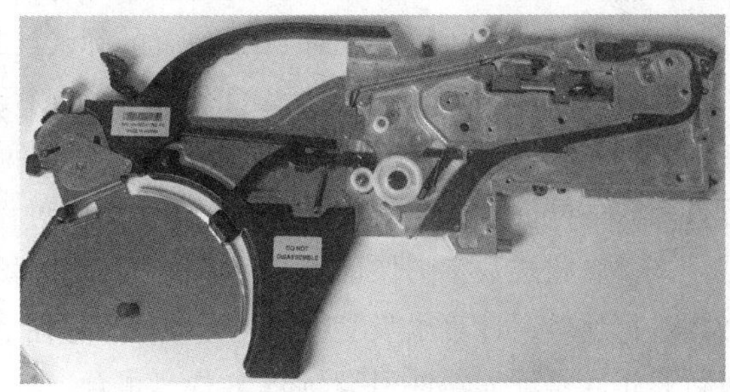

图 3-2-6　带状供料器

② 管状供料器。管状供料器的作用就是把管子内的元器件按顺序送到吸片位置以供贴片头吸取。管状供料器基本上采用加电的方式产生机械振动来驱动元器件，使得元器件缓慢移动到窗口位置，通过调节料架振幅来控制进料的速度的。由于管状供料器需要一管一管地续料，人工操作量大，而且续料时容易出错，因此一般只用于小批量生产。

管状供料器的规格有单通道、多通道之分。单通道管状供料器的规格有 8mm、12mm、16mm、24mm、32mm 和 44mm，多通道管状供料器有 2 ~ 7 通道不等，通道的宽度有的是固定的，有的是可以任意调整的。图 3-2-7 所示为多通道管状供料器。

③ 散装供料器。散装供料器如图 3-2-8 所示，一般在小批量的生产中才会应用，规模化大生产一般应用很少。散装供料器的供料原理是，散装供料器带有一套线性的振动轨道，随着导轨的振动，元件在轨道上排队前进。这种供料器只适合于矩形和圆柱形的片式元件，不适合具有极性的片式元件。目前，SMT 业界已经开发出多轨道式的散装供料器，不同的轨道可以驱动不同的片式元件。散装供料器所占料位同 8mm 带状供料器。

④盘状供料器。盘状供料器如图 3-2-9、图 3-2-10 所示，又称为华夫盘供料器，它主要用于 QFP、BGA、CSP、PLCC 等器件。这种包装便于运输，不容易损坏细间距元器件的引脚共面性。

盘状供料器的结构形式有单盘式和多盘式。单盘式续料的几率大，影响生产效率，一般只适合于简单产品或 IC 比较少的产品，以及小批量生产。多盘专用供料器现在被广泛采用。盘状供料器有手动和自动两种，自动盘状供料器一般有 10 层、20 层、40 层、80 层和 120 层之分。自动盘状供料器更换器件时，可以实现不停机上料或换料。

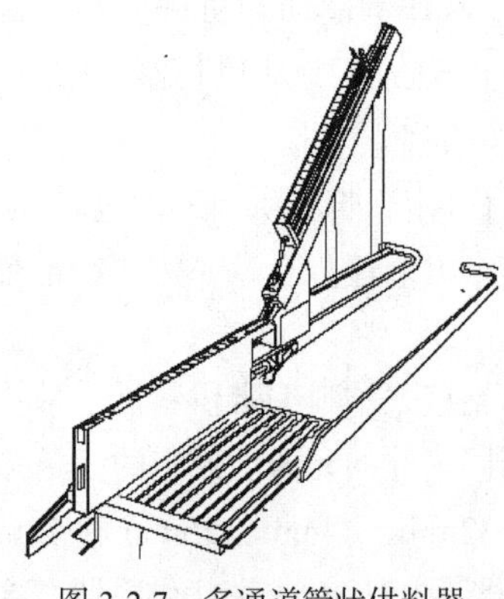

图 3-2-7　多通道管状供料器

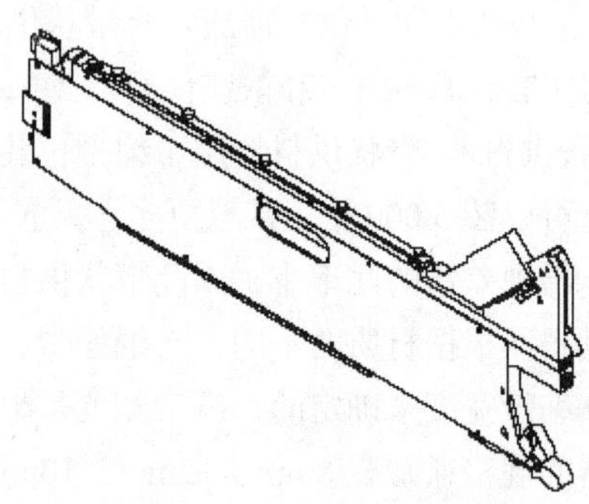
图 3-2-8　散装供料器

（3）机器视觉系统。机器视觉系统是影响元件组装精度的主要因素。机器视觉系统在工作过程中首先是对 PCB 的位置进行确认，当 PCB 输送至贴片位置上时，安装在贴片机头部的 CCD，首先通过对 PCB 上所设定的定位标志的识别，实现对 PCB 位置的确认，CCD 对定位标志确认后，通过 BUS 反馈给计算机，计算出贴片圆点位置误差（ΔX，ΔY），同时反馈给控制系统，以实现 PCB 识别过程。在确认 PCB 位置后，接着是对元器件的确认，包括元件的外形是否与程序一致，元件的中心是否居中，元件引脚的共面性和形变。其中，元器件对中过程为：贴片头吸取元器件后，视觉系统对元器件成像，并转化成数字图像信号，计算机分析出元器件的几何中心和几何尺寸，并与控制程序中的数据进行比较，计算出吸嘴中心与元器件中心在 ΔX、ΔY 和 $\Delta\theta$ 的误差，并及时反馈至控制系统进行修正，保证元器件引脚与 PCB 焊盘重合。

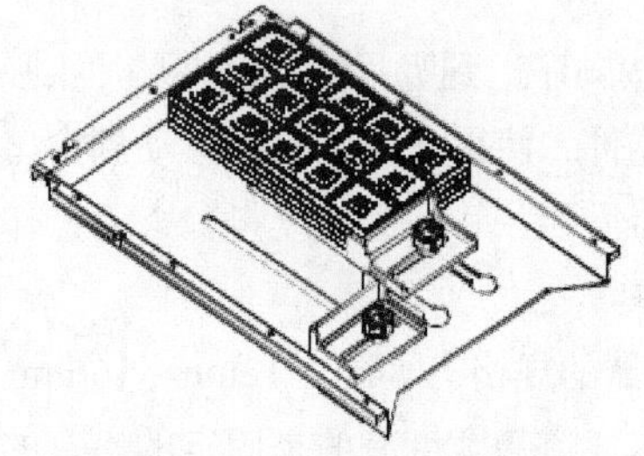
图 3-2-9　盘状供料器

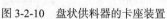

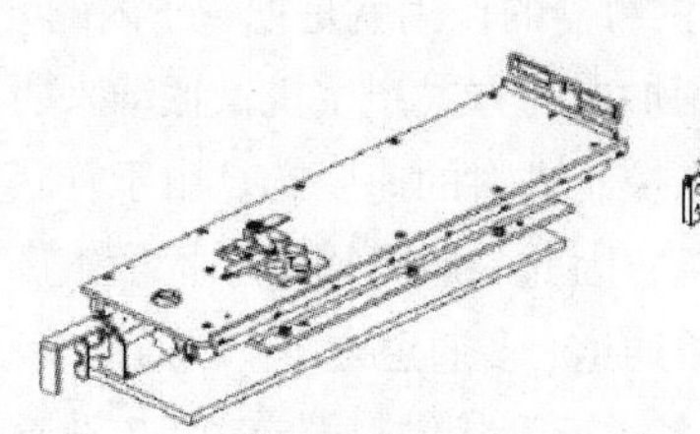
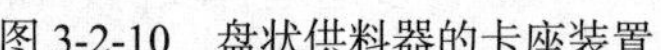
图 3-2-10　盘状供料器的卡座装置

（4）贴片机的 X、Y、Z/θ 轴的定位系统。

① X，Y 定位系统。X，Y 定位系统是贴片机的关键机构，也是评估贴片机精度的主要指标，它包括 X，Y 传动机构和 X，Y 伺服系统。它的功能有两种，一种是支撑贴片头，即贴片头安装在 X 导轨上，X 导轨沿 Y 方向运动，从而实现在 X—Y 方向贴片的全过程，这类结构在通用型贴片机中多见；另一种是支撑 PCB 承载平台，并实现 PCB 在 X—Y 方向上移动，这类结构常见于转塔式旋转头类的贴片机中，在这类高速机中，其贴片头仅做旋转运动，而依靠供料器的水平移动和 PCB 承载平面的运动完成贴片过程。还有一类贴片机，贴装头安装在 X 的导轨上，并仅做 X 方向运动，而 PCB 的承载台仅做 Y 方向运动，工作时两者配合完成贴片过程。

X，Y 传动机构主要有两大类，一类是滚珠丝杠—直线导轨，另一类是同步齿形带—直线导轨。

随着SMC/SMD尺寸的减小及精度的不断提高，对贴片机贴装精度的要求越来越高，换言之，对X，Y定位系统的要求越来越高。而X，Y定位系统是由X，Y伺服系统来保证的，即由交流伺服电机驱动X，Y传动机构，并在位移传感器及控制系统指挥下实现精度定位，其中，位移传感器的精度起着关键的作用。目前贴片机上使用的位移传感器有圆光栅编码器、磁栅尺和光栅尺3种。这3种测量方法均能获得很高的运动定位精度，但仅能对单轴向运动位置的偏差进行检测，而对导航的变形、弯曲等因素造成的正交或旋转误差却无法检测。

② Z轴定位系统。在通用型贴片机中，支撑贴片头的基座固定在X导轨上，基座本身不做Z方向的运动。这里的Z轴控制系统，特指贴片头的吸嘴在运动过程中的定位，其目的是适应不同厚度PCB与不同高度元器件贴片的需要。Z轴控制系统常见的形式有两种：圆光栅编码器—AC/DC马达伺服系统和圆筒凸轮控制系统。

③ Z轴的旋转定位。早期贴片机的Z轴/吸嘴的旋转控制是采用气缸和挡块来实现的，只能做到0°和90°控制，现在的贴片机已直接将微型脉冲马达安装在贴片头内部，以实现θ方向高精度的控制。松下MSR型贴片机微型脉冲马达的分辨率为0.072°/脉冲，它通过高精度的谐波驱动器（减速比为30：1），直接驱动吸嘴装置。由于谐波驱动器具有输入轴与输出轴同心度高，间隙小，振动低等优点，故吸嘴θ方向的实际分辨率可高达0.0024°/脉冲，确保了贴片精度的提高。

（5）贴片机的传感系统。贴片机中安装有多种传感器，如压力传感器、负压传感器和位置传感器。贴片机运行过程中，所有这些传感器时刻监视机器的运转。传感器应用越多，说明机器的智能化水平越高。下面简要介绍各种传感器的功能。

① 压力传感器。贴片机的压力系统包括各种气缸的工作压力和真空发生器，这些发生器均对空气压力有一定的要求，低于设备规定的压力时，机器就不能正常运转。压力传感器始终监视压力的变化，一旦机器异常，将会及时报警，提醒操作人员处理。

② 负压传感器。贴片头上的吸嘴靠负压吸取元器件，它由负压发生器及真空传感器构成。负压不够时，元器件将无法吸取，供料器没有元器件或元器件被卡在供料器上不能吸取时，吸嘴将吸不到元器件，这些情况的出现将会影响机器的正常工作。负压传感器始终监视负压的变化，出现吸不到或吸不住元器件的情况时，它能及时报警，提醒操作者更换供料器或检查吸嘴和负压软管是否堵塞。

③ 位置传感器。PCB的传输定位包括PCB的记数、贴片头和工作台的实时监测，辅助机构的运动等，都对位置有严格的要求，这些位置要求通过各种形式的位置传感器来实现。

大部分贴片机的轨道上有4个位置传感器，如图3-2-11所示，在前置A轨道上，一般有两个传感器，在PCB入口处的传感器主要检测PCB是否导入，一旦检测到PCB，前置A轨道上的传送皮带便运行起来，如果中间B轨道上有PCB等待或正在贴片，入口处的PCB便运行到前置A轨道的第二个传感器位置处停止运行，等待中间B轨道上的PCB导出后，再传送到中间B轨道上准备贴片。如果前置A轨道第二个传感器位置处有PCB等待，即使PCB入口处传感器检测到有PCB，前置A轨道上的传送皮带也会停止运行，处于等待状态。中间B轨道上的传感器主要检测是否有PCB等待贴装，如果检测到PCB，贴片程序便会迅速运行起来，元器件会按照指令被贴装到PCB的各个位置。PCB上的元器件被组装完成后，被快速导入到后端的C轨道上，C轨道上的传送皮带就会运行，把PCB导出到下一个工序。如果后端轨道出口处发生PCB阻塞，即使中间B轨道上的PCB完成贴装，PCB也不会被导出。

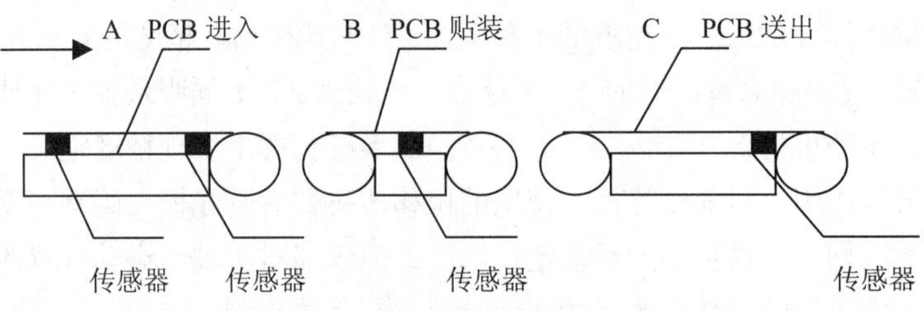

图 3-2-11 位置传感器在导轨中的布置

贴片机在贴片过程中，贴片头都是沿着 X 轴与 Y 轴方向高速移动，为了防止贴片头撞击机器的臂杆，在贴片机的 X 轴和 Y 轴方向分别有两个限位传感器，如图 3-2-12 所示。贴片头一旦到达限位传感器，机器便会立即停止运行。由此可见，限位传感器主要对贴片头起保护的作用。

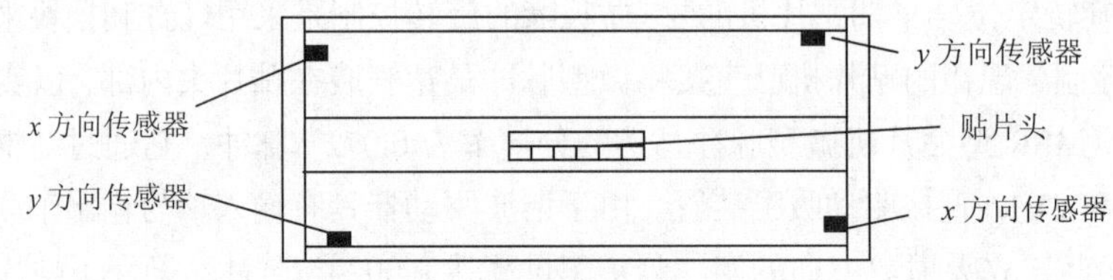

图 3-2-12 限位传感器在机架中的布置

④ 图像传感器。贴片机工作状态的实时显示，主要采用 CCD 图像传感器，它能采集各种所需的图像信号，包括 PCB 的位置、元器件尺寸，并经过计算机分析处理，使贴片头完成调整与贴片工作。

⑤ 激光传感器。目前，激光已经被广泛应用到贴片机上，它能帮助判别器件引脚的共面性。当被测试的器件运行到激光传感器的监测位置时，激光发出的光束照射到 IC 引脚并反射到激光读取器上，若反射回来的光束与发射光束相同，则器件共面性合格，当不相同时，则器件由于引脚变形，使发射光光束变长，激光传感器从而识别出该器件引脚有缺陷。同样道理，激光传感器还能识别器件的高度，这样能缩短生产预备的时间。

⑥ 区域传感器。贴片机在工作时，为了贴片头安全运行，通常在贴片头的运动区域内设有传感器，利用光电原理监控运行空间，以防外来物体带来伤害。

⑦ 贴片头压力传感器。随着贴片头速度和精度的提高，对贴片头将元器件放到 PCB 上的智能性要求越来越高，这就是通常所说的"Z 轴软着陆"功能，它是通过压力传感器及伺服电机的负载特性来实现的。当元器件放置到 PCB 上的瞬间会受到震动，其震动力能及时传送到控制系统，通过控制系统的调控再反馈到贴片头，从而实现 Z 轴软着陆功能。具有该功能的贴片头在工作时，给人的感觉是平稳轻巧，若进一步观察，则元器件贴装到 PCB 上，浸入的焊膏深度大体相同，这对防止后续焊接时出现立碑、错位和飞片等焊接缺陷也是非常有利的。

（6）计算机控制系统。贴片机的计算机控制系统通常采用二级计算机控制：子级由专用工控计算机系统构成，完成对机械机构运动的控制；主控计算机采用 PC 实现编程和人机对话。

3．贴片机的技术参数

在贴片机相关技术参数中，贴片精度、速度及适应性是贴片机的 3 个重要的特性。精度决定贴片机能贴装元器件的种类和它的适用领域，即精度高的机器能贴装细间距的器件，如 FQFP、CSP 和 FC 等，但这类设备的价格要贵得多。在选购贴片机时，在精度与价格之间应确定好平衡点。速度决定贴片机的生产效率和能力，在选择贴片机中比较明确，但应考虑到理论速度与实际

速度的差距，以及对于贴装元件的类型或者说贴片机贴装元器件的适应性，即能贴哪些尺寸的元器件。目前，还没有出现一种贴片机，能完美无缺地贴装所有不同类型的元器件，或者更准确地说，还没有一种贴片机能做到贴片精度、速度与元件尺寸三者同时兼顾。

（1）贴片机的贴片精度。贴片精度是表征贴片机的一项重要指标。贴片精度是指贴片机 X、Y 导航运动的机械精度和 Z 轴旋转精度，它可以由定位精度、重复精度和分辨率来表征。精度是统计学概念，因此从统计学规律来讲，贴片精度是贴片机贴片质量的特性分布，它可以用平均值（μ）与标准偏差（σ）来表征；还可以用贴片机在受控的正常工作状态下的作业能力来表示，即用过程能力指数 C_p/C_{pk} 值来表征。现分别介绍如下。

① 定位精度。定位精度是元器件贴装后相对于印制板标准的目标贴装位置的偏移量。贴片机的定位精度主要取决于贴片头在 X、Y 导轨上的移动精度，以及贴片头 Z 轴的旋转精度，同时与 CCD 的分辨率、PCB 设计、元件尺寸精度误差、编程等因素有关。

由于元器件在包装中位置是随机存放的，故贴片头拾取后器件有 X, Y, θ3 个自由度，与 PCB 上焊盘位置对中过程中，存在 ΔX，ΔY，$\Delta\theta$ 3 个误差量，其中 ΔX，ΔY 是由贴片机机械定位系统位移造成的，又称为位移误差，$\Delta\theta$ 是由贴片头中 z 轴旋转校正系统造成的，又称为旋转误差。

② 重复精度。重复精度是描述贴片机重复地返回设定贴片位置的能力。准确地说，每个运动系统的 X 导轨、Y 导轨和 θ 均有各自的重复精度，它们综合的结果体现出贴片机的贴片精度，因此贴片机所给出的样本精度，通常是以贴片机的重复精度来表征的。

③ 分辨率。分辨率是指贴片机机械位移的最小增量。它取决于伺服马达和轴驱动机构上的旋转或线性编码器的分辨率，是贴片机所采取的实现高精度贴片的手段。目前，好的贴片机分辨率已做到 0.0024° /脉冲，即当贴片头接收到一个脉冲的指令，它仅会旋转 0.0024° 。通常情况下，采用光尺/磁尺的贴片机的分辨率要高于使用编码的贴片机的分辨率。在全面描述机器性能时很少使用分辨率，故它也不出现在贴片机的技术规格中，只有当比较贴片机性能时才采用分辨率这一性能指标。

上述三者之间的关系是相互关联的，通常分辨率是基础，采用高分辨率的手段决定了贴片机好的定位精度。但有时定位好的机器，由于装配不当，调节不好，也会出现贴片后有规律地偏向一个方向的问题，但它是有规律的，此时重新调节机器，可将它校正过来。

实际生产中的贴片精度是指器件引脚与对应的焊盘两者对位的偏差度。但由于贴片过程是一个动态的过程，它所贴装的 PCB 在不停地更换，并且每块 PCB 采用腐蚀方法制造，其中基准标记、焊盘、器件尺寸误差、贴片胶和锡膏都对它有影响，因此贴片机贴片精度除了贴片机本身的精度外，还应包括 PCB/焊盘定位误差、焊盘尺寸误差、PCB 光绘误差（CAD）以及片式元器件制造误差等。

④ 过程能力指数。过程能力指数是反映过程处于正常状态时，所表现出来的保证产品质量的能力，并以数值定量地表达出来。

贴片机的过程能力指数 C_p 值与 C_{pk} 值意义是指贴片机在正常工作状态下满足质量要求的贴片能力，并将其量化。

C_p 是指分布中心和公差中心重合时的过程能力指数。C_{pk} 则是分布中心与公差中心不重合，出现偏移量时，对过程能力指数进行的修正。贴片机 C_p/C_{pk} 数值标准如表 3-2-1 所示。

表 3-2-1　　贴片机的 C_p/C_{pk} 数值标准

序号	C_p/C_{pk}	状　态	判　断
1	≥1.67	很好	制程能力很好，可考虑缩小规格或降低成本
2	1.33 ~ 1.67	合格	理想状态，继续维持
3	1.00 ~ 1. 33	警告	使制程保持于管制状态，否则随时有发生不良品的危险
4	0.83 ~ 1. 00	不足	有改善的必要
5	<0.83	非常不足	采取紧急措施

（2）贴片机的贴片速度。贴片速度决定贴片机和生产线的生产能力，是整个生产线产能的重要限制因素。贴片速度一般用以下几个参数来描述。

① 贴装周期。贴装周期是标志贴装速度的最基本参数，它是指从拾取元器件开始，经过检测、贴放到 PCB 上再返回拾取元器件位置时所用的时间。每进行一次这种行程，就完成一次贴装操作，即完成一个贴装周期。一般高速机贴装 Chip 元件的贴装周期为 0.2s 以内，目前最高贴装周期为 0.06 ~ 0.03s；一般泛用机贴装 QFP 的贴装周期为 1 ~ 2s，贴装 Chip 元件的贴装周期为 0.3 ~ 0.6s。

② 贴装率。贴装率是指 1h 内贴装元器件的数量，单位是 c/h。它是贴片机制造厂家在理想的条件下测算出的贴装速度。理论速度的计算不考虑 PCB 装卸载时间，贴片距离最近，且仅贴少量的元件（约 150 只片式元件），然后算出贴装一只元件所用的时间，并以此推算 1h 贴装数量。

但实际生产中应考虑下列辅助时间。

a．PCB 装载/卸载时间，通常贴片机需 5 ~ 10s。

b．大型（长方形）PCB 上元器件相距较远，贴片时间将延长。

c．换料时间。

d．机器维修时间（天/周/月）。

e．不可预测的停机时间。

总之，实际贴片速度要远远低于理论贴片速度，通常为理论贴片速度的 65% ~ 70%，这是选购贴片机或计算贴片机的生产能力时应该考虑的问题。

（3）贴片机的适应性。贴片机的适应性是指贴片机适应不同贴装要求的能力，包括元器件种类、供料器数量和类型，贴装机的可调整性等。当所贴装的印制电路板的类型变化时，贴片机需要进行调整，包括贴片机的再编程、供料器的更换、印制电路板的传送机构和工作台的调整、贴装头的调整和更换等。

4．贴装工艺

早期的表面组装元器件主要是片状的电阻、电容、电感、晶体管以及小外形封装的集成电路 SOP、SOJ 等，SMT 发展到今天，一些大规模的集成电路出现了，如 PLCC、LCCC、QFP、BGA、CSP、FC 等，这就对贴片机的贴装精度提出了更高的要求，大规模的生产也对贴片机的贴装速度提出了更高的要求。因此贴装技术是 SMT 中的关键技术，它直接影响 SMA 的组装质量和组装效率。

表面贴装工艺就是通过贴片机按照一定的贴装程序，有序地把表面组装元器件贴装到对应的印制电路板焊盘上，它主要包含吸取和放置两个动作，因此这个过程英文为“Pick and Place”，它是 SMT 工序中第二道重要工序。其基本工艺流程如图 3-2-13 所示，其中编程是影响贴装精度和贴装效率的重要因素。

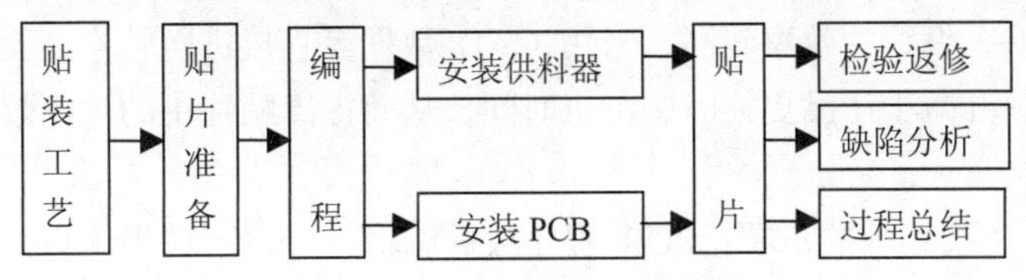

图 3-2-13　贴装基本工艺流程

（1）贴装元器件的工艺要求。贴装元器件应按照组装板装配图和明细表的要求，准确地将元器件逐个贴放到印制电路板规定的位置上。

① 贴装工艺要求。各装配位号元器件的类型、型号、标称值和极性等特征标记要符合产品装配图和明细表的要求。

贴装好的元器件要完好无损。

贴装元器件焊端或引脚不小于 1/2 厚度浸入焊膏。对于一般元器件，贴片时焊膏挤出量应小于 0.2mm，对于细间距元器件，贴片时焊膏挤出量应小于 0.1mm。

元器件焊端或引脚要和焊盘图形对齐、居中。由于回流焊有自对准效应，因此元器件贴装时允许有一定的偏差。各种元器件的具体偏差范围参见 IPC 相关标准。

② 保证贴装质量的三要素。

a．元件正确。要求各装配位号元器件的类型、型号、标称值和极性等特征标记要符合产品的装配图和明细表要求，不能贴错位置。

b．位置准确。元器件的焊端或引脚均和焊盘图形尽量对齐、居中，还要确保元件焊端接触焊膏图形。

c．压力合适。贴装压力相当于吸嘴的 Z 轴高度，Z 轴高度高相当于贴装压力小，Z 轴高度低相当于贴装压力大。如果 Z 轴高度过高，元器件的焊端或引脚没有压入焊膏，浮在焊膏表面，焊膏粘不住元器件，在传送和回流焊时容易产生位置移动。另外，Z 轴高度过高，使得贴片时元件从高处自由落体下来，会造成贴片位置偏移。反之，如果 Z 轴高度过低，焊膏挤出量过多，容易造成焊膏粘连，回流焊时容易出现桥接，同时也会由于焊膏中合金颗粒滑动，造成贴片位置偏移，严重时还会损坏元器件。因此贴装时要求吸嘴的 Z 轴高度要恰当、合适。

（2）贴片机编程。贴片机是计算机控制的自动化生产设备，贴片之前必须编制程序。贴装过程就是按照贴片程序进行贴片，如果程序中坐标数据不精确，贴装精度再高的贴片机也不能保证贴装质量。因此贴片程序编制的好坏直接影响贴装精度和贴装效率。

贴片程序的编制有示教编程和计算机编程两种方式。

示教编程就是通过装在贴片头上的 CCD 摄像机识别 PCB 上的元器件位置数据，精度低，编程速度慢。这种方法仅适用于缺少 PCB 数据的情况或做教学示范。

一般生产中都采用计算机编程，计算机编程有在线编程和离线编程两种。

在线编程是利用贴片机中的计算机进行编程，是对 PCB 板上的元件贴装位置适时地进行坐标数据的定位，根据不同的元件再选择吸嘴，在数据表格上填入相关的数据，如吸嘴编号、贴片头编号、元件厚度、供料器所在的位置编号、元件的规格尺寸等，编程时贴片机要停止工作。

离线编程是指在独立的计算机上通过离线编程软件把 PCB 的贴装程序编好、调试好，然后通过数据线把程序传输到贴片机上的计算机中存储起来，在调用时，随时可以通过贴片机上的键盘从机器中把程序调用出来，就可进行生产了。大多数贴片机可采用离线编程。离线编程的速度一

般相对在线编程要快，编程的效率较高，采用 CAD 数据等直接进行转换，无需手工定位，可获得更高的贴装精度，并减少产品更换时的待机时间，从而提高贴片机的生产效率。离线编程对多品种小批量生产意义重大。

① 离线编程。离线编程的步骤：PCB 程序数据编辑 → 自动编程优化并编辑 → 将数据输入设备 → 在贴片机上对优化好的产品程序进行编辑 → 核对检查并备份贴片程序。

a．PCB 程序数据编辑。PCB 程序数据编辑有 3 种方法：Gerber 文件的导入，CAD 文件的导入，对表面组装印制板图像扫描产生坐标数据。

- Gerber 文件的导入编程。把 Gerber 文件导入到贴片机的离线编程软件中。这种方法是目前 SMT 行业普遍使用的一种方法，其特点是编程速度快，而且导入的坐标数据非常精确，一般在贴片机上不需要调整。Gerber 文件导入主要是把不同元件的位置号、元件规格尺寸和元件焊盘的中心点坐标导入。目前主流贴片机一般都有离线编程软件，对 Gerber 文件的格式都是兼容的。

- CAD 文件的导入编程。把 CAD 文件直接导入到贴片机的离线编程软件中。CAD 文件导入的主要是每一个贴片步骤的元件名、说明（包括该贴片元件贴装位号及型号规格）、每一步 X、Y 坐标和转角 θ、mm/inch 转换、坐标方向转换、角度 θ 的转换、比率以及原点修正值。贴片机一般对 CAD 格式是不兼容的，需要把 CAD 坐标数据复制到离线编程软件中，再对数据进行编辑。

- SMB 图像扫描编程。在贴片机中，编辑 PCB 上焊盘中心点的坐标数据，也可以通过把 PCB 的实物图像扫描到离线编程软件中，再利用鼠标的光标单击焊盘中心点的位置，这样会自动生成一个坐标数据，但此坐标数据一般在导入到贴片机中时，都需要再重新调整，鼠标单击的部位还要把相应的元件规格尺寸编辑到相应的编辑栏内，之后对数据进行编辑。

b．自动编程优化并编辑。

- 打开程序文件。从优化软件中打开已完成 PCB 程序数据编辑的程序文件。

- 输入 PCB 数据。输入 PCB 尺寸：长度（沿贴片机的 X 方向）、宽度（沿贴片机的 Y 方向）以及厚度（T）。

输入 PCB 原点坐标：一般 X、Y 坐标的原点均为 0。当 PCB 有工艺边或贴片机对原点有特别规定时，应输入原点坐标。

输入拼板信息：分别输入 X 和 Y 方向的拼板数量、相邻拼板之间的距离，无拼板时，X 和 Y 方向的拼板数量均为 1，相邻拼板之间的距离为 0。

- 建立元件库。对元件库中没有的新元件需逐个建立元件库。建立元件库时需输入该元件的元件名称、包装类型、所需要的料架类型、供料器类型、元器件供料的角度、采用几号吸嘴等参数，并在元件库中保存。

- 输入产品的文件名、生产小组编辑者姓名以及需要说明的内容。

- 自动编程优化。完成了以上工作后即可按照自动编程优化软件的操作方法进行自动编程优化。

- 对自动编程优化好的程序进行编辑。完成自动编程优化后，对程序中不符合要求的字符应进行修改。不符合要求的字符主要包括贴片机的供料型号、贴片机程序要求的封装名称、不合理的贴片步骤。

c．将数据输入设备。将优化好的程序输入到贴片机中。

d．在贴片机上对优化好的产品程序进行编辑。

- 调出优化好的程序。

- 做 PCB Mark 和局部 IC Mark 的图像。
- 对没有做图像的元器件做图像，并在图像库中登记。
- 对未登记过的元器件在元件库中进行登记。
- 如果用到托盘供料器，还需要对托盘料架以及托盘进行编程：把托盘在料架上的放置位置（放在第几层、前后位置、托盘之间的间距）；托盘中第一个器件的位置；托盘有几行、几列、每个器件之间 *X*、*Y* 方向的间距；拾取器件的路线（如从右到左一行一行拾取或纵向一列一列拾取等）。
- 排放不合理的多管式振动供料器应根据器件体的长度进行重新分配，尽量把器件体长度比较接近的器件安排在同一个料架上，并将料站排放得紧凑一些。中间尽量不要有空闲的料站，这样可以缩短拾取元件的路程。
- 把程序中外形尺寸较大的多引脚细间距器件，如 160 条引脚以上的 QFP 和大尺寸的 PLCC、BGA 以及长插座等，改为单个拾片的方式，这样可提高贴装精度。
- 存盘检查是否有错误细节信息，根据错误信息修改程序，直至存盘后没有错误信息为止。

e. 校对检查并备份贴片程序。

- 按照工艺文件中元器件明细表，校对程序中每一步的元件名称、位号、型号规格是否正确。对不正确的按工艺文件进行修改。
- 检查贴片机每个供料器站上的元器件与程序表是否一致。
- 在贴片机上用主摄像头校对每一步元器件的 *X*、*Y* 坐标是否与 PCB 上的元件中心一致，对照工艺文件中元件位置示意图检查转角是否正确，对不正确处进行修正。
- 将完全正确的产品程序拷贝到备份软盘中保存。
- 校对检查完全正确后才能进行生产。

② 在线编程。对已经完成离线编程的产品，可直接调出产品程序，开始下一步的操作。对于没有完成离线编程的产品，需进行在线编程。

在线编程一般要完成下面这些内容。确定 PCB 的尺寸和进板方向，设定 PCB 的坐标原点（可以是 PCB 上任何一点），定位 Mark 点坐标，定位 PCB 上贴装元件位置中心点坐标，选择贴片头，选择吸嘴，确定供料器的位号；编辑贴装元件影像；建立贴装元件库；优化程序。这些可归纳为程序数据的编辑、元器件的影像编辑、编辑程序的优化、校对检查并备份四大步。

a. 程序数据的编辑。在贴片机中，对程序数据的编辑主要有以下内容。

- NC Data（PCB 上元件焊盘中心点坐标数据）。对此数据的编辑就是在贴片机上把 PCB 传入机器内，在 PCB 上选取一点（一般选 PCB 上左下角的 PCB Mark 点）作为相对坐标的原点，PCB 上其他焊盘中心点的坐标都是以相对坐标原点为参考，把这些数据录入到编辑栏上的 *X*、*Y* 项即可。
- Part Data（元件的规格尺寸、吸嘴编号、光源的选择、供料器的选择、供料器的站位号）。编辑 Part 数据，首先把元件的规格尺寸输入编辑栏，并且给元件定义一个名称，如果系统元件库内有此规格，直接调用库文件即可生成贴装元件库。根据元件的规格大小选择不同的吸嘴，每种贴片机中都有不同的吸嘴供选择。对于不同的元件，照相光源的选择也很重要，它直接影响贴片机的贴装率。光源一般有上光源、下光源之分。元件不同，供料器的规格尺寸也不同，在贴片机中，编带供料器的规格主要有 8mm、12mm、16mm、24mm、32mm、44mm、56mm、72mm，此外还有管状供料器和华夫盘。

- Mark Data（标记点坐标数据）。在 PCB 上，Mark 一般有两个，主要在 PCB 的对角上，利用 Mark，可以更加精确地贴装元件，所以 Mark 的坐标也要在相对坐标系里标出来。

特别要注意的是，在贴片机中的程序编辑，要正确分清规格尺寸是公制还是英制，对于片状的电阻、电容、电感等，英制规格主要有 01005、0201、0402、0603、0805、1206、1210、1812 等，公制规格主要有 0402、0603、1005、1608、2012、3216、3225、4532 等。

b. 元器件的影像编辑。贴片前要给每个元器件照一个标准图像存入图像库中，此即元器件的影像编辑。元器件影像编辑的步骤：首先输入元器件的类型、元器件外形尺寸、失真系数，然后用 CCD 的主灯光、内测光和外侧光照射，并反复调整各光源的光亮度，直到显示 OK 为止。

元器件影像编辑的作用就是在贴片时将拾取的每一个元器件的实际图像与影像编辑出的该元器件的标准图像比较。比较图像是否正确，如果图像不正确，贴片机则认为该元器件的型号错误，会根据程序设置抛弃元器件；将引脚变形与共面性不合格的器件识别出来并送至程序指定的抛料位置；比较该元器件拾取后的中心坐标与标准图像是否一致，如有偏移，贴片时贴片机会自动根据偏移量来修正该元器件的贴装位置。

元器件影像编辑不好，视觉图像做得不好，直接影像贴装效率。如果元器件视觉图像做得失真，即元器件视觉图像的尺寸与元器件的实际差异较大时，贴片时会不认元器件，出现抛料现象，从而造成频繁停机，因此对制作元器件图像有以下要求。元器件尺寸要正确；元器件类型的图形方向和元器件的拾取方向要一致；失真系数要适当；照相时各光源的光亮度要恰当，显示 OK 以后还要仔细调整，使图像黑白分明、边缘清晰；照出来的图像尺寸与元器件的实际尺寸尽量接近。

c. 编辑程序的优化。编辑程序的优化主要是提高机器的运行精度和发挥机器的最大效能，全面提高贴片的速度。具体优化主要有以下内容。

- 供料器位置的优化。目前的贴片机吸嘴单元都是由多个吸嘴组成的，有线式结构和旋转式结构。根据 PCB 上贴装的元件数量，可以把数目相近的供料器组合在一起，使得机器在贴装时一次吸取多个元件，这样可以省下中间的吸取过程，提高机器的效率。

- 吸嘴的优化。对吸嘴进行优化，主要是让机器在执行吸取元件指令时，一组吸嘴同时吸取元件，而不是让单个的吸嘴只吸取一个元件，这样机器的运行步骤将减少，减少了机器的贴装时间，使机器的效率最大化发挥。

- 吸嘴高度的优化。吸嘴高度是指吸嘴的下端与 PCB 顶层的距离，不同的元件在贴装时，由于厚度不同，有时会有部分元件被吸嘴打裂了，造成元件的损坏，所以在优化时对吸嘴贴装不同的元件要进行高度的优化。

- 影像灰度的优化。贴片机在贴装过程中，有时会自动把吸取的元件扔到废料盒里，造成元件的浪费，这主要是因为元件在照相过程中，摄像头捕捉的影像灰度没有调整到最佳状态，系统在识别时，会认为元件有问题，所以给扔掉了。

- 校对检查并备份贴片程序。按照工艺文件中的元器件明细表，校对程序中每一步的元件名称、位号、型号规格是否正确，对不正确的按工艺文件进行修改。检查贴片机每个供料器站上的元器件与程序表是否一致，在贴片机上用主摄像头校对每一步元器件的 X、Y 坐标是否与 PCB 上的元件中心一致，对照工艺文件中元件位置示意图检查转角是否正确，对不正确处进行修正。将完全正确的产品程序拷贝到备份软盘中保存，校对检查完全正确后才能进行生产。

5. JUKI KE-2060 贴片机的编程

贴片机的生产程序由基板数据、贴片数据、元件数据、吸取数据、图像数据 5 个项目构成，

如表 3-2-2 所示。生产程序的编制按照基板数据→贴片数据→元件数据→吸取数据→图像数据的顺序来制作。

表 3-2-2　　生产程序的构成

数据种类	内　容
基板数据	包括基板的外形尺寸和 BOC 标记的坐标位置等有关基板整体的数据
贴片数据	包括贴片点的坐标和贴片元件名称等
元件数据	包括元件的尺寸、包装方式等定心时所需的数据
吸取数据	包括带状送料器及管状送料器等元件供应位置的数据
图像数据	包括 QFP、BGA 等图像识别所需的数据

（1）基板数据。基板数据由基本设置、尺寸设置、电路配置 3 个项目构成。其中基本设置主要输入基板的基本构成，尺寸设置主要输入基板的详细尺寸，电路配置主要输入电路的位置与角度等信息。

① 基本设置。基板数据的基本设置界面如图 3-2-14 所示。

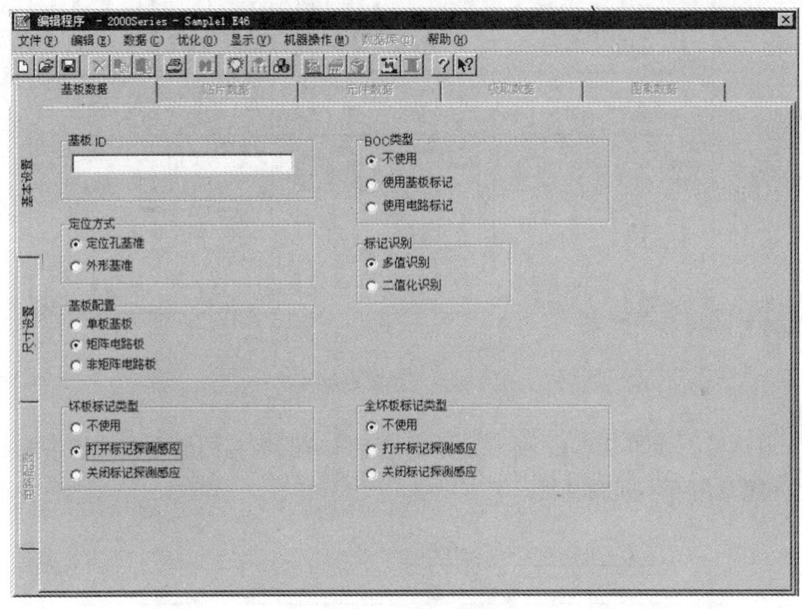

图 3-2-14　基本设置界面

a．基板 ID。可以添加基板名的“注释”。作为基板 ID，可以设置最多 32 个字符的字母、数字及符号。该基板 ID 因在制作生产程序时及生产中被显示，因此设置应简单明了，也可以省略输入。

b．定位方式。

- 定位孔基准。当基板上有定位销插入孔时，通过在此孔中插入基准销来进行定位（定心）的方法。
- 外形基准。对基板的外围进行机械性固定，以决定基板位置。不使用基板定位孔。

c．基板配置。

- 单板基板。如图 3-2-15 所示，是指在一块基板上仅存在一个电路的基板。

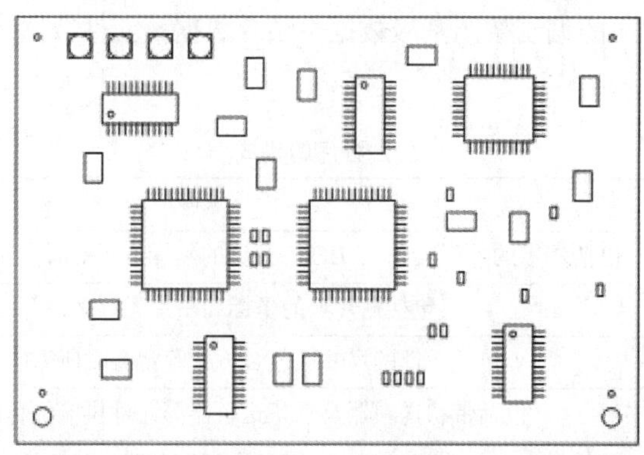

图 3-2-15　单板基板

- 矩阵电路板。如图 3-2-16 所示，是指在一块基板上，存在多个电路，所有电路的角度相同，各电路的 *X* 方向及 *Y* 方向间距完全相同的基板。

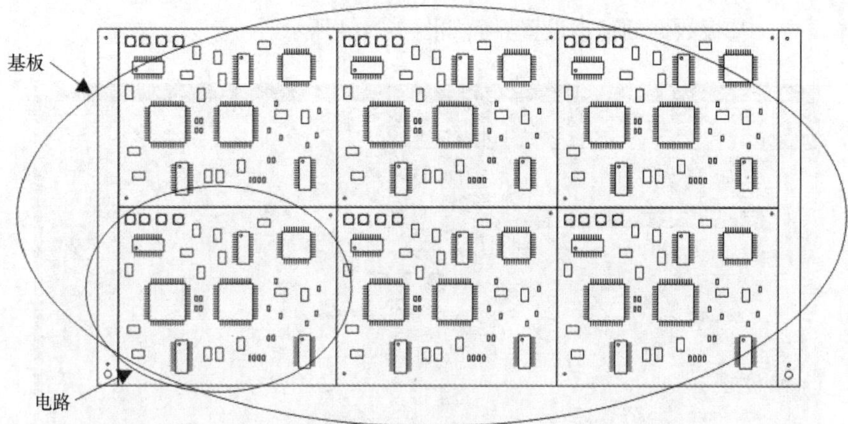

图 3-2-16　矩阵电路板

- 非矩阵电路板。如图 3-2-17 所示，是指与矩阵电路板相同的，在一张基板上配置多个相同电路，但是间隔及角度不同的基板。

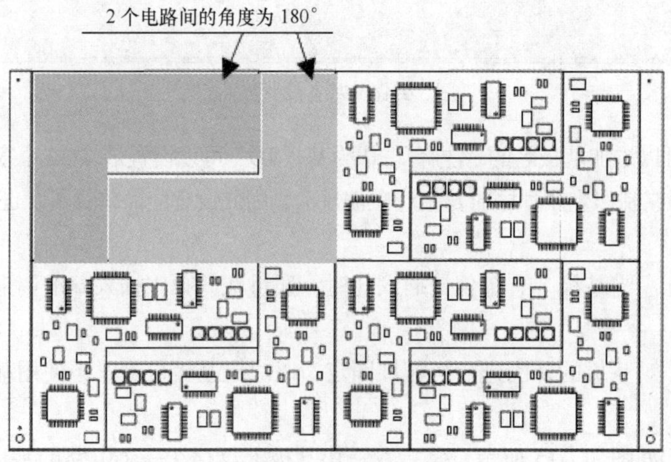

图 3-2-17　非矩阵电路板

d. BOC 类型。“BOC”是 Board Offset Correction 的缩写，也称“基准标记”。是为了更准确地进行贴片而使用的贴片位置修正标记。

- 不使用。在不使用 BOC 标记时选择。
- 使用基板标记。在使用基板的 BOC 标记以修正贴片坐标时选择。
- 使用电路标记。多电路板时，在对各电路进行 BOC 标记识别以修正贴片坐标时选择。

e. 标记识别。BOC 标记的识别有 2 种方法可供选择。

- 多值识别。利用 BOC 摄像机所得到的全部信息进行标记识别。因使用的信息多，所以可有效防止噪声干扰。一般情况下选择该项。
- 二值化识别。当多值识别发生错误时，选择二值化识别。但当标记的边缘拍摄不清晰时，其精度要低于多值识别。

② 尺寸设置。在 KE2000 系列的生产程序中，用坐标来表示基板上的元件及标记的位置。该“基板上的坐标系”的原点称为“基板原点”。基板原点可以设置在基板上或基板外的任意位置，使用 CAD 数据制作贴片数据时，使用 CAD 数据的原点。

同时，在进行元件贴片的贴片机装置中，采用定位孔基准或外形基准来进行基板定位。必须根据“定位孔位置”及“基板设计偏移量”的值，来指定该定位系统与基板“基板原点”的相对位置。

a. 单路基板。单路基板的尺寸设置界面如图 3-2-18 所示。

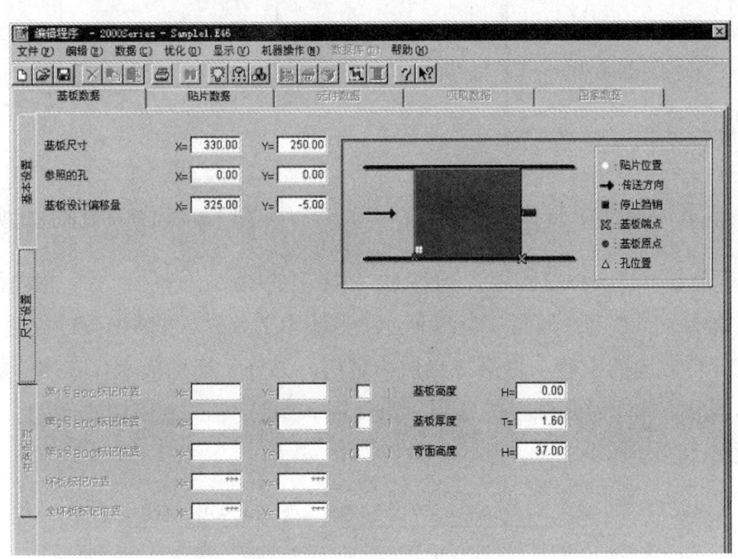

图 3-2-18　基板数据的尺寸设置界面

- 基板尺寸。输入基板外形尺寸。与传送方向相同的方向为 *X*，与传送方向呈直角的方向为 *Y*，如图 3-2-19 所示。
- 参照的孔。输入从基板原点到基准销的位置。

例如，当传送为前面基准，基板的传送方向为左→右时，以图 3-2-20 所示的定位孔为基准。当左下角有基板原点时，分别在定位孔位置的 *X*、*Y* 坐标中输入 *X*a、*Y*a（*X*、*Y* 均为正值）的值。

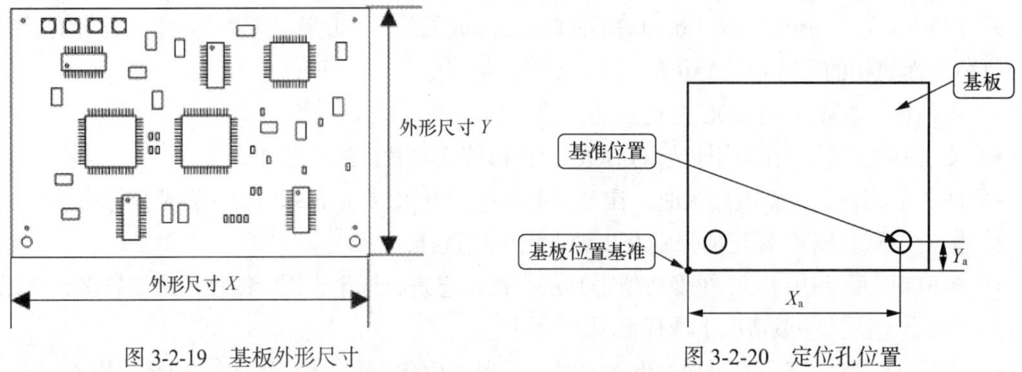

图 3-2-19　基板外形尺寸　　图 3-2-20　定位孔位置

- 基板设计偏移量。输入以基板原点确定的基板端点的位置。

例如，传送为前面基准，基板流向为左→右时，如果基板左下角为基板原点，如图 3-2-21 所示，在基板设计偏移量的 X、Y 坐标中分别输入（X_b，0）的值。

【实例】如图 3-2-22 所示，将左下角定为基板原点（单位为 mm），传送为前面基准，基板流向为左→右时，基板外形尺寸为 X=165、Y=125，定位孔位置为 X=160、Y=5，基板设计偏移量 X=165、Y=0。

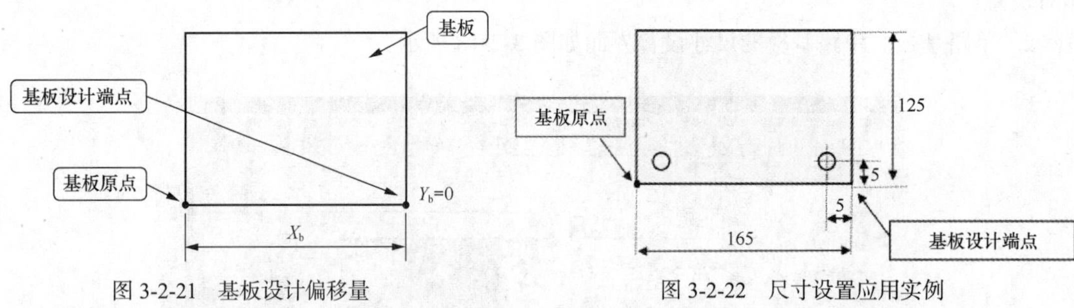

图 3-2-21　基板设计偏移量　　图 3-2-22　尺寸设置应用实例

- BOC 标记位置。输入由基板原点到各 BOC 标记的中心位置的尺寸，并进行标记形状的示教。BOC 标记需要 2 点或 3 点，如图 3-2-23 所示。当使用 2 点时，可修正设计尺寸和实际尺寸（测量尺寸）的差及旋转方向的误差。将第 3 点留为空白。另外，当基板上存在多个标记时，在顾及所有贴片范围的同时，选择对角线上的 2 点。当使用 3 点时，在 2 点时的基础上，还可修正 X、Y 轴的直角度的倾斜。

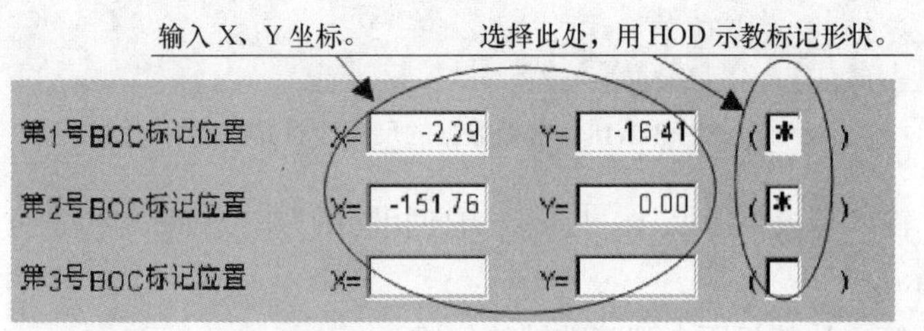

图 3-2-23　BOC 标记位置

- 基板高度。在此输入从传送基准面所看到的基板上面的高度。因此通常输入“0.00”（初始值）。

- 基板厚度。输入基板厚度。该值用于决定基板定心时支撑台上升的高度。

• 背面高度。输入基板背面贴片元件中最高元件的高度（两面贴片时，内侧元件不受支撑销干扰的值），如图 3-2-24 所示。该值将决定生产时支撑台的待机高度。若该值过小，则由于支撑台的移动距离较短，使生产节拍加快。如果输入比背面元件高度小的值，则基板传送时，支撑销会接触到元件，因此一定要输入比背面元件高度大的值。

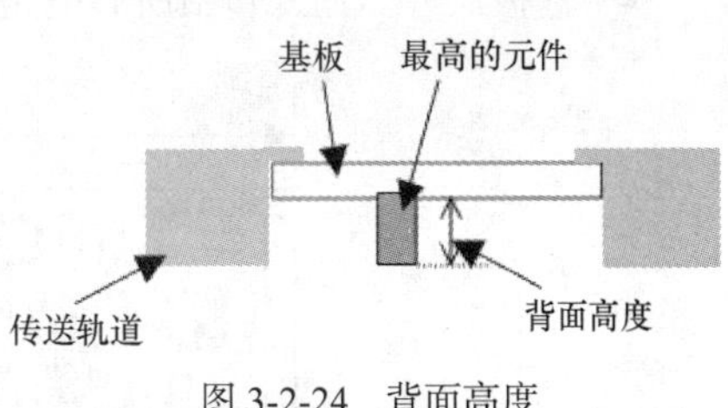

图 3-2-24　背面高度

b. 多电路板。在一个基板上，配置多个相同电路（包括基板）的基板为多电路板，如图 3-2-25 所示。

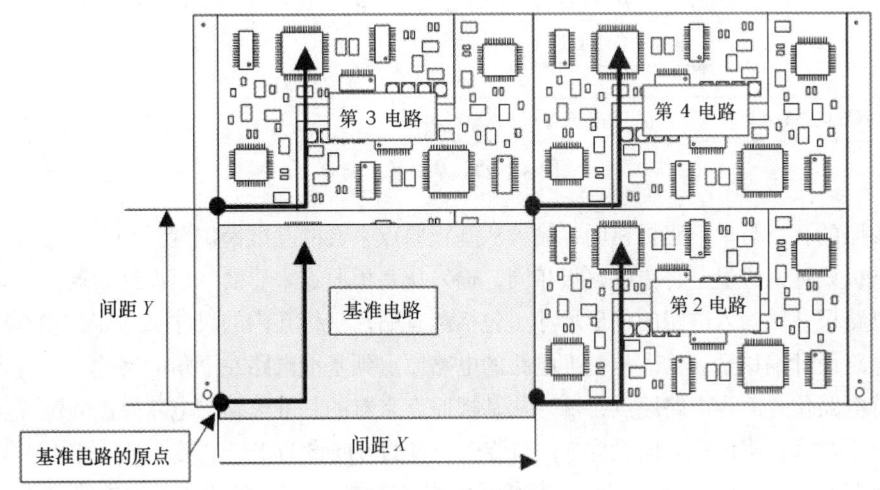

图 3-2-25　多电路板

此时，在贴片数据上只制作一个电路（此电路叫“基准电路”）的数据，在基板数据中输入电路配置（电路之间的间距、电路数等）信息。通过制作“基准电路”的贴片数据，输入“电路数”与“电路之间的间距”信息，完成对整个基板的贴片数据，多电路板的尺寸设置界面如图 3-2-26 所示。

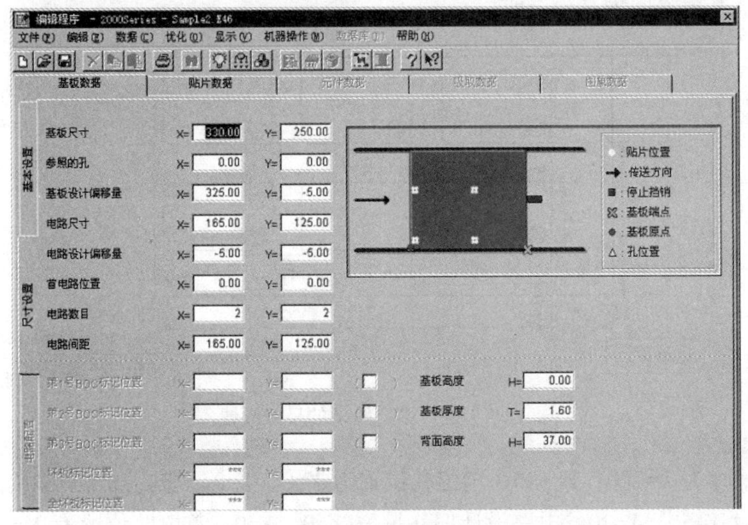

图 3-2-26　多电路板基板数据的尺寸设置界面

- 基板尺寸。输入包括所有电路在内的基板的外形尺寸，如图 3-2-27 所示。

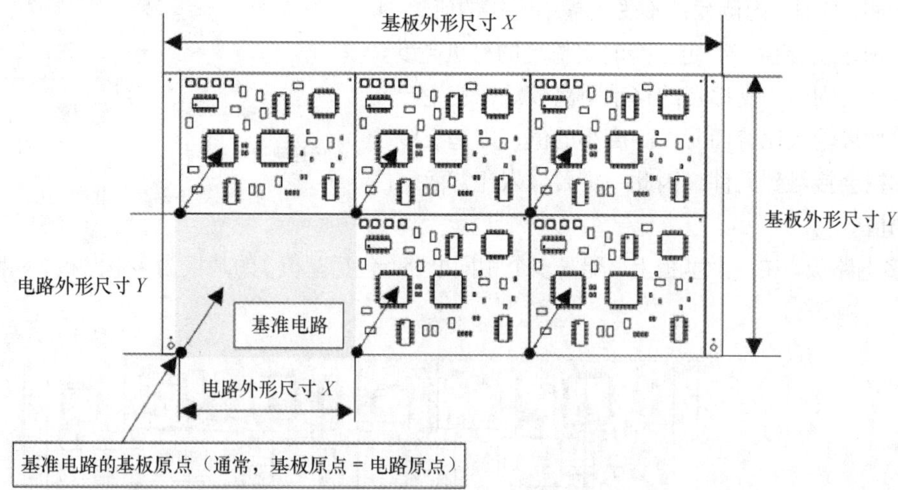

图 3-2-27　基板外形尺寸

- 参照的孔。与单电路板相同，输入从基板原点来看的基准销位置。
- 基板设计偏移量。与单电路板相同，输入从基板原点来看的基板设计端点的位置。
- 电路尺寸。输入电路的外形尺寸（包括所有贴片坐标在内的尺寸），如图 3-2-27 所示。
- 电路设计偏移量。输入从基准电路的电路原点到基准电路左下角的尺寸。
- 首电路位置。为电路原点，输入从基板原点来看的基准电路的电路原点的位置。
- 电路数目。将传送方向设为 X，与传送垂直的方向设为 Y，输入各方向的电路数。
- 电路间距。将传送方向设为 X，与传送垂直的方向设为 Y，输入各方向电路之间的尺寸（必须将电路原点之间的尺寸的正值与负值区分开来）。
- BOC 标记位置。输入从基板原点或电路原点到各 BOC 标记的中心位置的尺寸。
- 基板高度、基板厚度、背面高度。按照与单电路板相同的方法输入。

例如，如图 3-2-28 所示，以左下方的电路为基准电路，以电路的左下方的角为电路原点，传送为前面基准，基板流向为左→右时。

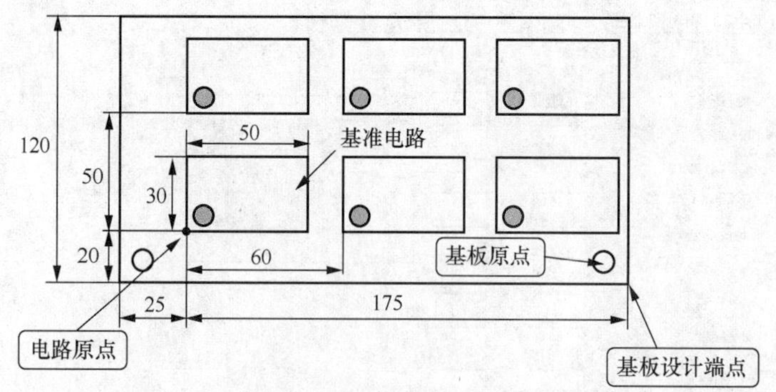

图 3-2-28　多电路板的尺寸设置

基板外形尺寸为 X=200、Y=120，定位孔位置为 X=0、Y=0，基板设计偏移量为 X=5、Y=–5，电路外形尺寸为 X=50、Y=30，电路设计偏移量为 X=0、Y=0，首电路位置为 X=–170、Y=15，电

路数量为 X=3、Y=2，电路间距为 X=60、Y=50。

（2）贴片数据。编辑贴片数据的目的是输入与贴片元件的贴片坐标有关的信息。制作基板数据后，单击界面上方的“贴片数据”标签，显示贴片数据制作界面，如图 3-2-29 所示。

编辑程序 - 2000Series - M030704G.e46

文件(F)　编辑(E)　数据(C)　优化(O)　显示(V)　机器操作(M)　数据库(D)　帮助(H)

基板数据　贴片数据　元件数据　吸取数据　图象数据

编号	元件ID	贴片位置	贴片位置	贴片角度	元件名称	Head	标记	忽略	试打	层
1	A1	185.00	59.00	90.00	Al Cap	自动选择	否	否	否	层 4
2	A2	175.00	59.00	180.00	Al Cap	自动选择	否	否	否	层 4
3	A3	165.00	59.00	270.00	Al Cap	自动选择	否	否	否	层 4
4	A4	155.00	59.00	0.00	Al Cap	自动选择	否	否	否	层 4
5	A5	145.00	59.00	45.00	Al Cap	自动选择	否	否	否	层 4
6	A6	135.00	59.00	135.00	Al Cap	自动选择	否	否	否	层 4
7	B1	185.00	69.00	180.00	Ta Cap	自动选择	否	否	否	层 4
8	B2	175.00	69.00	90.00	Ta Cap	自动选择	否	否	否	层 4
9	B3	165.00	69.00	0.00	Ta Cap	自动选择	否	否	否	层 4
10	B4	155.00	69.00	270.00	Ta Cap	自动选择	否	否	否	层 4
11	B5	145.00	69.00	315.00	Ta Cap	自动选择	否	否	否	层 4
12	B6	135.00	69.00	45.00	Ta Cap	自动选择	否	否	否	层 4
13	C1	185.00	79.00	180.00	VR1	自动选择	否	否	否	层 4
14	C2	175.00	79.00	90.00	VR1	自动选择	否	否	否	层 4
15	C3	165.00	79.00	0.00	VR1	自动选择	否	否	否	层 4
16	C4	155.00	79.00	270.00	VR1	自动选择	否	否	否	层 4
17	D1	185.00	87.50	180.00	SOT23	自动选择	否	否	否	层 4
18	D2	180.00	87.50	90.00	SOT23	自动选择	否	否	否	层 4
19	D3	175.00	87.50	0.00	SOT23	自动选择	否	否	否	层 4
20	D4	170.00	87.50	270.00	SOT23	自动选择	否	否	否	层 4
21	D5	165.00	87.50	180.00	SOT23	自动选择	否	否	否	层 4
22	D6	160.00	87.50	90.00	SOT23	自动选择	否	否	否	层 4
23	D7	155.00	87.50	0.00	SOT23	自动选择	否	否	否	层 4
24	D8	150.00	87.50	270.00	SOT23	自动选择	否	否	否	层 4
25	D9	145.00	87.50	315.00	SOT23	自动选择	否	否	否	层 4

列表　基准领域

1 / 330

图 3-2-29　贴片数据界面

输入“元件 ID”、“X”、“Y”、“角度”、“元件名”。在其他项目（Head、标记、忽略、试打、层）中将自动输入初始值。操作时仅对必要的项目进行变更。

① 元件 ID。为参照贴片位置而设置的记号。对于贴片动作没有直接影响，“元件 ID”最多可输入 8 个文字（仅限于英文和数字）。

② 贴片位置（X、Y）。输入贴片位置（X、Y）。坐标位置是从“基板数据”决定的“基板原点”开始的距离。

③ 贴片角度。以“元件数据”的“元件供给角度”为基准，输入贴片角度。

④ 元件名称。输入元件名称（最多 20 个字符），大小写字符将被作为相同的数据处理。

⑤ Head（贴片头）。指定贴片用的贴片头。按输入顺序生产时，要贴片的贴片头可从一览表中选择。初始值为“自动选择”，在制作程序后通过实行“优化”，自动选择最合适的贴片头。

⑥ 标记（标记 ID）。设定贴片时根据基准领域标记，进行贴片位置的校正。由于可以用贴片元件的附近配置的标记进行校正，所以经常用于精度要求高的元件，如图 3-2-30 所示。

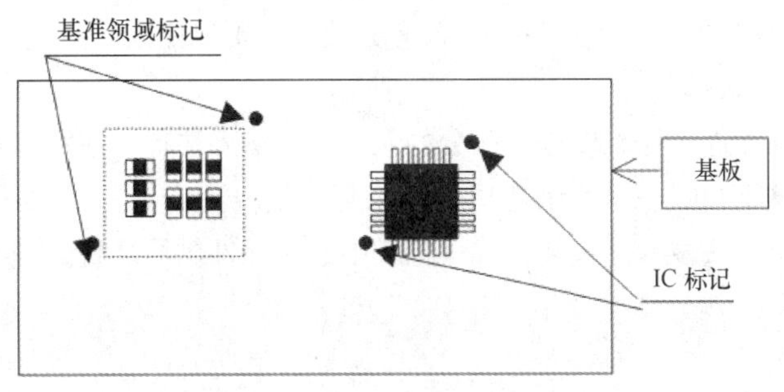

图 3-2-30　IC 标记

⑦ 忽略。如果选择“是”，在贴片时将会跳过。因此，该行的贴片点将不被贴片，该功能主要是在检查时使用。

⑧ 试打。“试打”是指在将特定元件或所有元件贴片到基准电路或整个电路后，用 OCC 摄像机确认贴片坐标的功能。

⑨ 层。可指定贴片的顺序。

（3）元件数据。“元件数据”是输入由“贴片数据”输入的“元件名称”的详细信息的数据。因此，需要制作由“贴片数据”输入的所有元件名称的数据。

元件数据的输入界面，有表格显示和列表显示 2 种形式。列表显示界面是将多个元件数据的概要以列表的形式显示在界面中。在列表显示界面中，不能输入数据，但可查看数据的完成情况，如图 3-2-31 所示。

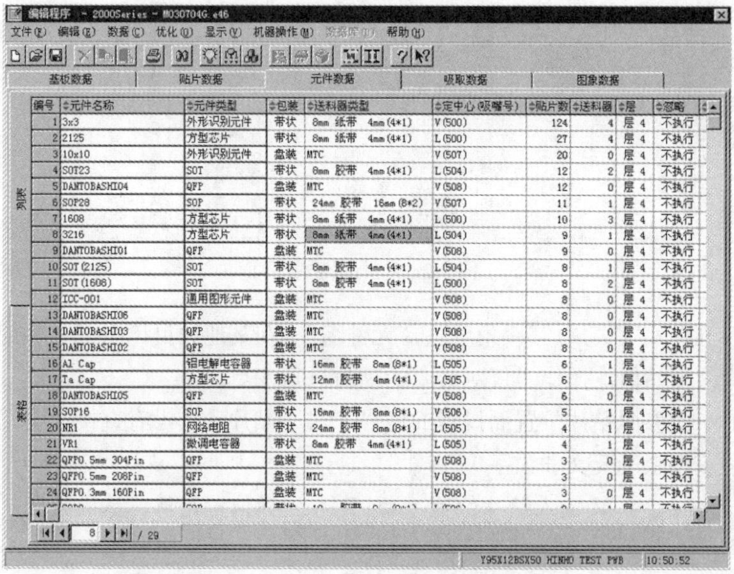

编号	元件名称	元件类型	包装	送料器类型	定中心（吸嘴号）	贴片数	送料器	层	忽略
1	3x3	外形识别元件	带状	8mm 纸带 4mm (4*1)	V (500)	124	4	层 4	不执行
2	2125	方型芯片	带状	8mm 纸带 4mm (4*1)	L (500)	27	4	层 4	不执行
3	10x10	外形识别元件	盘装	MTC	V (507)	20	0	层 4	不执行
4	SOT23	SOT	带状	8mm 胶带 4mm (4*1)	L (504)	12	2	层 4	不执行
5	DANTOBASHI04	QFP	盘装	MTC	V (508)	12	0	层 4	不执行
6	SOP28	SOP	带状	24mm 胶带 16mm (8*2)	V (507)	11	1	层 4	不执行
7	1608	方型芯片	带状	8mm 纸带 4mm (4*1)	L (500)	10	3	层 4	不执行
8	3216	方型芯片	带状	8mm 纸带 4mm (4*1)	L (504)	9	1	层 4	不执行
9	DANTOBASHI01	QFP	盘装	MTC	V (508)	9	0	层 4	不执行
10	SOT (2125)	SOT	带状	8mm 胶带 4mm (4*1)	L (504)	8	1	层 4	不执行
11	SOT (1608)	SOT	带状	8mm 胶带 4mm (4*1)	L (500)	8	2	层 4	不执行
12	ICC-001	通用图形元件	盘装	MTC	V (508)	8	0	层 4	不执行
13	DANTOBASHI06	QFP	盘装	MTC	V (508)	8	0	层 4	不执行
14	DANTOBASHI03	QFP	盘装	MTC	V (508)	8	0	层 4	不执行
15	DANTOBASHI02	QFP	盘装	MTC	V (508)	8	0	层 4	不执行
16	Al Cap	铝电解电容器	带状	16mm 胶带 8mm (8*1)	L (505)	6	1	层 4	不执行
17	Ta Cap	方型芯片	带状	12mm 胶带 4mm (4*1)	L (505)	6	1	层 4	不执行
18	DANTOBASHI05	QFP	盘装	MTC	V (508)	6	0	层 4	不执行
19	SOP16	SOP	带状	16mm 胶带 8mm (8*1)	V (506)	5	1	层 4	不执行
20	NR1	网络电阻	带状	24mm 胶带 8mm (8*1)	L (505)	4	1	层 4	不执行
21	VR1	微调电容器	带状	8mm 胶带 4mm (4*1)	L (505)	4	1	层 4	不执行
22	QFP0.5mm 304Pin	QFP	盘装	MTC	V (508)	3	0	层 4	不执行
23	QFP0.5mm 208Pin	QFP	盘装	MTC	V (508)	3	0	层 4	不执行
24	QFP0.3mm 160Pin	QFP	盘装	MTC	V (508)	3	0	层 4	不执行

图 3-2-31 元件数据的列表界面

从列表界面中选择元件名（双击）后，将显示所选择元件数据的表格界面，此时，可进行元件数据的制作和编辑。表格界面①由基本部分；②与包装方式；③、定心、附加信息、扩展、检查部分；④构成，1 个元件数据显示为一个界面，如图 3-2-32 所示。

元件数据的制作需编辑基本部分（包括注释、元件种类、元件包装方式、外形尺寸、定中心方式、吸取深度）以及包装方式、定中心、附加信息、详述、检测。其中，仅基本部分和包装方式需要设置。其他的项目的初始值已登录，没有必要时，不要更改。

① 基本部分的参数设置。

a. 注释。对仅靠元件名称难以进行区分的元件，需输入注释，注释也可省略。

b. 元件种类。从下拉式一览表中选择元件种类。

c. 元件包装方式。从显示的包装方式一览表中选择元件供给装置的种类。

d. 外形尺寸。

• 激光识别元件。

输入需进行激光识别的元件外形尺寸。因此，需输入激光照射部分的纵横尺寸。

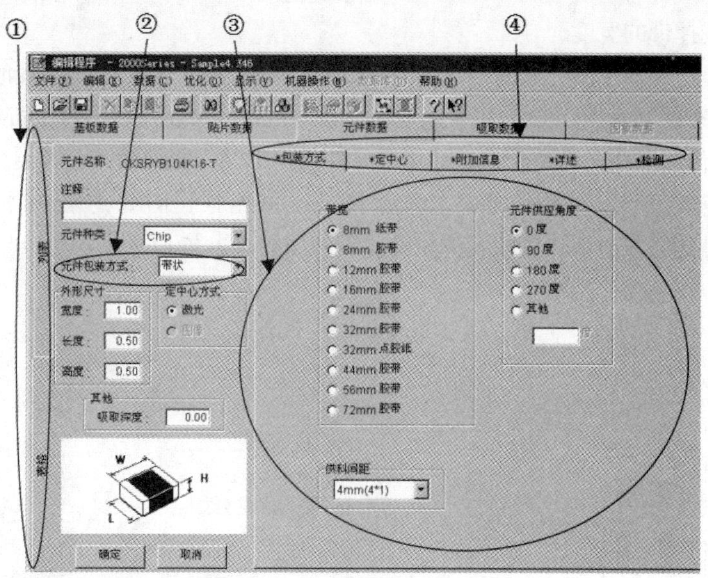

图 3-2-32　元件数据的表格界面

- 图像识别元件。

用键盘输入需进行图像识别的元件的外形尺寸。有引脚的元件通常需输入包括引脚在内的尺寸。

e．定中心方式。指定求出元件中心的方法。

f. 吸取深度。当插头元件等吸嘴的吸取面比元件上底面低时，需输入由吸嘴顶端到元件上底面的尺寸，如图 3-2-33 所示。此时，“元件高度”为吸嘴顶端到元件下底面的尺寸。

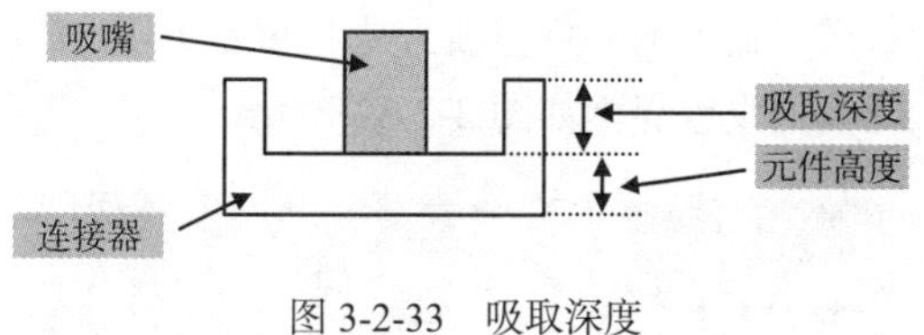

图 3-2-33　吸取深度

② 包装方式。

a．带状元件的输入方法。带状元件的设置界面如图 3-2-34 所示。

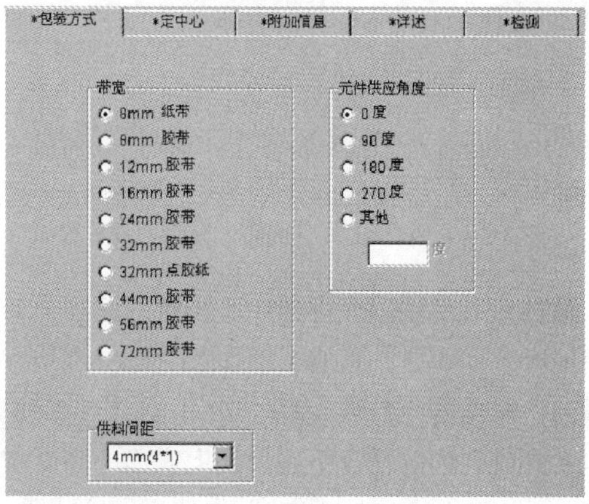

图 3-2-34　元件数据（带状包装）

- 带宽。选择带的宽度。
- 供料间距。选择带的传送间距，如图 3-2-35 所示。当带为 12 ~ 72mm 时，可根据带状送料器的传送间距来设置元件数据的间距。例如，用 12mm 的带状送料器以 8mm 的间距传送时，将带状送料器的传送挡块设为“8”，然后将“元件数据”的间距设为“4*2”。
- 元件供应角度。输入带状送料器上的元件包装方式相对于 JUKI 的元件供应角度 0° 的角度。

b．管状元件的输入方法。管状元件的设置界面如图 3-2-36 所示。

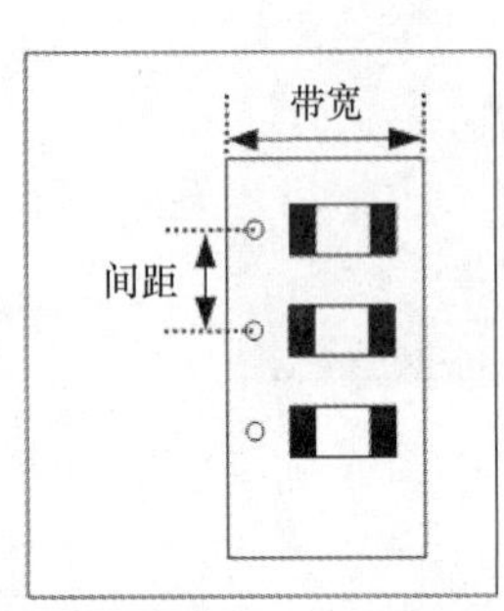

图 3-2-35　供料间距

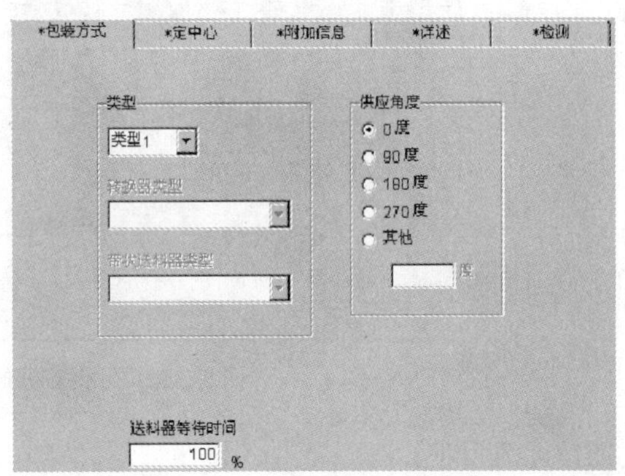

图 3-2-36　元件数据（管状包装）

- 类型。选择管状送料器的类型。
- 送料器等待时间。用百分比设置从上一个元件吸取完成后到吸取下一个元件之间的等待时间（根据各送料器型号设置的值）相对于实际等待时间的比例。
- 供应角度。输入管状送料器上的元件包装方式相对于 JUKI 的元件供应角度 0° 的角度。

c．托盘的输入方法。托盘的设置界面如图 3-2-37 所示。

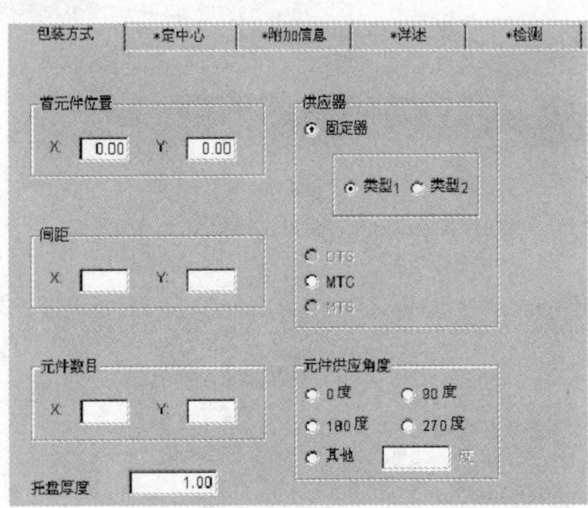

图 3-2-37　托盘的元件间距、元件数设置界面

- 首元件位置。输入从托盘外形到首元件的中心位置的距离（X、Y）。
- 间距。输入元件的间距（间距 X、间距 Y），如图 3-2-38 所示。
- 元件数目。输入横向、纵向的元件数（Xn、Yn），如图 3-2-38 所示。
- 托盘厚度。输入包括元件在内的托盘下底面到上底面的高度 T。
- 供应器。从“托架”、“DTS”、“MTC/MTS”中选择供给装置。

• 元件供应角度。输入托盘上的元件包装方式相对于 JUKI 的元件供应角度 0° 的角度。元件的横、纵信息将影响贴片角度。

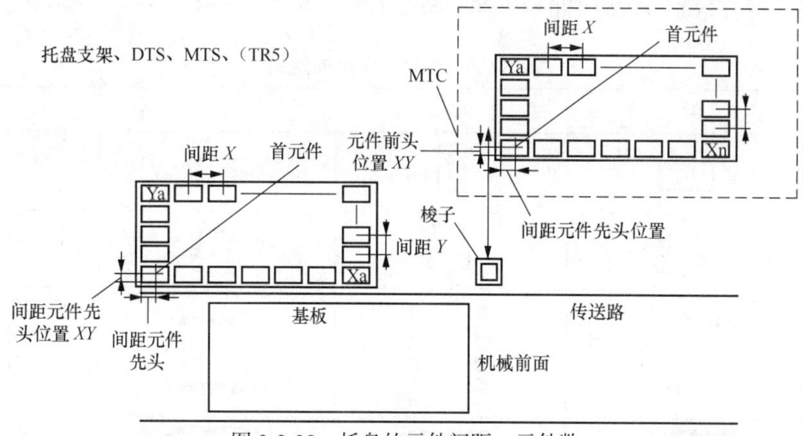

图 3-2-38　托盘的元件间距、元件数

d. 元件供应角度。该设置是为了消除本贴片机规定的元件供应角度与实际供给元件的供应角度的差。

• 贴片角度。本装置以“贴片元件的姿态”为基准来定义元件的角度。贴片角度为 0° （当贴片数据中“角度”设置为 0° 时）的状态如图 3-2-39 所示。

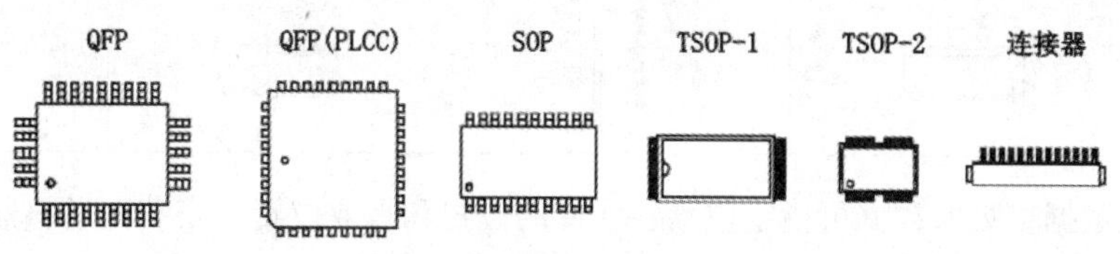

图 3-2-39　贴片角度为 0°

• 元件供应角度。当“元件供应角度为 0° 、贴片角度为 0° ”时，为了获得图 3-2-39 所示的贴片结果（以 SOP 为例），要求元件的供给方向应如图 3-2-40 所示。

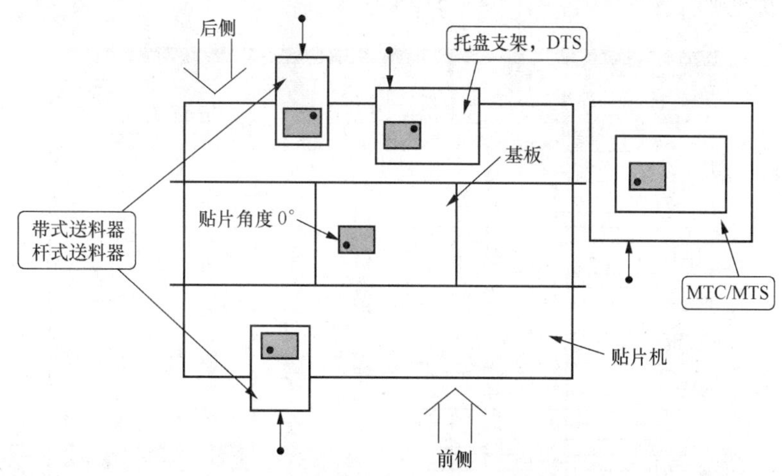

图 3-2-40　元件供应角度

• 所用元件的方向与元件供应角度的关系。进行生产时使用的元件的方向，不一定是本装置

规定的 0° 方向。应根据元件的实际方向，设置元件供应角度。

- JUKI 的元件供应角度定义。元件供应角度 0° 的定义及各个角度如表 3-2-3 所示。对于没有极性的元件，无需区别 0° 与 180° 、90° 与 270° 。

表 3-2-3　　JUKI 的元件供应角度的定义

元件种类	0°	90°	180°	270°
方形芯片	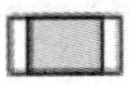	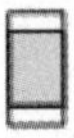	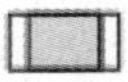	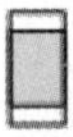
SOT	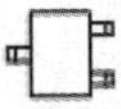	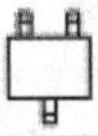	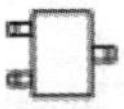	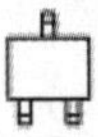
SOP	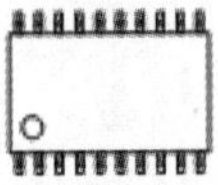	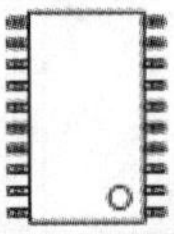	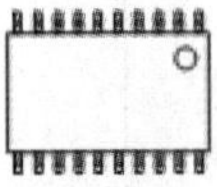	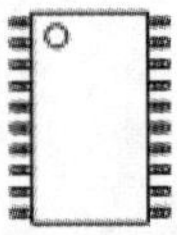
QFP				
BQFP	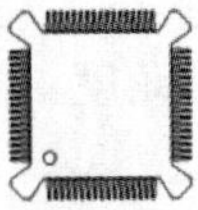	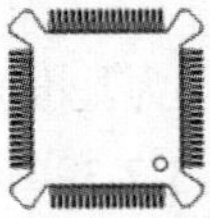	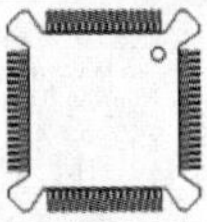	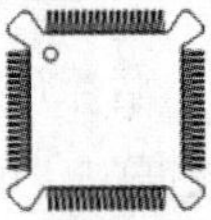
网络阻抗	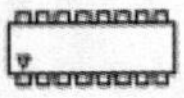	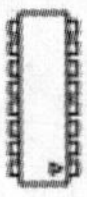	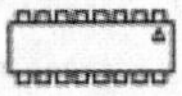	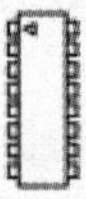

（4）吸取数据。吸取数据可指定供给各元件的位置和吸取位置。安装在送料器台上的元件供给装置，有带状送料器、管状送料器、散件送料器、托盘支架、DTS，以及作为其他元件的供给装置的 MTC 和 MTS。在 1 个送料台上，用于送料器设置的孔有 79 个，在送料器前端的销所插入的孔的编号即为该送料器的配置编号。

打开列表界面显示吸取数据，如图 3-2-41 所示。

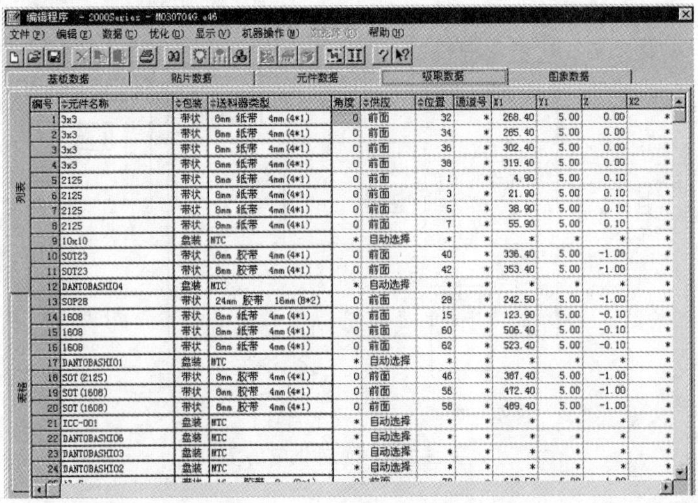

编号	元件名称	包装	送料器类型	角度	供应	位置	通道号	X1	Y1	Z	X2
1	3x3	带状	8mm 纸带 4mm(4*1)	0	前面	32	*	268.40	5.00	0.00	*
2	3x3	带状	8mm 纸带 4mm(4*1)	0	前面	34	*	285.40	5.00	0.00	*
3	3x3	带状	8mm 纸带 4mm(4*1)	0	前面	36	*	302.40	5.00	0.00	*
4	3x3	带状	8mm 纸带 4mm(4*1)	0	前面	38	*	319.40	5.00	0.00	*
5	2125	带状	8mm 纸带 4mm(4*1)	0	前面	1	*	4.90	5.00	0.10	*
6	2125	带状	8mm 纸带 4mm(4*1)	0	前面	3	*	21.90	5.00	0.10	*
7	2125	带状	8mm 纸带 4mm(4*1)	0	前面	5	*	38.90	5.00	0.10	*
8	2125	带状	8mm 纸带 4mm(4*1)	0	前面	7	*	55.90	5.00	0.10	*
9	10x10	盘装	MTC	*	自动选择	*	*	*	*	*	*
10	SOT23	带状	8mm 胶带 4mm(4*1)	0	前面	40	*	336.40	5.00	-1.00	*
11	SOT23	带状	8mm 胶带 4mm(4*1)	0	前面	42	*	353.40	5.00	-1.00	*
12	DANTOBASHI04	盘装	MTC	*	自动选择	*	*	*	*	*	*
13	SOP28	带状	24mm 胶带 16mm(8*2)	0	前面	28	*	242.50	5.00	-1.00	*
14	1608	带状	8mm 纸带 4mm(4*1)	0	前面	15	*	123.90	5.00	-0.10	*
15	1608	带状	8mm 纸带 4mm(4*1)	0	前面	60	*	506.40	5.00	-0.10	*
16	1608	带状	8mm 纸带 4mm(4*1)	0	前面	62	*	523.40	5.00	-0.10	*
17	DANTOBASHI01	盘装	MTC	*	自动选择	*	*	*	*	*	*
18	SOT(2125)	带状	8mm 胶带 4mm(4*1)	0	前面	46	*	387.40	5.00	-1.00	*
19	SOT(1608)	带状	8mm 胶带 4mm(4*1)	0	前面	56	*	472.40	5.00	-1.00	*
20	SOT(1608)	带状	8mm 胶带 4mm(4*1)	0	前面	58	*	489.40	5.00	-1.00	*
21	ICC-001	盘装	MTC	*	自动选择	*	*	*	*	*	*
22	DANTOBASHI06	盘装	MTC	*	自动选择	*	*	*	*	*	*
23	DANTOBASHI03	盘装	MTC	*	自动选择	*	*	*	*	*	*
24	DANTOBASHI02	盘装	MTC	*	自动选择	*	*	*	*	*	*

图 3-2-41　吸取数据的列表界面

双击元件名或单击界面左侧的“表格”标签，打开图 3-2-42 所示的表格界面。

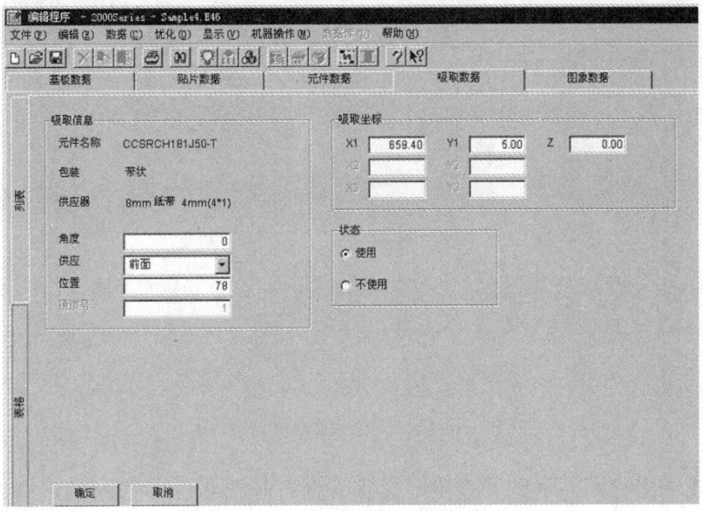

图 3-2-42　吸取数据表格界面

元件名称、包装、供应器分别显示输入在贴片数据及元件数据中的数值。可在表格界面中编辑“角度”“供应”“编号”“型号”“通道”“吸取坐标”“状态”7 个项目。

① 角度。指定元件吸取角度。将用元件数据设置的角度作为初始值来设置。

② 供应。可指定将送料器设置在前面或后面。在初始状态时选择“自动选择”。

- 自动选择：进行优化送料器配置。
- 前面：从前面供给元件。
- 后面：从后面供给元件。

设置“前面”或“后面”，则可输入“角度”“编号”“型号”“通道”（仅管状送料器）“吸取坐标”“状态”。

③ 位置。输入供给设备的安装位置。

- 带状送料器、管状送料器、散件送料器：送料器的前端有固定销，输入该销在主体送料器安装孔中所插入孔的编号。
- 托盘支架：指定安装标记所标示的送料器安装孔编号。
- DTS：自动设置为机器设置中所指定的安装孔编号。
- MTC/MTS：指定托盘元件的容纳层。

④ 类型（仅管状送料器和托盘需要设置）。选择管状送料器和托盘的种类。

⑤ 通道号（仅管状送料器需要设置）。选择管状送料器的通道编号。

⑥ 吸取坐标。指定吸取位置的 *XY* 和 *Z* 坐标。输入供给、编号项目时将被自动计算并显示。

⑦ 状态。在生产进行时，指定是否使用该元件的供给装置。初始设置为“使用”。

（5）图像数据。用 VCS 摄像机输入用于元件定心的信息，因此将 VCS 摄像机可识别的元件的明亮部分的信息作为图像数据输入。以 QFP 为例，VCS 摄像机识别引脚（明亮部分），以求出所有引脚的中心。因此在图像数据上输入引脚信息。

显示图像数据后，先打开列表界面，如图 3-2-43 所示。从列表界面可看到图像数据的一览，还可进行编辑。

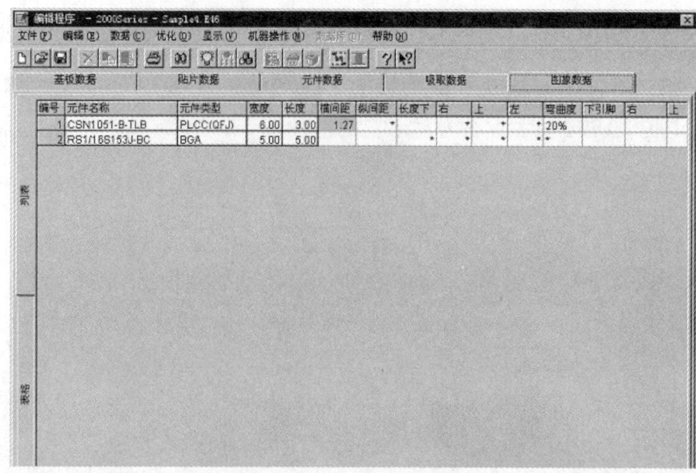

图 3-2-43　图像数据的列表界面

双击元件名或单击界面左侧的“表格”标签，则打开图 3-2-44 所示的表格界面。表格界面因元件种类而异。

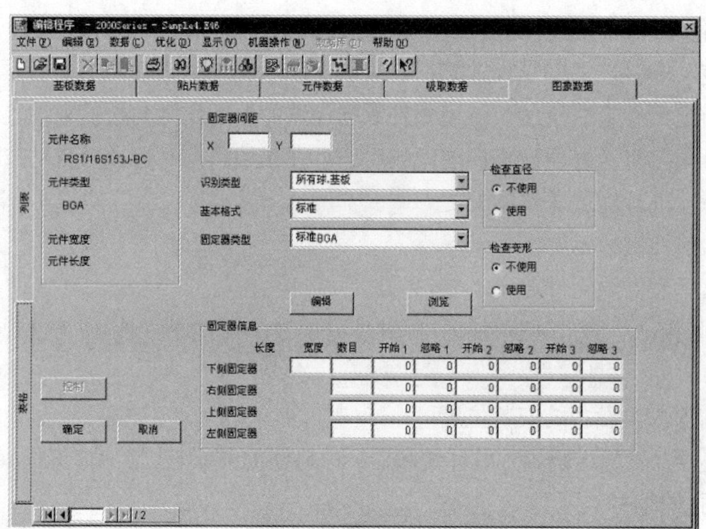

图 3-2-44　图像数据的表格界面

① “元件名称”“元件类型”“元件尺寸（长、宽）”。显示“元件数据”中已输入的值。变更时，在“元件数据”中进行修改。

② 间距（X、Y）。输入引脚间或球面间（从引脚或球面中心到下一个引脚或球面中心）的距离，如图 3-2-45 所示。

③ 引脚的长度（下、右、上、左）。输入引脚的长度，如图 3-2-46 所示。有下、右、上、左的输入位置，根据元件种类决定需要的输入位置。对于 QFP，由于 4 个方向长度相同，只需输入 1 处（长度下）。

下、右、上、左的规定：图像数据中的“下、右、上、左”以本装置中所定义的 0° 的贴片方向为基准来表示，如图 3-2-47 所示。

④ 宽度。输入引脚宽度或球的直径。

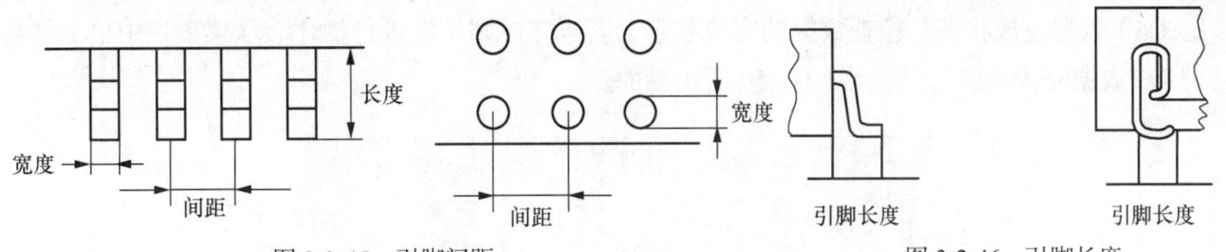

图 3-2-45　引脚间距　　　　图 3-2-46　引脚长度

⑤ 下、右、上、左。输入各个方向的引脚数或球数。

⑥ 弯曲。为了检查引脚水平方向的弯曲，设置检测水平值，如图 3-2-48 所示。该值是相对于引脚间距的引脚弯曲率。通常设置为 20%～30%，若缩小判定值，检查将变得严格。

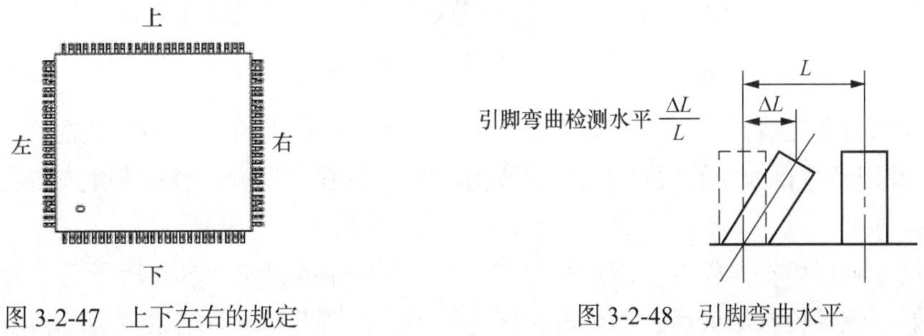

图 3-2-47　上下左右的规定　　　　图 3-2-48　引脚弯曲水平

⑦ 欠缺开始/欠缺数。引脚或球有欠缺时，输入其信息。欠缺信息可分别在 4 个方向上设置，1 个方向最大可设置 3 处。

⑧ 识别种类（仅选择 BGA 元件、外形识别元件）。指定 BGA（FBGA）元件和外形识别元件的识别方法。

⑨ 基本样式。当球周围有发光部分的元件时，通过将其发光部分作为数据登录，在图像定心时，忽略球周围的发光部分（基本样式）。

⑩ 球面图案（仅限于 BGA、FBGA）。设置 BGA 元件的识别图案，如图 3-2-49 所示。

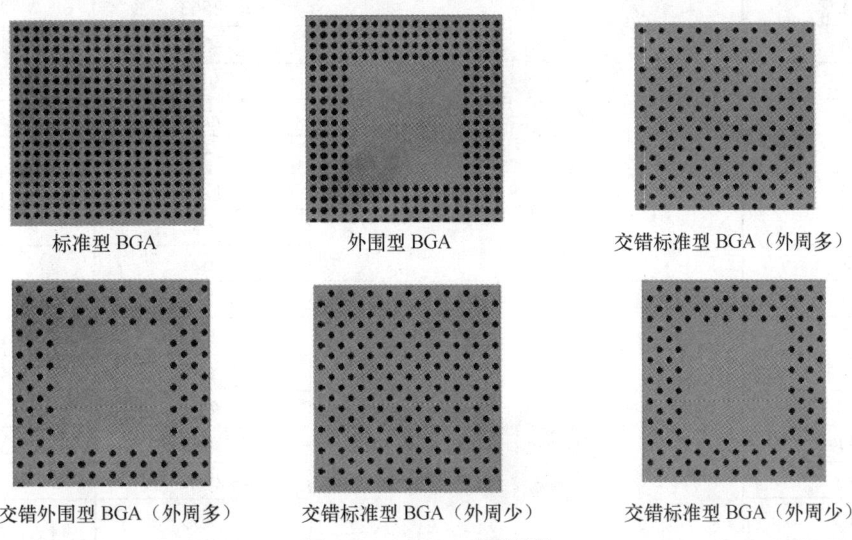

图 3-2-49　BGA 球面图案

（6）数据完成状态。检查数据的完成状态，若未完成则不能进行优化。从菜单栏中单击“数据”/“数据完成状态”，显示图 3-2-50 所示界面。

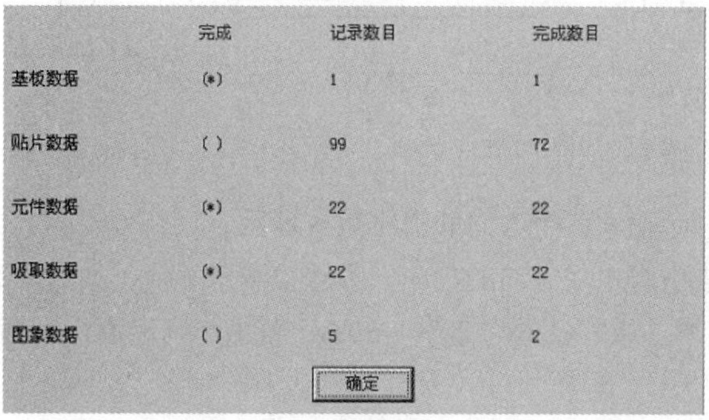

	完成	记录数目	完成数目
基板数据	(*)	1	1
贴片数据	( )	99	72
元件数据	(*)	22	22
吸取数据	(*)	22	22
图象数据	( )	5	2

确定

图 3-2-50　数据完成状态

如果记录数目和完成数目一致，则表示数据已完成，在完成的“(　　)”中显示“*”。另外，“吸取数据”及记录数目为 0 的项目，即使不显示“*”，也看作完成。当有未完成的项目时，应完成该项目。

（7）数据一致性检查。检查已制作的程序和机器设置中的设定内容是否矛盾，并检查程序本身是否矛盾。一致性检查结束后，即可进行优化。当检查结果显示有错误发生时，则显示错误内容。此时，参考显示内容，修改程序或“机器设置”。数据一致性检查的方法：从菜单栏中选择“数据”/“数据一致性检查”，执行一致性检查。

6．JUKI KE—2060 贴片机的应用实例

实训所加工的目标 PCB 板如图 2-2-1 所示，所使用的贴片元器件如表 3-2-4 所示，采用以下步骤操作 JUKI KE-2060 贴片机。

表 3-2-4　　贴片元器件

元器件名称	元器件图	X 坐标	Y 坐标
R1		2563	3051
R6		–299	1550
R7		3026	4483
R3		1785	3125
R5		–525	1550
R9		1123	4685
R8		1631	3652
R2		1621	3860
C3		1233	2731
C1		–1000	1750
C4		449	4295
C7		740	650
C11		1690	255
C16		2994	710
C12		1853	510
C15		2745	453
C6		2745	2311

续表

元器件名称	元器件图	X 坐标	Y 坐标
SOP28A		1621	1410

（1）贴片前准备。

① 贴装前必须做好以下准备。

a．根据产品工艺文件的贴装明细表领料（PCB、元器件）并进行核对。

b．对已经开启包装的 PCB，根据开封时间的长短及是否受潮或受污染等具体情况，进行清洗或烘烤处理。

c．对于有防潮要求的器件，检查是否受潮，对受潮器件进行去潮处理。开封后检查包装内附的湿度显示卡，如果指示湿度>20%（在 25 ± 3℃时读取），说明器件已经受潮，在贴装前需对器件进行去潮处理。

② 设备状态检查。

a．检查气压供给必须在 0.5MPa 以上。

b．检查 Feeder 必须保持水平方向安装。

c．检查工作头上吸嘴必须都已放回吸嘴站上。

d．检查 X、Y 轴不能有杂物。

e．检查紧急开关必须是解除状态。

f．检查 DTS 或 MTC 上不能有异物。

g．检查 DTS 或 MTC 电源必须与机器接好。

（2）利用 JUKI KE—2060 贴片机进行贴片的具体操作步骤。

① 开机。

a．打开总电源及总气源开关。

b．打开机身主电源开关。

c．机器自动进入屏幕菜单，按<ORIGIN>键，执行各轴回归原点。

② 生产。

a．用球标点击<prod>生产菜单，进入 PCB 程序菜单。

b．选择需生产的 PCB 程序文件，然后单击<open>打开文件，进入生产状态画面。

c．然后按绿色<开始键>开始生产。

d．在生产时，如需立即停止，直接按红色<STOP >键，即可停止生产。

e．按<SINGLE CYCLE>键，把正在生产的一块板卡生产完毕后，停止生产。

③ 关机。

a．将机器各轴回归原点。

b．保存并退出生产菜单，回到主菜单。

c．单击<EXIT>键退出主菜单。

d．在机器提示下，将机身主电源开关拨至 OFF 位置。

e．关闭总电源和气压开关。

7. 贴装结果分析

对贴片产品的品质要求，一般要遵循 IPC 相关验收标准。产品按照消费类电子产品、工业类电子产品、军用类和航空航天类 3 大类进行分类。不同的类别，验收的标准也是不一样的。以偏移缺陷为例，对于消费类电子产品，焊端或引脚部分落在焊盘上的面积达到 50%，就能满足一级验收标准，低于 50%就不合格；对于工业类电子产品，焊端或引脚部分落在焊盘上的面积达到 50%到 75%之间，则满足二级验收标准，若超过 75%则更好；对于军用和航空航天类产品，焊端或引脚部分落在焊盘上的面积超过 75%，则满足三级验收标准。

（1）贴片偏移。

① 整个基板发生贴片偏移（每个基板都反复出现）。整个基板发生贴片偏移的原因及解决措施如表 3-2-5 所示。

表 3-2-5　　整个基板发生贴片偏移的原因及解决措施

序号	原　因	措　施
1	“贴片数据”的 *X*、*Y* 坐标输入错误	重新设定“贴片数据”（确认 CAD 坐标或重新示教等）
2	BOC 标记的位置偏移或脏污。尤其是脏污时，贴片偏移的倾向极有可能不固定	确认并重新设定 BOC 标记。另外，采取适当措施以免弄脏 BOC 标记
3	制作数据时，在不实施 BOC 校准的状态下对贴片坐标进行示教	制作好“基板数据”后，务必实施“BOC 校准”，然后再对“贴片数据”进行示教
4	使用 CAD 数据时，CAD 数据的贴片坐标或 BOC 标记的坐标出现错误	确认 CAD 数据，出现错误时，重新对全部贴片数据进行示教。其中，整体偏向固定方向时，移动基板数据的 BOC 坐标（例：*X* 方向偏移“0.1mm”时，所有 BOC 标记的 *X* 坐标都减少“0.1mm”）以校正偏移

② 仅基板的一部分发生贴片偏移。仅基板的一部分发生贴片偏移的原因及解决措施如表 3-2-6 所示。

表 3-2-6　　仅基板的一部分发生贴片偏移的原因及解决措施

序号	原　因	措　施
1	“贴片数据”的 *X*、*Y* 坐标输入错误	重新设定“贴片数据”（确认 CAD 坐标或重新示教等）
2	使用 CAD 数据时，CAD 的贴片坐标或 BOC 标记的一部分出现错误。若某一处的 BOC 标记的坐标移动，其周边的贴片偏移便会增大	确认 CAD 数据，出现错误时，重新设定该部分的贴片坐标或 BOC 标记坐标
3	BOC 标记脏污	清扫 BOC 标记。另外，采取适当措施以免弄脏 BOC 标记
4	“基板数据”的“基板厚度”输入错误。在这种情况下，由于基板的上下方向上出现松动，有时会在某个区域发生贴片偏移。贴片偏移量通常参差不一	确认并修正“基板数据”的“基板高度”与“基板厚度”
5	支撑销设置不良。在薄基板或大型基板时易发生贴片偏移	主要将支撑销设置在发生贴片偏移的部分之下
6	由于支撑台下降速度快，基板夹紧解除时已完成贴片的元件的一部分产生移动	将“机器设置”的“设定组”/“基板传送”设定为“中”或“低”
7	基板表面的平度较差	需要重新考虑基板本身。另外，调整支撑销配置，有时也会有一些效果

③ 仅特定的元件发生贴片偏移。仅特定的元件发生贴片偏移的原因及解决措施如表 3-2-7 所示。

表 3-2-7 仅特定的元件发生贴片偏移的原因及解决措施

序号	原 因	措 施
1	“元件数据”的“扩充”的“激光高度”或吸嘴选择错误	稳定元件并将可定心的高度设定为激光高度
2	“元件数据”的“附加信息”的“贴片压入量”设定错误	重新设定适当的“贴片压入量”
3	IC 标记的位置偏移或脏污	重新设定 IC 标记坐标（在已示教的情况下须确认坐标）
4	支撑销设置不良。在薄基板或大型基板时易发生贴片偏移。通常是在某个区域发生贴片偏移	重新设置支撑销。尤其是发生贴片偏移的元件之下要重点设置
5	由于支撑台下降速度快，基板夹紧解除时已完成贴片的元件的一部分产生移动。尤其是焊膏的黏着力较低时，与电解电容等元件重量相比，接地面积小的元件容易发生	在“机器设置”的“设定组”/“基板传送”中，将“下降加速度”设定为“中”或“低”

（2）整个基板贴片不齐（每个基板的偏移方式各不相同）。整个基板贴片不齐（每个基板的偏移方式各不相同）的原因及解决措施如表 3-2-8 所示。

表 3-2-8 整个基板贴片不齐（每个基板的偏移方式各不相同）的原因及解决措施

序号	原 因	措 施
1	未使用 BOC 标记。在这种情况下，各基板的贴片精度有不统一倾向	使用BOC 标记。在基板上不存在BOC 标记时，使用模板匹配功能
2	BOC 标记脏污。在这种情况下，各基板的贴片精度有不统一倾向。	清洁 BOC 标记。另外，采取适当措施以免弄脏 BOC 标记
3	“基板数据”的“基板厚度”输入错误。在这种情况下，上下方向上出现松动，基板在生产过程中向 *XYZ* 方向移动。另外，贴片元件在 *Z* 轴下降中途脱落	确认并修正“基板数据”的“基板高度”与“基板厚度”
4	支撑销设置不良。在薄基板或大型基板时易发生贴片偏移	重新设置支撑销。尤其要着重设置贴片精度要求高的元件的支撑销
5	基准销与基板定位孔之间的间隙大，基板因生产过程中的振动而产生移动	使用与基板定位孔一致的基准销。或者将定位方法改变为“外形基准”
6	由于支撑台下降速度快，基板夹紧解除时已完成贴片的元件产生移动	在“机器设置”的“设定组”/“基板传送”中，将“下降加速度”设定为“中”或“低”
7	基板表面平度差	重新考虑基板本身。另外，调整支撑销配置，有时也会有一些效果
8	贴片头部的过滤器或空气软管堵塞。在这种情况下，贴片过程中出现真空破坏时，残余真空压力会将元件吸上来	实施“自行校准”的“设定组”/“真空校准”。没有改善时，更换贴片头部的过滤器或空气软管

（3）贴片角度偏移。贴片角度偏移的原因及解决措施如表 3-2-9 所示。

表 3-2-9 贴片角度偏移的原因及解决措施

序号	原 因	措 施
1	“贴片数据”的贴片角度输入错误	重新输入贴片角度

续表

序号	原　因	措　施
2	“元件数据”的“元件供给角度”输入错误。生产中的贴片角度以所供给元件的形态为基准，变为“元件供给角度（“元件数据”+贴片角度（贴片数据）”	在“元件数据”的“形态”中重新设定元件供给角度
3	吸嘴选择错误。在这种情况下，由于吸取不稳定，因此，贴片角度、贴片坐标有不统一倾向	重新选择吸嘴。选择可稳定吸取元件的吸嘴。通常以元件吸取面的面积为基准，从可吸取的吸嘴中选择大吸嘴
4	在长连接器的情况下，与吸嘴吸取面积相比，θ转速高。在这种情况下，由于吸取不稳定，而使贴片角度、贴片坐标有不统一倾向	考虑使用特制吸嘴。或在“元件数据”的“扩充”中，将“θ速度”设定为“中速”或“低速”

（4）元件吸取错误。元件吸取错误的原因及解决措施如表 3-2-10 所示。

（5）激光识别（元件识别）错误。激光识别（元件识别）错误的原因及解决措施如表 3-2-11 所示。

（6）吸嘴装卸错误。吸嘴装卸错误的原因及解决措施如表 3-2-12 所示。

表 3-2-10　　元件吸取错误的原因及解决措施

序号	原　因	措　施
1	“吸取数据”的吸取坐标（X，Y）设定错误。在托盘元件的情况下，“元件数据”的“元件起始位置、间距”设定变为吸取数据的初始值。因此，应正确输入“元件数据”的“元件起始位置、间距、元件数”	重新设定吸取坐标（X，Y）
2	“吸取数据”的吸取高度（Z）设定错误。在这种情况下，吸嘴够不着元件，或由于压入过大产生的反作用力而不能吸取	重新设定吸取高度（Z）
3	吸嘴选择错误。尤其是元件大吸嘴小的情况下，不能吸取，或者即使吸取，元件也会在中途脱落	重新选择吸嘴。选择可稳定吸取元件的吸嘴。通常以元件吸取面的面积为基准，从可吸取的吸嘴中选择大吸嘴
4	“元件数据”的“附加信息”的“吸取压入量”设定错误	设定适当的“吸取压入量”
5	元件表面凸凹不平	在“元件数据”的“扩充”中，将吸取速度（下降、上升）设定为中速或低速
6	激光器表面脏污	清扫激光器表面
7	“元件数据”的“传送间距”设定错误	在“元件数据”的“包装形态”中，设定适合带的“传送间距”

表 3-2-11　　激光识别（元件识别）错误的原因及解决措施

序号	原　因	措　施
1	激光器表面的脏污	清扫激光器表面
2	“元件数据”的“激光高度”设定错误	用“元件数据”的“扩充”功能将元件稳定，然后将定心高度重新设定为“激光高度”。激光高度用从吸嘴顶端开始的尺寸（负值）设定激光稳定照射的地点

续表

序号	原　因	措　施
3	吸嘴选择错误。在这种情况下，由于吸取不稳定，因此，贴片角度、贴片坐标有不统一倾向	重新选择吸嘴。选择可稳定吸取元件的吸嘴。通常以元件吸取面的面积为基准，从可吸取的吸嘴中选择大吸嘴
4	激光识别算法设定错误	在“元件数据”的“扩充”中，确认“激光识别算法”
5	不能进行元件测量	元件的纵横尺寸混淆、激光表面有脏污、吸嘴选择错误
6	激光器故障	在“手动控制”的“控制”/“贴片头”/“激光控制”中实施边缘检查，水平线在红线以上显示时，应实施细致的清扫

表 3-2-12　吸嘴装卸错误的原因及解决措施

序号	原　因	措　施
1	激光器表面的脏污	清扫激光器表面
2	ATC 脏污	清扫 ATC。清扫灰尘、油脂等
3	吸嘴不能可靠地放入 ATC 中	移动滑动板，确认吸嘴可靠地放入 ATC 孔中
4	机器设置的“ATC 吸嘴分配”设定错误	重新设定机器设置的“ATC 吸嘴分配”

（7）标记（BOC 标记、IC 标记）识别错误。标记（BOC 标记、IC 标记）识别错误的原因及解决措施如表 3-2-13 所示。

（8）图像识别错误。图像识别错误的原因及解决措施如表 3-2-14 所示。

表 3-2-13　标记（BOC 标记、IC 标记）识别错误的原因及解决措施

序号	原　因	措　施
1	标记的脏污	管理好基板，勿使标记脏污。另外，重新设定标记的吸嘴滤波水平
2	标记的 X、Y 坐标输入错误	重新设定标记的 X、Y 坐标
3	标记检测框设定错误。尤其是检测范围很小时，由于基板夹紧时基板位置的偏移，标记容易超出检测范围。另外，标记四周与标记有相同颜色时，应在考虑夹紧时的误差（含基板自身偏移）后，决定检测范围的大小	重新设定标记检测框
4	标记材质不好	确认标记材质
5	标记极性设定错误。将白色标记设定为黑色标记，或将黑色标记（陶瓷基板时）设定为白色标记	重新设定极性
6	OCC 脏污。或者偏光过滤器设定错误	清扫 OCC。或者重新调整偏光过滤器

表 3-2-14　图像识别错误的原因及解决措施

序号	原　因	措　施
1	VCS 摄像机脏污	清扫 VCS 摄像机
2	“图像数据”制作错误。以引脚（球）间距以及引脚（球）数量输入错误而发生的情况居多。引脚间距与引脚数应在可能的范围内输入正确的值。尤其是通用图像元件，应正确地输入元件组第 1 元件之间的尺寸（±0.05mm 以内）	重新检查“图像数据”

续表

序号	原　因	措　施
3	“元件数据”的“元件供给角度”、“元件高度”设定错误。尤其是单向或双向引脚元件应按照 JUKI 的基准角度（例如，单向引脚连接器，引脚朝上）设定元件供给角度	重新设定“元件数据”的“元件供给角度”、“元件高度”
4	引脚的反射率不当。在这种情况下，由于引脚明亮或过暗而无法识别	从“图像数据”的“控制”/“照明控制数据”中变更照射模式的数值（亮度级别）（引脚暗时增大该值，明亮时降低该值）
5	VCS 的基准亮度不良	实施“自行校准”的“VCS 2 值化阈值”

（9）贴片机抛料。贴片机抛料的原因及解决措施如表 3-2-15 所示。

表 3-2-15　　贴片机抛料的原因及解决措施

序号	原　因	措　施
1	吸嘴问题，堵塞，破损	清洁，更换 NOZZLE
2	识别系统问题，有杂物干扰识别，不清洁，还有可能破损	重新检查“图像数据”或清洁 LASER SENSOR/ VCS 摄像机
3	位置问题，取料不在料的正中心，造成偏位，吸料不好，跟对应的数据参数不符而被识别系统当作无效料抛弃	重新设定元件的 PICKUP 坐标
4	真空问题，气压不足，真空气管通道不顺畅，有异物堵住真空通道，或是真空有泄漏	清洁 NOZZLE，真空发生器，电磁阀，气路等
5	FEEDER 问题，料带没有卡在 FEEDER 的棘齿轮上，或是位置不对，FEEDER 间距不对	正确安装料带，调节 FEEDER 的间距
6	程序问题，如参数设置不对，跟实物不符等	重新设置检测元件参数

3.3 焊接工艺与设备

焊接是表面组装技术中的主要工艺技术，是完成元件电气连接的环节，直接与产品的可靠性相关，也是影响整个工序直通率的关键因素之一。

目前用于 SMT 焊接的方法主要有回流焊和波峰焊两大类。波峰焊接主要用于传统通孔插装工艺，以及表面组装与通孔插装元器件的混装工艺。适合波峰焊的表面贴装元器件有矩形和圆柱形片式元件、SOT 以及较小的 SOP 器件等。随着超小型片式元件和多引脚细间距器件的发展，特别是 BGA 器件的发展，波峰焊接已不能满足焊接的要求，因此现在 SMT 制造工艺中主要以回流焊为主。

3.3.1 回流焊工艺与设备

回流焊接是通过加热将敷有焊膏的区域内的球形粉粒状钎料熔化、聚集，并利用表面吸附作用和毛细作用将其填充到焊缝中而实现冶金连接的工艺过程。随着 PCB 安装方法由传统的穿孔插入安装（THT）方式迅速向表面安装（SMT）方式转变，回流焊接法也正迅速发展成为现代电子设备自动化软钎焊（以下简称焊接）的主流技术之一。

1．回流焊工作原理

回流焊接就是预先在 PCB 焊接部位施放适量和适当形式的焊料，然后贴装表面组装元器件，再利用外部热源使焊料再次流动达到焊接目的的一种成组或逐点焊接工艺。回流焊接工艺是 SMT 组装的最后一道工艺，它是完成元件电气连接的环节，直接与产品可靠性相关。

回流焊接基本工艺流程如图 3-3-1 所示。其中，温度曲线是影响回流焊接结果最重要的因素。

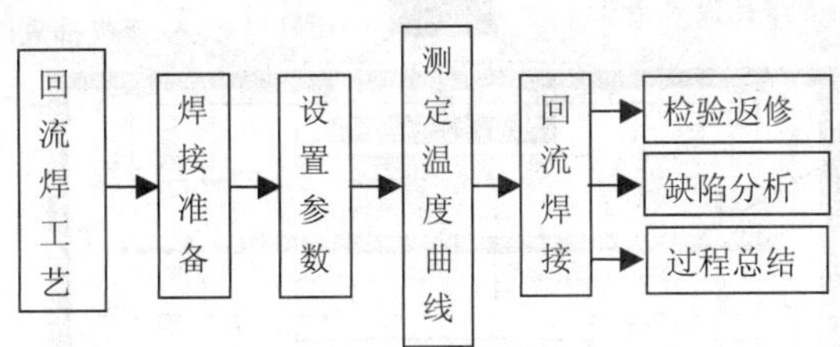

图 3-3-1　回流焊基本工艺流程

2．回流焊接炉

回流焊的种类很多，按其加热区域可分为两大类，一类是对 PCB 整体加热进行回流焊；另一类是对 PCB 局部加热进行回流焊。对 PCB 整体加热的回流焊根据回流炉加热方式的不同可分为热板回流焊、气相回流焊、红外回流焊、热风回流焊、红外加热风回流焊等。对 PCB 局部加热回流焊可分为激光回流焊、聚焦红外回流焊、光束回流焊、热气流回流焊等。

常见的回流焊接炉总体结构主要分为加热区、冷却区、气体控制系统（炉内气体循环装置和废气排放装置）及 PCB 传送 4 大主体部分，当然，随着加热方式的不同，其组成结构也会有所不同。下面分别对其介绍。

（1）加热区。

① 热风加热回流焊接炉。

a．总体结构。热风回流焊接炉总体结构主要分为加热区、冷却区、炉内气体循环装置、废气排放装置及 PCB 传送 5 大主体部分，如图 3-3-2 所示。

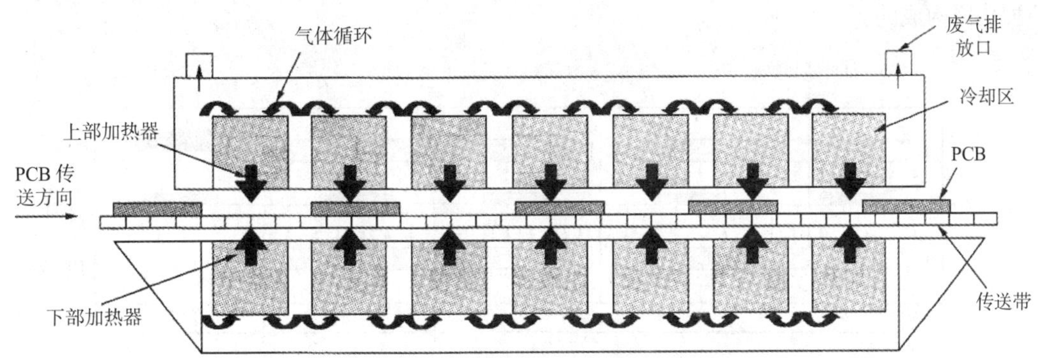

图 3-3-2　热风加热回流焊接炉总体结构示意图

b．加热区结构。热风回流焊接炉体内每一个加热区的结构都大致相似，如图 3-3-3 所示。

在上、下加热区各有一个电动机驱动叶轮高速旋转，产生空气或氮气的吹力。气体经加热丝或其他材料加热后，从多孔板里吹到 PCB 上。有的再流炉的电动机转速是可编程调节的，如 VITRONICS 的电动机转速可为 1000 ~ 3000r/min，而有的再流炉的电动机转速是厂家出厂时已固

定的，如 BTU 的再流炉出厂时已设定为最高转速约为 3000r/min。电动机转速越大，风力越大，热交换能力越强。通过测量气体吹出的风压，可以监控电动机的运转是否正常。由于回流过程中焊膏中助焊剂的挥发，可能凝结在叶轮上，降低风的效率，导致温度回流曲线发生变化。因此有必要定期检查和清洁叶轮。

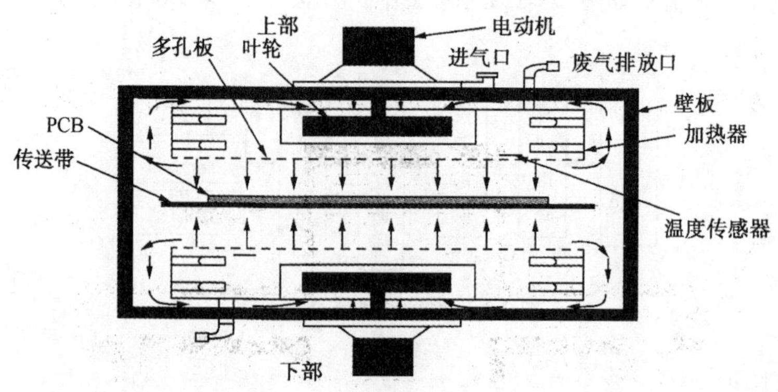

图 3-3-3　热风加热区结构

炉体分为上、下两个密封箱体，中间为传送带。部分炉体的长度主要根据加热区和冷却区的多少而不同，目前的再流炉的加热区有 4 ~ 12 个。根据产能要求的不同，有铅回流焊接炉可选 4 ~ 8 个加热区，无铅回流焊接炉可选 8 ~ 12 个加热区，其中回流区有 1 ~ 3 个。每个温区的温度可编程设定，一般可设定温度范围从室温到 275℃（视厂家而定），回流焊接炉另一个重要的区别在于它是否具备充氮气焊接的能力，或是只能在空气环境下焊接。冷却区有 1 ~ 2 个。用户一般可根据自己的用途来选择炉体的长短和炉子的气体环境要求。

② 红外线加热再流炉。

a．总体结构。红外线加热再流炉主要由加热区、冷却区、红外线加热器、废气排放装置及 PCB 传送等部分组成，如图 3-3-4 所示。

b．加热区结构。作为红外线加热器的热源，加热区是在棒状和板状的红外发热体中埋入普通的加热器构成的。

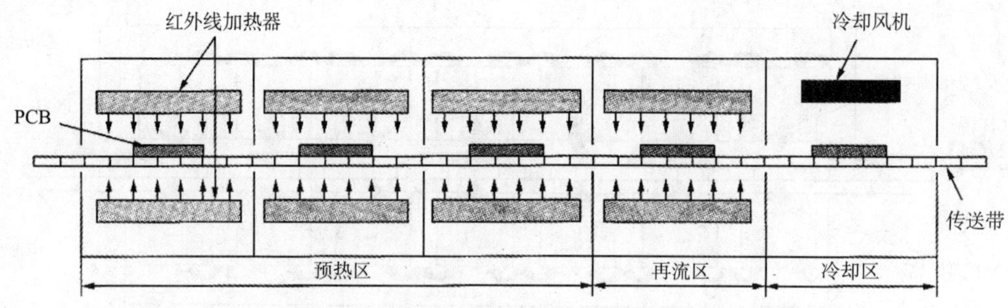

图 3-3-4　红外线加热再流炉总体结构示意图

③ 红外线和热风复合加热再流炉。

a．总体结构。红外线和热风复合加热再流炉的总体结构如图 3-3-5、图 3-3-6 所示。

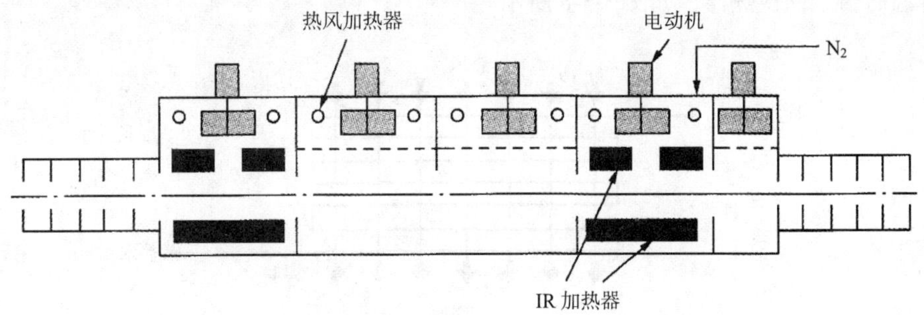

图 3-3-5　红外线和热风复合加热再流炉总体结构示意图（一）

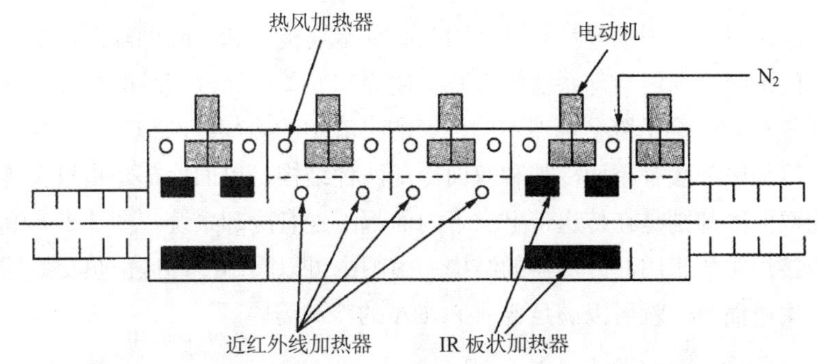

图 3-3-6　红外线和热风复合加热再流炉总体结构示意图（二）

b．加热区结构。红外线和热风复合加热区热源的配置和传热形式如图 3-3-7 所示。

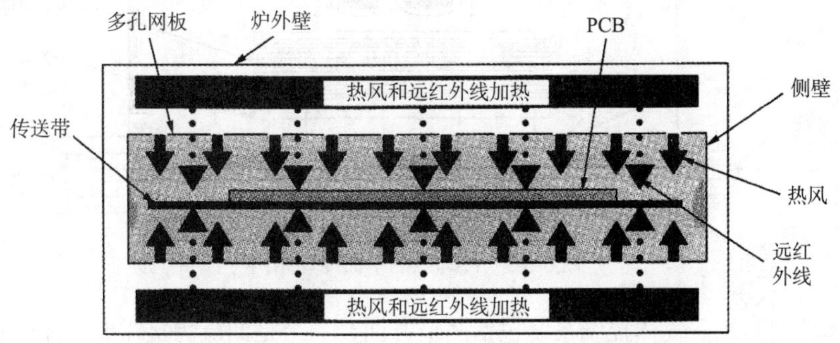

图 3-3-7　红外线和热风复合加热区热源的配置和传热示意图

④ 加热区温度控制。再流炉的每一个加热区的温度控制都是独立的闭环控制系统。温度控制器通过 PID 控制把温度保持在设定值。温度传感器采用的热电偶通常都是装在多孔板的下面，以感应气流的温度。

如果加热区的温度出现异常，例如，不升温或升温缓慢，一般需要检查固态继电器是否正常，检查加热区的加热器是否老化并需要更新（一般使用多年的再流炉容易出现这个问题）；若出现温度显示错误，一般是热电偶线已损坏。

（2）冷却区结构。PCB 经过回流焊接后，必须立即进行冷却，才能得到很好的焊接效果。因此在回流焊接炉的最后都配置有冷却区。冷却区的结构是一个水循环的热交换器。冷却风扇把热气吹到循环水换热器，经过降温后的冷气再吹到 PCBA 上。热交换器内的热量经循环水带走，循

环水经降温后再送回换热器，如图 3-3-8 所示。

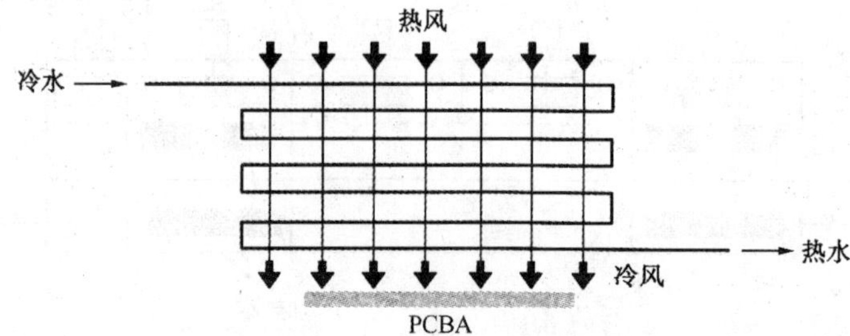

图 3-3-8　水循环热交换器工作原理

由于在冷却系统中，助焊剂容易凝结，因此必须定期检查和清除助焊剂过滤器上的助焊剂，否则热循环效率的下降会削弱冷却系统的效率，使冷却变差，导致产品的焊接质量下降。过热焊接的 PCBA 的长期稳定性会下降。虽然不同厂家的再流炉的冷却区的结构不尽相同，但其基本的原理是一样的。冷却区一般有单面冷却和双面冷却两种结构。单面冷却是指只在传送带的上面装有冷却系统，而双面冷却则是在传送带上、下两面都配置有冷却系统。图 3-3-9 和图 3-3-10 所示为 BTU 回流焊接炉中所采用的冷却器的结构。由图中可以看出冷却区由热交换器和冷却风扇组成。一般而言，用单面冷却就可以满足普通 PCBA 的冷却需要。

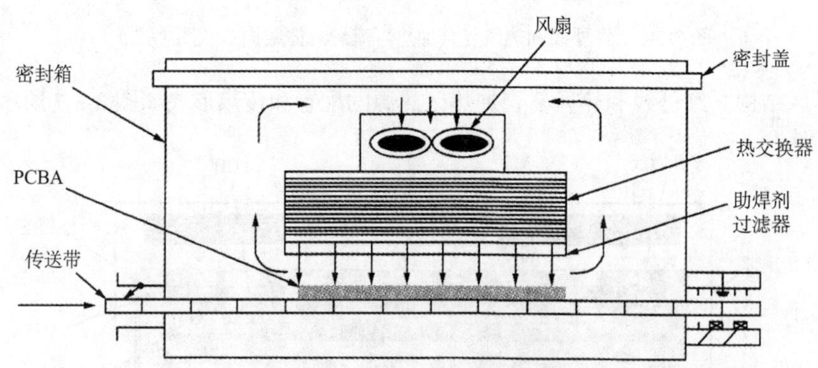

图 3-3-9　冷却区的单面冷却结构

（3）气体控制系统。气体控制系统包括两个方面，一个是回流焊接需要气体的加入；另一个是炉内废气的排放。气体注入分为两种，一种是氮气（N2）；另一种是压缩空气。氮气炉一般密封极严，以防止炉外的氧气进入炉体。氧气含量是氮气炉的关键，它的大小影响到元器件焊接质量。通过将炉体采样气体口连接氧气含量测试仪可以精确测量炉区内氧气含量。一般好的炉内的氧含量低于 50×10^{-6}。当不需要使用氮气时，炉内应注入压缩空气保持炉内的气体需要。炉内废气（包括助焊剂的挥发物、回流焊接产生的废烟）应不断地排出炉外以维护炉内的正常气体环境和保护操作工的健康。炉体的排气管应与整个工厂的排气装置相连。

（4）PCB 传送带结构。再流炉的传送装置一般有两类，一类是网式传送带；另一类是轨道式传送带。根据产品需要用户可自己选择。一般的再流炉同时带有这两类传送带，以方便用户使用。传送带的转速是可编程的。由于带速直接影响回流焊接的温度曲线，因此带速的稳定性是至关重要的。回流焊接炉的带速控制也是闭环控制系统，通过控制传送带的驱动电动机的转速来控制带速。

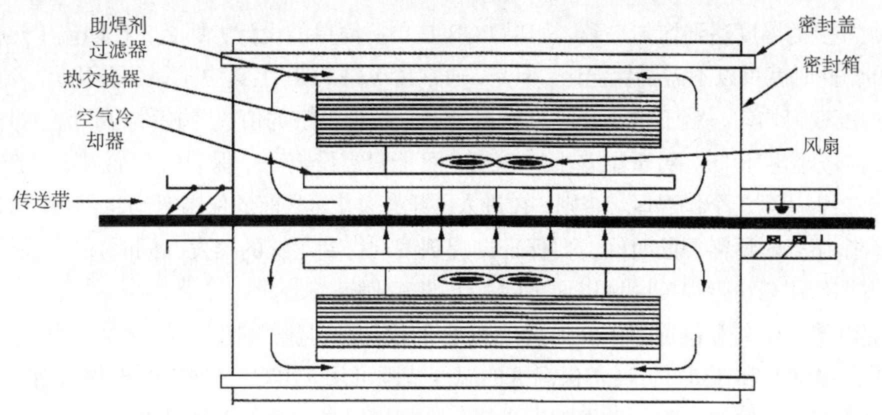

图 3-3-10　冷却区的双面冷却结构

除了带速的稳定性外，传送带的机械运动的平稳性也很重要。因为当回流焊钎料正在熔化过程中时，传送带的振动会带来焊接缺陷，如元器件偏位、虚焊、掉件等问题。保证机械平稳的关键在于传送机构的维护保养的好坏，如链条和齿轮的清洁、润滑、直流电动机的电刷的保养等都非常重要。传送带一般还配有不间断电源（UPS），它可以在整个炉子电源意外中断时，维持传送带运行 5 ~ 10min，直到把炉内的所有的 PCB 送出，以避免发生烧板事故。

3．回流焊温度曲线分析与设定

（1）特征分析。一种焊膏在回流过程中温度曲线的建立，是在综合考虑了焊膏、PCB 和设备等诸因素之后的结果。对不同厂家生产的焊膏、不同的回流设备及不同的组装件，其回流的温度曲线都不是唯一的。尽管其曲线形状各有差异，但通常其温度区域的划分大致如图 3-3-11 所示。

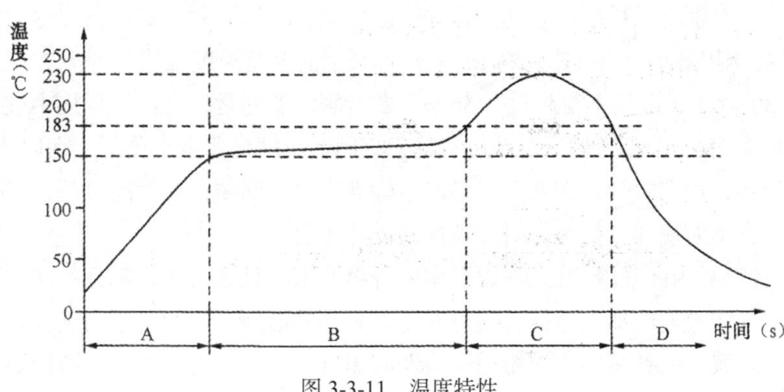

图 3-3-11　温度特性

① A 区（初始温度爬升区或升温区）。设置 A 区的目的是将 PCB 的温度尽快地从室温提升到预热温度，预热温度通常是略低于钎料的熔点温度。升温阶段的一个重要参数是升温速率，最理想的温度上升速率是 2℃/s ~ 4℃/s。上升速率太快易对 PCB 和元器件造成伤害甚至导致助焊剂发生爆喷；上升速度过慢，则溶剂挥发不充分。由于助焊剂中的溶剂都是高沸点物质，不可能快速地蒸发掉。加热速率通常受到元器件制造商推荐值的限制，为防止热应力对元器件的损伤，一般规定最大速率不能超过 4℃/s，持续时间应在 2min 以内。

这一阶段 PCB 上不同的元器件的升温速率会有所不同，从而导致基板面上温度分布梯度的存在。但在此阶段，温度梯度的存在并无多大妨碍，因为此时所有点的温度均在钎料熔点温度之下。

② B 区（温度渗透区或保温区）。设置保温区的目的是确保整块 PCB 在进入回流焊的钎料熔

化区之前，其上的温度达到均匀一致。如果 PCB 是单一简单的设计，那么，在回流中热传导率是非常均匀的，此时就可以不需要保温区。但是，通常情况是 PCB 上其中某一部分比另一部分更热。为了能让温度变得均匀，就不得不让温度保持为一个接近恒定的值，让较冷的部位通过热传导作用与较热的部分温度相同。对于温差小的 PCB，可能只需设定一个保温区；而对于复杂的 PCB，则可能需要 2 个甚至 3 个保温区。否则，在进入“钎料熔化区”前的保温时间将不得不加长。PCB 达到钎料合金熔点时所需要的时间，要保证助焊剂溶剂得到足够的蒸发，同时保证树脂和活性剂能够充分发挥作用来清理焊接区域以便去除其上的氧化膜。

决定温度渗透次数和位置的主要因素是 PCB 的设计和再流炉能提供的热对流程度。一般选择温度为 70℃、100℃和 150℃。通常保温区的温度范围可从 120℃ ~ 175℃升至焊膏熔点的区域，此时，焊膏中的挥发物被去除，助焊剂被激活。理想情况是，到保温区结束时，焊盘、钎料球及元器件引脚上的氧化物均被除去，整个 PCB 的温度达到平衡。保温区的持续时间一般为 80 ~ 90s，最大不要超过 2min。

③ C 区（钎料熔化区或回流区）。使 PCB 达到的焊膏中钎料粉末熔点以上的“钎料熔化区”（以下简称“再流区”）是回流焊接温度曲线的心脏区域。PCB 上任何没有达到钎料合金熔点的部位都将得不到焊接，而超过熔点太多的部位可能要承受热损伤，还可能引起焊膏残留物烧焦、PCB 变色或元器件失去功能。超过钎料熔点温度的目的是使钎料粉粒集合成一个球，润湿被焊金属的表面。润湿是通过快速发生的毛细注入现象来完成的。当然，由于所有金属表面的氧化物和回流焊炉中的氧的妨碍，粉末钎料回流时的聚集和润湿过程是在焊膏中助焊剂的帮助下进行的，温度越高，助焊剂效率就越高，但再氧化速度也越快。

钎料合金的黏度和表面张力随温度的提高而下降，这有利于促进钎料更快地润湿。因此，理想回流焊接是峰值温度与钎料熔融时间的最佳组合。设立的温度曲线目标是要尽力使温度曲线的“再流区”覆盖的体积最小。如有铅钎料 Sn37Pb 等合金的典型温度峰值范围为 210℃ ~ 230℃，钎料熔融时间为 30 ~ 60s，最长不得超过 1.5min。要特别注意的是，在回流焊接中进入“再流区”开始前，应尽可能使 PCB 上的每一个部位都趋于相同的温度是非常重要的。在回流区时间过短，助焊剂未完全消耗，焊点中会含有杂质，易产生焊点失效等问题；若时间过长，则焊点中会形成过量的金属间化合物而使焊点变脆，对元器件形成热劣化。

④ D 区（钎料凝固区或冷却区）。焊膏中的钎料粉末一旦已熔化，并且已润湿了被焊的基体金属表面，应尽可能快地冷却，这样，就可获得光亮、外形好、接触角小的优良焊点。缓慢冷却将使更多的基体金属溶入钎料，生成粗糙而暗淡的焊点，在极端情况下，还可能溶解所有的基体金属，导致不润湿和不良的结合强度。基于上述因素，冷却速度快些较好，如 5℃/s。然而冷却过快又易形成热应力而损坏元器件，因此冷却速度又不希望超过 4℃/s。故必须根据生产现场具体情况，灵活运用，折中处理。

（2）焊接温度曲线设定。以 BGA（球栅阵列）为例，介绍其在回流焊时，焊接温度曲线的设定。

① 升温速率。预热升温速 V_1 主要影响焊膏焊剂的挥发速度。过高，容易引起焊料（膏）飞溅，从而形成锡球。因此，一般控制为 1℃/s ~ 2℃/s。

焊接升温速率 V_2 是一个关键参数，对一些特定焊接缺陷有直接的影响。过高，容易引发锡珠、立碑、偏移和芯吸。一般要求尽可能低，最好不要超过 2℃/s。

② 预热温度。预热的作用主要有 3 个：使焊剂中的溶剂挥发；减轻焊接时 PCBA 各部位的温度差；使焊剂活化。

预热温度 T_1 一般为焊膏熔点以下 20℃ ~ 30℃。通常，有铅工艺设定在 150℃左右，无铅工艺设定在 200℃左右。

③ 焊接温度的设定要求。人们希望焊接的温度越低越好，但必须满足焊接的最低温度要求，即应该比焊膏熔点高 11℃ ~ 12℃。一般的焊接温度范围如下。

有铅焊接 195℃ ≤ T < 230℃（推荐：210℃ ~ 235℃）。

无铅焊接 228℃ ≤ T < 245℃（推荐：230℃ ~ 245℃）。

混装焊接 220℃ ≤ T < 235℃（推荐：220℃ ~ 235℃，基于焊料与焊球完全混合）。

对于有铅或无铅工艺，为什么要有一个 11℃ ~ 12℃的过热？原因有两个，一是确保 BGA 类封装完成二次塌落，能够自校准位置；二是确保焊料、焊球完全熔合、形成 IMC，获得良好的焊点。图 3-3-12 所示为不同温度与时间下形成的 BGA 焊点的形态，它们取决于焊料与焊球的混合程度及混合合金的表面张力。混合不均、表面张力不够，就不会形成鼓形的焊点。峰值温度的设定原则是"尽可能低靠、不超限"。

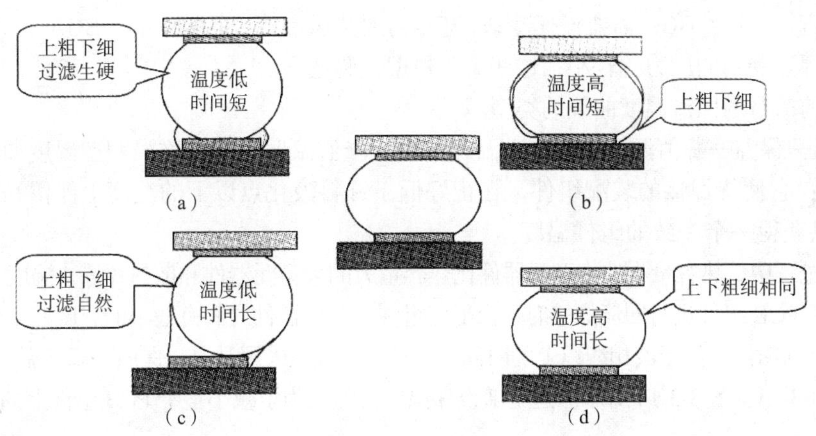

图 3-3-12　不同温度、时间下 BGA 焊点的形态

对于 10 温区炉子而言，如果是有铅焊接，一般传送速度为 80cm/min，选用 Z8、Z9、Z10 三个温区作为回流焊区即可，如表 3-3-1 所示；如果是无铅焊接，建议选用 Z7、Z8、Z9、Z10 四个温区作为回流焊区。

对有铅焊接工艺，一般经验温度设定如表 3-3-1 所示。

表 3-3-1　经验温度设定　（℃）

Z1	Z2	Z3	Z4	Z5	Z6	Z7	Z8	Z9	Z10
100	120	150	150	150	170	180	205	245	230

通常 Z9 为峰值设定温区，一般设定温度比要求的峰值高 25℃ ~ 30℃（与板的热容量有关）；Z8 设定温度比 Z9 低 40℃（快速拉升），Z10 设定温度比 Z9 低 15℃ ~ 20℃（PCBA 热平衡）；Z7 设定温度比 Z8 低 20℃，确保熔点前升温速率控制在 1.5℃/s 内。

速度从 80cm/min 减到 70cm/min，峰值温度会提高 3℃ ~ 4℃，焊接时间会延长 10s。设定温度与板上的实际峰值温度差大于 30℃时，BGA 的焊接就容易出问题。

④ 焊接时间的设定要求。焊接时间 t_3 主要决定于 PCB 的热特性和元器件的封装，只要能够使所有焊点达到焊接的合适温度以及封装变形敏感器件达到热平衡即可。

对一个焊点而言，回流焊接的时间 3 ~ 5s 足够。但对一块 PCBA 而言，需要考虑所有的焊点都满足这一要求，同时，还必须考虑减少 PCBA 不同部位的温度差或者说减少 PCB 和元件热变形问题，因此，PCBA 的焊接与单点的焊接有本质的差别，可以说它们不属于一个系统。

一般回流焊的焊接时间是根据 PCBA 的热特性进行设定的（注意这里指纯有铅或无铅工艺，不适合于有铅无铅混装工艺），通常取值如下。

a．手机板等元件热容量比较接近的 PCBA，焊接时间一般取 30 ~ 60s。

b．有大尺寸（≥35mm×35mm）BGA 的多层板，焊接时间一般取 60 ~ 90s。

c．装有 Slug-BGA 的多层板，焊接时间一般取 90 ~ 120s。

d．POP 及超大尺寸镜像贴装元件，焊接时间一般取 90 ~ 150s。

⑤ 冷却速率。IPC/JEDEC—020C 标准对业界能接受的冷却速率有规定，该标准将 3℃/s ~ 6℃/s 作为冷却斜率的范围，但这样的规定实际上存在很大的风险，特别是焊接 BGA 器件时，如果冷却斜率达到–4.5℃/s 以上时，很可能造成焊点断裂。事实上，依靠风冷的许多炉子也根本做不到这点，但要注意，千万不要追求理论上的质量！

一般而言，大尺寸 BGA 需要慢速冷却，甚至需要热风慢冷，而小尺寸的 BGA 可以快点冷却，因为其角部焊点受到的应力比较小，这些需要根据经验选择。

（3）目前流行的回流温度曲线的类型。

① 升温—保温—峰值温度曲线。升温—保温—峰值温度曲线亦称浸润型温度曲线，它是这样一种工艺：它使待焊接的装配组件，在正好低于钎料液化点以下的温度上停留一段时间（均热时间），以获得一个一致的组件温度。

在升温过程中，热容量小的小型元器件比热容量大的大型元器件和散热片等，温度上升速度快。因此，对此类 PCB 组件进行回流焊接时，为了使组件上各元器件之间有最小的温度差（ΔT），以满足各元器件的再流时间（位于液相线以上的时间）要求，就应该采用升温—保温—峰值温度曲线的控制模式，如图 3-3-13、图 3-3-14 所示。这里增设保温的目的是为了减小整个 PCB 组件上的温度差。

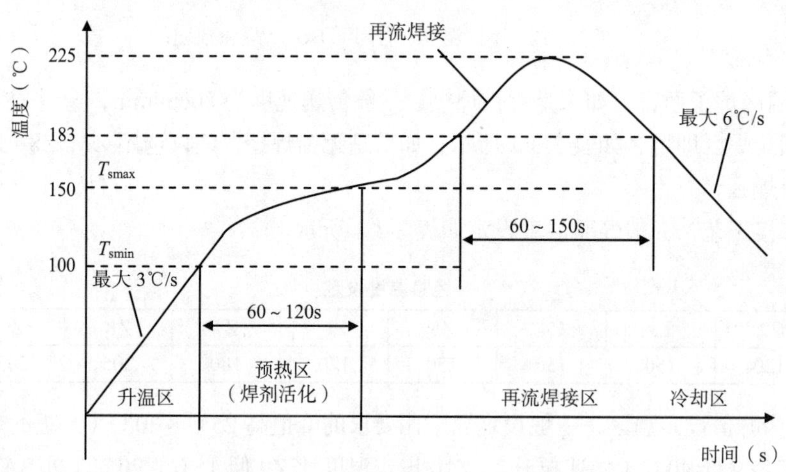

图 3-3-13 有铅焊接温度曲线（Sn-37Pb 焊膏）

在升温—保温—峰值温度控制曲线的几个区域，如果不适当控制，材料中可能产生很大的应力。因此，预热升温速度应该小于 4℃/s，具体情况还需根据所用焊膏中的助焊剂配方来确定。太高的保温温度可能损坏焊膏的性能，因为在氧化特别严重的峰值区必须要保留助焊剂中还有足够的活性剂。

图 3-3-13 所示为 IPC 推荐的有铅焊接温度曲线，采用的是 Sn63Pb37 共晶焊膏。

图 3-3-14 所示为 IPC 推荐的无铅焊接温度曲线，采用的是 SAC305 共晶焊膏。

第二个温度上升斜率出现在峰值区的入口，典型的极限升温速度为 3℃/s。温度曲线的第三个部分是冷却区，在冷却区应该特别注意减小应力。例如，一个陶瓷片状电容的最大冷却速度为 2℃/s ~ 4℃/s。因此，要求有一个受控的冷却过程，因为特殊材料的可靠性和焊点的结构也将受到冷却速度的影响。

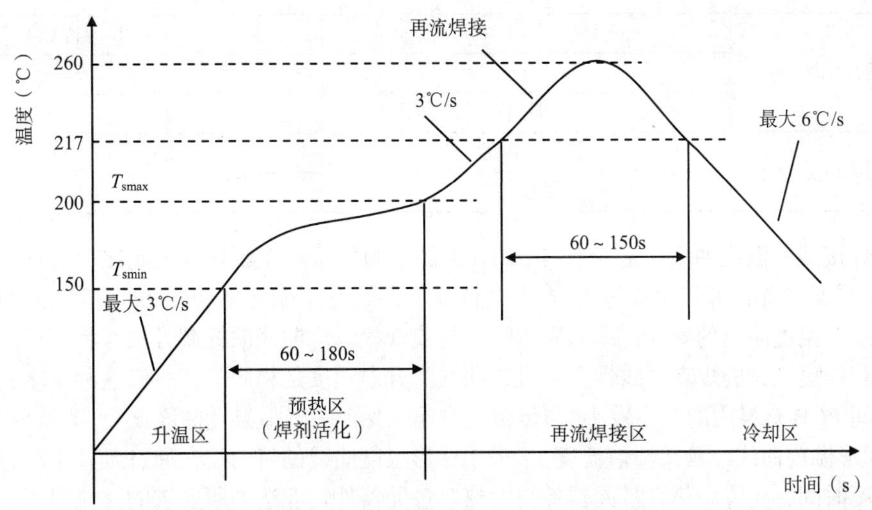

图 3-3-14　无铅焊接温度曲线（SAC305 焊膏）

② 线性温度曲线。线性温度曲线也有人称为“帐篷”型温度曲线、斜率式温度曲线或三角形温度曲线。该型温度曲线是一个连续的温度斜坡，如图 3-3-15 所示。篷状温度曲线各温区温度、时间等的具体设置如表 3-3-2 所示。

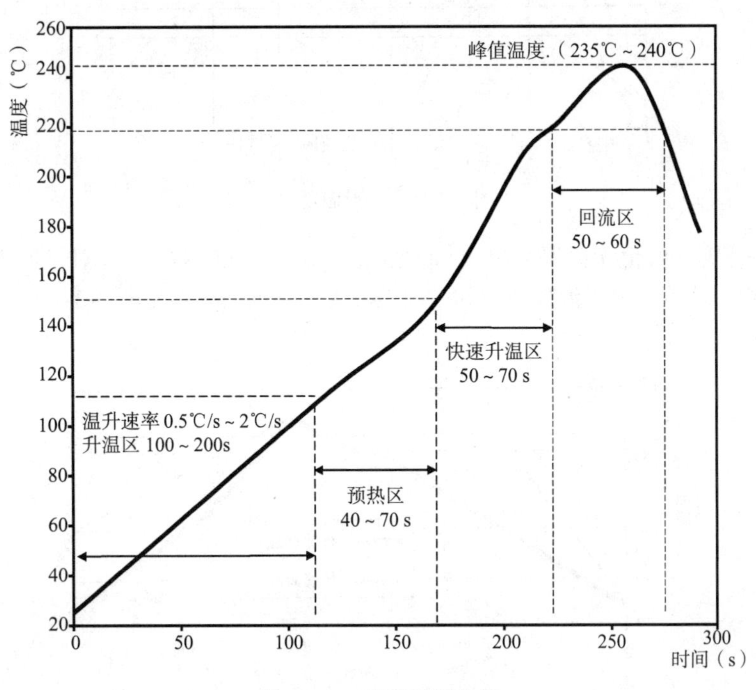

图 3-3-15　线性温度曲线

表 3-3-2　　篷状温度曲线各温区的具体设置

升温区	温度	25℃ ~ 110℃
	时间	100 ~ 200s
	升温斜率	0.5℃/s ~ 2℃/s
预热区	温度	110℃ ~ 150℃
	时间	40 ~ 70s
快速升温区	温度	150℃ ~ 217℃
	时间	50 ~ 70s
	升温斜率	0.96℃/s ~ 1.34℃/s
回流区	峰值温度	235℃ ~ 240℃
	回流时间	50 ~ 60s

回流焊接线性温度曲线，适合于 PCBA 组件上的各元器件热容量彼此比较接近，即温度差（ΔT）小的产品（如计算机主板等）。在上述情况下，如果焊膏配方（即助焊剂活化时间和温度）也适合于线性温度曲线的要求，那么采用线性再流焊接温度曲线的控制方式，将使可焊性得到改善的同时获得更光亮的焊点。线性升温过程曲线的升温速度是相同的，所以这种温度曲线的优点是焊接期间 PCB 材料内的应力较小。与传统的升温—保温—峰值温度曲线比较，能量成本也较低。

③ 梯形温度曲线（延长峰值温度）。采用梯形温度曲线的目的是，通过延长小热容量元器件的峰值温度时间，允许小热容量元器件与大热容量元器件均能达到所要求的回流温度，避免较小元器件过热。

梯形温度曲线如图 3-3-16 所示。在一个现代复合式回流系统中，可将 45mm BGA 与小型引脚封装体（SOP）之间的温度差减少到 8℃。考虑到使用的焊膏类型及组件的结构，实际温度曲线会有所差别。

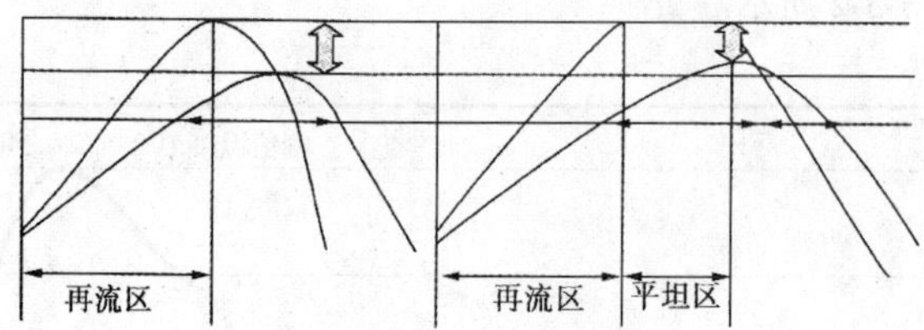

图 3-3-16　梯形温度曲线

④ 升温—保温—峰值无铅温度曲线与无铅线性温度曲线的对比。针对目前工业上大量应用的“升温—保温—峰值”无铅温度曲线和“线性”无铅温度曲线（见图 3-3-17）的分析比较结果如表 3-3-3 所示。

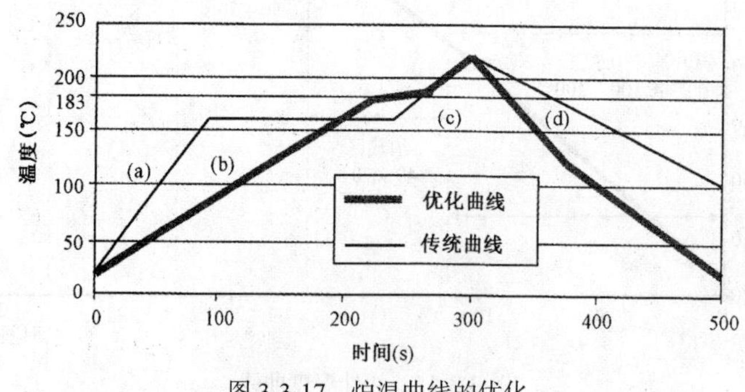

图 3-3-17　炉温曲线的优化

表 3-3-3　　“升温—保温—峰值”和“线性”温度曲线的分析比较

位　置	易导致的缺陷
a	焊料球、热塌陷、桥连、焊料珠
b	空洞、差的润湿、焊料球、开路
c	立碑、芯吸、器件破裂、开路
d	大的合金晶粒、碳化、反润湿等

4．回流焊接炉温曲线测量

一般回流焊接炉操作界面上所显示的温度是炉中内置热电偶测透出的温度，它既不是 PCB 上的温度，也不是发热体表面或电阻丝的温度，实际上是热风的温度。要会设定炉温，必须了解两条基本的传热学定律。

（1）在炉内给定的一点，如果 PCB 温度低于炉温，那么 PCB 将升温；如果 PCB 温度高于炉温，那么 PCB 温度将下降；如果 PCB 温度与炉温相等，将无热量交换。

（2）炉温与 PCB 温度差越大，PCB 温度改变得越快。

炉温的设定，一般先确定炉子链条的传送速度，然后才开始进行温度的设定。链速慢、炉温可低一点，因为较长的时间可达到热平衡；反之，可提高炉温。如果 PCB 上元件密且大元件多，要达到平衡，需要较多热量，就要求提高炉温；相反，炉温降低。需要强调，一般情况下链速的调节幅度不是很大，因为焊接的工艺时间、回流焊接炉的温区总长度是确定的，除非回流焊接炉的温区比较多、比较长，生产能力比较充足。

炉温的设定是一个设定、测温和调整的过程，其核心就是温度曲线的测量。测温方式分为接触式和非接触式两大类。回流焊中一般采用热电偶进行测温，属于接触式测温方式。

接触式测温仪表比较简单、可靠，测量精度较高。但因测温元件与被测介质需要进行充分的热交换，需要一定时间才能达到热平衡，所以存在测温的延迟现象；同时受耐高温材料的限制，不能应用于很高的温度测量。

非接触式仪表测温是通过热辐射原理来测量温度的，测温元件不需要与被测介质接触，测温范围广，不受测温上限的限制，也不会破坏被测物体的温度场，反应速度一般也比较快；但受到物体的发射率、测量距离、烟尘和水汽等外界因素的影响，其测量误差较大。

设定一个新产品的炉温，一般需要进行一次以上的设定和调整。设定步骤如下。

（1）准备一块实际产品表面组装板 PCBA。印好焊膏、没有焊接的 PCB 无法固定热电偶的测试端，因此需要使用焊好的实际产品进行测试。另外，测试样板不能重复使用，最多不要超过 2 次。一般而言，只要测试温度不超过极限温度，测试过 1 ~ 2 次的组装板还可以作为正式产品使用。但绝对不允许长期反复使用同一块测试板进行测试。因为经长期的高温焊接，印制板的颜色会变深，甚至变成焦黄褐色。

（2）选择测试点。

（3）固定热电偶。热电偶固定在印制电路板的各个位置上，可以在焊接过程中检测实时温度曲线。固定方法主要有 4 种：高温钎料焊接、采用胶粘剂、胶粘带、机械固定。

固定热电偶的目的是获得各个关键位置精确、可靠的温度数据。因此，热电偶的固定方法对数据质量（真实性）的影响较大。

① 高温钎料焊接固定热电偶。采用高温钎料焊接固定时，需要熔点超过 289℃的钎料，这样，

无论有铅还是无铅工艺，均能够保持测试点在回流焊过程中不会熔化。图 3-3-18 是采用高温钎料焊接固定热电偶的示意图。

优点：高温钎料具有良好的导热性，有助于将误差减小到最小，即使在热电偶略微脱离电路板表面的情况下也是如此。它能提供很好的机械固定性能。

缺点：焊接需要相当的技巧，否则容易损坏元件、焊点或焊盘；这种方法不能用于未经焊接的电路板，也不能用于将热电偶固定到不可焊的表面，如陶瓷和塑料元件体，以及 PCB 板面。

② 采用胶粘剂固定热电偶。采用胶粘剂（大多采用贴片胶）固定热电偶，可用于塑料、陶瓷元件及印制电路板等不可焊表面。采用的胶粘剂有两类，一类是 UV 活化胶，它可在几秒钟内将热电偶固定，但只能工作于 120℃左右；另一类专用的高温双组分环氧胶的耐温可达 260℃，但固化时间长，很不方便。

由于胶粘剂导热性较差，如果在固定热电偶时使用过多，会产生不良的热传导，且残留的胶不容易去除。因此，此方法在 SMT 中很少使用。

③ 高温胶粘带固定热电偶。采用高温胶带是最简单、最方便的固定方法，可在焊点、焊盘、塑料、陶瓷、印制电路板等任何表面使用。这是最常用的方法，要求将热电偶的测试端牢固地粘结在测试点上，并必须保证整个测试过程中始终与被测表面紧密接触。图 3-3-19 所示为采用高温胶粘带固定热电偶的连接方法。

缺点：即使连接点少量翘起，只离开被测表面千分之一英寸，测量温度也将主要是周围环境的热空气温度，翘起时测量的温度比实际温度最高超出 10℃以上。高温胶粘带在一定程度上还会受到热辐射的影响；另外，利用胶带在高密度区固定热电偶很困难，甚至不可能。一种行之有效的方法是将热电偶导线弯成一个小钩子的形状，要求小钩子与测试点始终保持接触良好，如图 3-3-20 所示。如果小钩子少量翘起，则测量温度是周围环境的热空气温度，造成测量温度失真，如图 3-3-21 所示。

图 3-3-18　高温钎料固定热电偶示意图

图 3-3-19　用高温胶粘带固定热电偶的连接方法

图 3-3-20　小钩子状热电偶

图 3-3-21　较热后胶带松弛、翘起

④ 机械方法固定热电偶。机械固定有纸夹固定法、螺钉固定法、机械式热电偶制成器固定法等方法。

纸夹和螺钉固定法只能用于板边的测量。纸夹固定快捷、方便，但不能固定、可靠地固定热电偶，操作中若不小心拉动线，会导致热电偶移动。

螺钉固定坚固、可靠，但容易损坏电路板，而且热容量和来自板背面或内部铜层的热传导会使温度显示失真。

机械式热电偶支撑器是特制的工具，具有以下优点。很容易牢固地夹在电路板的边缘；可将热电偶结点固定在电路板的任何位置，包括元件间的窄小空间；弹簧张力可使热电偶结点接触任何类型的表面；低热容的热电偶结点可以快速响应温度的变化；不需要焊接，因此不会破坏电路板；结点直径小，可在 BGA 中心下面的电路板上钻一个小孔，可以精确建立器件的再流温度曲线；另外，拆除仅需几秒钟。

以上各种固定方法测温的准确性比较如表 3-3-4 所示。

表 3-3-4　　各种固定方法测温准确性比较（峰值温度）

固定方法	高温焊料	胶粘剂	高温胶粘带	机械固定
测温误差	平均≈1℃～2℃	≈3℃～4℃	≈2℃	≈1℃～2℃

（4）设定传送带的速度。该设定将决定 PCB 在加热通道所花的时间。典型的焊膏供应商参数要求 3～4min 的加热曲线，用总的加热通道长度除以总的加热感温时间，即为准确的传输带速度。

（5）设定各个温区的温度。显示温度只是代表区内热电偶的温度，热电偶越靠近加热源，显示的温度将相对越比区间温度较高；热电偶越靠近 PCB 的直接通道，显示的温度将越能反应区间温度。因此设定各温区温度前首先应向炉子制造商咨询了解清楚显示温度和实际温度之间的关系。

（6）启动机器，炉子稳定后（即所有实际显示温度等同于设定温度时）开始做曲线。将连接热电偶和温度曲线测试仪的 PCB 放入传送带，触发测温仪开始记录数据。为了方便，有些测温仪包括触发功能，在一个相对低的温度自动启动测温仪，典型的启动温度可比人体温度 37℃稍微高一点。例如，38℃的自动触发器，允许测温仪几乎在 PCB 刚放入传送带进入炉内时开始工作，不至于热电偶在人手上处理时产生误触发。

（7）最初的温度曲线图产生之后，和焊膏供应商推荐的曲线及设定曲线进行比较。

在评价温度曲线是否合适时，首先必须明确一个原则，绝不能孤立地根据曲线关键参数来评价，必须一同考虑曲线的形状、所焊接的元件封装以及使用的工艺（有铅/无铅）。

a．与炉子的设定温度联系起来进行评价。因为，设定温度与焊接峰值温度的差，决定元件和 PCB 的变形与焊接应力，这通常比升温速率或冷却速率更好判断。

b．与元件封装联系起来进行评价，特别是与 BGA 的结构联系起来评价。因为不同封装的 BGA，其热容量大小相差很大，热变形过程也不同。

c．与工艺联系起来看。例如，采用的是有铅还是无铅工艺，是 Im-Sn 还是喷锡，不同的工艺条件，对温度曲线的要求是不同的。

一般而言，一个比较好的温度曲线设定应该具备以下条件。

- PCBA 上最大热容量处与最小热容量处在预热结束时温度汇交，也就是整板温度达到热平衡。

- 整板上最高峰值温度满足元件耐热要求，最低峰值温度符合焊点形成要求。
- 焊膏熔点上下 20℃范围内升温速度小于 1.5℃/s。
- BGA 封装体上最高温度与最低温度差小于 5℃，绝对不允许超过 7℃。注意，有些厂家声称小于 2℃，这往往意味着测点的固定存在问题，已经淹没了温差的实际情况。
- 设定温度与实际峰值温度差原则上控制在 35℃以内，否则像 BGA 类元件，其本身的温差太大。

使最后的曲线图尽可能地与所希望的图形相吻合后，把炉子的参数记录或储存起来以备后用。

5. 回流焊实例：收音机主板（HX203—T）的回流焊接

采用 Sn-3.8Ag-0.7Cu 钎料，应用劲拓 NS—800 热风回流焊炉，对图 2-2-1 所示的收音机主板进行回流焊接。

（1）焊接前的准备。

① 焊接前，要检查电源开关和 UPS 电源开关是否处在关闭位置。

② 熟悉产品的工艺要求，图 3-3-22 所示为该主板的回流焊接工艺卡。

③ 根据选用焊膏与表面组装板的厚度、尺寸、组装密度、元器件等具体情况，结合焊接理论，设置合理的再流焊温度曲线。

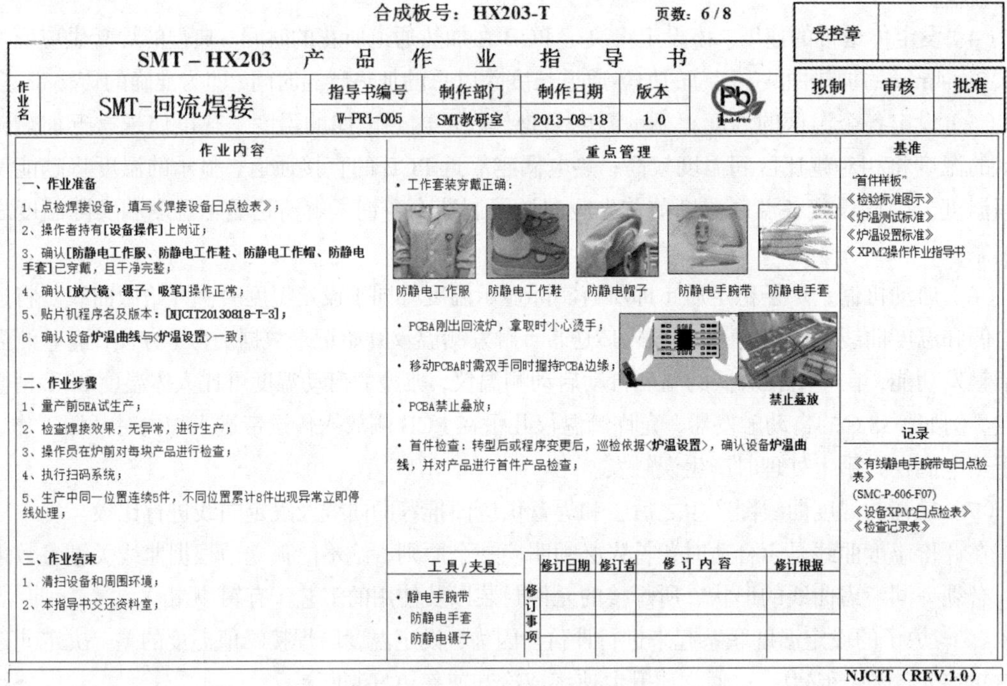

合成板号：HX203-T　　页数：6/8

受控章	

SMT－HX203　产　品　作　业　指　导　书

作业名	指导书编号	制作部门	制作日期	版本
SMT-回流焊接	W-PR1-005	SMT教研室	2013-08-18	1.0

拟制	审核	批准

作业内容

一、作业准备

1、点检焊接设备，填写《焊接设备日点检表》；

2、操作者持有[设备操作]上岗证；

3、确认[防静电工作服、防静电工作鞋、防静电工作帽、防静电手套]已穿戴，且干净完整；

4、确认[放大镜、镊子、吸笔]操作正常；

5、贴片机程序名及版本：[NJCIT20130818-T-3]；

6、确认设备炉温曲线与<炉温设置>一致；

二、作业步骤

1、量产前5EA试生产；

2、检查焊接效果，无异常，进行生产；

3、操作员在炉前对每块产品进行检查；

4、执行扫码系统；

5、生产中同一位置连续5件，不同位置累计8件出现异常立即停线处理；

三、作业结束

1、清扫设备和周围环境；

2、本指导书交还资料室；

重点管理

• 工作套装穿戴正确：

防静电工作服　防静电工作鞋　防静电帽子　防静电手腕带　防静电手套

• PCBA刚出回流炉，拿取时小心烫手；

• 移动PCBA时需双手同时握持PCBA边缘；

• PCBA禁止叠放；

禁止叠放

• 首件检查：转型后或程序变更后，巡检依据<炉温设置>，确认设备炉温曲线，并对产品进行首件产品检查；

基准

"首件样板"

《检验标准图示》

《炉温测试标准》

《炉温设置标准》

《XPM2操作作业指导书

记录

《有线静电手腕带每日点检表》

(SMC-P-606-F07)

《设备XPM2日点检表》

《检查记录表》

工具/夹具

• 静电手腕带

• 防静电手套

• 防静电镊子

修订事项

修订日期	修订者	修订内容	修订根据

NJCIT（REV.1.0）

图 3-3-22　回流焊接工艺卡

（2）利用回流焊炉进行焊接的具体操作步骤。

① 检查抽风口的连接情况。

② 调整导轨宽度。调节时，刚开始可采用较快的速度；当导轨宽度接近 PCB 宽度时，尽量采用较低的速度进行精确调节。

③ 运输速度的调整。根据焊膏的时间参数和炉长调整速度，这里设置为 80cm/min。

④ 设置各温区的温度，如表 3-3-5 所示。

表 3-3-5　回流焊温度的设定　单位：℃

	1 温区	2 温区	3 温区	4 温区	5 温区	6 温区	7 温区	8 温区
上温区	180	160	170	170	180	180	250	300
下温区	180	160	170	170	180	180	250	300

⑤ 温区相关参数设定，一般为出厂设置，初学者不要改动。

⑥ 风机频率设定。用户可设定各风机变频器的频率，选项为 30 ~ 50Hz。产品 PCB 较薄、较轻、元件较少，频率应小一些，可设为 30Hz；元件较大，冷却区频率可设定为 40Hz。

⑦ KIC 测温。

⑧ 如果所需的参数设置合适，则保存此处文件。

⑨ 选择操作模式的工作方式，按控制面板上的“START”按钮或主界面上的“启动”键，机器启动加热。

⑩ 产品生产。

⑪ 产品生产结束。

⑫ 确定炉内无 PCB。

⑬ 关机。

6. 回流焊结果分析

电子产品中 SMA 验收标准一般根据 IPC-A-610D 进行。根据该标准，要求焊点焊料量适中，与元器件焊端和焊盘有良好的润湿，在焊接处形成总体连续但可以是灰暗无光泽或颗粒状外观的弧形焊接表面，其连接角应不大于 90°，焊点牢固可靠，但当焊料轮廓延伸到可焊端边缘或阻焊剂时，润湿角可超过 90°，如图 3-3-23 所示。具体焊接标准可参阅 IPC-A-610D 要求。

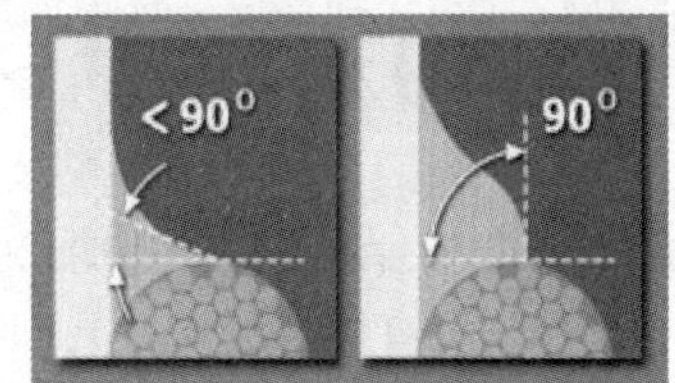

图 3-3-23　电子产品焊接可接受标准的示意图

（1）影响回流焊接质量的因素。回流焊是 SMT 关键工艺之一，表面组装的质量直接体现在回流焊结果中。但回流焊中出现的焊接质量问题不完全是回流焊工艺造成的，因为回流焊质量除了与温度曲线有直接关系以外，还与生产线设备条件、PCB 焊盘的可生产性设计、元器件可焊性、焊膏质量、PCB 的加工质量以及 SMT 每道工序的工艺参数，甚至与操作人员的操作都有密切的关系。

① 生产物料对回流焊接质量的影响。

- 元器件的影响。当元器件焊端或引脚被氧化或污染了，回流焊接时会产生润湿不良、虚焊、空洞等焊接缺陷。元器件共面性不好，也会导致焊接时产生虚焊等焊接缺陷。
- PCB 的影响。SMT 的组装质量与 PCB 焊盘设计有直接的、十分重要的关系。如果 PCB 焊盘设计正确，贴装时少量的歪斜可以在回流焊时，由于熔融焊料表面张力的作用而得到纠正；相反，如果 PCB 焊盘设计不正确，即使贴装位置十分准确，回流焊后反而会出现元件位置偏移、立碑等焊接缺陷；SMT 组装质量与 PCB 焊盘质量也有一定的关系，PCB 的焊盘氧化或污染，PCB 焊盘受潮等情况下，回流焊时会产生润湿不良、虚焊、焊料球、空洞等焊接缺陷。
- 焊膏的影响。焊膏中的金属粉末含量、金属粉末的含氧量、黏度、触变性、印刷性都有一定的要求。如果焊膏金属粉末含量高，回流升温时金属粉末随着溶剂的蒸发而飞溅，如果金属粉末的含氧量高，还会加剧飞溅，形成焊料球，同时还会引起不润湿等缺陷。另外，如果焊膏黏度过低或者焊膏的触变性不好，印刷后焊膏图形就会塌陷，甚至造成粘连，回流焊时就会形成焊料球、桥接等焊接缺陷。如果焊膏的印刷性不好，印刷时焊膏只是在模板上滑动，这种情况下是根本印不

上焊膏的。焊膏使用不当，如从冰箱中取出焊膏直接使用，会产生水汽凝结，回流升温时，水汽蒸发带出金属粉末，在高温下水汽会使金属粉末氧化，飞溅形成焊料球，还会产生润湿不良等问题。

② 生产设备对回流焊接质量的影响。回流焊质量与生产设备有着十分密切的关系。影响回流焊接质量的主要因素如下。

- 印刷设备。印刷机的印刷精度和重复精度会对印刷结果起到一定的作用，最终影响到回流焊质量；模板质量也会影响到印刷结果，最终影响焊接质量。模板厚度和开口尺寸确定了焊膏的印刷量，焊膏量过多会产生桥接，焊膏量过少会产生焊锡不足或虚焊。模板开口形状及开口是否光滑也会影响印刷质量，模板开口一定要喇叭口向下，否则脱模时会在喇叭口倒角残留焊膏。
- 回流焊接设备。回流炉温度控制精度应达到 ± 0.1℃ ~ 0.2℃；回流炉传送带横向温差要求在 ± 5℃以下，否则很难保证焊接质量；回流炉传送带宽度要满足最大 PCB 尺寸要求；回流炉中加热区长度越长、加热区数量越多，越容易调整温度曲线。中小批量生产选择 4 ~ 5 个温区，加热区长度为 1.8m 左右，就能满足要求。上下加热器应独立控温，便于调整和控制温度曲线；回流炉最高加热温度一般为 300℃ ~ 350℃，考虑无铅焊料或金属基板，则应选择 350℃以上；回流炉传送带运行要平稳，传送带震动会造成移位、立碑、冷焊等焊接缺陷。

③ 生产工艺对回流焊接质量的影响。

- 印刷工艺的影响。印刷工艺参数，如刮刀速度、刮刀压力、刮刀与模板的角度及焊膏的黏度之间都存在着一定的制约关系，因此只有正确控制这些参数，才能保证焊膏的印刷质量，进而保证焊接效果。

对回收焊膏的使用与管理，环境温度、湿度以及环境卫生都对焊点质量有影响。回收的焊膏与新焊膏要分别存放。环境温度过高会降低焊膏黏度。湿度过大时焊膏会吸收空气中的水分，湿度小时会加速焊膏中溶剂的挥发。环境中灰尘混入焊膏中会使焊点产生针孔。

- 贴装工艺的影响。贴装元件要正确，否则焊接后产品不能通过测试。元器件贴装位置要满足工艺要求，元器件的焊端或引脚和焊盘图形要尽量对齐、居中。对于片式元件，当贴装时其中一个焊端没有搭接到焊盘上，回流焊时就会产生移位或者立碑。对于 IC 器件，回流焊时自定位效应较小，贴装偏移不能通过回流焊纠正。因此贴装时，如果贴装位置超出允许偏差范围，必须进行人工拨正后再进入回流炉焊接。

贴片压力要恰当。压力不足，元器件焊端或引脚浮在焊膏表面，焊膏粘不住元器件，在传递和回流焊时容易产生位置移动。此外，由于 Z 轴高度过高，贴片时元件从高处扔下，会造成贴片位置偏移。贴装压力过大，焊膏挤出量过多，容易造成焊膏粘连，回流时容易产生桥接，严重时还会损坏元器件。

- 回流工艺的影响。回流温度曲线是保证回流焊接质量的关键，实际温度曲线和焊膏温度曲线的升温速率和峰值温度应基本一致。如果升温速率太快，一方面使元器件及 PCB 受热太快，易损坏元器件，易造成 PCB 变形；另一方面，焊膏中的溶剂挥发速度加快，容易溅出金属成分，产生焊料球。峰值温度一般应设定在比焊膏金属熔点高 30℃ ~ 40℃，回流时间为 30 ~ 60s。峰值温度低或回流时间短，会使得焊接不充分，严重时会造成焊膏不熔。峰值温度过高或回流时间长，会造成金属粉末氧化，还会增加金属间化合物的形成，使焊点发脆，影响焊点强度，甚至会损坏元器件和 PCB。

总之，从以上分析可以看出，回流焊质量与 PCB 焊盘设计、元器件可焊性、焊膏质量、PCB 的加工质量、生产线设备以及 SMT 每道工序的工艺参数，甚至与操作人员的操作都有密切的关系。同时也可以看出，PCB 设计、PCB 加工质量、元器件和焊膏质量是保证回流焊质量的基础，因为这些问题在生产工艺中是很难甚至是无法解决的。因此只要 PCB 设计正确，PCB、元器件和焊膏都是合格的，回流焊质量是可以通过印刷、贴装、回流焊每道工序的工艺过程来控制的。

（2）常见回流焊接缺陷分析及解决办法。回流焊过程中，引起的焊接缺陷主要可以分为两大类，第一类与冶金有关，包括冷焊、不润湿、银迁移等；第二类与异常的焊点形态有关，包括立碑、偏移、芯吸、桥接、空洞、焊球、焊膏量不足与虚焊或断路、颗粒状表面等。回流焊接缺陷形成原因与解决办法如表 3-3-6 所示。

表 3-3-6　　回流焊接缺陷及解决措施

缺陷描述	缺陷形成原因分析	解决措施
冷焊 就是指具有不完全回流现象的焊点，如出现粒状焊点、不规则焊点形状或金属粉末不完全融合	① 太低的回流温度或在液相线上驻留时间太短，导致回流时热量不充足，金属粉末不完全熔化 ② 在冷却阶段，强烈的冷却空气，或者是不平稳传送带移动使得焊点受到扰动，在焊点表面上呈现高低不平的形状，尤其在稍微低于熔点的温度时，那时焊料非常柔软 ③ 在焊盘或引脚上及其周围的表面污染会抑制助焊剂能力，导致没有完全回流。有时可以在焊点表面观察到没熔化的焊料粉末。同时助焊剂能力不充足也将导致金属氧化物不能完全被清除，随后导致不完全凝结 ④ 焊料金属粉末质量不好，大多数是由高度氧化粉粒包封形成的	① 调整回流温度曲线：设定合适的回流温度和合适的液相线上时间 ② 特别注意传送的平稳性 ③ 使用活性稍高的助焊剂或适当增加助焊剂使用量；应该严格来料检验制度，同时注意元器件和 PCB 的存储环境 ④ 不要使用劣质焊膏，制定焊膏使用管理制度来保证焊膏的质量
不润湿 就是指在基板焊盘或器件引脚上焊料的覆盖范围小于目标焊料润湿面积，回流后使得基体金属暴露在外	① 时间、温度和回流气体对润湿性能有很大影响。一方面，时间太短，或者温度太低而引起热量不充足，导致助焊剂反应不完全以及不完全的冶金润湿反应，结果产生不良润湿。另一方面，焊料熔化之前，过量的热量不但使焊盘和引脚的金属过度氧化，而且会消耗更多的助焊剂，最终将导致不良润湿 ② 焊料合金质量不好，内含杂质也可产生不良润湿，如在焊料里的铝、镉或砷等杂质。同时焊料粉末质量不好，不规则的焊料粉末形状反映出较大的氧化物含量，要消耗更多的助焊剂 ③ 由焊盘/引脚的金属杂质或氧化或焊盘/引脚本身的性质造成了金属润湿性差	① 应该适当调整温度曲线，并尽可能采用氮气回流焊 ② 选择满足要求的焊膏 ③ 应该严格来料检验制度，同时注意元器件和 PCB 的存储环境
芯吸 就是熔融焊料润湿元器件引脚时，焊料从焊点位置爬升到引脚上，导致焊接部位焊料不足的状态，多发生于 PLCC、QFP、SOP 等 J 形引脚和翼形引脚的器件中	主要是由引脚和印制电路板之间的温度差以及熔融焊料的表面张力引起的。回流时，元器件引脚比 PCB 焊盘先达到焊料熔融温度，使得焊料上升，就形成了芯吸现象	可采用底部加热法将焊料熔化，首先润湿焊盘，一旦润湿焊盘，引脚随后才变热，焊料通常就不会上升形成芯吸。如果由于回流炉设计的限制不允许有更多的底部加热，则使用缓慢的升温速率将允许热量更均衡地传送到 PCB，从而减少芯吸现象
银迁移	为了提高元件引脚和焊盘的可焊性，会对其进行镀银。但是在高湿度并且金属间存在感应电时，镀银层银离子就会结晶延伸，最终很容易造成短路	添加金属钯可以预防银的迁移

续表

缺陷描述	缺陷形成原因分析	解决措施
立碑 是无引脚元器件的一端被提起，且站立在它的另一端之上。立碑也被称为曼哈顿效应、吊桥 	① 有缺陷的元件排列方向设计。设想在回流炉中有一条横跨炉子宽度的回流焊限线，一旦焊膏通过它就会立即熔化。片式矩形元件的一个端头先通过回流焊限线，焊膏先熔化，完全浸润元件的金属表面，具有液态表面张力，而另一端未达到液相温度，焊膏未熔化，只有焊剂的粘接力，该力远小于回流焊焊膏的表面张力，因而，使未熔化端的元件端头向上直立 ② 焊盘设计质量的影响。若片式元件的一对焊盘大小不同或不对称，也会引起漏印的焊膏量不一致，小焊盘对温度响应快，其上的焊膏易熔化，大焊盘则相反，所以，当小焊盘上的焊膏熔化后，在焊膏表面张力作用下，将元件拉直竖起。焊盘的宽度或间隙过大，也都可能出现立碑现象 ③ 温度不均匀。温度梯度也会被不均匀的热量分布或附近的元器件阴影效应而提高。前一种情况是目视无法检出的，它是 PCB 内的散热层对焊盘温度的影响。焊盘连接到大的散热层可能比其他对应焊盘温度低，所以导致立碑 ④ 由于受到污染或氧化，使得元器件焊端金属层或 PCB 焊盘金属层的可焊性不一致，这样易于在元件两端产生不平衡力，因此引起立碑 ⑤ 贴装压力过小，元器件焊端浮在焊膏表面，焊膏粘不住元器件，在传递和回流焊时产生位置移动	① 保持元件两端同时进入回流焊限线，使两端焊盘上的焊膏同时熔化，形成均衡的液态表面张力，保持元件位置不变 ② 严格按标准规范进行焊盘设计 ③ 阴影效应是加热的阻抗，它是由于在元器件附近加热介质流动受到阻滞而形成。这可通过适当的 PCB 电路设计，也可适当地选择回流方法而得到减少 ④ 应该严格来料检验，注意元器件和 PCB 的储存环境 ⑤ 贴装时应注意贴装高度（压力）合适
偏移 就是元器件在水平面上的移动，造成回流时元器件的不对准 	焊膏印不准、厚度不均、元器件放置不当、传热不均、焊盘或引脚的可焊性不好、助焊剂活性不足、焊盘比引脚大得太多等，都可能引起元件偏移，情况较严重时甚至会形成立碑，尤以质轻的小零件为甚	严格控制 SMT 生产中各工艺过程；注意元器件和 PCB 的存储环境；使用适当活性的助焊剂等
焊球 就是回流时，焊料离开了主要的焊接场所，凝固后不在焊接场所聚集而形成的不同尺寸的球状颗粒。通常把大的焊球称为锡珠 回流焊接中产生的焊球，常常藏于矩形片式元件两端之间的侧面或细间距引脚之间 	① 回流温度曲线设置不当。如果预热区温度上升速度过快，使焊膏内部的水分、溶剂未完全挥发出来，到达回流区时，就会引起水分、溶剂沸腾，溅出焊锡球 ② 金属模板设计结构不当。如果总在同一位置上出现焊球，就有必要检查金属模板设计结构。模板开口尺寸腐蚀精度达不到要求，对于焊盘偏大，以及表面材质较软（如铜模板），造成漏印焊膏的外形轮廓不清晰，互相桥连，这种情况多出现在对细间距器件的焊盘漏印时，回流焊后必然造成引脚间大量焊球的产生 ③ 贴片至回流焊的时间过长。如果在贴片至回流焊的时间过长，则因焊膏中焊料粒子的氧化，焊剂变质、活性降低，会导致焊膏不回流，而产生焊球 ④ 贴片时，Z 轴压力使得元件贴到 PCB 上的一瞬间将焊膏挤压到焊盘外，也会导致焊接后焊球的形成 ⑤ 焊膏印错的印制电路板清洗不充分，使焊膏残留于印制电路板表面及通孔中。回流焊之前，被贴放的元器件重新对准、贴放，使漏印焊膏变形。这些也是造成焊球的原因 ⑥ 在元件贴装过程中，焊膏被置于片式元件的引脚与焊盘之间，随着印制板穿过回流焊炉，焊膏熔化变成液体，如果焊盘和器件引脚等润湿不良，液态焊锡会因收缩而使焊缝填充不充分，所有焊料颗粒不能聚合成一个焊点，部分液态焊锡会从焊缝流出，形成焊球	① 调整回流温度曲线，严格控制预热区温升速率 ② 应针对焊盘图形的不同形状和中心距，选择适宜的模板材料及模板制作工艺来保证焊膏印刷质量 ③ 选用工作寿命长一些的焊膏（至少 4 小时），则会减轻这种影响 ④ 设定适当的贴片高度 ⑤ 应加强操作者和工艺人员在生产过程的责任心，严格遵照工艺要求和操作规程进行生产，加强工艺过程的质量控制 ⑥ 选择合适的焊膏，严格注意元器件和PCB的存储环境

续表

缺陷描述	缺陷形成原因分析	解决措施
桥接 就是由于局部过多的焊料量，在临近焊点之间形成焊料桥，发生于焊锡在固化前未能从两个或多个引脚间分离。它是回流焊中最常见缺陷之一	印制电路板上细间距焊盘制作有缺陷；焊膏黏度过低、触变性不好、印刷后塌边；漏印的焊膏成形不佳，焊膏塌陷、焊膏太多；贴片时压力过大，焊膏量挤出过多；回流时较快的升温速率等	应从模板的制作、印刷工艺、回流焊工艺等关键工序的质量控制入手，尽可能避免桥接隐患
空洞 焊点中所出现的空洞，大者称为吹孔，小者叫作针孔，这些空洞的存在将使得焊点的强度不足，衍生而致破裂	① 焊接材料的影响。锡银铜SAC合金表面张力大于锡铅合金，与熔融的锡铅合金相比，任何留存下来的气体都很难脱离熔融的SAC合金 无铅工艺高温和停留时间使基板和元器件释放出易挥发的化合物，可能导致无铅焊点中有更多气体 SAC材料的润湿角较大，这意味着气泡需要走更长的距离才能脱离出来 助焊剂中活性剂、有机溶剂及高沸点有机物与温度曲线设定不匹配，或者配方不成熟 ② 焊接工艺的影响。预热温度过低，预热时间过短，使得焊膏中溶剂在硬化前未能及时逸出	① 应从温度曲线的设定，选用合适的助焊剂等方面入手 ② 必须设置合适的温度曲线
表面裂纹 无铅合金通常有 4%的体积收缩，在焊接过程，随着温度的升高和降低，焊点必将受到应力应变，组织弱化，就很有可能形成裂纹	① 焊接温度过高，焊点变形量大 ② 冷却速度过快 ③ 焊材、铜箔及元器件之间的热膨胀系数差较大，焊接过程中受热产生较大的应力	① 控制合适的焊接温度，减少变形量 ② 控制适当的冷却速度。冷却速度对晶粒大小形态及结晶速率影响很大，应避免形成方向性明显的枝晶影响焊料性能 ③ 控制材料工艺性。采用高玻璃化转变温度 T_g，Z 方向热膨胀系数CTE小的PCB，以防止大量变形产生板级应力。选用共晶焊料或含对无铅合金裂纹收缩有显著影响的元素的焊料 ④ 保持印制电路板清洁，防止元器件引脚氧化
焊膏量不足	① 整体焊膏量不足的原因：模板厚度或开口尺寸不够、开口四壁有毛刺、开口处喇叭口向上、脱模时带出焊膏；焊膏滚动性差；刮刀压力过大，尤其橡胶刮刀过软，切入开口，带出焊膏；印刷速度过快 ② 个别焊盘上焊膏量过少或没有焊膏的原因：模板开口被焊膏堵塞或个别开口尺寸小；PCB上导通孔设计在焊盘上，导致焊料从孔中流出	① 严格控制印刷工艺的各个环节 ② 严格控制印刷工艺的各个环节

回流焊缺陷种类很多，除了上述这些主要缺陷外，还有元件侧立、元件贴反、拉尖等。同时，还有一些肉眼看不见的缺陷，如焊点晶粒大小、焊点内部应力、焊点内部裂纹等。而且一种缺陷往往是多种原因作用的结果，一个原因也可能产生多种缺陷。所以在做具体的缺陷分析时，一定要从多角度、多侧面进行考虑，不要漏掉任何一个可能的环节，这样才能达到治标又治本的效果。

3.3.2 波峰焊工艺与设备

波峰焊最早由 20 世纪 50 年代英国的 Fry’s Metal 公司发明，是 20 世纪电子产品装联工艺技术中最成熟、影响最广、效率最明显的一项成果，至 80 年代仍是装联工艺的主流。

1. 波峰焊接原理

波峰焊就是将熔融的液态焊料，借助泵的作用，在焊料槽液面形成特定形状的焊料波，插装和贴装了元器件的 PCB 置于传动链上，经某一特定角度以及一定的浸入深度穿过焊料波峰，而实现焊点焊接的过程，也称群焊或流动焊。图 3-3-24 所示为波峰焊接过程示意图与焊接后产品。这种焊接方法主要用于传统通孔插装工艺，以及表面组装与通孔插装元器件的混装工艺，适合波峰焊的表面贴装元器件有矩形和圆柱形片式元件、SOT 以及较小的 SOP 器件等。

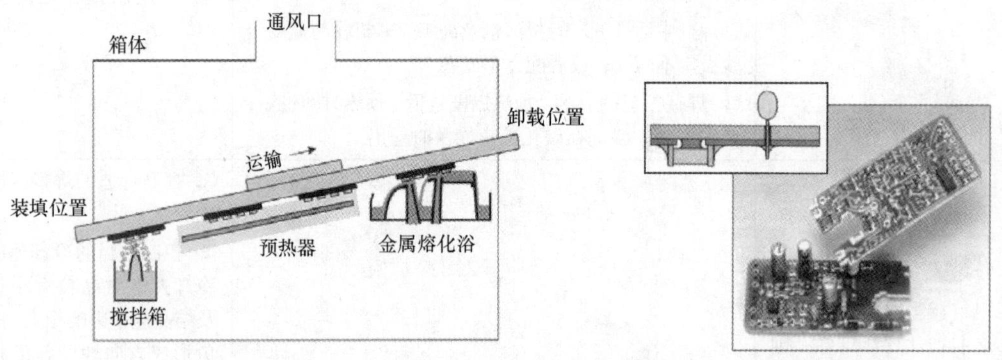

图 3-3-24 波峰焊接过程示意图与焊接后产品

根据波峰的数量，波峰焊可分为单波峰、双波峰和三波峰等。图 3-3-25 所示为单波峰和双波峰焊的示意图。

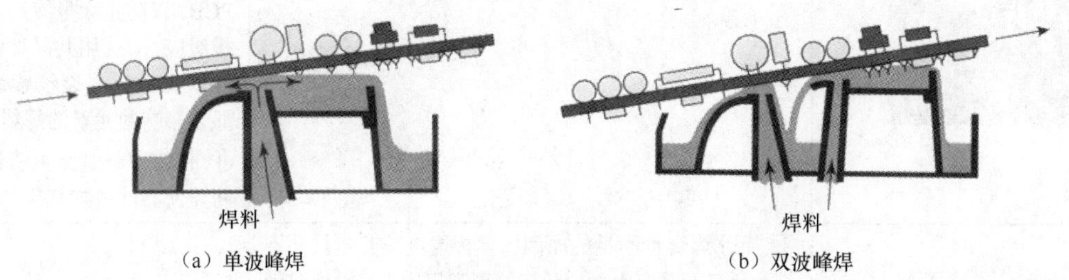

（a）单波峰焊 （b）双波峰焊

图 3-3-25 单波峰焊和双波峰焊示意图

（1）单波峰焊。目前波峰焊主要用于通孔插装电路组件和采用混合组装方式的 SMA 的焊接工艺中。波峰焊接技术用于焊接片式元件还比较容易，但焊接四边都有电极或引线的器件时较困难。因此，当把单波峰焊接工艺用于 SMT 时，就出现了较严重的质量问题。如漏焊、桥接和焊缝不充实等缺陷，这些问题主要是由于引线对焊料的拖尾作用（引起桥接），沿元器件本体末端产

生的焊料尾流形成的无钎料“阴影”效应，以及元器件与截留的焊剂气泡的遮蔽效应等因素造成的。虽然一般在 PCB 上接近元器件贴装部位钻有排气孔，可以消除由于截留焊剂气体所引起的缺陷，另外，严格的元器件取向设计可以在一定程度上消除无焊料“阴影”效应，但仍难确保焊接的可靠性。

① 气泡遮蔽效应。由于 SMC/SMD 贴装在 PCB 面上后，在 PCB 表面上形成大量的微裂，这些都是积存和藏匿空气、潮气、助焊剂的地方。在进行波峰焊接过程中，这些藏匿在微裂中的空气受热膨胀逃逸出去，再加上潮气、助焊剂受热时挥发出来的蒸汽以及 SMC/SMD 黏胶剂热分解产生的气体等综合因素，从而在波峰钎料中形成大量的气泡。由于 SMA 所用 PCB 孔眼很少，所以这些气泡被压在 PCB 下表面无逃逸通道而在 PCB 下表面上游荡，当被吸附在焊接区上后，便阻挡了波峰钎料对接合部金属的润湿而造成跳焊，如图 3-3-26 所示。

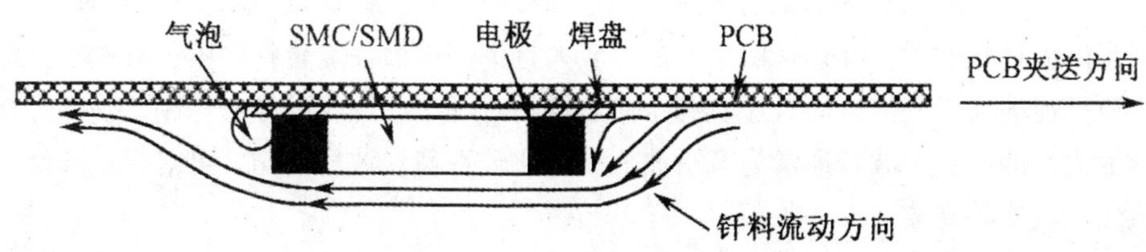

图 3-3-26　SMA 波峰焊接中气体遮蔽效应

② 阴影效应。

a．SMC/SMD 背流阴影。由于贴装在 PCB 面上的 SMC/SMD 安装设计不当，造成在波峰焊接时 SMC/SMD 的一部分连接点落入了由 SMC/SMD 本身沿背流方向形成的阴影区内，使得钎料无法漫流到此区域内而产生跳焊，如图 3-3-27 所示的（B）区域。

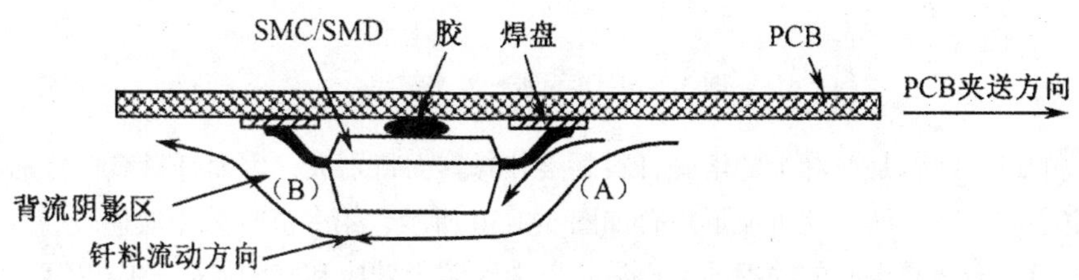

图 3-3-27　SMC/SMD 背流形成的阴影区

b．高度所形成的阴影。在安装设计时，由于对 SMC/SMD 尺寸大小悬殊的各元件之间布置不当，导致了尺寸大、较高的 SMC/SMD 对尺寸小、高度低的 SMC/SMD 挡流所形成的阴影区，而使位于阴影区内的矮小 SMC/SMD 发生大量跳焊现象，如图 3-3-28 所示的（B）区域。

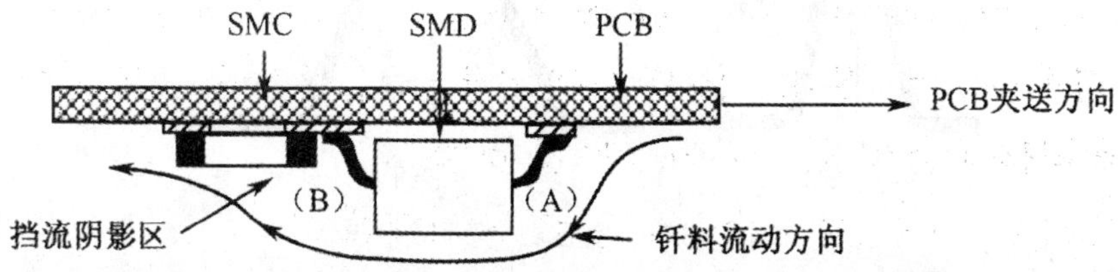

图 3-3-28　高的 SMC/SMD 对矮的 SMC/SMD 挡流所形成的阴影区

因此，在表面组装技术中广泛采用双波峰和喷射式波峰焊接工艺及其设备。

（2）双波峰焊。双波峰焊的指导思想是，先以较窄且上冲力较大的扰流波，将液态钎料喷附在要求焊接的焊盘和 SMC/SMD 的电极（或引脚）上；然后再以一个宽而平的层流波，将焊点上的钎料加以修整，以去除扰流波留下的缺陷，如桥连和拉尖等现象。因此，前后两个波峰的作用是相辅相成而又各自担负不同的任务。

前后两个波峰之间的距离不宜过大，以免 SMC/SMD 经过第一波峰后，未立即进入第二波峰，温度变化不连续而导致 SMC/SMD 增加热冲击的次数，造成 SMC/SMD 损坏（如产生微裂纹等）的可能性增大。但是距离也不能过小，过小就会形成两个波相互干扰，溅落过程中交会碰撞而产生钎料珠。

目前比较成熟的双波峰波形组合有以下几种。

（1）紊乱波—宽平波。这种波形组合如图 3-3-29 所示。第一个钎料波峰喷嘴较窄，喷嘴口平面呈多孔状，而且在驱动机构的驱动下沿波峰宽度方向不停地做往复运动。从喷嘴口平面的孔中被挤压出来的波柱状的子波阵列，由于上冲力较大且不停地做往复位移，不仅有利于排除波峰焊接过程中所形成的大量气泡，而且还有利于液态钎料对焊接部焊缝的穿透作用，确保焊接部的透焊性。后面设置的第二个波峰通常为宽平波，波峰比较平稳，波压均匀，可对焊点起修整作用，如消除拉尖、桥连等现象。

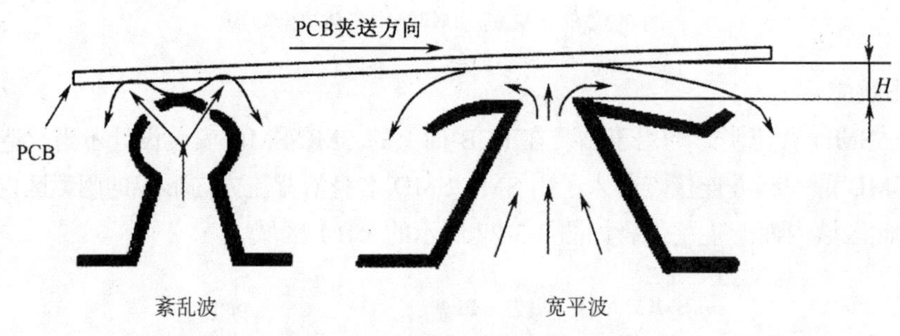

图 3-3-29　紊乱波—宽平波组合

紊乱波的最大问题是波峰上的熔融钎料翻滚和暴露面特别大，因而钎料氧化特别厉害。

（2）空心波—宽平波。这种波形组合如图 3-3-30 所示，第一波峰采用波速较一般层流波大、波柱截面很薄且中间是空心的喷射式空心波，以消除阴影效应和气泡遮蔽效应。第二波峰采用传统的层流波，进行焊点修整。

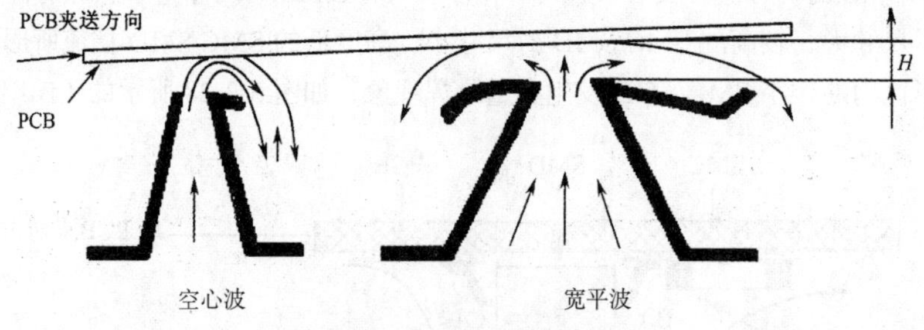

图 3-3-30　空心波—宽平波组合

（3）喷嘴斜置 45°的双波峰。这种波形结构是将上述介绍的任意一种波形组合中的波峰喷嘴，设置成与 PCB 传送方向呈 45°角，如图 3-3-31 所示。

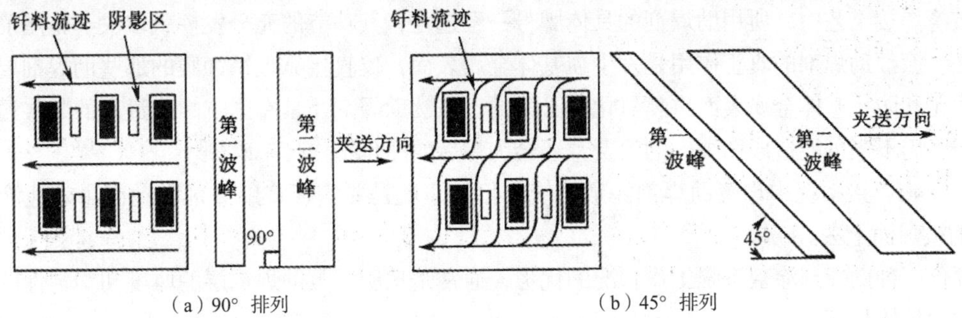

（a）90°　排列　　（b）45°　排列

图 3-3-31　90°、45°喷嘴排列的钎料流迹

比较图 3-3-31 所示的 90°、45°喷嘴排列的两种形式的钎料流迹，在波峰焊接中，波峰钎料沿 PCB 面的流迹通常都是顺着波峰方向的，所以在图 3-3-31（a）所示的情况中，PCB 面因存在大量的背流阴影区，跳焊现象比较严重。而图 3-3-31（b）中波峰钎料是沿 PCB 右上角并呈 45°角首先流入 PCB 面，液态钎料的流迹将每一个 SMC/SMT 四边都环绕起来了，因此在 PCB 面上再不存在液态钎料流不到的阴影区，跳焊现象被有效地抑制；而且流道畅通，桥连现象也就可以大幅度地减少。

2．波峰焊接设备系统的组成

（1）钎料波峰发生器。钎料波峰动力技术是研究产生波峰焊接工艺所要求特定的钎料波峰。它是决定波峰焊接质量的核心，也是整个系统最具特征的核心部件，更是衡量波峰焊接系统性能优劣的重要判据。当今世界上波峰焊接设备中使用的钎料波峰动力技术大致可分为机械泵式和液态金属电磁泵式。

① 机械泵式，目前主流结构为离心泵式钎料波峰发生器。是由一电动机带动一泵叶，利用旋转泵叶的离心力而驱使液态钎料流体流向泵腔，在压力的驱动下，流入泵腔内的液态钎料经整流结构整流后，呈层流态流向喷嘴而形成钎料波峰。钎料槽中钎料绝大多数是采取从泵叶旋转轴中心的下底面吸入泵腔内的。因其制作简单，成本低廉而被广泛使用，如图 3-3-32 所示。

② 液态金属电磁泵式，利用开口铁芯产生作用的磁场，绕组和铁芯构成泵的传导电流变压器，由于绕组是不能移动的，而泵腔中的液态钎料是可以移动的，因此，泵沟中的液态钎料在电磁力的驱动下，迫使其向喷口方向流动，形成钎料波峰，如图 3-3-33 所示。

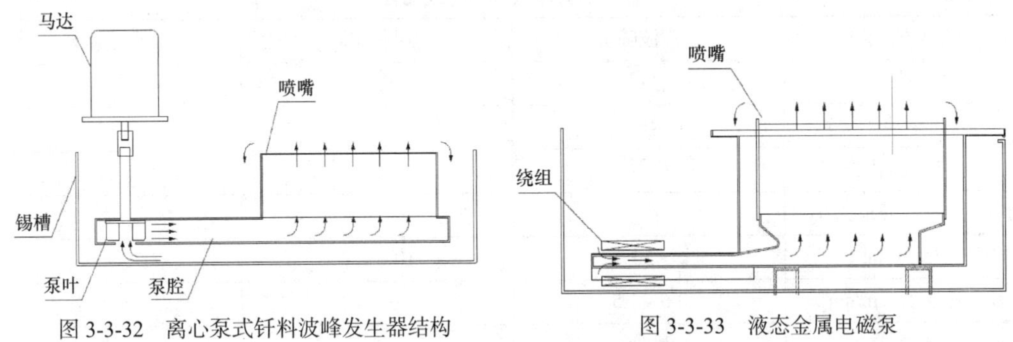

图 3-3-32　离心泵式钎料波峰发生器结构　　图 3-3-33　液态金属电磁泵

（2）助焊剂涂敷系统。当钎料波峰与 PCB 表面金属直接接触时，在这一接触过程中，假如表面无污染，则在波峰钎料与基体金属间将发生原子交换，然而行焊接的 PCB 金属表面一般都要受到氧化物的污染。使用助焊剂可将氧化层从金属表面去除，至使钎料与金属直接接触。

波峰焊接工艺中，所用助焊剂的具体牌号一经选定，其功能的充分发挥就取决于施用助焊剂的方法。涂敷助焊剂的真正作用是发生在基体金属表面，仅直接靠近锈蚀膜的那些助焊剂层才是化学净化和防止基体金属表面重新氧化所必需的。虽然助焊剂还具有影响净化过程的某些温度特性，但施用不当可能造成助焊剂的浪费，还会为焊后的净化工作带来麻烦。

在波峰焊接系统中设置助焊剂涂敷系统的目的，就是要实现将助焊剂自动而高效地涂敷到 PCB 的被焊面上去。

评价一种助焊剂涂敷系统工作状况的优劣，通常是从所涂敷助焊剂层的厚度和均匀性的角度来考虑，具体如下。

① 涂敷层应均匀一致，对被焊接面覆盖性好。

② 涂敷的厚度适宜，无多余的助焊剂流淌。

③ 涂敷效率高，在保证波峰焊接要求的前提下，助焊剂消耗量最少。

④ 环保性能好。

波峰焊接设备系统中已经采用过的或即将采用的涂敷方式主要分类如图 3-3-34 所示。

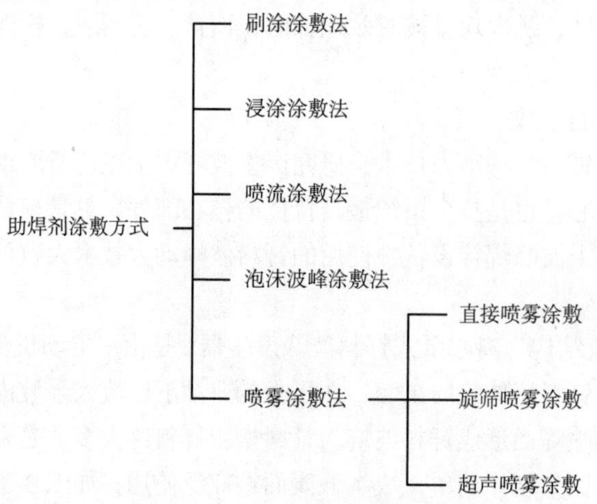

图 3-3-34　助焊剂涂敷方式主要分类

超声波喷雾、旋筛喷雾、直接喷雾等的主要特性对比如表 3-3-7 所示。

表 3-3-7　各种喷雾涂敷方式特性比较

喷雾方式	超声波喷雾	旋筛喷雾	直接喷雾
喷雾量	少	较多	较多
涂敷的均匀性	好	较好	一般
波峰焊后残留物	极微	微	微
所需气压、气量的大小	小	大	大
雾粒粗细（nm）	<50	10 ~ 150	30 ~ 100
PCB 夹送速度（m/nin）	0.6 ~ 1.5	0 ~ 4	0.6 ~ 4
所需附件	最少	少	多
助焊剂消耗量	最少	稍多	多
维修	较复杂	易	复杂

（3）预热系统。预热系统作为波峰焊接设备系统中的一个工位，主要由热电偶、铸铝发热板、菲利浦石英灯、箱体、温控系统等组成。例如，东野吉田无铅波峰焊接机的预热系统分为三段式预热，第一、二段为加热区，第三段为热补偿区。

预热系统工作方式为 PID 自动调节，在设定温度控制下，箱体内由发热板进行加热，温度误差不超过设定值±5℃，配合以适当的运输速度，使电路板得到最佳预热处理。在预热一与预热二区，配以声光报警，解决了温度超过设定值太多不得知，而使温度升得太高引起印制电路板变形，或者由于温度太低而使印制电路板不能很好地浸润的问题。预热三区在 PCB 进入锡炉之前防止温度跌落，可以升高设置温度，其中预热运风系统在第一、二、三区均采用高温马达将热气频频送到 PCB 板上，采用 PID 调节，使 PCB 的表面的温度上升更加均匀。

预热箱采用抽屉式结构设计，只需将预热箱从预热系统中拉出，即可维护预热箱内发热装置。发热体采用铸铝件，保证了维护方便，升温快、造型美观等特点。预热系统由 10 块发热板组成，发热板采用星形接法，提高发热效果，节省电能。预热箱罩可方便地抬开并支撑起来，方便于预热箱检查及线路的检查和维护。预热箱的结构如图 3-3-35 所示。

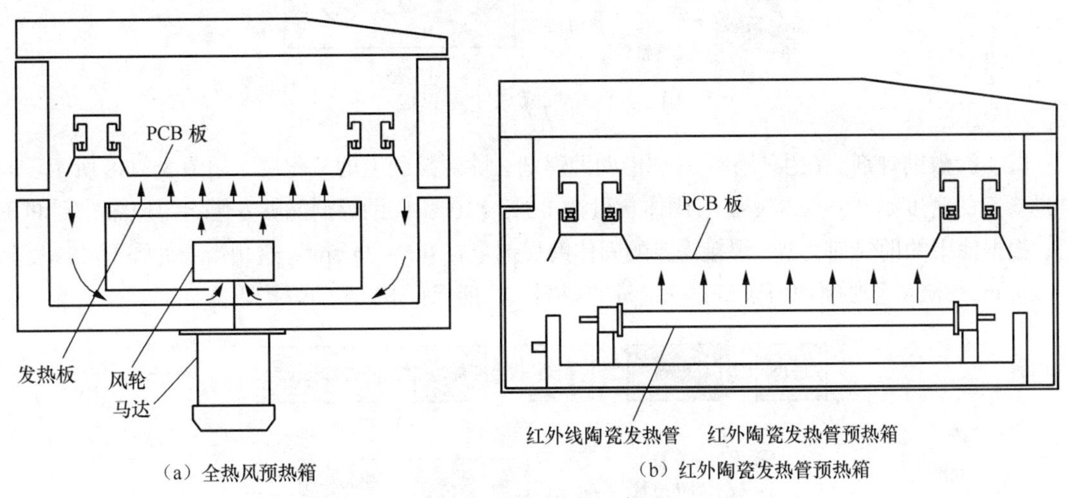

（a）全热风预热箱　（b）红外陶瓷发热管预热箱

图 3-3-35　预热箱示意图

（4）PCB 传送系统。波峰焊接中 PCB 传送机构的作用是使 PCB 能以某一较好的倾角和速度进入和退出钎料波峰。目前普遍采用的传送装置可分为框架式夹送系统、链式夹送器、钢带式夹送器、爪式夹送系统、机器手夹持系统。目前，大多数波峰焊接机采用的是爪式夹送系统，如图 3-3-36 所示。

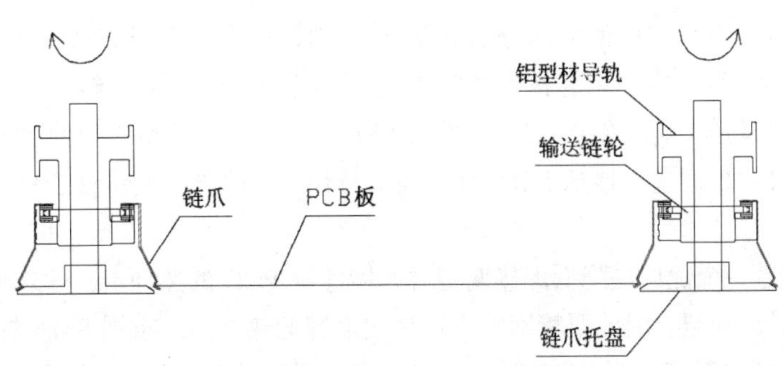

图 3-3-36　爪式夹送系统示意图

3．波峰焊接工艺过程分析

波峰焊就是利用熔融焊料循环流动的波峰面与装有元器件的 PCB 焊接面相接触，使熔融焊料不断供给 PCB 和 SMD 的焊接面而进行的一种成组焊接工艺。一般其典型的焊接工艺为：进板—涂敷助焊剂—预热—焊接—热风刀—冷却—出板。下面分别介绍各个工艺过程。

（1）进板。完成 PCB 在整个焊接设备过程中的传送和承载工作，主要有链条式、皮带式、弹性指爪式等。包括夹具框架以及框架循环回收的闭合传送链条、升降小车、移载机构等，如图 3-3-37 所示。

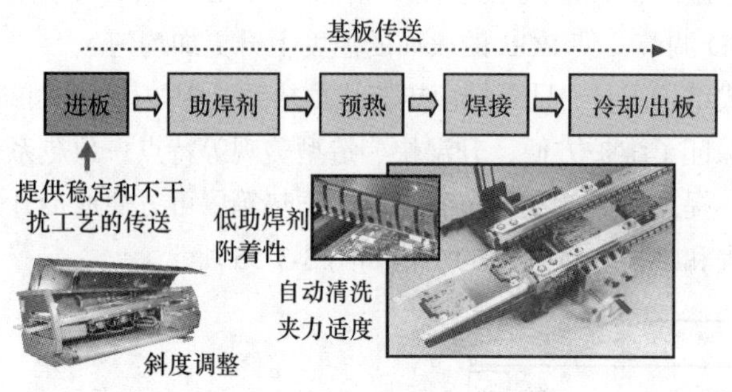

图 3-3-37　波峰焊工艺—进板

（2）涂敷助焊剂。在生产中，必须借助助焊剂去除焊接面上的氧化层，如图 3-3-38 所示。通常助焊剂的密度是 0.8 ~ 0.85g/cm^2，固体含量在 1.5% ~ 10%时，助焊剂能够方便均匀地涂布到 PCB 上，根据使用的助焊剂类型，焊接需要的固体助焊剂量在 0.5 ~ 3g/cm^2，这相当于助焊剂的厚度为 3 ~ 20μm。SMA 上必须均匀涂布上一定量的焊剂，才能保证 SMA 的焊接质量。

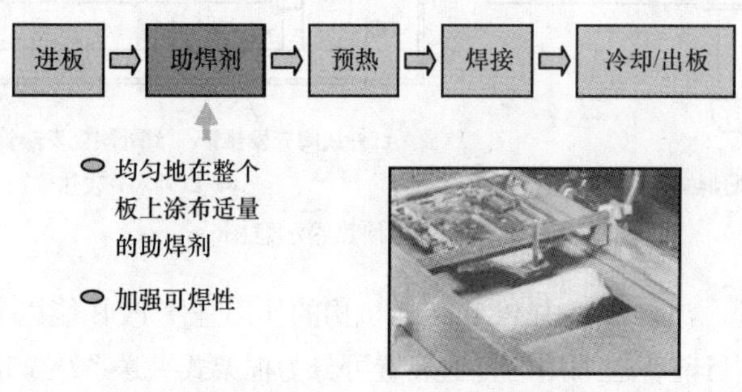

图 3-3-38　波峰焊工艺——助焊剂涂敷

（3）预热。在波峰焊过程中，SMA 涂布焊剂后应立即烘干（又称预热），如图 3-3-39 所示，助焊剂的预热可以使助焊剂中的大部分溶剂及 PCB 制造过程中夹带的水汽挥发。如果溶剂依靠焊料槽的温度进行挥发，则会因在挥发时吸收热量，造成波峰液面焊料冷却而影响焊接质量，甚至会出现冷焊等缺陷。当然预热也应适当，使 SMA 上的助焊剂保持适合的黏度即可，如果助焊剂的黏度太低，助焊剂过早地从 SMA 焊接面上排出，会使焊盘润湿性变差，严重时会出现桥接等毛病。

SMA 预热的另一个优点是降低焊接期间对元器件及 PCB 的热冲击。片式电容是由多层陶瓷叠加而成的，易受热开裂。因此要特别防止对片式电容的热冲击，重视 SMA 的预热过程。

通常 SMA 的预热温度控制在 90℃ ~ 110℃，最佳预热温度将取决于被焊产品的设计、比热、

助焊剂中溶剂的汽化温度和蒸发潜热等多种因素。例如，多层印制板需要较高的预热温度来干燥和活化金属孔中的助焊剂，以确保焊料渗透；大型元器件、金属支座和散热器应均匀分布，以防止吸热不均匀。在测量 SMA 预热温度时，探头应放在吸热较多的元件附近，以保证预热温度的可靠性，并通过调节 SMA 在预热段传输的速度来达到 SMA 表面预热温度的均匀性。

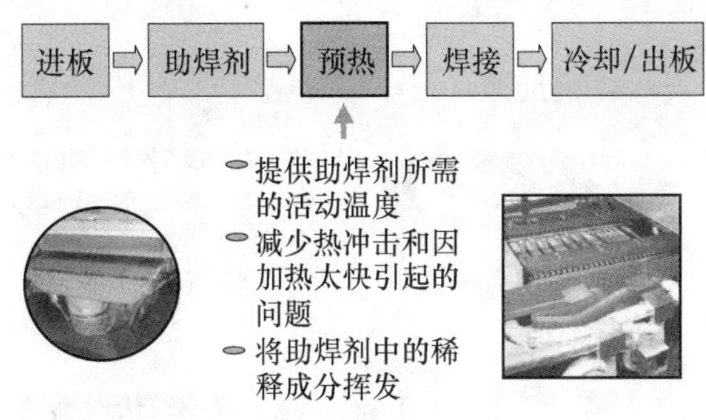

图 3-3-39　波峰焊工艺——预热

波峰焊中常见的预热方法有空气对流预热，红外加热器加热和用热空气和辐射相结合的方法加热。

（4）焊接。完成 PCB 的焊接过程，可分为单波峰和双波峰两种结构，双波峰主要用于加工双面贴片板，可消除焊接的阴影效应，减少焊接缺陷。如图 3-3-40 所示。

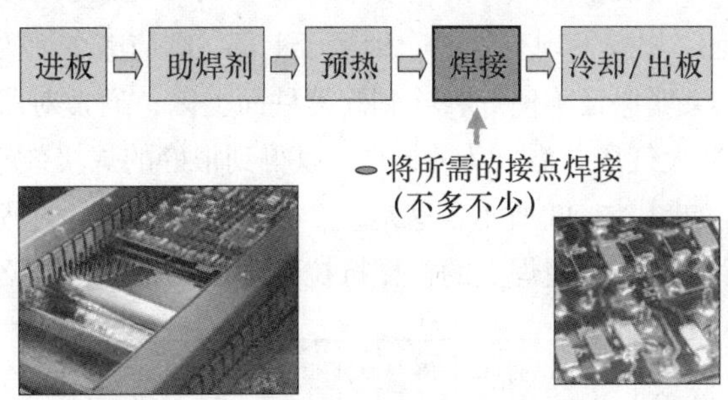

图 3-3-40　波峰焊工艺——焊接

具体焊接过程主要由 3 个阶段组成，如图 3-3-41 所示，即焊点浸润阶段、多余焊锡分离阶段和焊点形成阶段。

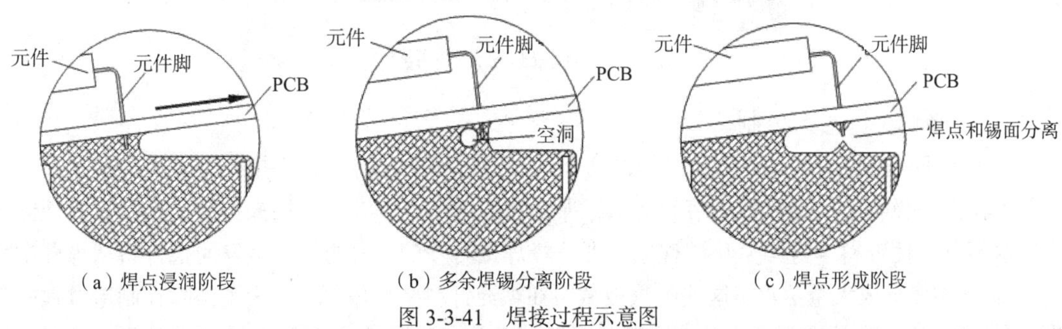

（a）焊点浸润阶段　（b）多余焊锡分离阶段　（c）焊点形成阶段

图 3-3-41　焊接过程示意图

（5）热风刀。热风刀是 20 世纪 90 年代出现的新技术。所谓热风刀，如图 3-3-42 所示，是 SMA 刚离开焊接波峰后，在 SMA 下方放置一个窄长的带开口的腔体，窄长的开口处能吹出（4 ~ 20）× 0.068

个标准大气压和 500℃～525℃的气流，犹如刀状，故被称为热风刀。热风刀的高温高压气流吹向 SMA 上尚处于熔融状态的焊点，过热的风可以吹掉多余的焊锡，也可以填补金属化孔内焊锡的不足，对有桥接的焊点可以得到修复，同时由于可使焊点的熔化时间得以延长，故原来那些带有气孔的焊点也得到修复，因此热风刀可以使焊接缺陷大大降低。热风刀已在 SMA 焊接中广泛使用。

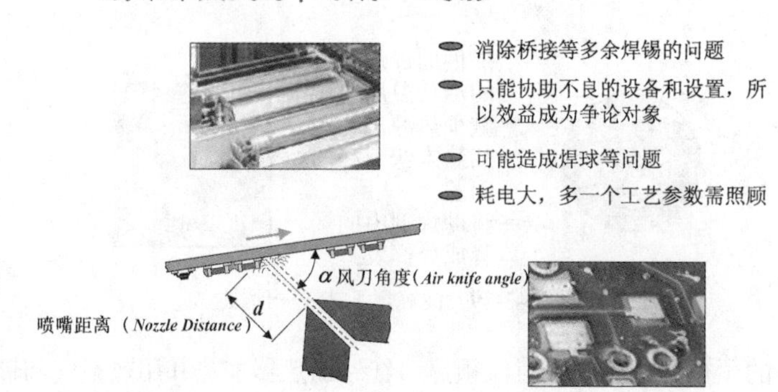

图 3-3-42　热风刀

热风刀的温度和压力应根据 SMA 上的元器件密度、元器件类型以及板上的方向而设定。

为了获得最佳的效果，可调整热风刀的角度呈 40°～90°（以水平为基准）以及与 SMA 底面之间的距离（尽可能近）；如果发现有焊锡吹到板子上部，则应减少风刀的压力，既要保证吹掉多余的焊锡，修正桥接，又要保证不使焊料吹到元器件面上区；通常对所有类型的板子压力设置为（5～10）×0.068 个标准大气压，温度为 426℃，以得到很好的焊接效果。

（6）冷却。冷却过程如图 3-3-43 所示，这是一个很容易被忽视的过程。该过程主要就是控制冷却速率，相对较快的冷却速率会使焊点的机械抗拉强度增加，焊料晶格细化，焊点表面光滑。

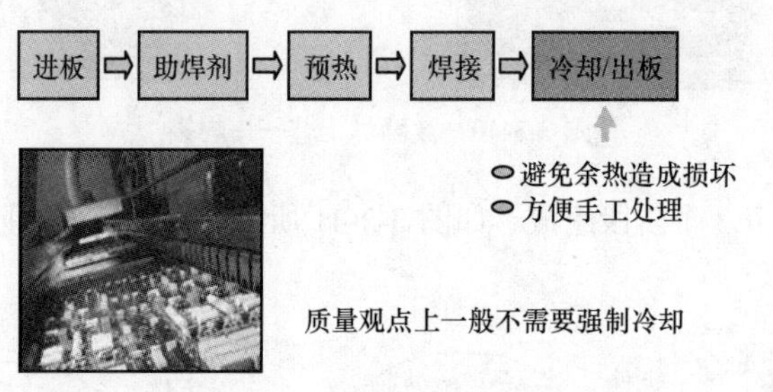

图 3-3-43　波峰焊工艺——冷却

4．波峰焊关键参数控制

（1）上机前的烘干处理。涂敷助焊剂之前的制造过程中，PCB 曾在电镀溶液中处理过，如果因其多孔性而吸收了一定数量的溶液与水，那么在高温下进行波峰焊接操作时，将使这些液体汽化，这不仅会使钎料本身产生喷溅现象（即波峰焊接时 PCB 中的水分蒸发而把钎料从焊缝中喷出），而且还能形成大量蒸汽。这些蒸汽被截留在填充钎料中形成气孔。为了消除在制造过程中就隐藏于 PCB 中残余的溶剂和水分，在插装元器件之前，建议对 PCB 进行上线前的烘干处理，烘干的温度和时间可参如表 3-3-8 所示。

表 3-3-8 中所列温度和时间，对 1.5mm 以下的薄板可选用较低的温度和较短的时间，而对厚

板则可采用较高的温度和较长的时间。四层以上的 PCB 要求采用表中最高的温度和最长的时间。

表 3-3-8　　PCB 波峰焊接前的烘干温度

烘干设备	温度（℃）	时间（h）
循环干燥箱	107 ~ 120	1 ~ 2
	70 ~ 80	3 ~ 4
真空干燥箱	50 ~ 55	1.5 ~ 2.5

PCB 在上线之前进行烘干处理对消除 PCB 制板过程中形成的残余应力，减少波峰焊接时 PCB 的翘曲和变形也是极为有利的。

（2）涂敷助焊剂。SMA 波峰焊接中，由于已安装了 SMC/SMD 的 PCB 表面凹凸不平，这给助焊剂的均匀涂敷增加了困难。就目前普遍推广应用的喷雾涂敷工艺而言，在倾斜夹送情况下，若喷雾头喷雾角度选择不当，将存在明显的阴影效应而使位于阴影区内的焊点漏涂。因此，始终保持喷雾头的喷雾方向与 PCB 面相垂直，是克服喷雾阴影效应的有效手段。

由于 PCB 面上存在大量的窄缝和深层毛细管现象，这给波峰焊接后彻底清除助焊剂残留物增加了困难。因此，连续、均匀地对整个 PCB 的助焊剂喷雾是必需的。用尽可能低的气压来施用尽可能细的颗粒，将获得更好的结果。较高的气压设定可能引起颗粒的反弹作用，因而不会改善板表面的湿润。因此，选择一种最适合 PCB 的助焊剂喷雾处理器，使用无 VOC 助焊剂尽可能达到最精细的颗粒，是达到良好的通孔渗透和成功的水膜挥发的关键。

波峰焊接工艺中，在 PCB 上的助焊剂喷雾涂敷量尽量精确控制在 300 ~ 750mg/dm^2。若超过 750mg/dm^2，将可能出现过量的助焊剂从 PCB 上滴落下来的情况。

（3）预热温度。预热必须确保 PCB 组装件达到最适宜的温度，以激活助焊剂的活性。对于不同的 PCB 组装件，最佳的时间—温度曲线取决于许多因素，而不仅仅是助焊剂的化学成分。这些因素包括 PCB 的设计、在波峰上的接触长度、钎料温度、钎料波的速度和形状。

在波峰焊接中，仅在 PCB 上涂敷助焊剂是不够的，助焊剂还必须在活化温度下在 PCB 表里上停留足够的时间。该停留时间和温度是保证助焊剂净化被焊基体金属表面的重要参数。确切的时间和温度取决于具体的波峰焊接设备系统和助焊剂的型号。预热时间和温度的不足将造成如下问题。

- PCB 上留下较多的残留物。
- 助焊剂活性不能充分激活而造成润湿性差。
- 预热不足还将导致在波峰焊接过程中，因大量气体放出造成钎料珠，以及当液体溶剂到达波峰时产生钎料飞溅。特别是当采用水基助焊剂时，在进入钎料波峰之前，若没有提供足够的预热来蒸发水分，焊球飞溅现象则尤为常见。

然而过分的预热时间和温度，又将降低助焊剂在进入钎料波峰之前的化学活性和作用在最佳的温度下焊接，可在钎料波峰上留下足够的助焊剂，这有助于 PCB 在退出钎料波峰时钎料的剥离，对消除桥连和拉尖现象有特殊意义。

① 使用松香基助焊剂时预热温度的选择。美国休斯飞机公司的应用报告称：通常，在电路板有元件一侧的温度预热达到 71℃ ~ 82℃，这个最佳温度使助焊剂正好在进入钎峰之前达到发黏状态。预热温度太低会引起钎料滴落和不能排出气体，从而导致虚焊或产生小孔。预热温度过高溶剂挥发过快，会降低助焊剂的流动性，增加钎料和焊接表面的表面张力，将导致桥连、起黏丝和

堆积等缺陷。

日本松下电子的石黑勇针对有 SMC/SMD 的 PCB 预热条件的选择，认为一般基板的表面在 130℃ ~ 150℃下保持 1 ~ 3min，如图 3-3-44 所示。温度过高易造成助焊剂硬化，导致焊接性能变差；温度过低则助焊剂分解不充分，易引起气体滞留，导致焊接缺陷。

瑞士 epm 公司通过验证认为，设计合理的预热系统能保证助焊剂的最好活性，它意味着其中的溶剂（异丙醇、水）将挥发，PCB 焊接面上的高温（约 110℃）将驱动化学活性物质分解，然后松香和其他化学物质变成液体，充分流过 PCB 整个焊接表面。从而使得焊接区与空气隔开以防止再锈蚀。1.6mm 板厚的 PCB 顶面温度约是 85℃。温度测试应在完全无铜底金属的 PCB 表面进行。当 PCB 厚超过或小于 1.6mm 时，温度将会变高或者低。最重要的是 PCB 下侧面的温度要正确，应接近 110℃±10℃。epm 公司认为该温度对助焊剂中的活性剂与焊接面的基体金属表面的化学反应是最合适的。

日本的井上喜久雄针对双面环氧树脂覆箔板 1.6mm（板厚）在备有 3 个温区的预热器预热过程中（第一温区为热风辐射复合式，二、三温区是紧相连的辐射式）测得的 PCB 上、下两表面所存在的温度差曲线如图 3-3-45 所示，两者最大可达 25℃。

预热温度是随加热时间、电源电压、周围环境温度、季节及通风状态的变化而变化的。当加热器和 PCB 间的距离及传送速度一定时，调控预热温度的方法通常是通过改变加热器加热功率来实现的。

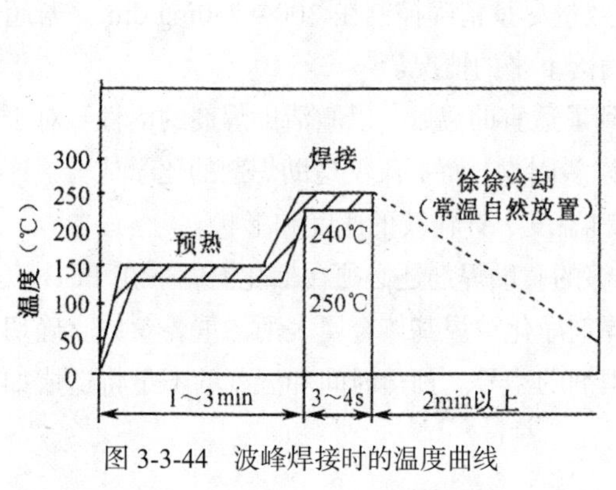

图 3-3-44　波峰焊接时的温度曲线

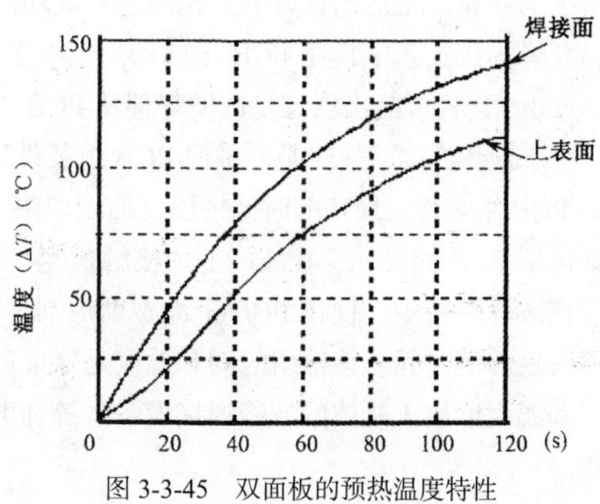

图 3-3-45　双面板的预热温度特性

② 使用免清洗助焊剂时预热温度的选择。由于免清洗助焊剂大多是不含卤素的活性剂，故其活性相对偏弱一些，因此，必须严格控制预热的时间和温度。免清洗助焊剂的预热时间要比松香基助焊剂略长一些，预热温度也要高一些，这样有利于 PCB 在进入钎料波峰之前活性剂能充分地活化。以北京晶英公司的 IF2005 助焊剂为例，PCB 元件面的温度通常应控制在 95℃ ~ 130℃焊接效果较好。预热温度偏低时，焊后板面的助焊剂残留物会明显增多。有些功能完善的波峰焊机装备有对 PCB 移动时间的跟踪系统和预热温度监控系统（如在钎料槽前面安装有高温计），以便对预热过程进行监测。不同型号的免清洗助焊剂对预热温度的要求可能有些差异，这些数据通常在制造商提供的应用说明书中会给出。

③ SMA 预热中要关注的问题。SMA 波峰焊接中预热温度的选择，不仅要考虑助焊剂所要求的激活温度，而且还要考虑 SMC/SMD 本身所要求的预热温度。提前进行充分的预热，波峰焊接时 SMC/SMD 就不会出现瞬间剧烈的热冲击，而且当使用较高的预热温度时，波峰焊接的温度就

可以降低些，这对减少热损坏现象也是有利的。通常预热温度的选择原则是，经过预热区后的 SMA 的温度与钎料波峰的温度的差值小于等于 100℃为宜。

④ 无铅波峰焊接中的预热。预热水基无挥发性有机化合物助焊剂，为了改进助焊剂与板表面之间的化学反应，可通过调整预热温度来实现。例如，采用三温区预热方式，第一温区选择中波红外（IR）预热器（长度为 600mm），提供适当的 IR 能量和波长来启动活性，而不会在开始时使水分从材料中汽化出去。预热区的末尾板顶面的温度为 70℃～80℃。第二和第三温区采用强制式对流加热，以确保在进入钎料波峰之前消除过多的水分。

（4）钎料槽温度。

① 影响焊接温度的主要因素。在波峰焊接工艺中，和被焊基体金属表面洁净度同等重要的是焊接过程中的加热温度。焊点在加热过程中的主要影响因素是热源的温度、被焊元器件和零件的热容量和热导，即被焊元器件和零件对焊点的散热效果；另外还有活化和加热助焊剂、加热和熔化钎料以及保证良好润湿所必需的热量。对温度的这些要求必须和焊接设备能提供的热量相平衡。

② 从焊接特性来看波峰焊接的热过程。

a．加热温度和接合强度。在焊接中，为了能最终获得接合部的最佳合金层，采取一定的加热手段提供相应的热能，是获得优良焊点的重要条件之一。在最佳焊接条件下，焊点强度取决于焊接温度，如图 3-3-46 所示。接合温度在 250℃附近具有最高的接合强度。在最高强度位置处，焊点表面具有最好的金属光泽，并且能在界面处生成合适的金属间化合物（以下简称 IMC）。随着温度的过量升高，接合界面 IMC 层生长过厚甚至大量生成 $Cu_{31}Sn_8$，从而将导致接合强度降低，焊点表面将失去原有的金属光泽而出现粗糙的白色颗粒状。

b．波峰焊接中的热过程。以有铅钎料 Sn-37Pb 为例，在波峰焊接过程中，热量是焊接的绝对必要条件，热过程的控制及热量的有效利用，是确保波峰焊接效果的重要因素。井上喜久雄针对某一特定波峰焊接设备，给出了 PCB 在波峰焊接工艺全过程中的温度变化曲线，如图 3-3-47 所示。

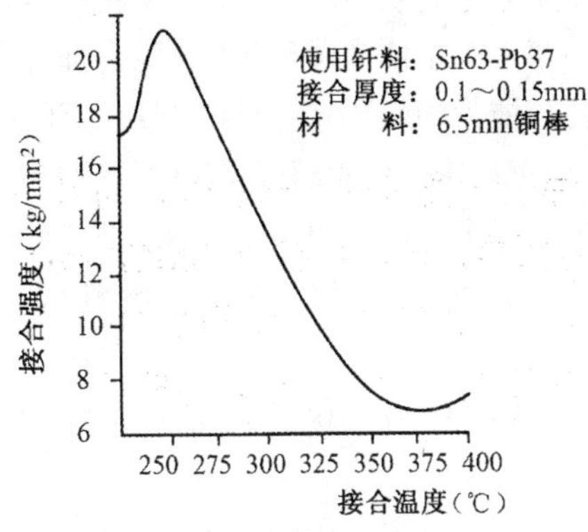

图 3-3-46　加热温度与接合强度的关系

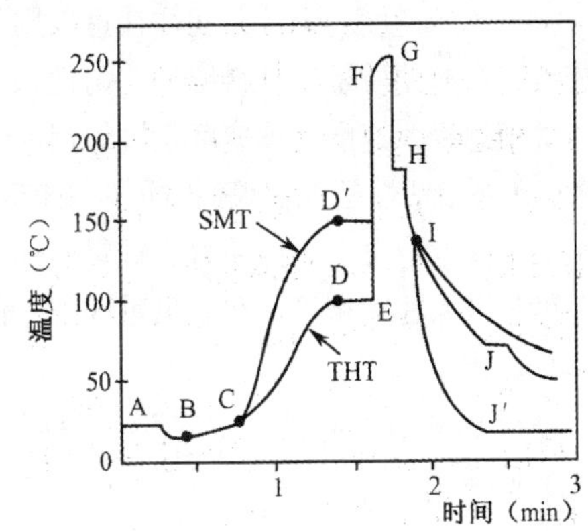

图 3-3-47　波峰焊接过程中的热过程（单波峰焊）

双波峰焊接工艺中的热过程如图 3-3-48 所示。

③ 焊接温度优化范围的确定。为了使熔化的钎料具有良好的流动性和润湿性，较佳的焊接温度应高于钎料熔点温度 21℃～65℃。这一数据不是某一固定值的原因是其本身也是焊接时间的函数。井上喜久雄根据 PCB 夹送速度和钎料波峰的阔度，给出了钎料的工作温度和浸渍时间的最适宜的配合范围，如图 3-3-49 所示。

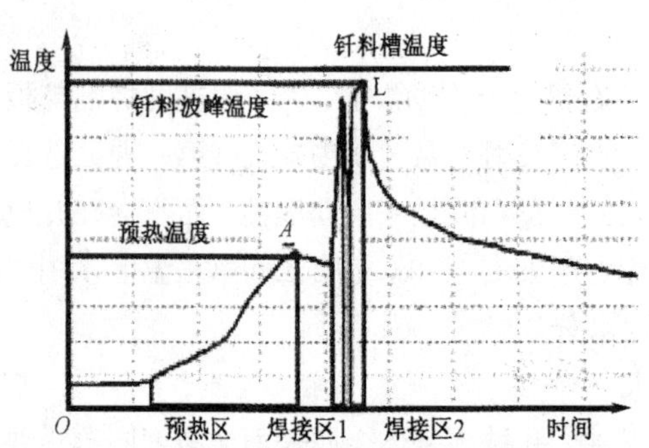

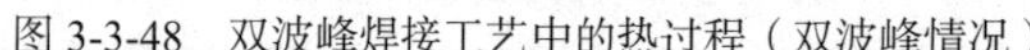

图 3-3-48　双波峰焊接工艺中的热过程（双波峰情况）

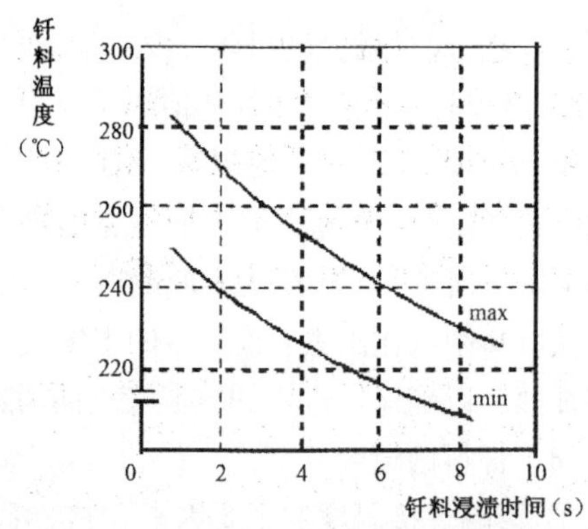

图 3-3-49　钎料温度与浸渍时间的关系

max、min 曲线分别表示焊接条件的最高和最低的临界状态，将工作点选在二曲线之间是最优的组合，此时容易获得最好的焊接效果。例如，当接合部的有效温度（润湿温度）为 245℃时，最适宜的浸渍时间范围为 1.5～4.5s，优选值为 3.5s。由于接合部的有效温度往往比钎料槽内钎料温度低，所以要保持接合部的有效温度为 245℃，那么钎料槽内的钎料温度应控制在 250℃左右为宜。因此，钎料槽的温度控制精度是非常重要的，对采用有铅钎料 Sn-37Pb 和松香型助焊剂来说，焊点的最佳湿润温度的选择可按下式确定。

焊点的最佳润湿温度=钎料的熔点+（40～50）℃

应当注意到推荐的焊点润湿温度不一定等于钎料槽中的温度。在焊接过程中，焊点达到的实际温度是介于钎料槽温度和被焊工件温度之间的某一个中间值上。目前普遍称呼的“焊接温度”不是指润湿温度，而习惯指钎料槽中钎料温度。“焊接温度”与润湿温度间差值的大小与钎料槽的容积有关。“焊接温度”最大值的选择受元器件的耐热性和 PCB 的热稳定性限制，目前公认的最佳“焊接温度”为 250℃。而润湿温度则取决于基体金属和钎料之间所发生的冶金过程，当基体金属材质和钎料成分确定后，其值便成为定值。

（5）传送速度。焊接时间往往可以用传送速度反映出来。被焊表面浸入和退出熔化钎料波峰的速度，对润湿质量、钎料层的均匀性和厚度影响很大。每一对基体金属和助焊剂组合都有自己特有的理想浸入速度，该速度是助焊剂活性和基体金属传热能力的函数。对于导热性较好的材料来说，在采用活性松香助焊剂时可采用较高的浸入速度。而沉积于工件表面钎料的均匀性和厚度，在很大程度上取决于工件从溶化钎料波峰中退出时的速度及退出速度的均匀性。标准做法是取退出速度与进入速度相等。在退出过程中，任何振动都将使钎料表面产生波纹状，抖动将使焊点表面呈粗糙化。

剖析 PCB 在钎料波峰中的波峰焊接过程，可以将其划分为 3 个作用区（以下简称波区），如图 3-3-50 所示。

① 图 3-3-50 中 *A* 点是进入钎料波峰的点，因 PCB 与钎料运动方向相反，所以该点的速度差最大。因此，在该点处湍流的冲洗作用最大，这有利于从基体金属表面除掉预热后的助焊剂——锈膜残渣混合物，以使融熔钎料与基体金属直接接触。当达到润湿温度时，便立即产生润湿现象。

② 图 3-3-50 中的 *AB* 段是热交换区。PCB 通过钎料波区时在波峰中的时间必须足够长，以使在润湿温度下的表面能量能够把熔化的钎料吸附到 PCB 的铜箔表面上，从而形成填充良好的焊缝。另外在接合界面上形成需要的合金层也需要时间。

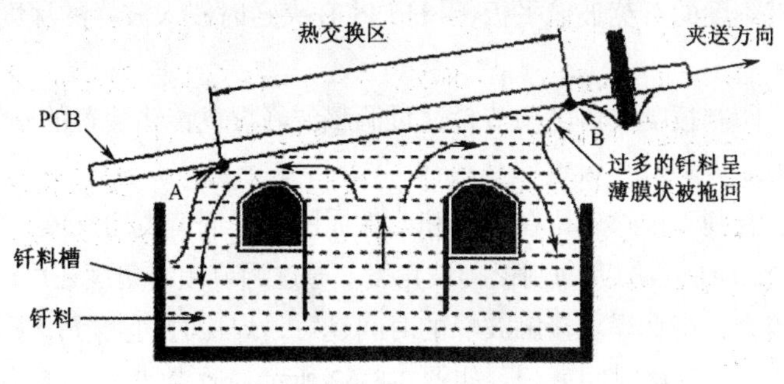

图 3-3-50　PCB 通过钎料波峰示意图

③ 图 3-3-50 中的 *B* 点是从钎料波峰中退出的点。在该点上，以润湿形式表现出来能量，使钎料保留在焊缝中，而重力（或钎料的质量）势必把钎料向下拉。这些作用力之间的平衡与孔径/线径的比值及可焊性有关。为使退出点的这些力作用能处于平衡，退出点必须选择在位于钎料波峰速度零点附近脱离。

PCB 在钎料波峰中的浸渍宽度取决于钎料波峰的阔度。井上喜久雄给出了钎料槽中钎料的温度控制在 250℃时，波峰宽度、传送速度和浸渍时间（PCB 浸入钎料波峰的时间）的关系曲线，如图 3-3-51 所示。

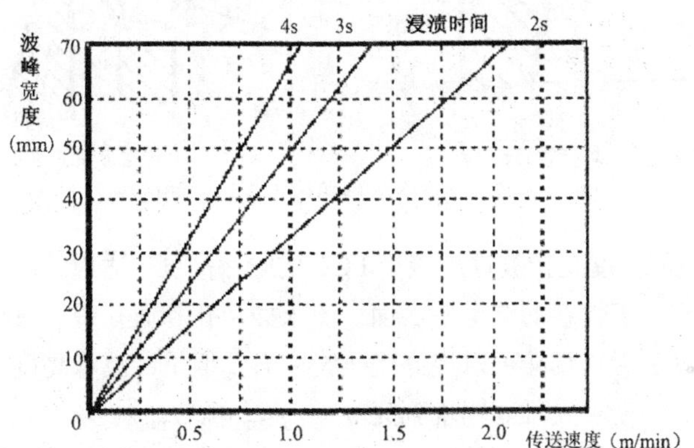

图 3-3-51　浸渍时间、波峰宽度与传送速度的关系

设备系统应确保夹送速度能在 0.5 ~ 2.5m/min 范围内无级变速，而波峰焊接中最适宜的传送速度的确定，要根据具体的生产效率、PCB 基板和元器件的热容量、浸渍时间及预热温度等综合因素通过工艺试验确定。根据大量工业运行中的数据统计，应用中为获得较好的波峰焊接效果，通常一个焊点在波峰钎料中浸渍的时间应控制为 2 ~ 4s。超过 4s 时桥连现象和热冲击有增大的趋势，而且还易因过热而损害元器件和 PCB 基板。低于 2s 则因热量不足，将成为冷焊、拉尖、桥连等焊接缺陷的原因。因此，图 3-3-51 中 2s 线和 4s 线之间所夹的区间，才是传送速度适当的选用范围。例如，针对某机型钎料波峰的热交换区的阔度为 50mm，浸渍时间若取 3s，则可求得传送速度应为 1m/min；浸渍时间若取 2s，则传送速度将提高 1.5m/min。

工业应用中，传送速度通常要由生产效率来确定。例如，某彩电生产公司根据日产量需要，确定了传送速度为 1.5m/min，为确保良好的焊接效果，取浸渍时间为 3s。因此，波峰焊接设备钎料波峰必须能提供宽度为 75mm 的热交换区才行。

不同的波峰焊接机能提供的热交换区的阔度也是不同的。要获得所用机型热交换区长度的具体尺寸，通常采用带刻度的石英玻璃平板，模拟 PCB 夹送时浸入波峰的深度（通常称压锡深度）在波峰上实际测得。

（6）夹送倾角。印制板爬坡角度调节是通过调整波峰焊机传输装置的倾斜角度来实现的。印制板爬坡角度一般为 3° ~ 7°。

适当的爬坡角度有利于排除残留在焊点和元件周围由焊剂产生的气体，当 THC 与 SMD 混装时，由于通孔比较少，应适当加大印制板爬坡角度。通过调节倾斜角度还可以调整 PCB 与波峰接触时间，倾斜角度越大，每个焊点接触波峰的时间越短，焊接时间就短；倾斜角度越小，每个焊点接触波峰的时间越长，焊接时间就长，如图 3-3-52 所示。适当加大印制板爬坡角度还有利于焊点与焊料波的剥离，有利于焊点上多余的液体焊料返回到锡锅中。当焊点离开波峰时，如果焊点与焊料波的分离速度太快，容易造成桥接；如果焊点与焊料波的分离速度太慢，容易形成焊点干瘪，甚至缺锡、虚焊。

另外，适当减小印制板爬坡角度，可以提高传送带速度，从而可以达到提高产量的目的。

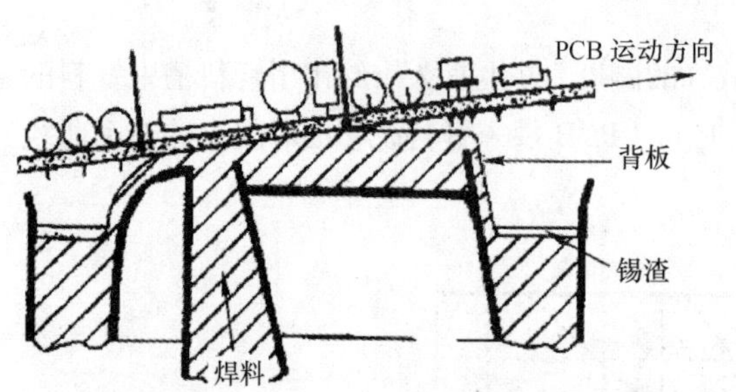

（a）传送带倾斜角度小，焊接时间长

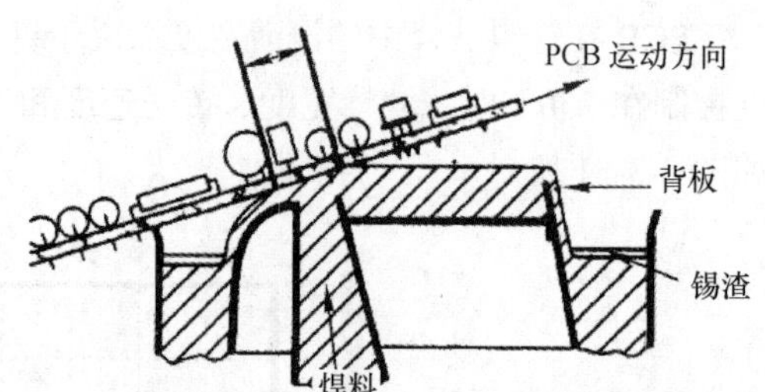

（b）传送带倾斜角度大，焊接时间短

图 3-3-52　传送带倾斜角度与焊接时间的关系

（7）波峰高度。波峰高度是指波峰焊接中 PCB 的吃锡高度。适当的波峰高度可增加焊料波对焊点的压力和流速，有利于焊料润湿金属表面、流入插装孔和通孔中。波峰高度一般控制在印制板厚度的 1/2 或 2/3 处，无铅焊接可以提高到 4/5 左右。但是，波峰高度过高会导致焊锡波冲到 PCB 上方，造成桥接，甚至一大堆焊锡堆到元件体上，造成元件损坏。

井上喜久雄针对 FSG—300 波峰焊接机给出了波峰高度、波峰钎料流速以及波峰钎料压力之间的函数关系，如图 3-3-53 所示。例如，当波峰高度为 10mm 时，波峰对 PCB 的压力约为 4.78mmHg，钎料流速为 266mm/s，而当波峰高度为 8mm 时，喷流压力下降为 3.45mmHg，钎料流速为 190mm/s。

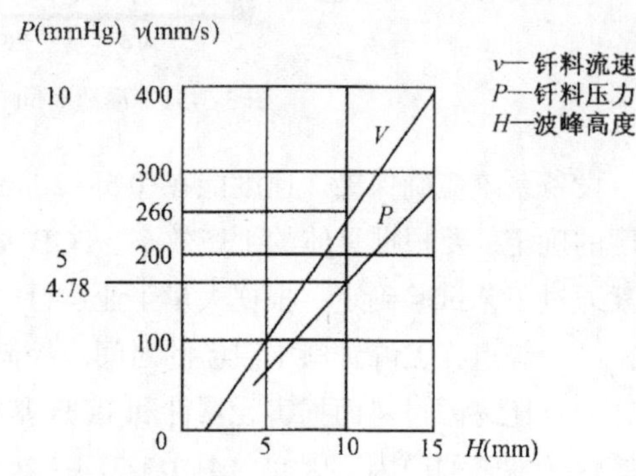

图 3-3-53　波峰高度、钎料流速、钎料压力的相互关系

一般波峰焊接机波峰高度可在 0 ~ 10mm 之间调节，最适宜焊接的波峰高度范围为 6 ~ 8mm。

（8）液面高度控制。液面高度控制对焊接质量也会产生影响。

一般机械泵波峰焊机锡锅的容量至少有 200 ~ 300kg，最大的容量达到 800kg 左右。液面不稳定相当于焊料的量不稳定。如果液面高度下降，说明焊料量少，浮渣及沉在四角底部的锡渣被泵带到锡槽内再喷流出来，浮渣夹杂于波峰中，导致波峰的不稳定，甚至堵塞泵及喷嘴。因此，锡

锅中焊料量（液面高度）的控制与维护非常重要。

一般要求锡槽液面高度为：不喷流、静止时锡面离锡槽边缘 10mm。

传统的波峰焊机都是根据焊接量，采用人工加锡。目前新推出的波峰焊机有一些机型可以选择自动加锡装置，该装置能够在波峰焊时，不断地往锡槽中添加钎料，使液面始终保持稳定的液面高度。

（9）冷却。在 SMA 波峰焊接中，焊接后采用 2min 以上的缓慢冷却，这对减小因温度剧变而形成的应力、避免元器件损坏（特别是对以陶瓷作基体或衬底的元器件的断裂现象）是有重要意义的。然而对无铅波峰焊接则要求对焊接面以较快的速度冷却，抑制焊缘起翘和焊点晶粒粗大等缺陷。

（10）焊料合金组分配比与杂质对焊接质量的影响。焊料合金组分配比与杂质对焊接质量的影响是很大的。

随着工作时间的延长，锡锅中合金的比例发生变化，杂质也越来越多。焊料成分的变化会影响焊接温度和液态焊料的黏度、流动性、表面张力、浸润性，对锡锅中的焊料长期不管理、不维护，必然会引起熔点、黏度、表面张力的变化，造成波峰焊质量不稳定，严重时必须换锡。

① 焊料合金配比对焊接温度的影响。Sn-Pb 焊料与某一金属表面焊接时，Sn 扩散，而 Pb 在 300℃以下是不扩散的，因此锡锅中 Sn 的比例随工作时间的延长会越来越少。

从图 3-3-54 可以看出，Sn-Pb 合金的最佳焊接温度线在液相线之上 30℃～40℃的位置。

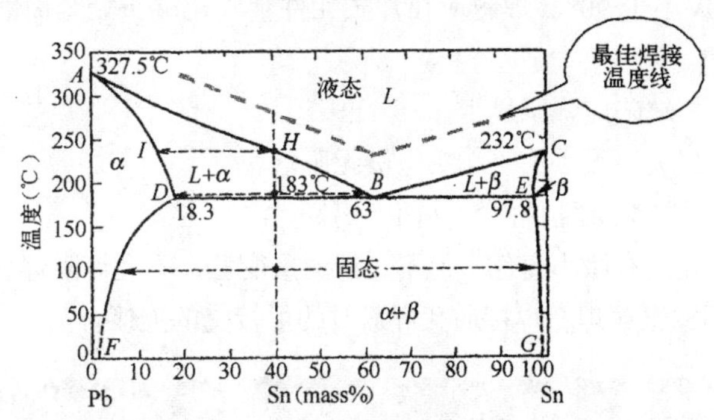

图 3-3-54　从 Sn-Pb 合金二元相图看不同合金配比的最佳焊接温度线

② Cu 等杂质对焊接质量的影响。浸入液态焊料中的固体金属会产生溶解，称为浸析现象，Cu、Ag、Au 等都有浸析现象，在波峰焊中，PCB 焊盘、引脚上的铜会不断溶解到焊料中，因此 Cu 等杂质随时间的延长会越来越多。Cu 溶解到焊锡中会生成片状的金属间化合物 Cu_6Sn_5，随着 Cu_6Sn_5 的增多，焊料的黏度也随之增加，并使焊料熔点上升。当 Cu 含量超过 1%时，流动性变差，焊点易产生拉尖、桥接等缺陷，因此铜含量也是经常检测的项目。

随着波峰焊工作时间的增加，焊料中除了 Cu 会增加外，还可能有其他微量元素杂质混入，如锌（Zn）、铝（Al）、镉（Cd）、锑（Sb）、铁（Fe）、铋（Bi）、砷（As）、磷（P）等金属元素。它们也会对焊点质量产生影响。

从以上分析可以得出结论：Sn-37Pb 焊料波峰焊中，随着焊接时间的延长，焊料中 Sn 的比例会越来越少，Cu 等杂质因素会越来越多；Sn 的减少和 Cu 的增加都会使液相线（熔点）提高，都会增加液态焊料的黏度，降低流动性。随着时间的延长，虽然炉温（锡波温度）没有改变，但由于液相线的提高，最初的设置温度无法焊接，必须提高焊接温度才行。这也是波峰焊的工艺要点之一，因为合金比例与杂质变化是动态的。

（11）工艺参数的综合调整。工艺参数的综合调整对提高波峰焊质量非常重要。

波峰焊的工艺参数比较多，这些参数之间互相影响，相当复杂。例如，改变预热温度和时间，就会影响焊接温度，预热温度低了，PCB 接触波峰时吸热多，就会起到降低焊接温度的作用；又如，调整了传送带速度，会对所有有关温度和时间的参数产生影响。因此，无论调整哪一个参数均会对其他参数产生不同的影响。

综合调整工艺参数要根据焊接机理，设计理想的温度曲线和工艺规范。与再流焊一样，也要测量实时温度曲线，然后根据试焊或首焊（件）的焊接结果进行调整。

综合调整工艺参数时首先要保证焊接温度和时间。双波峰焊的第一个波峰一般在 220℃/s～230℃/s，第二个波峰一般在 230℃/3s～240℃/3s。

焊接时间=焊点与波峰的接触长度/传输速度

焊点与波峰的接触长度可以用一块带有刻度的耐高温玻璃测试板过一次波峰进行测量。

传输速度是影响产量的因素。在保证焊接质量的前提下，通过合理地综合调整各工艺参数，可以实现提高产量的目的。

5．波峰焊接结果分析

（1）焊点合格标准。波峰焊接焊点表面应完整、连续平滑、焊料量适中、无大气孔、砂眼。

焊点的润湿性好，呈弯月形状，插装元器件的润湿角 θ 应小于 90°，以 15°～45°为最好；片式元件的润湿角 θ 也应小于 90°，焊料应在片式元件金属化端头处全面铺开，形成连续均匀的覆盖层。

漏焊、虚焊和桥接等缺陷应降至最少。

焊接后贴装元件无损失、无丢失、端头电极无脱落。

焊接双面板时，要求插装元器件的元件面上锡好。

焊接后印制板表面允许有微小变色，但不允许严重变色，不允许阻焊膜起泡和脱落。

图 3-3-55 所示为用锡银铜焊料焊接通孔焊盘时的可接受的连接。

 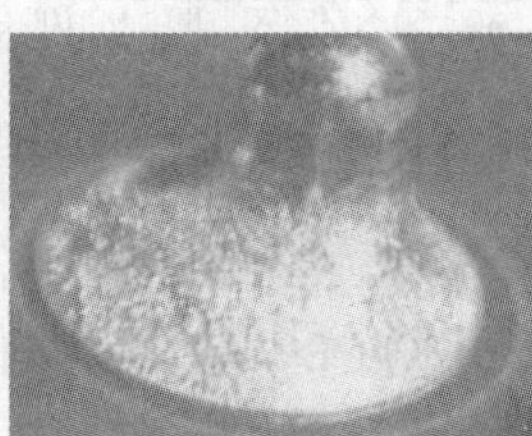 

图 3-3-55　用锡银铜焊料焊接通孔焊盘时的可接受的连接

（2）影响波峰焊质量的因素。影响波峰焊接质量的因素很多，主要有生产物料、生产设备、生产工艺等。

① 生产物料的影响。

- 焊料、助焊剂、防氧化剂的质量以及正确的管理和使用很重要。其中焊料和助焊剂是保证电子焊接质量的关键材料。焊料是形成焊点的材料，因此直接决定了焊点的强度；在焊接过程中，助焊剂能净化焊接表面，因此助焊剂的活性直接影响浸润性。
- 印制板。PCB 焊盘、金属化孔与阻焊膜的质量、PCB 的平整度、PCB 焊盘设计与排布方向（尽可能避免阴影效应）以及插装孔的孔径和焊盘设计是否合理，这些都是影响焊接质量的重要因素。

- 元器件。焊端与引脚是否污染或氧化也会影响焊料的浸润性。

② 生产设备的影响。助焊剂喷涂系统的可控制性，预热和焊接温度控制系统的稳定性，波峰高度的稳定性及可调整性，传输系统的平稳性以及是否配置了扰动波、热风刀、氮气保护系统等功能都对焊接质量有直接或间接的影响。

③ 生产工艺的影响。要找到助焊剂比重和喷涂量、预热和焊接温度、传输带倾斜角度和传输速度、波峰高度等参数的正确设置，还要找到这些参数之间最佳的配合关系。

（3）波峰焊缺陷及解决措施。波峰焊中可能出现缺陷主要是焊点缺陷、元件缺陷和 PCB 缺陷。

① 焊点缺陷。焊点缺陷以及形成原因、改进措施如表 3-3-9 所示。

表 3-3-9　焊点缺陷及其成因、改进措施

缺陷描述	缺陷形成原因分析	解 决 措 施
桥接	① PCB 上焊盘设计太近。波峰焊焊盘间距一般应大于 0.65mm ② 焊锡中杂质太多，阻碍焊锡的脱离 ③ 助焊剂失效或不足，未完全去除引脚的氧化层 ④ 预热温度低，熔融焊料的黏度大，引脚上焊锡不能或来不及脱离 ⑤ 过板速度快，熔融焊料的黏度大，引脚上焊锡不能或来不及脱离	① 按照 PCB 规范进行设计，焊盘间距小于 0.65mm 时采用回流焊 ② 定期去除锡渣，并且测量焊锡中杂质是否超标 ③ 使用前检查助焊剂有效期，注意助焊剂喷涂量 ④ 调整预热温度 ⑤ 调整过板速度
沾锡不良	① 元器件引脚和焊盘可焊性差，不易上锡 ② 助焊剂活性低，不能完全去除引脚和焊盘上的氧化层 ③ 锡锅液位低，焊料不能完全覆盖焊盘 ④ 预热温度低，助焊剂活性没有充分激活，氧化层未完全去除 ⑤ 锡锅温度低，焊锡润湿时间和温度不够 ⑥ 板速太快，焊锡来不及填充	① 使用活性稍高的助焊剂或适当增加助焊剂使用量 ② 使用活性稍高的助焊剂 ③ 调整浸锡深度，补充焊锡 ④ 调整预热温度 ⑤ 调整锡锅温度 ⑥ 调整传送速度
多锡	① 助焊剂比重太高，吃锡过厚 ② 锡锅温度偏低，焊锡冷却快，无法完全脱离 ③ 传送角度偏低，使得焊锡分离角度小，分离不彻底 ④ 板速太快，焊锡来不及脱离	① 选取合适比重的助焊剂 ② 调整锡锅温度 ③ 调整传送角度 ④ 调整传送速度
锡尖	① PCB 上有散热快的结构，使得焊锡冷却快，没有完全脱离 ② 锡锅温度低，使得焊锡冷却快，没有完全脱离 ③ 过板速度快，焊锡来不及完全脱离 ④ 板速与后回流速度的匹配关系，板速大，形成的拉尖向后，反之，向前	① 按照 PCB 规范进行设计 ② 调整锡锅温度 ③ 调整传送速度 ④ 调整传送速度
焊点有气孔	① 预热温度低，助焊剂中溶剂在过锡时才挥发，而焊锡在气体尚未完全排除前已经凝固 ② 过板速度快，助焊剂中溶剂在过锡时才挥发，而焊锡在气体尚未完全排除前已经凝固 ③ 过锡时 PCB 内不易挥发物质受热蒸发，焊锡在气体尚未完全排除前已经凝固 ④ 过锡时助焊剂里不易挥发物质受热蒸发，焊锡在气体尚未完全排除前已经凝固	① 调整预热温度 ② 调整传送速度 ③ 预先烘干 PCB ④ 调整预热温度和时间

续表

缺陷描述	缺陷形成原因分析	解 决 措 施
冷焊	锡锅温度偏低，被焊物吸热大于焊接所提供的热量，致使焊接时焊锡刚一接触被焊物还未来得及形成金属间化合物，即已凝固	调整锡锅温度
扰焊	传送不平稳，焊点冷却瞬间机械振动干扰引起	注意传送带的平稳性
焊点粗糙	焊锡中锡渣过多，无法充分润湿，外观受到影响	定期检验焊锡
焊点开裂	① 锡锅温度偏低，形成冷焊，进而导致开裂 ② 锡锅锡渣太多，焊点内焊料不能完全融合在一块	① 调整锡锅温度 ② 定期检验焊锡

② 元件缺陷。元件可能缺陷以及形成原因、改进措施如表 3-3-10 所示。

表 3-3-10　元件缺陷及其成因、改进措施

缺 陷 描 述	缺陷形成原因分析	解 决 措 施
立碑	① 热风刀风力太强，元件受冲击抬高，形成立碑 ② PCB 浸锡太深，元件受冲击抬高，形成立碑	① 降低热风刀风力 ② 减少浸锡深度
元器件烫伤	① 预热温度偏高，元器件受长时间高温而烫伤 ② 浸锡太深，元器件受过高温度而烫伤 ③ 锡锅温度偏高，元器件受过高温度而烫伤	① 调整预热温度 ② 调整浸锡深度 ③ 调整锡锅温度

③ PCB 缺陷。PCB 可能缺陷以及形成原因、改进措施如表 3-3-11 所示。

表 3-3-11　PCB 缺陷及其成因、改进措施

缺陷描述	缺陷形成原因分析	解 决 措 施
PCB 变形大、弯曲	① 预热温度高，PCB 受长时间高温作用而变形 ② 过锡时间长，PCB 受长时间高温作用而变形 ③ 锡锅温度高，PCB 受过高温度作用而变形 ④ 冷却速率不合适，PCB 过波峰后不冷却或采用骤冷的方式	① 调整预热温度 ② 调整传送速度 ③ 调整锡锅温度 ④ 调整冷却速率
铜箔翘起脱落	① PCB 质量问题，PCB 加工不良，极易损坏 ② 锡锅温度过高，PCB 受长时间高温作用而损坏铜箔 ③ 过锡时间长，PCB 受长时间高温作用而损坏铜箔	① 严格 PCB 来料检查 ② 调整锡锅温度 ③ 调整传送速度
PCB 上有白色残留物	① 助焊剂量大，助焊剂挥发不充分，PCB 表面有助焊剂残留 ② 锡锅锡渣多，PCB 上有残留物 ③ 锡锅温度偏低，PCB 受长时间高温作用而损坏铜箔 ④ 预热温度偏低，PCB 受长时间高温作用而损坏铜箔 ⑤ 板速太快，PCB 受长时间高温作用而损坏铜箔	① 调整助焊剂喷涂量 ② 定期去除锡渣，检验焊锡中杂质 ③ 调整锡锅温度 ④ 调整预热温度 ⑤ 调整传送速度

从以上分析可知，由于波峰焊工艺的复杂性，一种缺陷往往是多种原因作用的结果，一个原因也可能产生多种缺陷。所以在做具体的缺陷分析时，一定要从多角度、多侧面进行考虑，不要漏掉任何一个可能的环节，这样才能达到治标又治本的效果。

3.4 检测工艺与设备

随着电子产品向小型化、高密度化发展，近年来相应的检测技术也有了飞速发展。常见的检测方法有目视检查、非接触式检测和接触式检测 3 大类。

目视检测主要采用放大镜、双目显微镜、三维旋转显微镜、投影仪等。非接触式检测主要采用自动光学检测（Automatic Optical Inspection，AOI）、自动 X 射线检测（Automatic X-Ray Inspection，AXI）。接触式检测主要采用在线测试（In Circuit Test，ICT）、飞针测试（Flying Probe Test，FPT）、功能测试（Functional Test，FT）等。

3.4.1 检测设备

1. 自动光学检测仪

随着元器件封装尺寸的减小和印制电路板贴片密度的增加，SMA 检查难度越来越大，人工目检就显得力不从心，其稳定性和可靠性难以满足生产和质量控制的需要，故采用专用检查设备来实现自动检测就越来越重要。首先，用于生产的检测仪器是光学系统，这类仪器都有一个共同的特点，即通过光源对 SMA 进行照射，用光学镜头将 SMA 反射光采集进行运算，经过计算机图像处理系统从而判断 SMA 上元件位置及焊接情况，所以这类设备称为自动光学检测（AOI）设备。

（1）AOI 工作原理。AOI 检测的基本原理是通过人工光源、LED 灯光、光学透镜和 CCD 照射被测物，把光源反射回来的量与已编程好的标准进行比较、分析和判断。本节以回流焊后 AOI 为例介绍。回流焊后 AOI 通常分为二维 AOI 和三维 AOI 两种。

二维 AOI 采用垂直摄像头，并通过彩色高亮度方法实现对焊点质量的判别，典型的产品是欧姆龙 VT—WIN，如图 3-4-1 所示。该机在工作时，红色、绿色、蓝色 3 段环形照明处于不同的高度对电路板进行照射，彩色摄像机垂直安装在环形照明的中心线上，提取电路板画像，如图 3-4-2 所示。由于红色光线比其他两种光线位于离基板面更远的位置（更高的位置），所以相对基板面入射角较大，如图 3-4-3 所示，照射到平坦物体表面的光线向正上方的摄像机方向反射，而照射到焊锡表面的光线不向正上方反射。因此，对于平坦的表面部分，摄像机拍摄到的是红色区域。与红色光线的原理相同，绿色区域为摄像机拍摄到的轻微倾斜的焊锡表面，而蓝色区域为摄像机拍摄到的陡峭倾斜的焊锡表面。这样，三维焊点外形就可以通过彩色亮度模式转化为二维的彩色图像，如图 3-4-4 所示，从而可进一步通过图像处理并结合一定的数学模型以实现对焊点质量的检测。

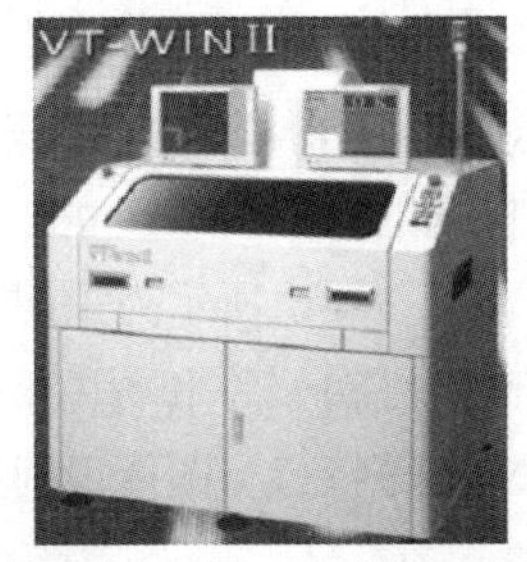

图 3-4-1　VT—WIN Ⅱ型 AOI

图 3-4-2　彩色光与 CCD 位置

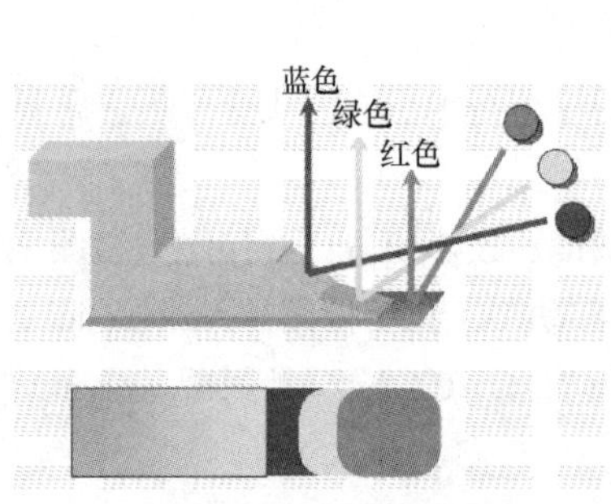

图 3-4-3　三色光照射原理

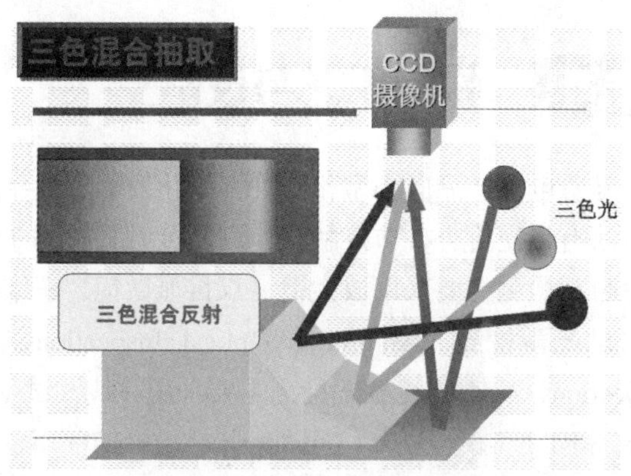

图 3-4-4　三色光混合抽取

三维 AOI 则在使用垂直摄像头的同时，增加角度摄像头。当垂直摄像头从上往下看的同时，角度摄像头从侧面来观察焊点图像，就好像人工目检一样，为看清局部细节，往往需要调节光线与观察角度。因此，三维 AOI 有更强的故障检测能力，如当检测 PLCC 器件焊接质量时，三维 AOI 的优势就能充分显现出来。三维 AOI 中的照明系统采取独立可控的发光二极管阵列作为光源，发光二极管排成一个精密环形阵列，全部聚焦在视场上，越靠近内圈灯光越接近垂直角度，越靠近外圈灯光照射角度越倾斜，并可以用编程来控制这些二极管，以实现最优的照明纹理、角度、方向和密度；可为每一幅检测画面调整照明的角度、方向和亮度，满足任何检测所需的独特要求。泰瑞达 Optima7300AOI 是典型的三维 AOI，该机型采用 1 个垂直摄像头和 4 个角度摄像头组成检测系统。

（2）分析算法。不同 AOI 软、硬件设计各有特点，总体看来，其分析、判断算法可分为两种，即设计规则检验（DRC）法和图形识别法。

DRC 法是按照一些给定的规则检测图形，如根据所有连线应以焊点为端点，所有引线宽度、间隔不小于某一规定值等规则检测图形。图 3-4-5 所示为一种基于该算法的焊膏桥连检测图像，在提取 PCB 上焊膏的数字图像后，根据其焊盘间隔区域中焊膏的形态来判断是否为桥连。如果按某一敏感度测得的焊膏外形逾越了预设置警戒线，即被认定为桥连。DRC 法具有可以从算法上保证被检验图形的正确性，相应的 AOI 系统制造容易，算法逻辑容易实现高速处理，程序编辑量小，数据占用空间小等特点，但该方法确定边界能力较差，往往需要设计特定的方法来确定边界位置。

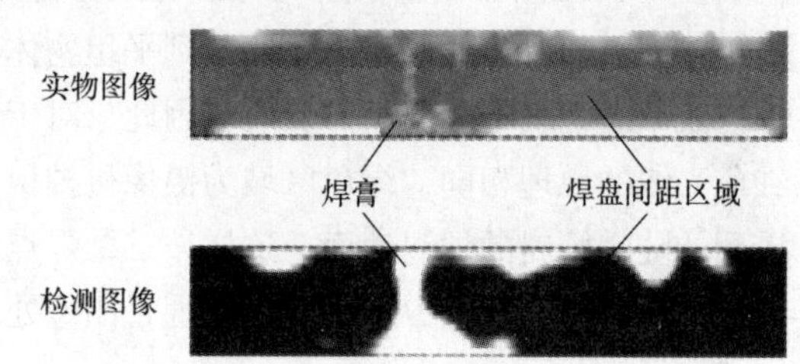

图 3-4-5　DRC 法检测焊膏桥连图像

图形识别法是将 AOI 系统中存储的数字化图像与实际检测图像比较，从而获得检测结果。如检测 PCB 电路时，首先按照一块完好的 PCB 或根据计算机辅助设计模型建立起检测文件（标准数字化图像）与待检测文件（实际数字化图像）进行比较。图 3-4-6 所示为采用该原理对组装后的 PCB 进行的质量检测。这种方式的检测精度取决于标准图像、分辨率和所用检测程序，可取得较高的检测精度，但具有采集数据量大，数据实时处理要求高等特点。图像识别法用设计数据代替 DRC 中的设计原则，因此具有明显的实用优越性。

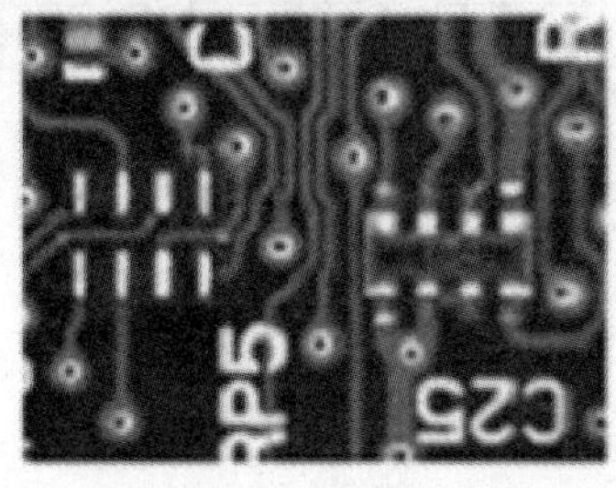

（a）标准板

（b）待测板

图 3-4-6　图像识别对比法检测

（3）AOI 存在问题及未来发展趋势。AOI 虽然具有比人工目测更高的效率，但毕竟是通过图像采集和分析处理来得出结果，而图像分析处理的相关软件技术目前还没有达到人脑级别，因此，在实际使用中一些特殊情况，如 AOI 的误判、漏判在所难免。目前，AOI 在使用中的主要问题有以下几个方面。

① 多锡、少锡、偏移、歪斜的工艺要求标准界定不同，容易导致误判。

② 电容容值不同而规格大小和颜色相同，容易引起漏判。

③ 字符处理方式不同，引起的极性判断准确性差异较大。

④ 大部分 AOI 对虚焊的理解发生歧义，造成漏判推诿。

⑤ 存在屏蔽圈、屏蔽罩、遮蔽点的检测问题。

⑥ 无法对 BGA、FC 等倒装元件不可见的焊点进行检测。

⑦ 多数 AOI 编程复杂、繁琐且调整时间长，不适合科研单位、小型 OEM 厂、多规格小批量产品的生产单位。

⑧ 多数 AOI 产品检测速度较慢，少数采用扫描方法的 AOI 速度较快，但误判漏判率更高。

⑨ 有些分辨率较低的 AOI 不能做 OCR 字符识别检测。

针对以上发现的问题，AOI 技术将朝以下两个方向发展。

- 图形识别法成为应用主流。SMT 中应用的 AOI 技术，图形识别法已成为主流。这是由于 SMT 中应用的 AOI 技术主要检测对象，如 SMD 元件、PCB 电路、焊膏印刷图形等发展变化很快，相应的设计规则、标准很难全面跟上。为此，基于设计规则的 DRC 法应用起来较困难，而计算机技术的快速发展解决了高速图形处理难题，使图形识别法更易实用化。目前，各种各样的图形识别法 AOI 技术在 SMT 中应用越来越广泛。

- AOI 技术向智能化方向发展。AOI 技术向智能化方向发展是 SMT 发展带来的必然要求。在 SMT 的微型化、高密度化、快速组装化、品种多样化发展的特征下，检测信息量大而复杂，无论是在检测反馈实时性方面，还是在分析、诊断的正确性方面，依赖人工对 AOI 获取的质量信息进行分析、诊断几乎已经不可能，代替人工进行自动分析、诊断的智能 AOI 技术成为发展的必然。图 3-4-7 所示为一种采用焊点形态图形识别和专家系统分析的智能化 AOI 系统原理图，它基于焊点形态理论，方法与自动视觉检测类似，即利用光学系统和图像处理措施在线实测已成焊点的形态，由计算机将所获取的焊点实际形态与系统库存的合理形态进行比较，快速识别超出容许形态范围的故障焊点，并利用智能技术对其故障类型和故障原因进行自动分析评价，形成工艺参数优化调整实时控制信息，进行焊点质量实时反馈控制，并对分析评价信息进行记录统计等处理。该方面的研究工作国内外都在进行之中。

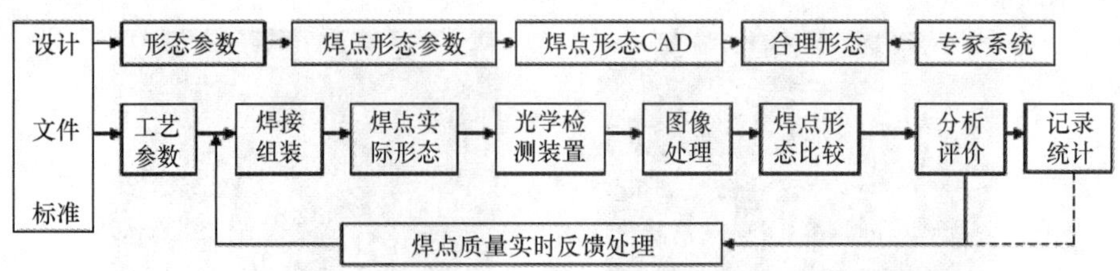

图 3-4-7　采用焊点形态图形识别和专家系统分析的智能化 AOI 系统原理图

2．自动 X 射线检测仪 AXI

X 射线具有很强的穿透性，是最早用于各种检测场合的一种仪器。X 射线透视图可显示焊点厚度、形状及质量的密度分布。这些指标能充分地反映出焊点的焊接质量，包括开路、短路、孔、洞、内部气泡以及锡量不足，并能做到定量分析。

X 射线由一个微焦点 X 射线管产生，穿过管壳内的一个铍窗，投射到试验样品上。样品对 X 射线的吸收率取决于样品所包含材料的成分与比例。穿过样品的 X 射线轰击到 X 射线敏感板上的碘涂层，并激发出光子，这些光子被摄像机探测到后产生信号，对该信号进行处理放大，由计算机进一步分析和观察，其工作原理如图 3-4-8 所示。不同的样品材料对 X 射线具有不同的不透明系数（见表 3-4-1），处理后的灰度图像可显示出被检查物体的密度和材料厚度的差异。

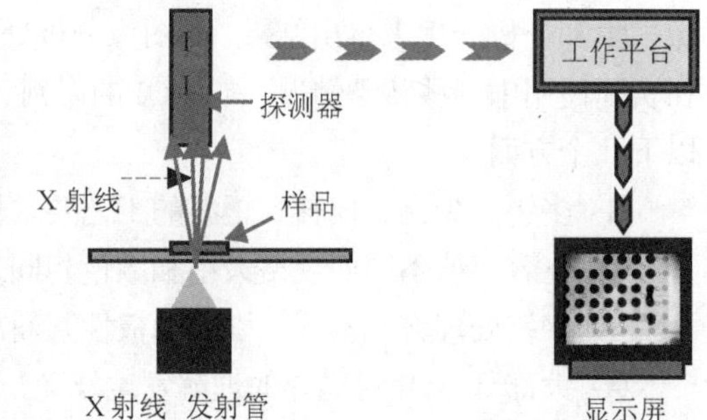

图 3-4-8　X 射线检测仪工作原理示意图

目前使用较多的 X 射线检测仪有两种，一种是直射式 X 光检测仪，一种是 3D-X 光分层扫描检测仪。前者价格低，但只能提供二维图像信息，对于遮蔽部分难以进行分析，而后者则可以检测出焊点的内在缺陷、BGA 等面阵列器件隐藏焊点缺陷以及元器件本身相关内在缺陷。

图 3-4-9 所示为 3D-X 光分层扫描检测仪的工作原理示意图。该检测技术采用了扫描束 X 射线分层照相技术，能获得三维影像信息，且可以消除遮蔽阴影。它与计算机图像处理技术相结合，能对 PCB 内层和 SMA 上的焊点进行高分辨率的检测，特别适应于 BGA/CSP 等封装器件下的隐蔽焊点的检测。通过焊点的三维影像可测出焊点的三维尺寸、焊锡量和焊料的润湿状况，准确客观地确定焊点缺陷，还能对印制电路板金属化通孔的质量进行非破坏性检测。

表 3-4-1　不同材料对 X 射线的不透明系数

材　料	用　途	X 射线不透明系数
塑料	包装	最小
金	芯片引线键合	非常高
铅	焊料	高
铝	芯片引线键合、散热片	最小
锡	焊料	高
铜	PCB 印制线	中等
环氧树脂	PCB 基板	最小
硅	半导体芯片	最小

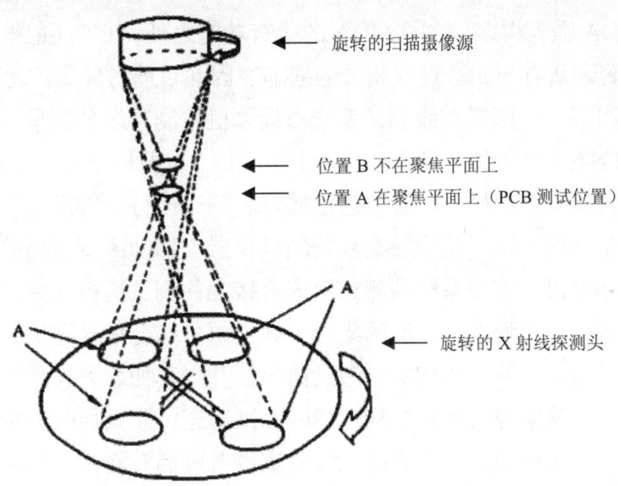

图 3-4-9　3D-X 光分层扫描检测仪工作原理示意图

但 AXI 尚未完全成熟，目前比较先进的 3D-X 光分层扫描检测技术在实际应用时依然存在一定的局限性，如内部微裂纹的检测等还有待于进一步的改进。

3．在线针床测试仪

在线测试 ICT 是通过对在线元器件的电性能及电气连接进行测试来检查生产制造缺陷及元器件不良的一种测试手段。ICT 属于接触式检测技术，它具有很强的故障诊断能力，因而被广泛使用。其测试过程如图 3-4-10 所示，将 SMA 放置在专门设计的针床夹具上，安装在夹具上的弹簧测试探针与元件的引线或测试焊盘接触，由于接触了板子上所有网络，所有模拟和数字器件均可被单独测试，并可以迅速诊断出坏的器件。

针床夹具制作和程序开发周期长，而且价格比较高，由于加工针床夹具时受到机加工设备数控机床的限制，测试探针必须设计在 2.54 或 1.27 的网格上，使得探针最小间距为 1.27mm，因此 ICT 适用于一般组装密度、大批量生产的产品。

目前 ICT 仪器有两种，一种是制造缺陷分析仪（Manufacturing Defect Analyzer，MDA）；另一种是 ICT。MDA 实际是一种简化形式或早期产品，它只能进行模拟测试，主要适用于模拟电路的组件板的测试。MDA 通常采用电压表、电流表和欧姆表等仪器来完成测量，并通过软件和程序来控制整个测量过程，可测出缺陷如电阻的阻值、元件是否漏贴、极性是否标准，此外还可以测出电容、二极管、三极管的相关错误。由于它不驱动 SMA，故没有测试数字器件的实际功能，它最大的优点是编程快速、成本低、测试反应快。目前电子产品早已进入数字化时代，故 MDA 已基本上退出了测试领域。

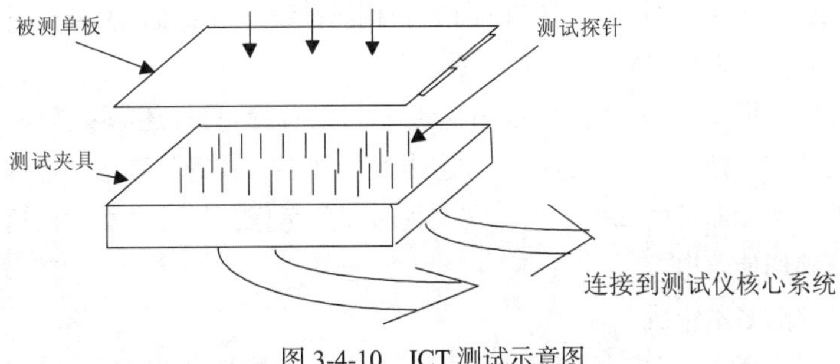

图 3-4-10　ICT 测试示意图

ICT 的功能比 MDA 强大得多，除了 MDA 的所有功能之外，ICT 还能够进行数字器件的在线测试。ICT 几乎能检测到所有与制造过程相关的缺陷，因此目前得到了广泛应用。

（1）ICT 的基本组成。针床式在线测试系统由计算机控制系统、测量子系统、信号激励子系统、信号管理及开关转换系统和测试接入夹具 5 个子系统，以及用户界面、被测电路组件等组成。其中计算机控制系统包括计算机硬件、各类通信接口、测试运行软件模块、图形化用户界面、外设等。测量子系统则是在线测试系统中各类程控测量仪器、辅助测试模块的集合，是被测电路组件响应激励信号的探知手段，该子系统的测试数据直接发往测试运行软件，并与测试标准数据对比。信号激励子系统也是一些程控信号源的集合，如电源、综合信号发生器、计数器等，测试时根据编程控制指令自动选择与测试相适应的激励信号，并将其加载到被测电路组件。开关转换系统主要根据编程指令控制该系统自动转接到选择的测试通道，起到加载激励信号、接入测量子系统、接通测试针床与探针的作用。一个好的在线测试设备应拥有简明、易懂、直观易用的图形化用户界面，目前在线测试设备基本上都已采用了视窗操作系统及测试调试编程系统。这些设备可在编程时，通过图形化界面根据被测对象查看选择适当的测试通道号，同时观察测试时的激励和响应信号波形。

（2）ICT 误判分析。ICT 虽然功能强大，但仍然存在一定的误判，主要体现在以下几个方面。

① ICT 无法测试部分包括记忆体 IC（EPROM、SRAM、DRAM……）；并联大 10 倍以上大电容的小电容；并联小 20 倍以上小电容的大电容；D//L，D 无法测量；IC 的功能测试。

② 治具未校正好。

③ 压床压入量不足，探针压入量应以 1/2 ~ 2/3 为佳。

④ 经过免洗程序的 PCB 上有残留松香，导致探针接触不良。

⑤ PCB 定位柱松动，造成探针接触部位偏离焊盘。

⑥ 治具探针不良损坏。

⑦ 零件库牌变化（可放宽 11%，IC 可重新标识）。

⑧ ICT 本身具有某些故障，影响测量精度。

4．飞针测试仪

飞针测试仪是对在线针床测试仪的一种改进。飞针测试仪采用两组或两组以上的可在一定测试区域内运动的探针取代不可动作的针床，同时增加了可移动的探针驱动结构，采用各类结构的马达来驱动，进行水平方向的定位和垂直方向测试点接触。飞针测试仪通常有 4 个头共 8 根测试探针，最小测试间隙为 0.2mm。工作时根据预先编排的坐标位置程序，移动测试探针到测试点处并与之接触，各测试探针根据测试程序对装配的元器件进行开路/短路或元件测试。图 3-4-11 所示为飞针测试仪实际测试图。

图 3-4-11　飞针测试仪实际测试图

飞针式测试探针根据实际测试需要和测试点形状进行选择，另外还需要考虑飞针运动的高度、探针接入测试点的动作和角度、移动方向、冲击力度、搜寻方式等飞针运动过程中的细节，尤其是各类组装电路模块上元器件的高低不同，在编程时还要考虑其尺寸大小，而这些数据往往在电路设计文件中不能确切地给出。

（1）飞针测试仪的基本组成。

① 计算机系统。计算机系统通常是在个人计算机基础上配置了测试系统专用的仪表卡、图像

卡及驱动卡。在功能上有较高要求时，也可能采用网络集线器或工作站系统。欧美系列的飞针测试系统的操作系统和测试软件大多采用目前流行的微软视窗，而日本系列在线测试系统基本上采用 DOS 系统，测试软件界面及操作较为简单适用。

② 仪表与测量模块。仪表与测量模块大多置于测试系统底部，基本上包括测试激励信号和测量装置两种，种类上涉及可编程直流电压和电流源、多功能波形（正弦、三角、方波）发生器、时钟发生器、电压表、计数器、上拉/下拉电阻器等，与此相对应，在仪表接口卡集成了开关系统，用以配合测试程序接入不同的激励信号或测量装置进行测试。

③ 运动及驱动系统。对于基本的飞针运动而言，相对于工作区域有水平方向和垂直方向两种，对于直角坐标系的水平方向运动又可以划分为 *X*、*Y* 两个类型。其中 *X*、*Y* 驱动的主要目的是通过数字照相机进行测试点的找寻和定位，移动时丝杠传动系统带动架臂运动；而垂直运动驱动目的则较为单一，是将探针与测试点的垂直方向进行接触。一般飞针测试系统探针与测试点的接触都会存在一定的倾斜角度，它与垂直方向的夹角通常为 5° 左右。

探针运动系统要求具有快速、高精度定位能力，探针架臂和探针运行由马达驱动，通常 *X*、*Y* 轴的驱动采用无刷马达配合集成编码器的精密丝杠，也有部分制造商利用空气悬浮、线性马达等机构；探针的 *Z* 轴驱动装置一般以线性马达或精密步进马达为主。

④ 测试区。这是飞针式在线测试系统的具体测试区域，一般在其附近会配以操作面板，在其区域内除了有被测电路板的机械定位装置以外，底部侧面为了扩展飞针在线测试的能力，一般会增加辅助接入装置，以接入电源、测试激励信号、非向量测试装置等，一般测试区还具有防护盖以保护测试人员安全。

（2）飞针测试仪与在线针床测试仪的区别。飞针测试和在线针床测试二者都属于接触式测试，飞针测试仪是在线针床测试仪的改进。

在线针床测试仪针对不同产品的测试需要制作专用固定式针床夹具，它具有同时顺序对所有测试点进行快速测试的特点，在线测试能力和速度较好，适合于批量性、单一品种生产情况的测试应用。但针床夹具制作周期长、探针数量众多、测试编程周期长、价格昂贵、不能重复利用，另外针床夹具需要严格按照工业标准网格间距布置，这对于目前已有的众多复杂、高密度电路组件的测试往往存在测试“盲点”。飞针测试仪则采用可移动式探针取代固定针床夹具，同时增加探针驱动装置，测试程序可直接由线路板的 CAD 软件得到，在测试精度、最小测试间隙等方面均有较大幅度提高，应用比较方便，最适合于多品种、小批量电路组装产品的在线测试及产品原型验证。但飞针式测试仪在线测试能力和速度均不如针床式在线测试设备。以中等电路模块的在线测试为例，针床式可能仅需要 30s 的测试，飞针式则可能需要花费 8 ~ 10min，不利于与生产线组成在线式测试模式。

5．功能测试仪

尽管各种新型检测技术层出不穷，如 AOI、X 射线检查、基于飞针或针床的电性能在线测试等，他们能够有效地查找在 SMT 组装过程中发生的各种缺陷和故障，但是不能够评估整个线路板所组成的系统是否能正常运作。而功能测试就可以测试整个系统是否能够实现设计目标，它将线路板上的被测单元作为一个功能体，对其提供输入信号，按照功能体的设计要求检测输出信号。这种测试是为了确保线路板能按照设计要求正常工作。因此，在各种先进的检测技术发展的今天，功能测试依然是检测和保证产品最终功能质量的主要方法。

功能测试仪通常包括 3 个单元：加激励、收集响应并根据标准组件的响应评价被测组件的响

应。大多数功能测试都有诊断程序，可以鉴别和确定故障。功能测试仪的价格都比较昂贵。最简单的功能测试是将表面组装板连接到该设备相应的电路上加电，看设备能否正常运行，这种方法简单、投资少，但不能自动诊断故障。

（1）功能测试原理。功能测试一般是通过被测板的对外接口对它进行测试，测试原理如图 3-4-12 所示。测试装备本身提供各种激励信号源，通过接口激励被测板，同时测试装备接收被测板的响应信号，并将响应信号和预期结果相比较，最后判断功能的好坏。

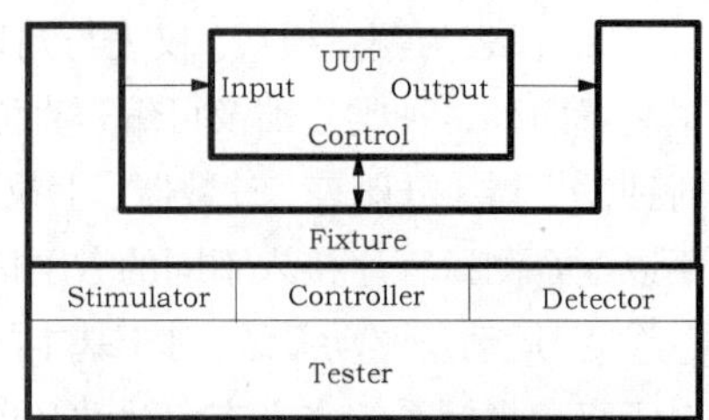

图 3-4-12　功能测试的原理框图

其中，UUT 为被测物，可能是单板或母板；Input 为被测板输入信号；Output 为被测板输出信号；Stimulator 为模拟部分，为 UUT 提供电源、槽位号、时钟、控制信号、状态信号等；Controller 为控制部分，可以是串口、HDLC、扩展总线或邮箱等，用于控制 UUT；Detector 为检测部分，用于测试 UUT 的输出信号；Fixture 为柔性夹具，用于固定 UUT。

（2）功能测试的特点。功能测试主要是面向大批量生产的，它的目的是从单板的外部接口来测试硬件功能好坏，而不是测试单板设计的对与错、优与劣、软件的所有分支以及单板的总体性能。功能测试的前提条件是默认单板的设计是成功的，只是有些单板在生产的过程中由于种种原因而损坏，导致不能正常工作，功能测试可以剔除这些坏板。功能测试仪一般只需要做与被测试物对应的连接器或夹具，只要对外接口不变，原有的测试仪就可以用于新的被测板，只需要升级软件即可，所以功能测试仪对被测板改动的适应能力较强。功能测试仪一般是模拟整机环境，让单板正常工作后，测试其输入输出信号，全面检测其硬件好坏，测试可靠性高，但由于是在接口处测试，所以故障定位模糊，只能判断单板某些功能的好坏。如果想定位到具体的芯片，还需要做进一步的分析。

（3）功能测试与在线测试的区别。测试系统一般包括在线测试系统和功能测试系统。在线测试一般是为了找出被测单板元器件及连线的故障，而功能测试的目的是测试整机或单板是否能正常工作，各项功能指标是否满足要求。在线测试系统和功能测试系统取长补短、相辅相成，共同完成产品的测试任务。在生产系统中，制成板加工完成要经过在线测试，成品板经过高温老化，再进行功能测试后入库，发货之前，每块单板还要经过整机环境测试。一般来说，要根据产品的复杂程度、成品率、产量与成熟度来确定是否安排使用在线测试或功能测试。对于一些功能非常简单的单板，一般可以考虑只采用功能测试。如果产品较复杂、产量高、成品率较高而且成熟，则既需要在线测试设备也需要功能测试设备。不管有无经过在线测试和功能测试，产品在发货之前都要经过整机调测以确保整机性能。

6. 检测用治具

（1）检测罩板。在 SMT 生产过程中，当某一工序完毕要流入下道工序时，都有一道检测工序，由于不同的检测工位检测的侧重点不同，因此可以使用不同的检测罩板屏蔽掉其他部位，只留本工位需要检测的部位。使用检测罩板可降低检测员的劳动强度，降低误检/漏检率，从而大幅度提高工作效率。检验罩板如图 3-4-13 所示。

（2）显微镜。显微镜是检验局部焊接质量的目视检验工具。

（3）放大镜。放大镜是检验产品质量的目视检验工具。

（4）数码相机。数码相机可以记录产品生产过程中的质量、缺陷等可视记录。

（5）推力计。推力计是检测焊接后元器件焊接强度的仪器。推力计如图 3-4-14 所示。

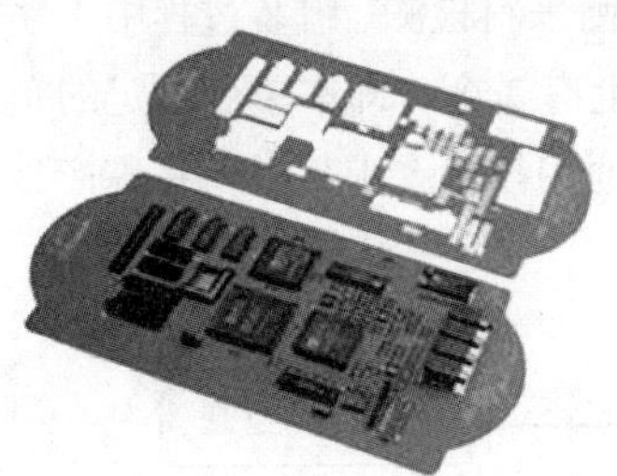

图 3-4-13　检测罩板

图 3-4-14　推力计

（6）针床夹具。针床夹具是产品在生产完成后，采用在线针床测试仪对产品进行静态和动态检测时，检测设备要安装的夹具，它配合检测软件对产品进行检测。

① 针床制造。针床装置通常多为固定式、紧压式或扣紧式结构。针床夹具一般有 4 种类型，即开启式、气缸式、机械气缸混合式和工作台式。一般通孔电路板的测试探针位置坐标用数字仪由裸板或布线胶片读取即可，对于高密度电路板，应利用 PCB 设计软件数据制作针床，以保证探针点的定位精度。通常，制作所需的标准资料包括探针序号数据、贴装的电路板原理图和元器件表。

② 探针形状的选择。不论何种在线测试设备，就其技术结构特点而言，测试探针是其核心和关键部件。它分为两类结构，一是弹簧缓冲式，依靠特定的针床或辅助装置施加压力以保障探针与被测点的紧密可靠接触，这类探针最为常见；二是气动探针，由高压气流驱动针头，使其与被测点实现紧密接触。

探针主要用于测试信号与被测电路板测试点的连接，它从简单裸板测试较为单一的尖头状探针，经过多年的技术研究和发展，已形成较为系统的系列标准产品。每种规格的探针都有其对应的测试对象和具体要求，在实际生产中应按照其厂家建议和实际生产条件进行选择。

③ 探接点的选择。表面组装电路板的探接点通常有测试焊盘、走线过孔和引脚等。探接点的选择可按如下顺序进行。专门设计的测试焊盘，2125 以上的芯片焊盘，0.8mm 间距以上的 IC 引脚焊盘，过孔（已有元器件时），裸孔（应无阻焊膜），1608 以下的芯片焊盘（指定 2 点）等。

对新设计的印制电路板布线应注意下列事项。测试焊盘的面积在 0.4mm × 0.4mm 以上；探针的最小间距在 1.27mm 以上；元器件不要盖住探接点。

④ PCB 定位标志。PCB 检测用定位标志可借用贴片机上的光学识别标志，如没有，则用由 CAD 数据生成的测试探针的点坐标。借助印制电路板上的布线基准标记，增加 PCB 测试用定位标志，这样可以减小被测印制电路板的制作误差及印制电路板的设置误差，从而实现高精度测量。常用的基准标记有■、▲、●等。

由于针床制造费用高、结构复杂、易损坏，特别是针床上所有针都要保证与测试点紧密接触，又要保证每根针所受压力均匀，故使用中用力要均匀，并经常对探针接触功能进行检查，以保证针床处于良好的工作状态。

3.4.2　SMT 检测工艺

表面组装质量是电子产品表面组装质量的简称，是对表面组装产品组装过程与结果所涉及的固有特性满足要求程度的一种描述。表面组装质量检测是 SMT 生产中很重要的一个环节，由图

3-4-15 可以看出，检测工艺贯穿于整个 SMT 生产过程之中。

SMT 检测基本内容如图 3-4-16 所示，包括组装前来料检测、组装过程中工序检测和组装后组件检测 3 大类。检测结果合格与否依据的标准基本上有 3 个，即本单位指定的企业标准、其他标准（如 IPC 标准或 SJ/T 10670—1995 表面组装工艺通用技术要求）以及特殊产品的专项标准。目前，我国通常采用 IPC 标准对产品进行检验。

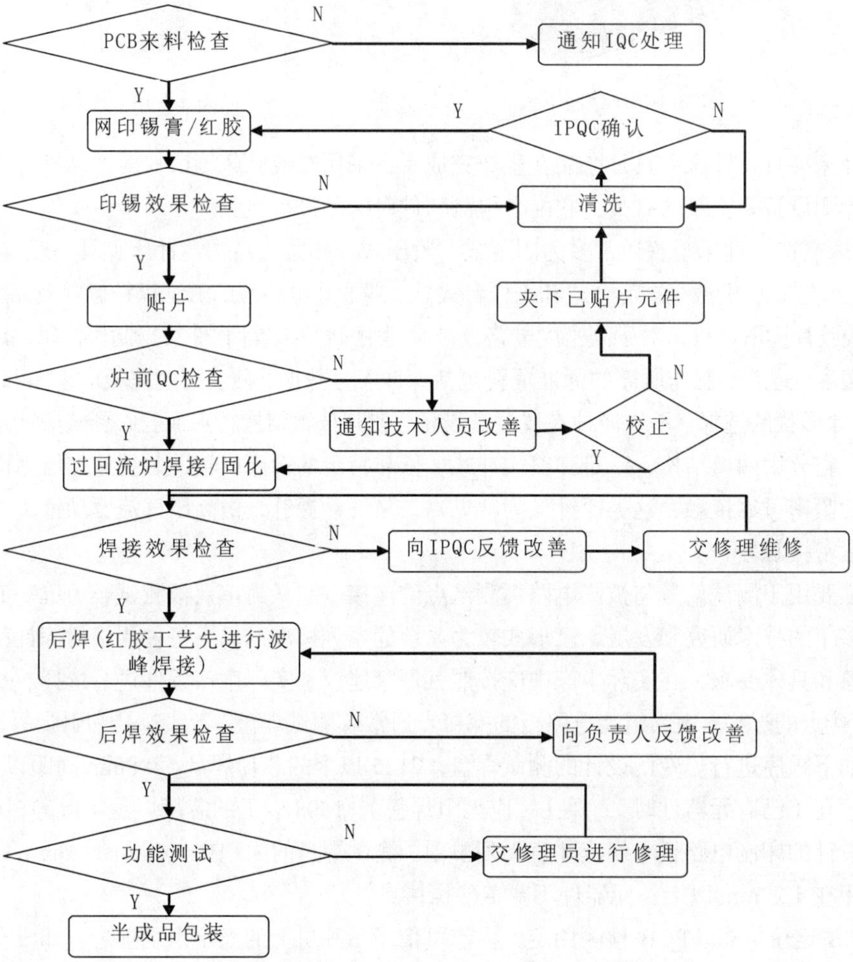

PCB来料检查 —N→ 通知IQC处理
Y
网印锡膏/红胶
印锡效果检查 —N→ 清洗 → IPQC确认（Y → 网印锡膏/红胶；N → 清洗）
Y
贴片
炉前QC检查 —N→ 通知技术人员改善 → 校正（N → 夹下已贴片元件 → 清洗；Y → 过回流炉焊接/固化）
Y
过回流炉焊接/固化
焊接效果检查 —N→ 向IPQC反馈改善 → 交修理维修
Y
后焊（红胶工艺先进行波峰焊接）
后焊效果检查 —N→ 向负责人反馈改善
Y
功能测试 —N→ 交修理员进行修理
Y
半成品包装

图 3-4-15　SMT 生产流程总图

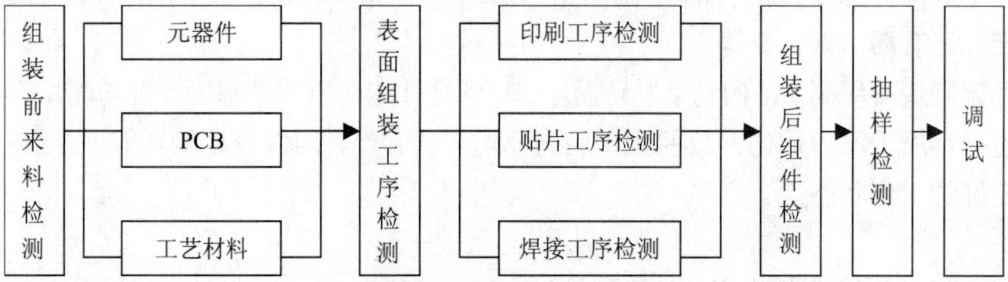

组装前来料检测：元器件、PCB、工艺材料
→ 表面组装工序检测：印刷工序检测、贴片工序检测、焊接工序检测
→ 组装后组件检测 → 抽样检测 → 调试

图 3-4-16　SMT 检测的基本内容

1．组装前来料检测

组装前来料检测不仅是保证 SMT 组装工艺质量的基础，也是保证 SMA 产品可靠性的基础，

因为有合格的原材料才可能有合格的产品，因此组装前来料检测是保障 SMA 可靠性的重要环节。随着 SMT 的不断发展和对 SMA 组装密度、性能、可靠性要求的不断提高，以及元器件进一步微型化、工艺材料应用更新速度加快等技术发展趋势，SMA 产品及其组装质量对组装材料质量的敏感度和依赖性都在加大，组装前来料检测成为越来越不能忽视的环节。选择科学、适用的标准与方法进行组装前来料检测成为 SMT 组装质量检测的主要内容之一。

（1）组装前来料检测的主要内容和检测方法。SMT 组装前来料主要包含元器件、PCB、焊膏/助焊剂等组装工艺材料。检测的基本内容有元器件的可焊性、引脚共面性、使用性能，PCB 的尺寸和外观、阻焊膜质量、翘曲和扭曲、可焊性、阻焊膜完整性，焊膏的金属百分比、黏度、粉末氧化均量，焊锡的金属污染量，助焊剂的活性、浓度，粘结剂的黏性等多项。对应不同的检测项目，其检测方法也有多种，例如，仅元器件可焊性测试就有浸渍测试、焊球法测试、润湿平衡试验等多种方法。表 3-4-2 所示为 SMT 组装前来料检测的主要项目和基本检测方法。

表 3-4-2　　组装前来料检测的主要项目和基本检测方法

来料类别		检测项目	检测方法
元器件		可焊性	润湿平衡试验 浸渍测试 焊球法测试
		引脚共面性	光学平面检测 贴片机共面性检测
		使用性能	抽样——专用仪器检测
PCB		尺寸和外观检查	目检
		阻焊膜质量	专用量具测试
		翘曲和扭曲	热应力测试
		可焊性	旋转浸渍测试 波峰焊料浸渍测试 焊料珠测试
		阻焊膜完整性	热应力测试
工艺材料	焊膏	外观、印刷性能检查	目检、印刷性能测试
		黏度与触变系数	旋转式黏度计
		润湿性、焊料球	回流焊
		金属百分比	加热分离称重法
		合金粉末氧化均量	俄歇分析法
	助焊剂	活性	铜镜实验
		浓度	比重计
		变质	目测颜色
	粘结剂	黏度与触变系数	旋转式黏度计
		粘接强度	粘接强度试验
		固化时间	固化试验
	清洗剂	组成成分	气体包谱分析法
	焊料合金	金属污染量	原子吸附测试

（2）组装前来料检测标准。SMT 组装前来料检测的具体项目与方法一般由组装企业或产品公司根据产品质量要求和相关标准来确定，目前可遵循的相关标准已开始逐步完善。例如，美国电子电路互连与封装协会（IPC）制定的标准 IPC—A—610D《电子组件的可接受性》，中国电子行业标准 SJ/T 10670—1995《表面组装工艺通用技术要求》、SJ/T 11186—1998《锡铅膏状焊料通用规范》、SJ/T 10669—1995《表面组装元器件可焊性通用规范》、SJ/T 11187—1998《表面组装用胶粘剂通用规范》，国家标准 GB 4677.22—1988《印制板表面离子污染测试方法》，美国标准 MIL—I—46058C《涂敷印制电路组件用绝缘涂料》等，都有 SMT 组装前来料检测的相应要求和规范。

SMT 组装企业根据产品客户和产品质量要求，以上述相关标准为基础，结合企业特点和实际情况，针对具体产品对象和具体组装来料，确定相关检测项目和方法，并将其形成规范化的质量管理程序与文件，在质量管理过程中予以严格执行。表 3-4-3 所示为某企业针对具体产品对象和质量要求所制定的表面贴片电阻等来料的进货检验规范，它详细地规范了检测项目、标准、方法和内容等。

2．表面组装工序检测

表面组装产品的质量和可靠性主要取决于元器件、电子工艺材料、工艺设计和组装工艺的可制造性与可靠性。为了成功组装 SMT 产品，一方面，需要严格控制电子元器件与工艺材料的质量，即来料检测；另一方面，必须对组装工艺进行 SMT 工艺设计的可制造性（DFM）审核，在组装工艺实施过程中的每一道工序之后和之前还应进行工序质量的检查，即表面组装工序检测，它包括印刷、贴片、焊接等组装全过程各工序的质量检测方法、策略。

（1）表面组装工序检测内容。

① 焊膏印刷工序检测内容。焊膏印刷是 SMT 工艺中的初始环节，是最复杂、最不稳定的工序，受多种因素综合影响，而且动态变化，也是大部分缺陷产生的根源所在，60%～70%的缺陷都出现在印刷阶段。如果在印刷后设置检测站对焊膏印刷质量进行实时检测，排除生产线初始环节的缺陷，就可以最大限度地减少损失，降低成本。因此，越来越多的 SMT 生产线都为印刷环节配备了自动光学检测，甚至有些印刷机已经集成 AOI 等焊膏印刷检测系统。

在焊膏印刷工序，印刷缺陷有许多，大体上可以分为焊盘上焊锡不足、焊锡过多；大焊盘中间部分焊膏刮擦、小焊盘边缘部分焊膏拉尖；印刷偏移、桥连及沾污等。形成这些缺陷的原因包括焊膏流动性不良、模板厚度和孔壁加工不当、印刷机参数设定不合理、精度不够、刮刀材质和硬度选择不当、PCB 加工不良等。

② 元器件贴片工序检测内容。贴片工序是 SMT 生产线的重点工序之一，是决定组装系统的自动化程度、组装精度和生产率的关键因素之一，对电子产品的质量有着决定性的影响，因此，对贴片工序进行实时监控对提高整个产品的质量有着重要意义。炉前（贴片后）检测流程如图 3-4-17 所示。其中，最基本的方法就是在高速贴片机之后与回流焊之前配置 AOI，对贴片质量进行检测，一方面可防止有缺陷的焊膏印刷和贴片进入回流焊阶段，从而带来更多的麻烦；另一方面，为贴片机的及时校对、维护与保养等提供支持，使其始终处于良好运行状态。

贴片工序检测内容主要包括元器件的贴片精度；控制细间距器件与 BGA 的贴装；回流焊之前的各种缺陷，如元器件漏贴、贴偏，焊膏的塌陷和偏移，PCB 板面沾污，引脚与焊膏没有接触

等；运用字符识别软件读取元器件的数值和极性识别，判断是否贴错和贴反。

③ 焊接工序检测内容。焊后检测要求对产品进行 100% 全检，通常需要检测以下内容。检验焊点表面是否光滑、有无孔洞等；检测焊点形状，是否呈半月形，有无多锡、少锡现象；检测是否有立碑、桥连、元件移位、元件缺失、锡珠等缺陷；检测所有元件是否有极性方面的缺陷；检测焊接是否有短路、开路等缺陷；检查 PCB 表面颜色变化情况。

表 3-4-3　　表面贴片电阻进货检测规范

作 业 指 导 书	编　号　　00001
进货检验规范（贴片电阻）	第 2 版　　第 0 次修改

1．目的及适用范围

本检验规范的目的是保证本公司所购贴片电阻的质量符合要求。

本检验规范适用于 × × 制造有限公司无特殊要求的贴片电阻。

2．参照文件

本作业规范参照本公司程序文件《进货检验控制程序》、《可焊性、耐焊接热试验规范》、《电子产品（包括元器件）外观检查和尺寸检验规范》以及相关可靠性试验和相关技术、设计参数资料及 GB 2828 和 GB 2829 抽样检验标准。

3．规范内容

（1）测试工量具及仪器

LCR 电桥（401A）或不低于本仪表精度的其他仪表，游标卡尺，恒温电烙铁，浓度不低于 95%的酒精。

（2）缺陷分类及定义

A 类：单位产品的极重要质量特性不符合规定，或者单位产品的质量特性极严重不符合规定。

B 类：单位产品的重要质量特性不符合规定，或者单位产品的质量特性严重不符合规定。

C 类：单位产品的一般质量特性不符合规定，或者单位产品的质量特性轻微不符合规定。

（3）判定依据

抽样检验依 GB 2828 标准，取特殊检验水平 S—3；AQL：A 类缺陷为 0，B 类缺陷为 0.4，C 类缺陷为 1.0。标有◆号的检验项目抽样检验依 GB 2829 标准，规定 RQL 为 30，DL 为Ⅲ，抽样方案为：n=6，Ac=0，Re=1。

检验项目、标准、缺陷分类一览表

序号	检 验 项 目	验 收 标 准	验收方法及工具	缺 陷 分 类		
				A	B	C
1	阻值与偏差	实际阻值应在误差范围内	LCR 电桥		√	
2	标识	标识完备、准确、无错误	目测		√	
3	标识附着力	标识清晰，用浸酒精的棉球擦拭 3 次后无变化	酒精棉球			√
4	外观检查	无变形、无破损、无污迹，引线无氧化现象	目测			√
5	尺寸及封装	符合设计要求	游标卡尺		√	
◆6	可焊性	温度 260 ± 10℃，时间 2s，锡点圆润有光泽，稳固	恒温烙铁			√
◆7	耐焊接热	温度 260 ± 10℃，时间 5s，外观、电气与机械性能良好	恒温烙铁		√	
8	包装	包装良好，随附出厂时间及检验合格证	目测		√	

批准人签名　　审核人签名　　制定人签名

批准日期　　审核日期　　制定日期

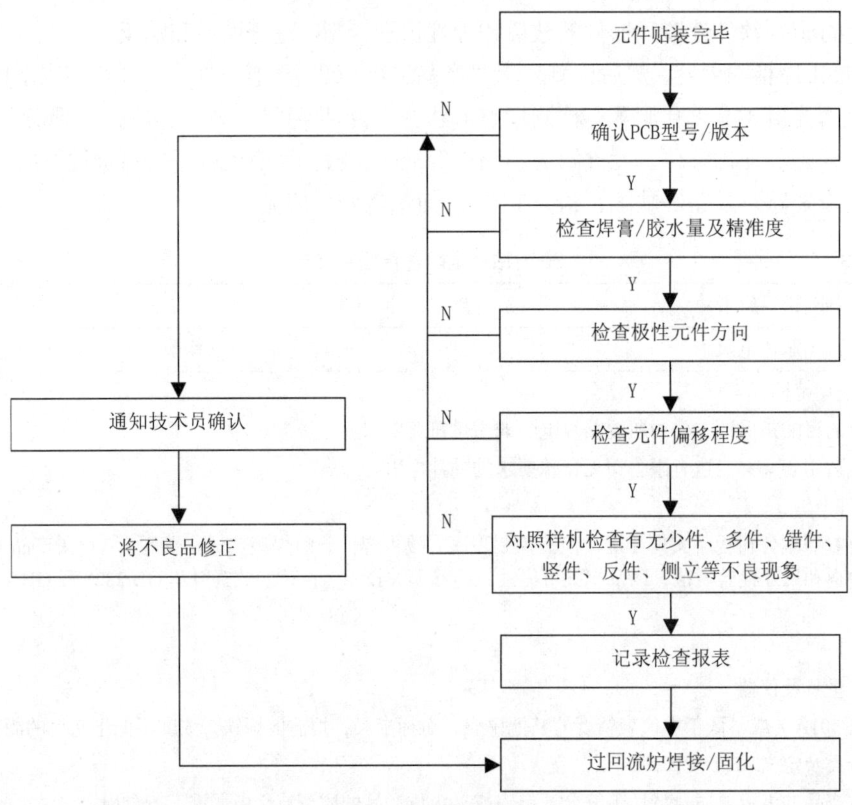

图 3-4-17　炉前检测流程

（2）表面组装工序检测方法。表面组装工序检测方法主要有人工目视检测、焊膏测厚仪检测、自动光学检测、X 射线检测、在线测试、飞针测试等，由于各工序检测内容及特点不一样，各工序所用的检测方法也不同，如表 3-4-4 所示。

表 3-4-4　　各工序检测方法

工序检测	检测方法					
	人工目视检测	焊膏测厚仪检测	自动光学检测	X 射线检测	在线测试	飞针测试
印刷工序检测	√	√	√	√		
贴片工序检测	√		√	√		
焊接工序检测	√		√	√	√	√

在以上的检测方法中，人工目视检测、自动光学检测及 X 射线检测是表面组装工序检测中最常用的 3 种方法。在线测试既可以进行静态测试，又可以做动态测试。

① 人工目视检测法。该方法投入少，不需进行测试程序开发，但速度慢，主观性强，需要直观目视被测区域。由于目视检测的不足，因此在当前 SMT 生产线上很少作为主要的焊接质量检测手段，而多数用于返修/返工等。

随着元器件的微型化、细间距化和组装密度的进一步提升，直接的目视检测越来越困难甚至不可能，如当前的 0201、01005，根本无法用肉眼来判断其焊接质量状况。因此，大多目视检测需要各种光学放大镜和专用的光学仪器，比较典型的包括德国 ERSA 公司的 Microscope、OK 公司的 VPI 以及美国科视达等公司的相关产品。值得注意的是，一方面，德国 ERSA 公司的

Microscope、OK 公司的 VPI 不仅可以完成常规的 SMT 焊点的检测，而且可以在一定程度上实现 BGA 等面阵列器件隐藏焊点的检测，这是直接的目视检测所无法完成的；另一方面，配置了测量功能，甚至视频功能，从而使其在工艺研发、缺陷诊断中得以推广应用。

② 自动光学检测法。随着元器件封装尺寸的减小和电路板贴片密度的增加，SMA 检查难度越来越大，人工目检就显得力不从心，其稳定性和可靠性难以满足生产和质量控制的需要，故采用自动检测就越来越重要。

使用自动光学检测（AOI）作为减少缺陷的工具，可用于装配工艺过程的早期查找和消除错误，以实现良好的过程控制。AOI 采用了高级的视觉系统、新型的给光方式、高的放大倍数和复杂的处理方法，从而能够以高测试速度获得高缺陷捕捉率。AOI 系统能检验大部分的元器件，包括矩形片式元件、圆柱形元件、钽电解电容器、晶体管、SOP、QFP 等，能检测元器件漏贴、极性错误、贴装焊接偏移、焊料过量或不足、焊点桥接等，但不能检测电路错误、同时对不可见焊点的检测也无能为力。

a. AOI 在 SMT 生产线上的位置。AOI 设备在 SMT 生产线上的位置通常有 3 种，如图 3-4-18 所示。第一种是放在丝网印刷后检测焊膏故障的 AOI，称为丝网印刷后 AOI。第二种是放在贴片之后检测器件贴装故障的 AOI，称为贴片后 AOI。第三种是放在回流焊后同时检测器件贴装和焊接故障的 AOI，称为回流焊后 AOI。图 3-4-19 所示为采用 AOI 进行回流焊后的缺陷检测示例。

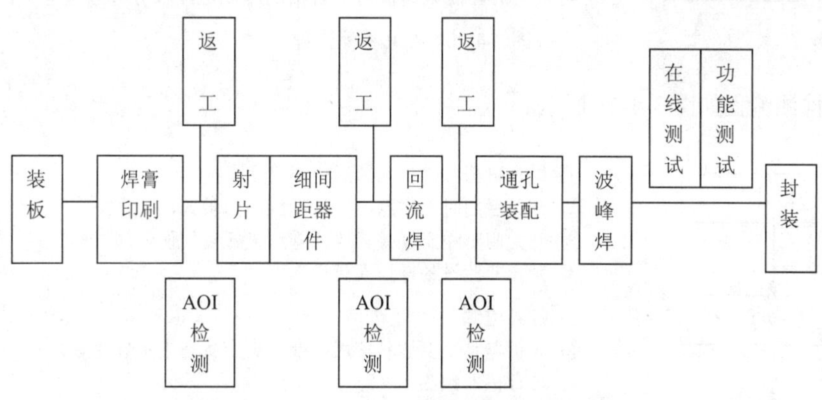

图 3-4-18　AOI 在生产线上放置位置示意图

（a）桥连　（b）元件损坏　（c）元件歪斜

图 3-4-19　回流焊后的缺陷示例

b. AOI 检测工艺。AOI 检测是 SMT 中最常用的检测方法之一，其检测流程如图 3-4-20 所示。

③ X 射线检测法。X 射线检测就是利用 X 射线不能像透过铜、硅等材料一样穿透焊料的原理对组装板进行焊接后的检测。X 射线透视图可显示焊点厚度、形状及质量的密度分布。这些指标能充分地反映出焊点的焊接质量，包括开路、短路、孔、洞、内部气泡以及锡量不足，并能做到定量分析。X 射线主要用于 BGA、CSP 及 FC 的焊点检测，以及印制电路板、元器件封装、连

接器、焊点的内部损伤检测。

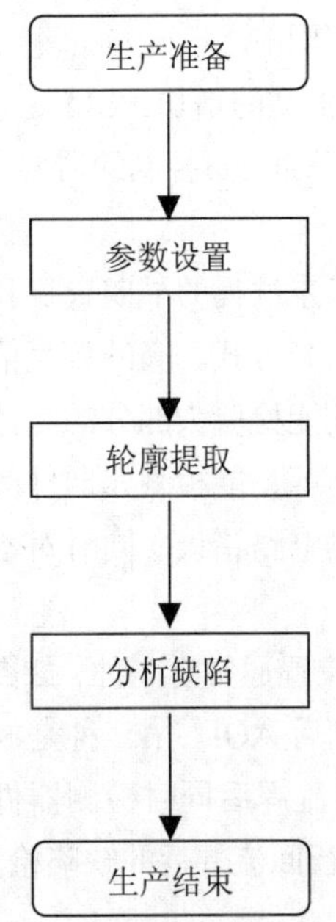
生产准备
参数设置
轮廓提取
分析缺陷
生产结束
① 机器准备
② 待检印制电路板准备
③ 文件准备
④ 导入 Gerber 文件
① 对标准板进行编程，可利用元件库或自定义
② 用自定义视框框住元件，输入元件的种类，设置门槛值、上限、下限等信息
① 通过控制光源等 AOI 自动采集印刷焊膏、贴片、焊点图像
② 应用图像处理算法进行相应的图像处理
③ 获得印刷焊膏/元件/焊点的轮廓信息
① 利用 AOI 配套的软件分析焊膏印刷、贴片、焊点质量
② 将焊点形态在显示器上显示
③ 如果有缺陷，以方框、着色等醒目标记显示
④ 同时生成相关焊膏印刷、贴片、焊点质量的详细报表文件
将合格的印制电路板与不合格的印制电路板分开放置

图 3-4-20 AOI 检测流程

X 射线检测流程如图 3-4-21 所示。

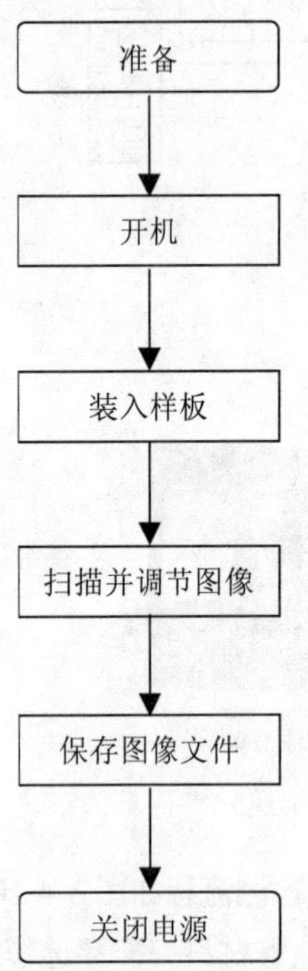
准备
开机
装入样板
扫描并调节图像
保存图像文件
关闭电源
① 检查机器并确认其前后门都已完全关闭
② 开关后门时应注意不要将手放在门轴处，防止挤伤
③ 开关门时注意轻关轻放，避免碰撞以损伤内部机构
④ 禁止非此设备操作人员操作
① 打开电源
② 等机器真空度达到使用标准（真空状态指示灯变绿）后，开始进行机器预热
① 装入待测样板
② 放入的样板高度不能超过 50mm
① 开启 X 射线后，等 X 射线功率上升到设定值并稳定后再开始做测试板扫描
② 机器完成初始化设置后，不要立即关闭 X 射线应用软件，不要将开关钥匙打到 Power On，也不要连续做两次 Initialization
① 保存或打印所需的图像文件
② 移动检查部位或者更换样板进行检测，只需重复上述步骤即可
① 关闭应用程序时，单击关闭按钮后等待程序完全关闭，不要再次单击关闭按钮
② 检测完毕后，关闭全部电源
③ 在紧急情况下应及时按下紧急开关

图 3-4-21 X 射线检测流程

图 3-4-22 所示为 AXI 检测焊点实例。图 3-4-22（a）所示为 AXI 检测的 BGA 焊点质量，从图中可以看出右边外侧的焊点是开路的；图 3-4-22（b）所示为从侧面检测的插装元器件的焊点质量，后面两个孔的焊料不足，放大之后甚至可以分析出有多少气泡。可见，用 AXI 对焊点质量进行检测具有较高的可靠性和精确性。这种检测技术还可用于焊接过程的质量控制，特别适用于复杂的 SMA 的焊接质量检测。

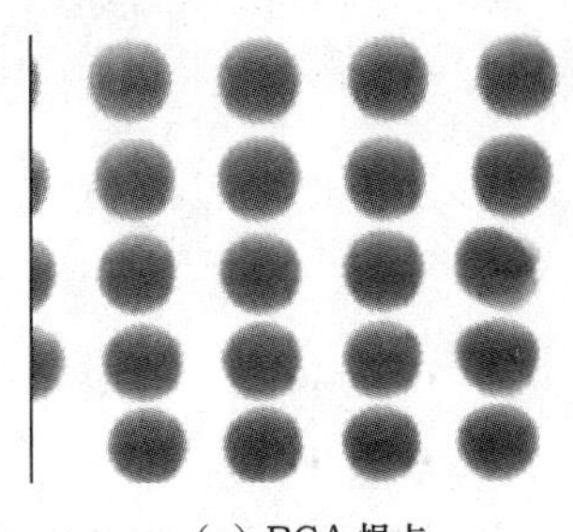

（a）BGA 焊点　　（b）THT 焊点

图 3-4-22　用 AXI 检测的元器件焊点

3．组装后组件检测

板极电路测试技术大约出现在 1960 年，当时电镀通孔（Plated Through Hole，PTH）印制电路板发明并已批量应用，该项技术主要进行单面印制电路板连接关系及电介质耐电压峰值的检测，即进行“裸板测试”。20 世纪 70 年代逐渐由裸板电连接性测试技术转移到了更为重要的电路组件的电路互连测试。随着电路组装技术的进步，基于 PCB 的电子产品需求增长迅速，因此如何准确地进行表面组装组件 SMA 的检测，如部件或产品组装质量的可知性、可测性、过程控制程度等，成为电路组装工艺、质量工程师最为关注的重点，进而大力开展相关研究并产生了在线测试这样一类针对电路组装板的自动检测技术和设备。特别是在计算机软硬件、网络通信、仪表总线、测试测量等技术支撑下，SMA 检测系统也随之有了很大飞跃。当前 SMA 的检测关注点已集中于电路和芯片电路的自检测、组装焊接的工艺性结构测试和过程控制技术，并呈现出向高精度、高速、故障统计分析、网络化、远程诊断、虚拟测试等方向发展的趋势。

（1）组装后组件检测内容。在表面组装完成之后，需要对表面组装组件进行最后的质量检测，其检测内容包括以下几个方面。焊点质量，如桥连、虚焊、开路、短路等；元器件的极性、元件品种、数值超过标称值允许范围等；评估整个 SMA 组件所组成的系统在时钟速度时的性能，评测其性能能否达到设计目标。

（2）组装后组件检测方法。

① 在线针床测试法 ICT。在 SMT 实际生产中，除了焊点质量不合格会导致焊接缺陷外，元件极性贴错、元件品种贴错、数值超过标称允许的范围，也会导致 SMA 产生缺陷。ICT 属于接触式测试方法，因此，生产中可直接通过在线测试 ICT 进行性能测试，并同时检查出影响其性能的相关缺陷，包括桥连、虚焊、开路以及元件极性贴错、数值超差等，并根据暴露出的问题及时调整生产工艺。

ICT 中由于针床夹具制作和程序开发周期长，而且价格比较高，同时由于加工针床夹具时受到机加工设备数控机床的限制，测试探针必须设计在 2.54mm 或 1.27mm 网格上，使得探针最小间距为 1.27mm，因此 ICT 适用于一般组装密度、大批量生产的产品。

ICT 测试流程如图 3-4-23 所示。

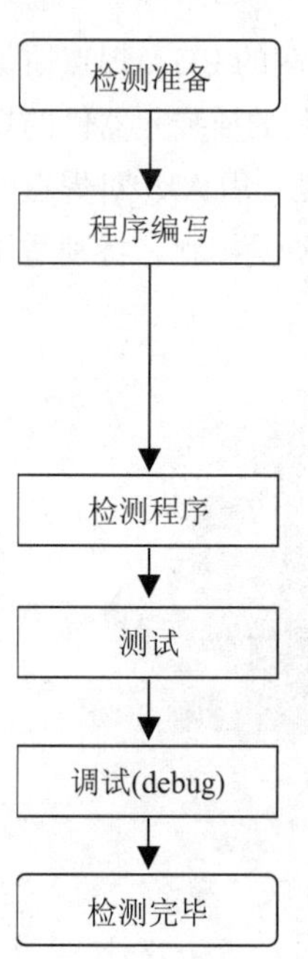

检测人员、待检板、检测设备、检测文件等均应准备齐全

① 在 T[测试]下，设定 P“测试参数”，测试参数包括测试板名称、治具上第一支测试针号码、开路/零件不良时重新测试次数等

② 在 E[编辑]状态下，编写程序

③ 进入 L[学习]，做 Short Group 学习，如有 IC，还需要做 IC Clamping Diode 学习

在主画面下检测程序

在主画面下进行测试

编写好的程序在实测时，因测试信号的选择或被测元件线路影响，有些步骤会被判为失效，即测量值超出偏差限值，必须进行调试

图 3-4-23　ICT 检测流程

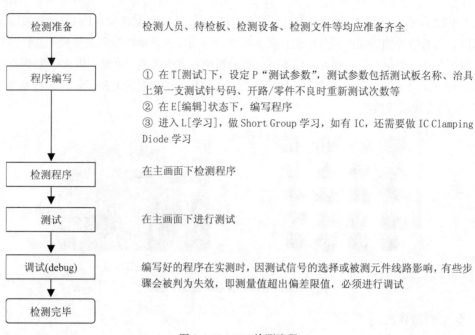

② 飞针测试法。飞针测试同属于接触式检测技术，也是生产中测试方法之一。飞针测试使用 4 ~ 8 个独立控制的探针，在测单元（Unit Under Test，UUT）通过皮带或其他 UUT 传送系统输送到测试机内，然后固定，测试机的探针接触测试焊盘和通路孔，从而测试 UUT 的单个元件。测试探针通过多路传输系统连接到驱动器和传感器，来测试 UUT 上的元件。当一个元件正在测试的时候，UUT 上的其他元件通过探针器在电气上屏蔽以防止读数干扰。

飞针测试与针床测试相同，同样能进行电性能检测，能检测出桥连、虚焊、开路以及元件极性贴错、元器件失效等缺陷。根据其测试探针能进行全方位角测试，最小测试间隙可达 0.2mm，但测试速度慢的特点，飞针测试主要适用于组装密度高，引脚间距小等不适合使用 ICT 的 SMA。

③ 功能测试法。尽管各种新型检测技术层出不穷，如 AOI、X 射线检查、基于飞针或针床的电性能在线测试等，这些技术虽然能够有效地查找在 SMT 组装过程中发生的各种缺陷和故障，但是不能够评估整个线路板所组成的系统是否能正常运作，而功能测试就可以测试整个系统是否能够实现设计目标。它将表面组装板或表面组装板上的被测单元作为一个功能体，输入电信号，然后按照功能体的设计要求检测输出信号。这种测试是为了确保线路板能否按照设计要求正常工作。因此，功能测试是检测和保证产品最终功能质量的主要方法。

4．各种检测技术测试能力比较与组合测试策略

（1）各种检测技术测试能力的比较。AOI 和 AXI 主要进行外观检查，如桥接、错位、焊点过大、焊点过小等，但无法对器件本身问题及电路性能进行检查。其中 AXI 能检测出 BGA 等器件的隐藏焊点，以及焊点内气泡、空洞等不可见缺陷。

ICT 和飞针测试注重于电路功能和元器件性能测试，如虚焊、开路、短路、元器件失效、用错料等，但无法测量少锡和多锡等缺陷。ICT 测试速度快，适合大批量生产的场合；而对于组装密度高，引脚间距小等场合则需使用飞针测试。

（2）组合测试策略。现在的 PCB 当双面有 SMD 时是非常复杂的，同时器件封装技术也日趋先进，外形趋向于裸芯片大小，这些都对 SMT 的板极电路检测提出了挑战。具有较多焊点和器件的板子，没有一点缺陷简直不可能。前面介绍的多种检测方法都有其各自测试特点与使用场合，但没有任何一种测试方法能完全将电路中所有缺陷检测出来，因此需要采用两种甚至多种检测方法。

① AOI+ICT。AOI 与 ICT 结合已经成为生产流程控制的有效工具。使用 AOI 的好处有很多，如降低目检和 ICT 的人工成本、避免使 ICT 成为提高产能的瓶颈甚至取消 ICT、缩短新产品产能提升周期等。

② AXI+功能测试。用 AXI 检验取代 ICT，可保持高的功能测试的产出率，并减少故障诊断的负担。值得注意的是，AXI 可以检查出许多能由 ICT 检验的结构缺陷，AXI 还能查出一些 ICT 查不出的缺陷。同时，虽然 AXI 不能查出组件的电气缺陷，但这些缺陷却可在功能测试中检出。总之，这种组合不会漏掉制造过程中产生的任何缺陷。一般来说，板面越大，越复杂，或者探查越困难，AXI 在经济上的回报就越大。

③ AXI+ICT。AXI 分层法与 ICT 技术相结合是理想的，其中一个技术可以补偿另一个技术的缺点。

AXI 主要集中检测焊点的质量，ICT 可决定元件的方向和数值，但不能决定焊点是否可接受，特别是大的表面贴装元件包装下面的焊点。

通过使用专门的 AXI 分层检查系统，能够减少平均 40%的所要求的节点数量。ICT 节点数的减少，降低了夹具的复杂性和成本，也得到了更少的误报。使用 AXI 也将 ICT 处的第一次通过合格率增加了 20%。

3.5　返修工艺与设备

通常 SMA 在焊接之后，其成品率不可能达到 100%，会或多或少地出现一些缺陷。在这些缺陷之中，有些属于表面缺陷，影响焊点的表面外观，不影响产品的功能和寿命，可根据实际情况决定是否需要返修，但有些缺陷，如错位、桥接等，会严重影响产品的使用功能及寿命，此类缺陷必须要进行返修或返工。

严格意义上讲，返工（Rework）和返修（Repair）的概念是不同的。返工是为使不合格产品符合要求而对其所采取的措施，即使用原来的或者相近的工艺重新处理 PCB，其产品的使用寿命和正常生产的产品是一样的；而返修是为使不合格产品满足预期用途而对其所采取的措施，即不能保持原有的工艺，只是一种简单的修理。在 SMT 应用中要特别注意两种修理过程的不同意义，但在通常情况下的文字表达上，我们不做严格的区分。

3.5.1　返修工具和材料

“工欲善其事，必先利其器”，要做好返修，必须熟悉并能正确选用合适的工具。常用于表面组装元器件返修的工具如图 3-5-1 所示。

电烙铁是最主要的返修工具，其基本组成如图 3-5-2 所示。

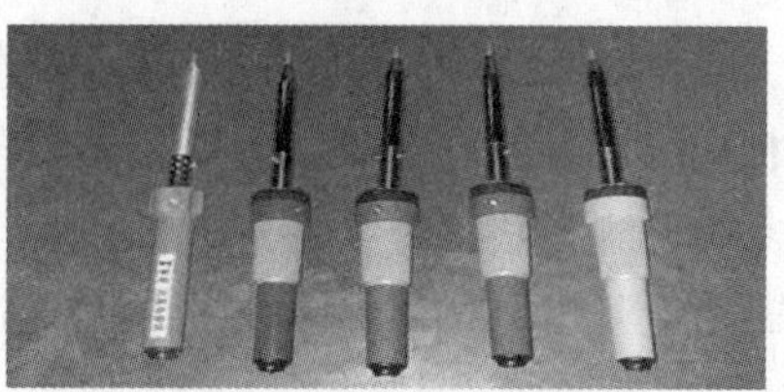

普通内热式电烙铁

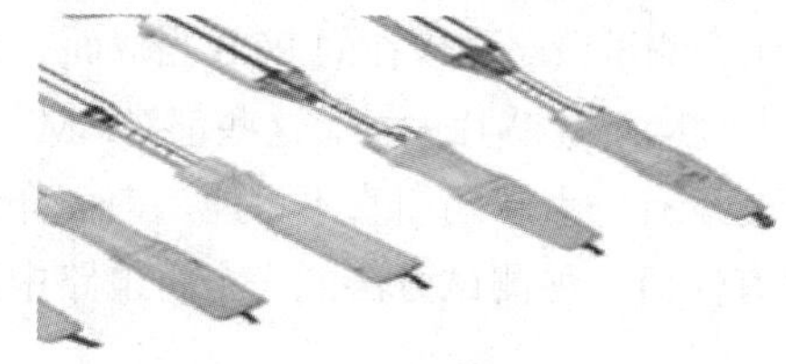

普通外热式电烙铁

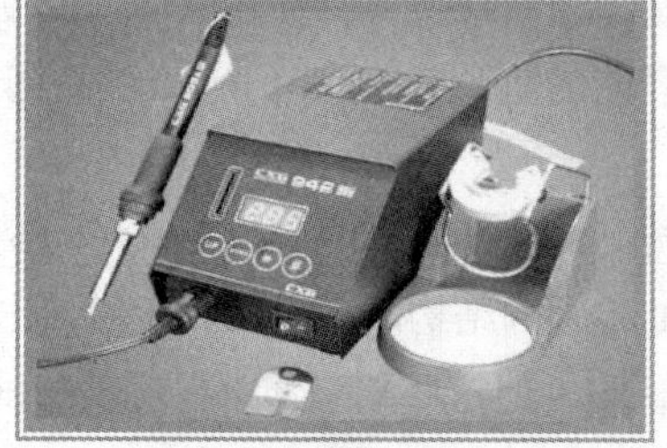

恒温电烙铁

返修工作台

图 3-5-1　常用于表面组装元器件返修的工具

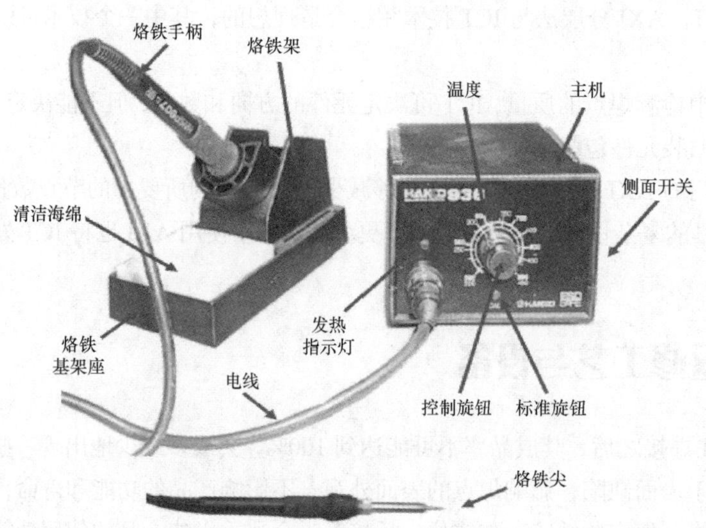

图 3-5-2　电烙铁的主要组成

普通内热式电烙铁是将发热丝绕在一根陶瓷棒上面，外面再套上陶瓷管绝缘，使用时烙铁头套在陶瓷管外面，热量从内部传到外部的烙铁头上。普通外热式电烙铁是将发热丝绕在一根中间有孔的铁管上，里外用云母片绝缘，烙铁头插在中间孔里，热量从外面传到里面的烙铁头上。两种普通电烙铁价格低廉，适用于一般电子元器件的焊接。其中，内热式升温快，不会产生感应电，但发热丝寿命较短，外热式寿命相对较长，但容易产生感应电，容易损坏精密的电子元件，焊接精密元件时最好烙铁外壳接一根地线接地。

普通电烙铁的功率是固定的，但温度无法控制，长时间使用会使温度升高，会烧坏电烙铁，损坏烙铁头。恒温电烙铁内有温度控制器，当烙铁温度达到设定值时，它就停止加热，提高焊接质量，延长烙铁的寿命。

对于一些超小元件或引脚密集且数目多的元件，不宜使用烙铁进行返修，而应采用返修工作台进行返修。返修工作台通过专用治具固定需要返修的电子组件，利用工控电脑触摸屏调取或修改设备参数，并通过温度曲线控制加热温度，实现精确控制电子元器件的拆卸和焊接过程。

除了图 3-5-1 所示工具外，返修时还可能会使用到烙铁架、镊子、焊锡丝、助焊笔/助焊膏/助焊剂、植球器、刮刀、锡球、焊锡膏、热风枪、放大镜、防静电腕带等工具和材料。

3.5.2　返修工艺的基本要求

1．电子元器件的基本返修流程

电子元器件的基本返修流程如图 3-5-3 所示。

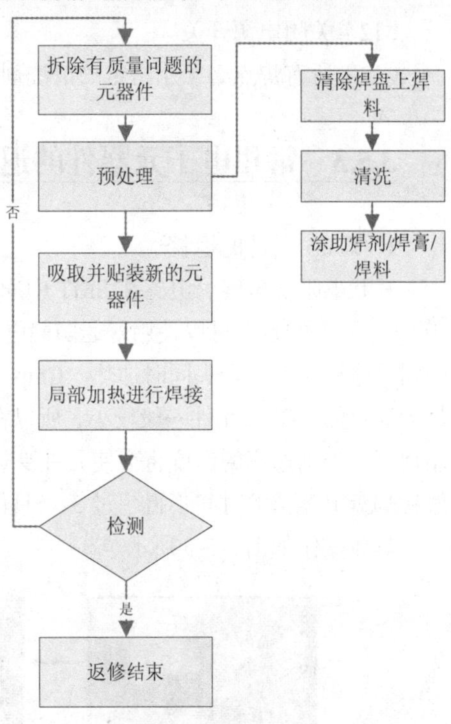

图 3-5-3　电子元器件基本返修流程

2．返修时，对工具使用的基本要求

（1）手工焊接使用的电烙铁须带防静电接地线，焊接时接地线必须可靠接地，防静电恒温电烙铁插头的接地端必须可靠接交流电源保护地。

（2）烙铁头不得有氧化、烧蚀、变形等缺陷。

（3）烙铁放入烙铁支架后应能保持稳定、无下垂趋势，护圈能罩住烙铁的全部发热部位。

（4）支架上的清洁海绵加适量清水，使海绵湿润不滴水为宜。

（5）镊子：端口闭合良好，镊子尖无扭曲、折断。

（6）烙铁头始终保持无钩、无刺。烙铁头不得重触焊盘，不要反复长时间在同一焊点加热，不得划破焊盘及导线。

（7）焊接时不允许直接加热片式元件的焊端和元器件引脚的脚跟以上部位，焊接时间不超过 3s，同一个焊点焊接次数不能超过两次。

（8）拆取器件时，应等到全部引脚完全熔化时再取下器件，以防破坏器件的共面性。采用的助焊剂和焊料要与回流焊和波峰焊时一致或匹配。

（9）防静电手腕：检测合格，手腕带松紧适中，金属片与手腕部皮肤贴合良好，接地线连接可靠。

（10）烙铁不使用时上锡保护，工作时段长时间不用必须关闭电源防止空烧，下班后必须拔掉电源。

3．电烙铁操作顺序

（1）打开电源开关。

（2）调整控温烙铁旋钮至所需温度。

（3）加热指示灯开始闪烁时，可取下烙铁开始作业。

（4）左手拿锡丝，右手拿烙铁。

（5）随时擦拭烙铁头，保持烙铁头洁净。

（6）控制烙铁头与焊点的力度，不可挖 PCB 焊盘。

（7）烙铁与平面间的夹角应在 30°～45°。

（8）每个焊点的作业时间应控制在 2～3s，看到焊锡熔化就立即撤离烙铁头。

（9）假如焊件需要镀锡，先将烙铁尖接触待镀锡处约 1s，然后再放焊料，焊锡熔化后立即撤开烙铁。

（10）焊接完成后，要仔细检查焊点是否牢固、有无虚焊现象。

（11）作业完毕，加锡保养，将烙铁调至最低温度。

（12）关闭电源开关。

（13）所有焊点必须用指定的清洗剂清洗。

3.5.3 常用电子元器件的返修

1．Chip 元件的返修

片状电阻、电容、电感在 SMT 中通常被称为 Chip 元件，对于 Chip 元件的返修可以使用普通防静电电烙铁，也可以使用专用的钳式烙铁对两个端头同时加热。Chip 元件在 SMT 中的返修是最为简单的。Chip 元件一般较小，所以在对其加热时，温度要控制得当，否则过高的温度将会使元件受热损坏。烙铁在加热时一般在焊盘上停留的时间不得超过 3s。具体的返修工艺流程如图 3-5-4 所示。

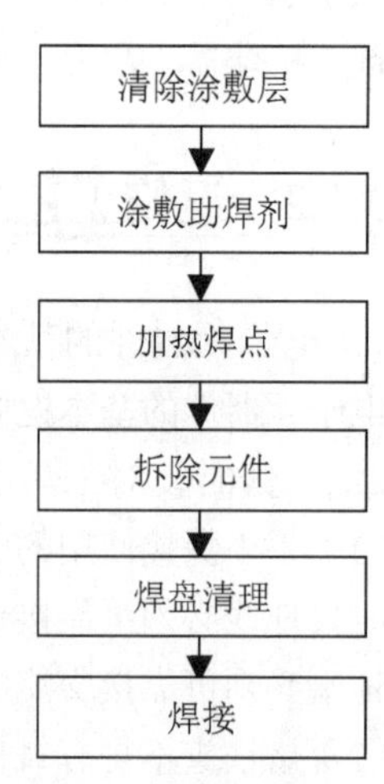

图 3-5-4　Chip 元件返修工艺流程

具体操作如图 3-5-5 所示。

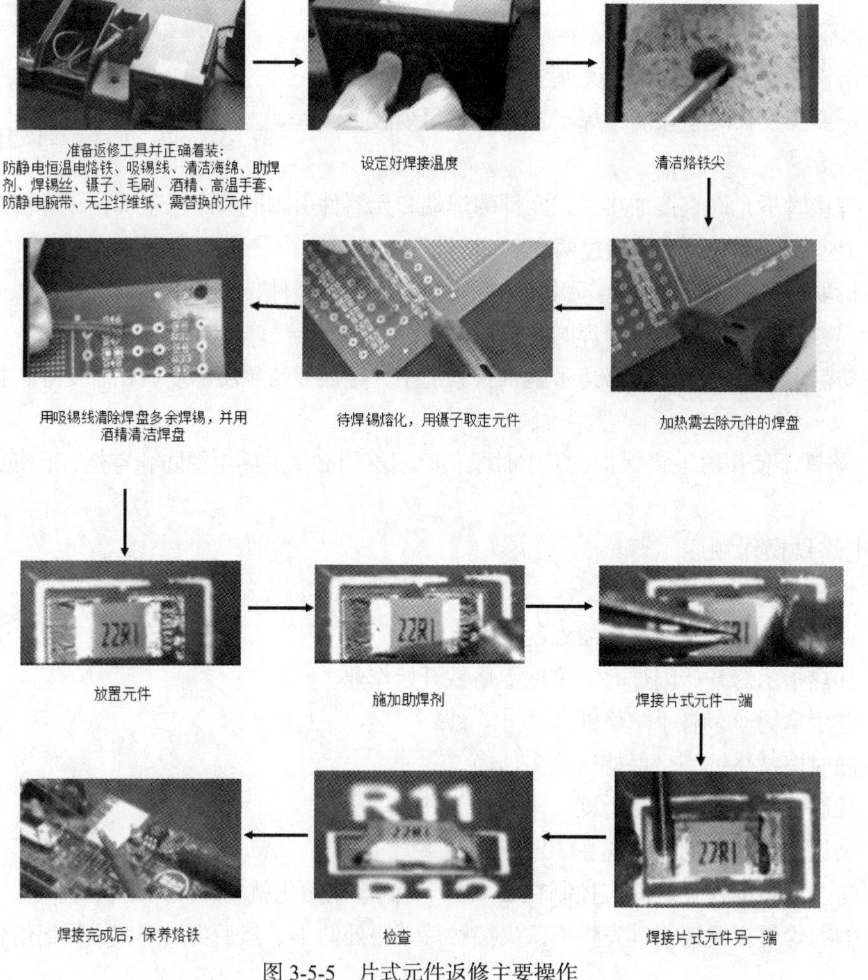

图 3-5-5　片式元件返修主要操作

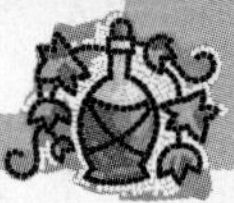

2．多引脚器件的返修

SOP、QFP、PLCC 等多引脚器件的返修，可以采用热夹烙铁头或热风枪拆卸芯片，其操作流程如图 3-5-6 所示。

电路板、芯片预热
拆除芯片
清洁焊盘
器件的安装焊接

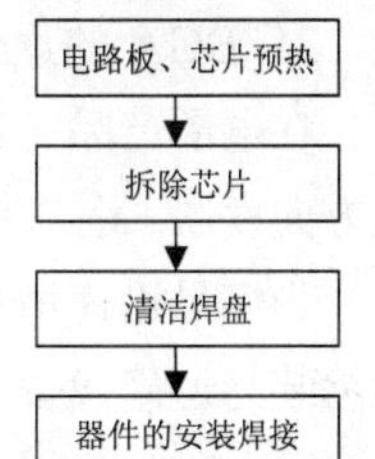

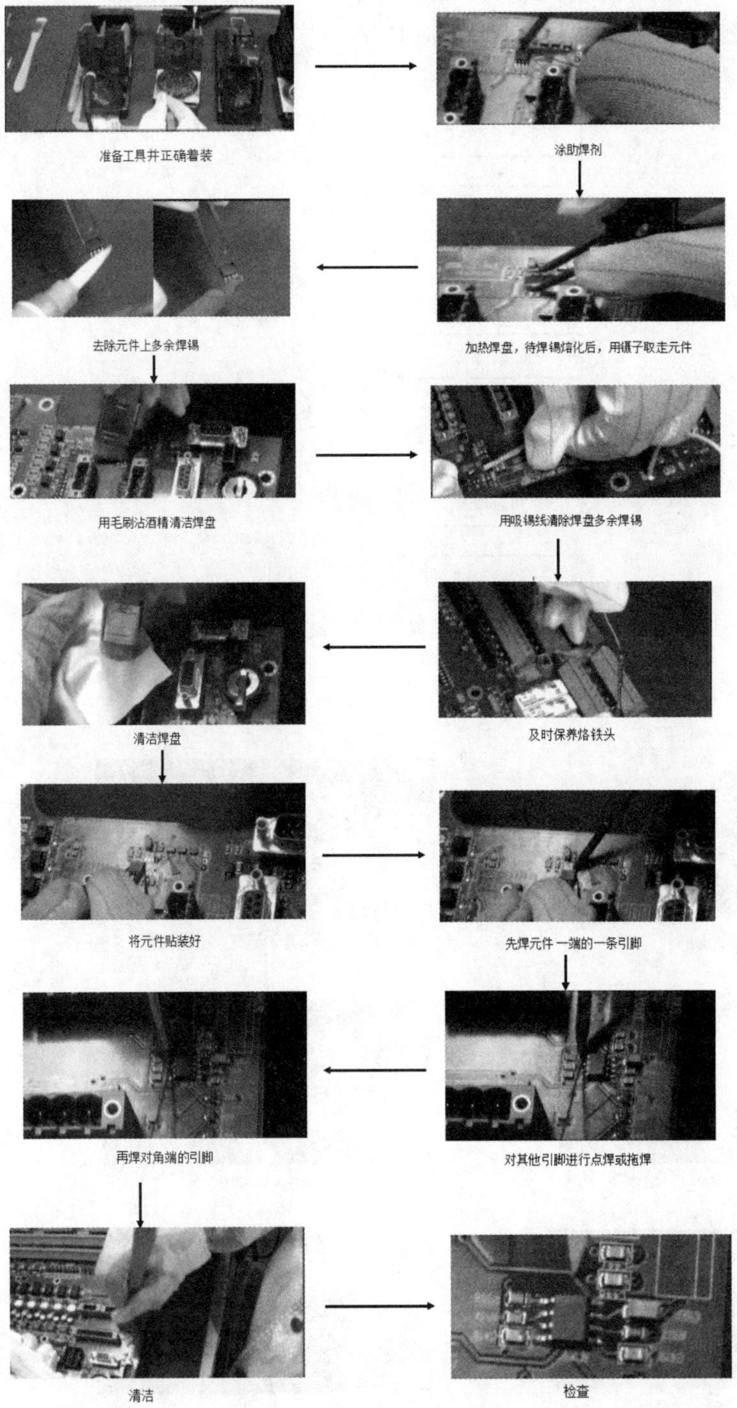

图 3-5-6　多引脚器件的返修工艺流程

具体操作如图 3-5-7 所示。

准备工具并正确着装
涂助焊剂
加热焊盘，待焊锡熔化后，用镊子取走元件
去除元件上多余焊锡
用毛刷沾酒精清洁焊盘
用吸锡线清除焊盘多余焊锡
及时保养烙铁头
清洁焊盘
将元件贴装好
先焊元件一端的一条引脚
对其他引脚进行点焊或拖焊
再焊对角端的引脚
清洁
检查

图 3-5-7　多引脚元件返修主要操作

3．BGA 的返修

在电子产品尤其是电脑和通信类电子产品的生产领域，元器件向微小型化、多功能化、绿色化方向发展，各式封装技术不断涌现，BGA 是当今封装技术的主流。

为满足迅速增长的对 BGA 等元器件电路组装的需求，制造者需选择更安全、更快、更便捷的组装与返修设备和工艺。BGA 等器件的返修设备主要是各种品牌的返修工作站。

（1）BGA 芯片返修工艺。采用普通热风返修系统对 BGA 芯片进行返修的工艺流程如图 3-5-8 所示。

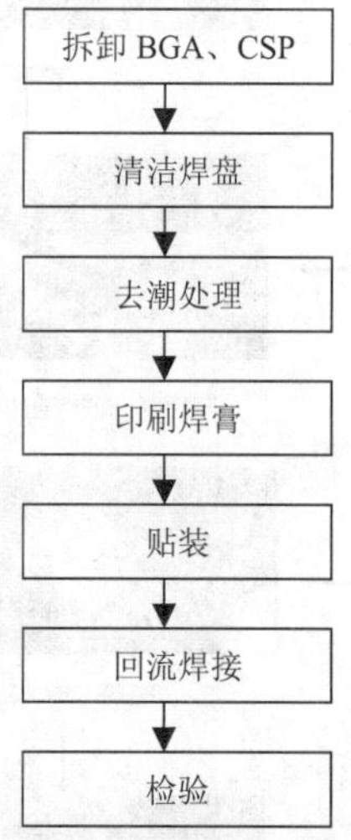

图 3-5-8　BGA 芯片的返修工艺流程

具体操作如图 3-5-9 所示。

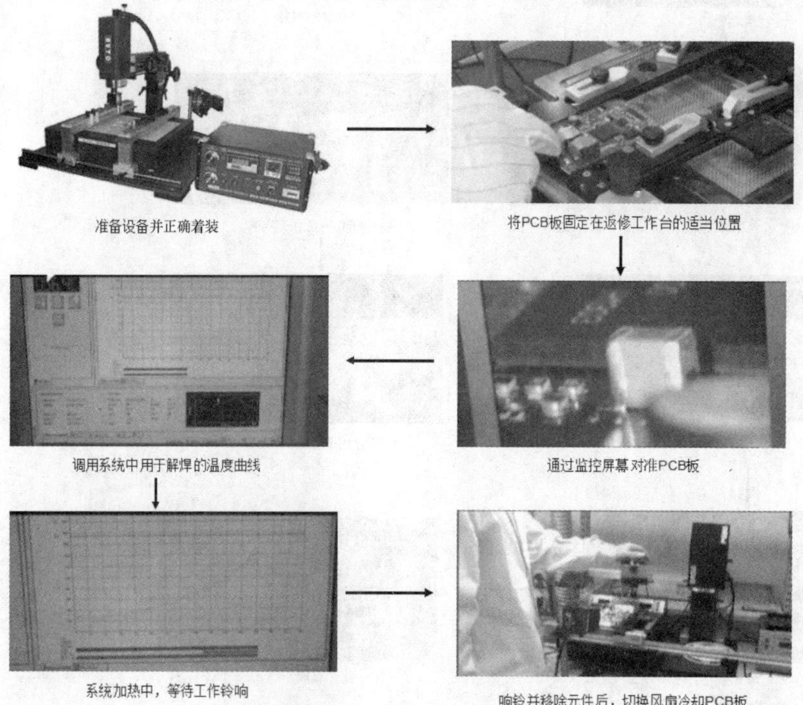

图 3-5-9　BGA 返修主要操作

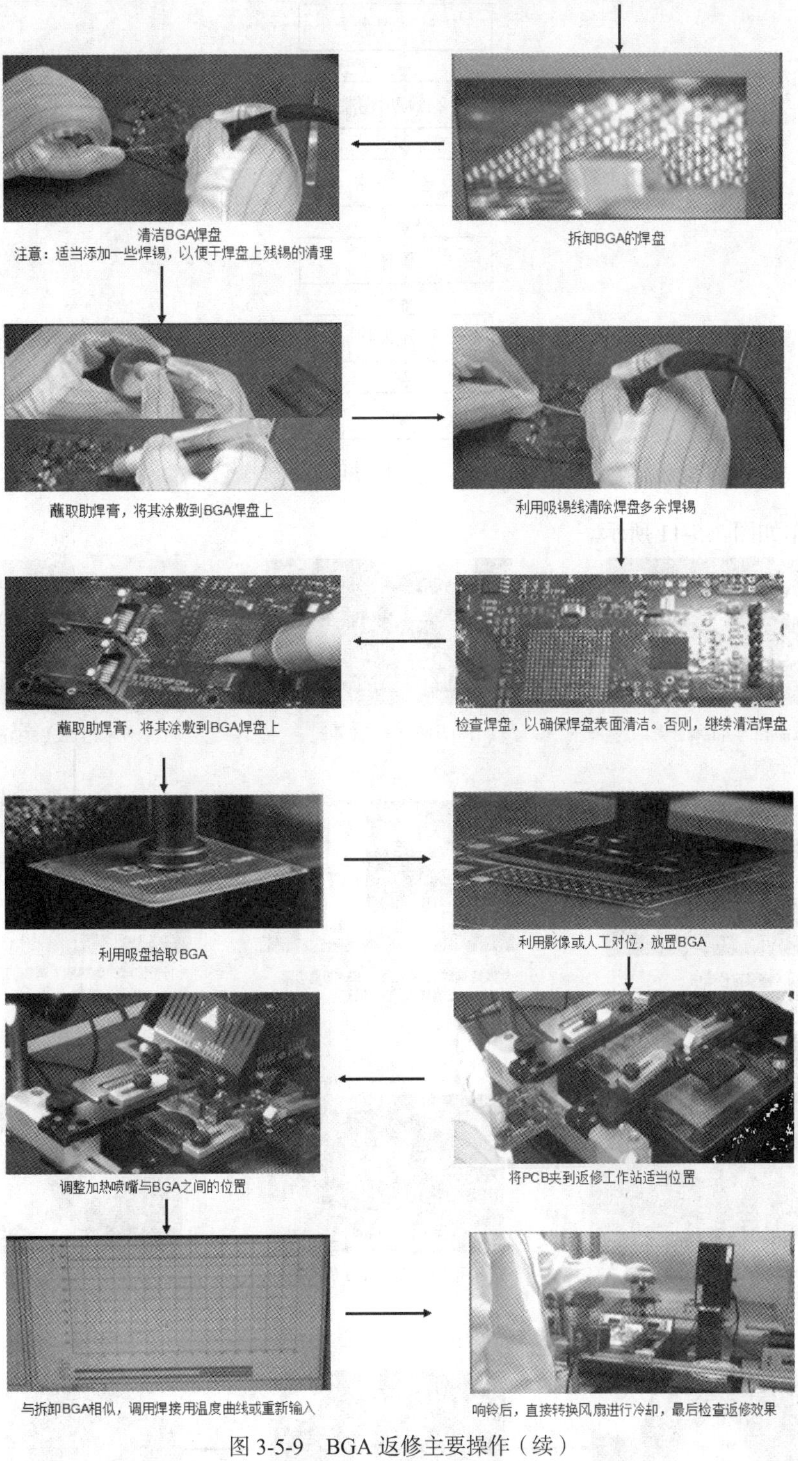

拆卸BGA的焊盘

清洁BGA焊盘
注意：适当添加一些焊锡，以便于焊盘上残锡的清理

蘸取助焊膏，将其涂敷到BGA焊盘上

利用吸锡线清除焊盘多余焊锡

检查焊盘，以确保焊盘表面清洁。否则，继续清洁焊盘

蘸取助焊膏，将其涂敷到BGA焊盘上

利用吸盘拾取BGA

利用影像或人工对位，放置BGA

将PCB夹到返修工作站适当位置

调整加热喷嘴与BGA之间的位置

与拆卸BGA相似，调用焊接用温度曲线或重新输入

响铃后，直接转换风扇进行冷却，最后检查返修效果

图 3-5-9　BGA 返修主要操作（续）

（2）BGA 植球工艺。经过拆卸的 BGA 器件一般情况下可以重复使用，但由于拆卸后 BGA 底部的焊球被不同程度的破坏，因此必须进行植球处理才能使用。根据植球工具和材料的不同，植球的方法也有所不同，不管采用什么方法，工艺过程是相同的，其工艺流程如图 3-5-10 所示。

清洁焊盘
涂敷助焊剂
选择焊球
置球
回流焊接
清洗

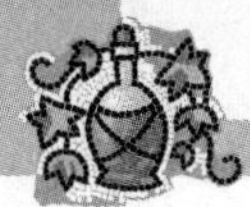

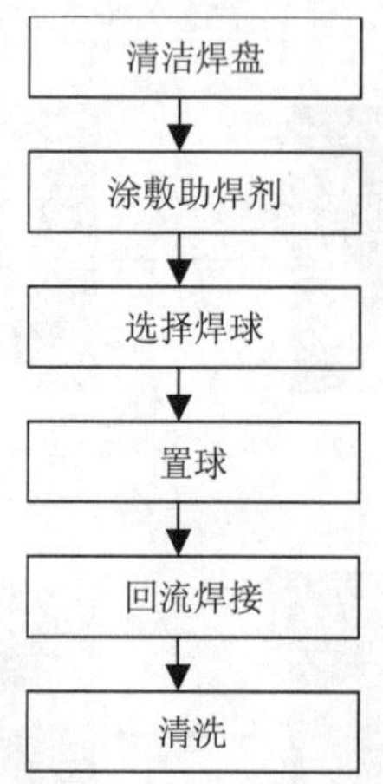

图 3-5-10　BGA 植球的工艺流程

具体操作如图 3-5-11 所示。

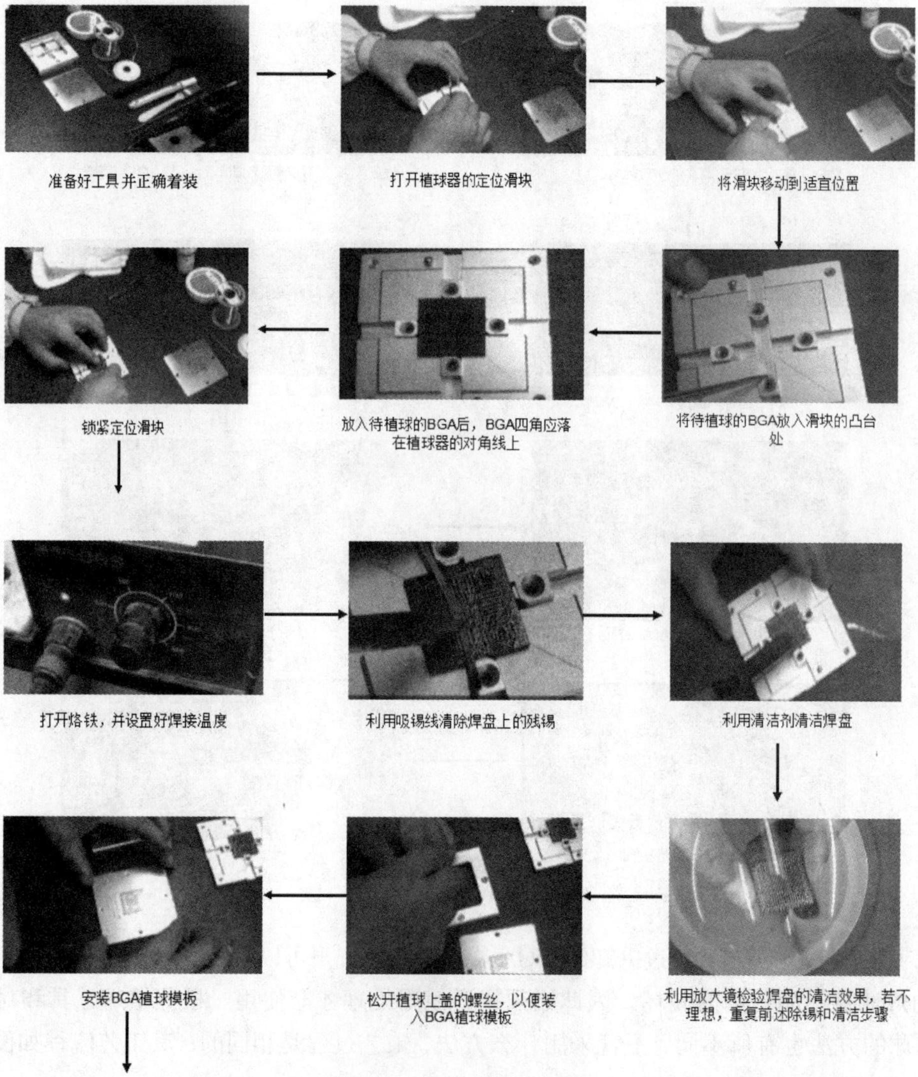

准备好工具并正确着装
打开植球器的定位滑块
将滑块移动到适宜位置
将待植球的BGA放入滑块的凸台处
放入待植球的BGA后，BGA四角应落在植球器的对角线上
锁紧定位滑块
打开烙铁，并设置好焊接温度
利用吸锡线清除焊盘上的残锡
利用清洁剂清洁焊盘
利用放大镜检验焊盘的清洁效果，若不理想，重复前述除锡和清洁步骤
松开植球上盖的螺丝，以便装入BGA植球模板
安装BGA植球模板

图 3-5-11　BGA 植球主要操作

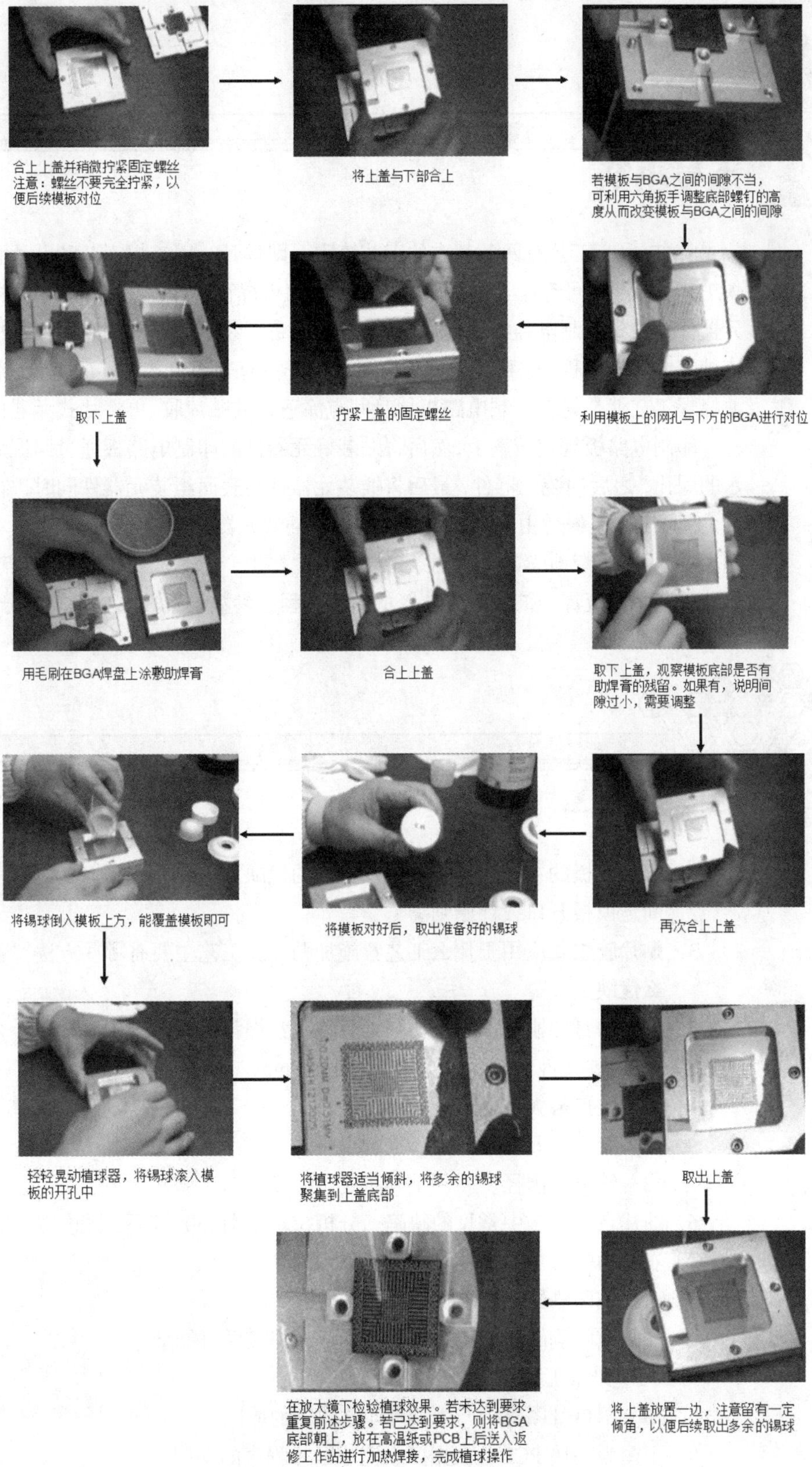

合上上盖并稍微拧紧固定螺丝
注意：螺丝不要完全拧紧，以便后续模板对位

将上盖与下部合上

若模板与BGA之间的间隙不当，可利用六角扳手调整底部螺钉的高度从而改变模板与BGA之间的间隙

利用模板上的网孔与下方的BGA进行对位

拧紧上盖的固定螺丝

取下上盖

用毛刷在BGA焊盘上涂敷助焊膏

合上上盖

取下上盖，观察模板底部是否有助焊膏的残留。如果有，说明间隙过小，需要调整

再次合上上盖

将模板对好后，取出准备好的锡球

将锡球倒入模板上方，能覆盖模板即可

轻轻晃动植球器，将锡球滚入模板的开孔中

将植球器适当倾斜，将多余的锡球聚集到上盖底部

取出上盖

将上盖放置一边，注意留有一定倾角，以便后续取出多余的锡球

在放大镜下检验植球效果。若未达到要求，重复前述步骤。若已达到要求，则将BGA底部朝上，放在高温纸或PCB上后送入返修工作站进行加热焊接，完成植球操作

图 3-5-11　BGA 植球主要操作（续）

本章小结

SMT 生产工艺有两条基本的工艺流程，即焊膏—回流焊工艺和贴片胶—波峰焊工艺。焊膏—回流焊工艺就是先在印制电路板焊盘上印刷适量的焊膏，再将片式元器件贴放到印制电路板规定的位置上，最后将贴装好元器件的印制电路板通过回流炉完成焊接过程。这种工艺流程主要适用于只有表面组装元件的组装。贴片胶—波峰焊工艺就是先在印制电路板焊盘间点涂适量的贴片胶，再将片式元器件贴放到

印制电路板规定位置上，然后将贴装好元器件的印制电路板通过回流炉完成胶水的固化，之后插装元器件，最后将插装元器件与表面组装元器件同时进行波峰焊接。这种工艺流程适用于表面组装元器件和插装元器件的混合组装。通过本章的介绍，我们可以系统地学习上述两条工艺中的主要生产工艺——印刷工艺、点涂工艺、贴装工艺、回流焊、波峰焊工艺等的生产过程、参数设置以及生产缺陷分析。

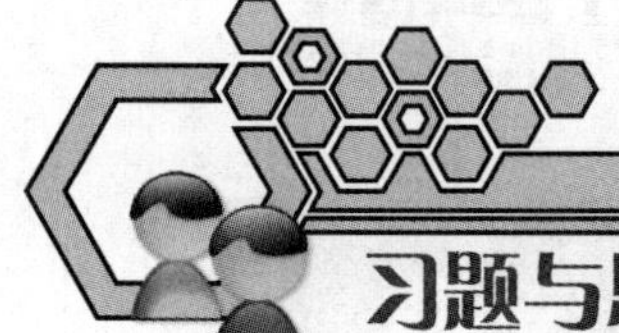

习题与思考

1. 简述模板的主要制作方法以及各自的优缺点。
2. 简述模板开口设计原则。
3. 贴片胶主要应用于什么工艺？施加贴片胶工艺主要有哪些方法？各自有什么优缺点？
4. 影响焊膏印刷质量的主要因素有哪些？焊膏黏度对印刷质量有什么影响？
5. 以 0805 元件为例，已知焊盘间距 0.8mm，计算以下各项。

   （1）胶点最大直径。

   （2）胶点与元件底部最小接触直径。

   （3）针嘴的内径。
6. 简述点胶工艺中常见的缺陷。分析拉丝/拖尾的产生原因和解决措施。
7. 右图为一常见印刷缺陷，回答下列问题

   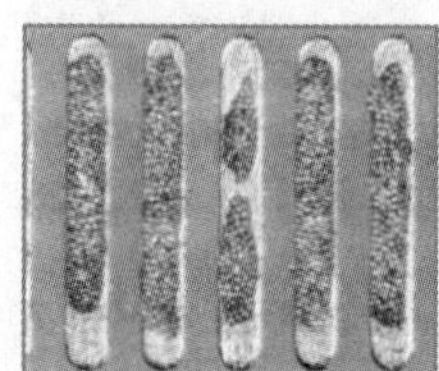

   （1）该印刷缺陷的名称是什么？

   （2）该印刷缺陷如不进行及时返修，焊接后可能会导致哪些不良后果？

   （3）用鱼骨图分析产生该种印刷缺陷的原因。
8. 下图为一块 PCB，根据要求完成贴片程序的编制。

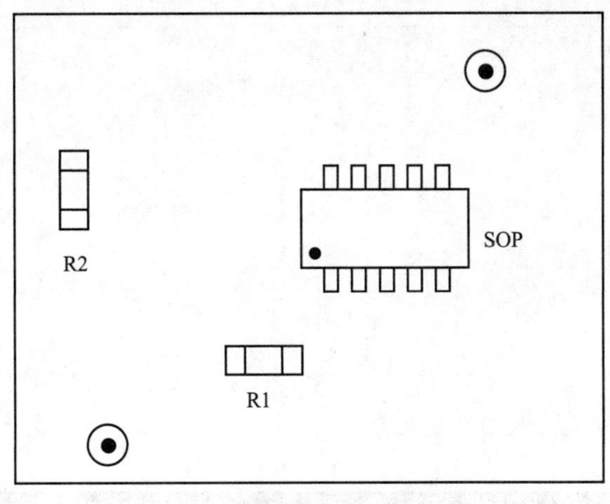

（1）在上图中确定一个 Mark 点作为坐标参考原点（Mark1），并在此点处标出坐标系。

（2）根据（1）中确定的坐标参考原点，完成下表中贴装程序的编制。

序号	*X* 坐标（单位：0.01mm）	*Y* 坐标（单位：0.01mm）	角度（单位 0.01°）	注释
1				Mark1
2				Mark2
3				R1
4				R2
5				SOP

9. 绘制出采用 Sn96.3Ag3.2Cu0.5 焊膏进行回流焊时，两种典型的回流焊温度曲线，并进行简单描述。
10. 简述回流焊温度曲线的测定步骤。
11. 分析回流焊时产生立碑缺陷的原因及其解决措施。
12. 写出波峰焊的工艺流程，并注明波峰焊中涂敷助焊剂和预热的作用？
13. 飞针测试仪和在线针床测试仪二者有何不同之处？
14. SMT 工艺中，需要进行哪些检测？
15. SMT 组装前来料检测的主要内容是什么？
16. 简述 AOI 在 SMT 生产线上的位置，并说明各位置上的主要检测内容。
17. 返修片式元件时，烙铁温度一般如何控制？
18. 简述或演示热风枪拆除 PLCC 时的主要步骤。
19. 简述 BGA 的返修基本流程。
20. BGA 植球的方式有哪些？分别简述各方式对应的操作过程。

第4章 SMT产品制作

教学导航

<table>
<tr><td rowspan="2">知识目标</td><td rowspan="2">✧ 理解5S管理的内容和方法
✧ 掌握电子产品作业过程中静电防护的方法
✧ 理解安全生产的重要性
✧ 了解质量管理的概念和方法
✧ 了解基本的生产管理概念和方法
✧ 掌握SMT产品制作基本工艺和流程
✧ 实际制作SMT产品的要求和方法</td><td>理论时间</td><td>一体化时间</td></tr>
<tr><td rowspan="5">4学时</td><td rowspan="5">10学时</td></tr>
<tr><td>能力目标</td><td>✧ 5S管理内涵及具体实施步骤
✧ 静电的产生及其防护
✧ 安全知识
✧ ISO 9000的应用
✧ SMT生产管理
✧ SMT产品制作工艺流程
✧ SMT产品制作的基本技能</td></tr>
<tr><td>重点与难点</td><td>✧ SMT生产过程中静电防护
✧ SMT质量管理
✧ SMT工艺流程
✧ SMT产品制作</td></tr>
<tr><td>教学辅助工具</td><td>✧ SMT教学工厂相关生产设备、工具
✧ 产品制造工艺文件
✧ 制作产品套件</td></tr>
<tr><td>学习方法</td><td>✧ 将5S运用到生活中，体会理解5S的作用
✧ 结合SMT实训工厂，学习静电的防护措施
✧ 结合实际，理解学习SMT生产过程中的静电防护
✧ 结合实际，理解学习SMT各种质量管理方法
✧ 在实际工作中，体会和理解SMT生产管理
✧ 在SMT实训工厂，根据工艺文件要求制作SMT实训产品</td></tr>
</table>

4.1 生产管理

4.1.1 5S 管理

1．5S 的概念

5S 管理起源于日本，是现今多数企业用来管理生产现场的一种方法。

它通过规范现场，营造一目了然的工作环境，培养员工良好的工作习惯，最终提升员工的品质，并为其他管理活动的顺利开展打好基础。

5S 管理就是整理（Seiri）、整顿（Seiton）、清扫（Seiso）、清洁（Seiketsu）和素养（Shitsuke）5 个项目，因日语的罗马拼音均以“S”开头而简称 5S 管理。

（1）整理。整理就是将工作场所内的物品分类，并把不要的物品坚决清理掉。

工作场所的物品可区分为以下几类。

① 经常用的，放置在工作场所容易取到的位置，以便随手可以取到。

② 不经常用的，存储在专有的固定位置。

③ 不再使用的，清除掉。

整理的目的是为了腾出更大的空间，防止物品混用、误用，创造一个干净的工作场所。软件的整理也不能被忽视。

（2）整顿。整顿就是把有用的物品按规定分类摆放好，并做好适当的标识。

具体做法如下。

① 对放置的场所按物品使用频率进行合理的规划，如经常使用物品区、不常使用物品区、废品区等。

② 将物品在上述场所分类摆放整齐。

③ 对这些物品在显著位置做好适当的标识。

整顿的目的是杜绝乱堆放、物品混淆不清、找不到物品等无序现象的发生，以便使工作场所一目了然，创建整齐明快的工作环境，可以减少寻找物品的时间，可以消除过多的积压物品。

（3）清扫。清扫就是将工作场所内所有的地方，工作时使用的仪器、设备、工模夹具、材料等打扫干净，使工作场所保持干净、宽敞、明亮。

清扫的方法如下。

① 清扫地面、墙上、天花板上的所有物品。

② 对仪器设备、工模夹具等进行清理、润滑，破损的物品进行修理。

③ 防止污染，对水源污染、噪声污染进行治理。

清扫的目的是维护生产安全，减少工业灾害，保证品质。

（4）清洁。清洁是经常性地做整理、整顿、清扫工作，并对以上三项进行定期与不定期的监督检查，并提出改进措施。

具体做法如下。

① 明确 5S 工作责任人，负责相关的 5S 责任事项。

② 每天上下班花 3 ~ 5min 做好 5S 工作。

③ 经常性地自我检查、相互检查、专职定期或不定期检查等。

④ 进行清洁的关键是制定清洁时间表，整理工作场所。

⑤ 保持工作场所整洁。

⑥ 使用后立即清洁工具、设备及工作场所。

⑦ 保持设备的清洁好用。

清洁的目的是使整理、整顿、清扫工作行之有效地长期坚持下去。

（5）素养。素养也叫教养，就是指人人养成遵守 5S 的习惯，时时刻刻记住 5S 规范，建立良好的企业文化，使 5S 活动更注重于实质，而不流于形式。

具体要求：遵守作息时间，工作时精神饱满，仪表整齐，保持环境的清洁等。

实施的关键：遵循安全程序；执行并遵循标准程序；对自己的态度和习惯有所认识；遵守公司规章制度；养成良好习惯。

2．5S 之间的关系

整理、整顿、清扫、清洁、素养，这 5 个 S 并不是各自独立，互不相关的。它们之间是一种相辅相成，缺一不可的关系。

整理是整顿的基础，整顿又是整理的巩固，清扫是显现整理、整顿的效果，而通过清洁和素养，则使企业形成一个整体的良好气氛。

3．5S 的作用

（1）提升公司形象。整洁的工作环境，饱满的工作情绪，有序的管理方法，使员工有充分的信心，容易吸引顾客。

（2）营造团队精神，创造良好的企业文化，加强员工的归属感。员工们养成了良好的习惯，都变成有教养的员工，也更容易塑造良好的企业文化。

（3）能够减少浪费。经常习惯性的整理、整顿，不需要专职整理人员，减少人力。

对物品进行规划分区，分类摆放，减少场所的浪费。

物品分区分类摆放，标识清楚，减少找寻物品的时间，节约时间、减少人力、减少场所就是降低成本。

（4）保障质量。工作养成认真的习惯，做任何事情都一丝不苟，不马虎，产品质量自然有保障。

（5）改善情绪。清洁、整齐、优美的环境可以带来美好的心情，员工工作起来会更认真。

上司、同事、下级谈吐有礼、举止文明，会给员工一种被尊重的感觉，容易融合在这种大家庭的氛围中。

（6）安全有保障。工作场所宽敞明亮，通道畅通，地上不会随意摆放丢弃物品，墙上不悬挂危险品，这些都会使员工人身、企业财产有相应的保障。

（7）提高效率。物品摆放整齐，不用花时间寻找，工作效率自然就提高了。

因此 5S 是企业进行生产现场管理有效的方法之一。

4．实施 5S 的主要手段

（1）检查表。根据不同的场所制定不同的检查表，即不同的 5S 操作规范。

通过检查表，进行定期或不定期的检查，发现问题，及时采取纠正措施。

（2）红色标签战略。制作一批红色标签，红色标签上的不合格项有整理不合格、整顿不合格、清扫不合格、清洁不合格，配合查检表一起使用。

对 5S 实施不合格物品贴上红色标签，限期改正，并且记录。

公司内分部门，部门内分个人分别绘制“红色标签比例图”，时刻起警示作用。

（3）目视管理。目视管理即一看便知，一眼就能识别，在 5S 实施上运用，效果也不错。

4.1.2　SMT 生产过程中的静电防护

静电即静止不动的电荷，也就是当电荷积聚不动时，这种电荷称为静电。

静电是一种电能，它存在于物体表面，是正负电荷在局部失衡时产生的一种现象。

静电现象是指电荷在产生与消失过程中所表现出的现象的总称，如摩擦起电就是一种静电现象。

1. 静电的产生

（1）静电的产生方式。

① 摩擦起电。摩擦起电是最常见的产生静电的原因之一，是两种物体直接接触后形成的，通常发生于绝缘体与绝缘体之间或者绝缘体与导体之间。

② 剥离起电。当相互密切结合的物体剥离时，会引起电荷的分离，出现分离物体双方带电的现象，称为剥离起电。

③ 断裂带电。材料因机械破裂使带电粒子分开，断裂两半后的材料各带上等量的异性电荷。

④ 高速运动中的物体带电。物体在高速运动中，其表面会因与空气的摩擦而带电。

最典型的案例是高速贴片机贴片过程中，因元器件的快速运动而产生静电，其静电压为 600V 左右。

（2）人体静电的产生。人体形成静电的原因是人体在日常工作中，把人体所消耗的机械能在活动中转换为电能。

人体是一个静电导体，当与大地绝缘时（如穿的鞋底为绝缘物质），人体与大地就形成一个电容，使电荷储存起来，其充电电压一般≤50kV。当电荷储积到一定程度，一旦条件成熟，就会形成放电现象。

人体静电的产生方式有如下两种。

① 起步电流。起步电流为当人行走在绝缘地板上时产生的静电电流。这种电流一般小于 10A，其大小和步行方式、地板材料有关。

人体活动的静电电位如表 4-1-1 所示。

表 4-1-1　人体活动的静电电位

人 体 活 动	静电电位/kV	
	10% ~ 20%RH	65% ~ 90%RH
人在地毯上走动	35	15
人在乙烯树脂地板上行走	12	0.25
人在工作台上操作	6	0.1
包工作说明书的乙烯树脂封皮	7	0.6
从工作台上拿起普通聚乙烯袋	20	1.2
从垫有聚氨基甲酸泡沫的工作椅上站起	18	1.5

② 摩擦带电及其他带电。人体在日常工作中，会与所穿的衣服、鞋帽、手套产生摩擦，并且衣服与周围物体之间、鞋子与地板之间、手与工件之间等都可产生摩擦。此外，当人体靠近带电物体时，也会感应出大小相等、符号相反的电荷以及发生带电颗粒的吸附，所有这些都是人体产生静电电荷的诱因，进而通过传导和静电感应，最终使人体呈带电状态。

（3）人体静电电位和静电感应度的关系。人体带电后，瞬时触摸到地线会产生放电现象，并产生反应，其反应程度称为静电感应度。

不同静电压放电过程中人体的电击感应程度如表 4-1-2 所示。

表 4-1-2　人对电击的感应度

人体电位（kV）	电击感应度
1.0	无感觉
2.0	手指外侧有感觉，发出微弱的放电声
2.5	有针刺的感觉，但不疼
4.0	有针深刺的感觉，手指微疼，见到放电微光
6.0	手指感到剧疼，手腕感到沉重
10.0	手腕感到剧疼，手感到麻木
12.0	手指剧麻，整个手感到被强烈电击

2．静电的危害

（1）静电对电子产品产生危害的原因。

① 体积小、集成度高的器件得到大规模生产，从而导致导线间距越来越小，绝缘膜越来越薄，致使耐击穿电压也越来越低（最低的击穿电压可能＜20V）。

② 电子产品在生产、运输、存储和转运等过程中所产生的静电电压远远超过其击穿电压阈值，这就可能造成器件的击穿或失效，影响产品的技术指标。

（2）静电对电子产品的损害形式。静电的基本物理特性为吸引或排斥、与大地有电位差、会产生放电电流。

这 3 种特性对电子元件的影响表现如下。

① 静电吸附灰尘，降低元件绝缘电阻（缩短寿命）。

② 静电放电破坏，使元件受损不能工作（完全破坏）。

③ 静电放电电场或电流产生的热，使元件受伤（潜在损伤）。

④ 静电放电产生的电磁场幅度很大（几百 V/m），频谱极宽（几十～几千 MHz），对电子产品造成干扰甚至损坏（电磁干扰）。

3．静电的防护

（1）静电防护原理。

① 避免静电的产生。对有可能产生静电的地方要防止静电荷的聚集，即采取一定的措施避免或减少静电放电的产生，可采用边产生边泄漏的办法达到消除电荷聚集的目的。

② 创造条件放电。当带电的物体是导体时，则采用简单的接地泄漏办法，使其所带电荷完全消除。

③ 中和静电。当绝缘物体带电时，电荷不能流动，无法进行泄漏，可利用静电消除器产生异性离子来中和静电荷。

（2）静电的各项防护措施。

① 防止静电的产生。

a．控制静电的生成环境。

湿度控制，在不导致器材或产品腐蚀生锈或其他危害前提下，尽量加大湿度。

温度控制，在条件允许情况下，尽量降低温度，包括环境温度和物体接触温度。

尘埃控制，此为防止附着（吸附）带电的重要措施。

地板、桌椅面料和工作台等应由防静电材料制成，并正确接地。

静电敏感产品的运送、传递、存储及包装与拆包装应采取静电防护措施。

喷射、流动、运送、缠绕和分离速度应予控制。

b．防止人体带电。

佩戴防静电腕带。

穿戴防静电服装、衣、帽。

穿戴防静电鞋袜、脚链。

佩戴防静电手套、指套。

严格禁止与工作无关的人体活动，如做操、梳头发等。

进行离子风浴。

c．材料选用要求。

凡必须或有可能发生接触分离的材料应考虑使其在静电序列表上的位次尽量靠近。

应使材料的表面光滑、平整、洁净无污。

使用静电导体材料和低电阻耗散材料。

d．工艺控制措施。

制定并实施防静电操作程序。

使用防静电周转、运输盘、盒、箱及其他容器、小车。

使用防静电工具（烙铁、吸锡器等）。

采用防静电包装。

对有静电燃烧、爆炸可能性的液体材料设置必要的静止时间。

尽量减少物体间的接触压力、时间、面积，并限制其运行速度不可过快。

② 减少和消除静电。

a．接地。

地板和工作桌、椅、台面、台垫正确接地。

人体接地。

工具（烙铁、吸锡器、台架、运输小车等）接地。

设备、仪器接地。

管路、运输传送设施、装罐设备、存储设施（设备）接地。

b．增湿。

使用各种适宜的加湿器、喷雾装置。

采用湿拖布拖擦地面或通过洒水等方法以提高带电体附近或环境的湿度。

在允许的情况下尽量选用吸湿性材料。

c．中和。

针对场所和带电物体的形状、特点，选用适宜类型的静电消除器，以消除器材、产品、场所、设备和人体上的静电。

d．掺杂。

在非导体材料、器具的表面通过喷、涂、镀、敷、印、贴等方式附加一层物质以增加表面电

导率，加速电荷的泄漏与释放。

在塑料、橡胶、防腐涂料等非导体材料中施加金铜粉末、导电纤维、炭黑粉等物质，以增加其电导率。

在布匹、地毯等织物中，混入导电性合成纤维或金属丝，以改善织物的抗静电性能。

在易于产生静电的液体中加入化学药品作为抗静电添加剂，以改善液体材料的电导率。

③ 减少静电危害。

采用静电屏蔽和接地设计。

对敏感部位和敏感元器件采用加防护盖、罩、片等静电屏蔽措施，以减少电的力学、感应和放电危害；应尽量避免孤立导体的存在。

确保设备、设施和作业场所的静电安全要求。

控制易燃、易爆的液体或粉末，使爆炸性化合物浓度保持在燃烧、爆炸的极限度之下。

作业场所各种接地设施和系统（雷电保护、故障保护、信号参考、大地电极、防静电操作等）正确和有效接地。

控制作业区内各点静电电位在标准允许的范围之内。

安装局部放电器、放电刷等，以通过电晕放电不断释放低电能量，使其积聚的能量在安全范围之内。

严格静电安全作业操作规范。

④ 严格防静电管理。

a．警示、标识及符号的使用。

在静电敏感产品上和内外包装上做出标识或符号。

对装置、设备中的静电敏感器件、部位，按照标准的要求做出标记或警示符号。

对防静电作业场所（工作区）做出规定的特别标记。

b．按标准规定检验和审计。

定期检测有防静电性能要求的工具、器具、服装、鞋袜、地面、桌椅和工作台等，使之保持合格状态。

按规定检测、检查有明确指标要求的环境参数（如湿度、温度、浓度、静电位等）。

按规定检测人体和设备、装置、系统的接地状况。

按标准的规定对产品的静电敏感度进行试验，并建立质量分析和反馈制度。

（3）ESD 的防护物品。电子产品生产过程中使用的防静电器材主要有防静电手腕带、防静电桌垫、防静电地板垫、防静电衣帽、防静电手套、防静电包装等。

ESD 的防护物品如图 4-1-1 所示。

此外，还有接地线扣、防静电车、防静电隔板、防静电标签、真空吸笔、防静电镊子、防静电零件盒等。

总之，一切与 SMA 相接触的物体，包括高速运动的空间都应有防静电措施。

防静电的操作系统应符合《SJ/T 10694—2006 电子产品制造与应用系统防静电检测通用规范》。

（4）静电测试工具。静电手腕带测试仪，用来测试防静电手腕带是否合格。

表面阻抗测试器，用来测试桌面、防静电桌垫、防静电地板垫等表面阻抗。

静电电压测试器，用来测量静电电压值。

常用的静电测试工具如图 4-1-2 所示。

防静电手腕带

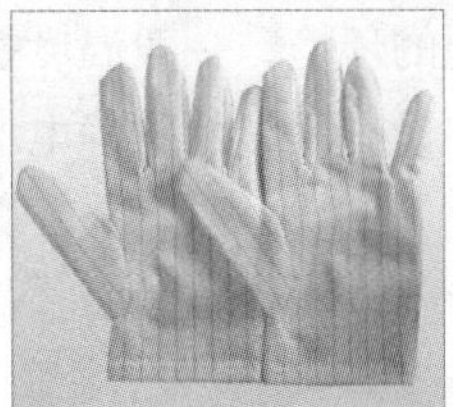

防静电手套

防静电衣帽

防静电包装袋

防静电桌垫

防静电地板垫

图 4-1-1　常用防静电器材

防静电手腕带测试仪

表面阻抗测试器

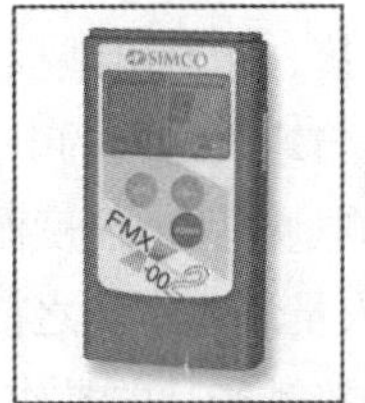

静电电压测试器

图 4-1-2　常用静电测试工具

（5）防静电符号。静电敏感符号，用来表示该物体对 ESD 引起的伤害十分敏感。

静电敏感产品包装标志，用来表示该物体经过专门设计，具有静电防护能力。

静电敏感工作区标志，用来表示该区域对 ESD 引起的伤害十分敏感。

常见的防静电符号如图 4-1-3 所示。

静电敏感符号

静电敏感产品包装标志

静电敏感工作区标志

图 4-1-3　常用防静电符号

4．SMT 生产中的静电防护

SMT 生产中的静电防护是一项系统工程，首先应建立和检查防静电的基础工程，如地线、防静电地板垫及防静电工作台垫、环境的抗静电工程等，然后根据产品配置不同的防静电装置。

（1）SMT 生产线内的防静电设施。SMT 生产线内的防静电设施要求如下。

生产线内的防静电设施应有独立地线，并与防雷接地线分开。

地线可靠，并有完整的静电泄漏系统。

车间内保持恒温、恒湿的环境，一般温度控制在 25 ± 2℃，湿度为 65% ± 5%RH。

入门处配有离子风，并设有明显的防静电警示标志。需要提醒的是没有贴标志的器件，不一定说明它对静电不敏感。

在对组件的静电放电敏感性存在疑问时，必须将其作为静电放电敏感器件处理，直到能够确定其属性为止。

另外，在 SMT 生产线内必须建立静电安全工作区，采用各种控制方法，将区域内可能产生的静电电压保持在对最敏感的元器件都是安全的阈值下。

一般来说，构成一个完整的静电安全工作区，至少应包括有效的导电桌垫、专用接地线、防静电手腕带、防静电桌垫、防静电地板垫，以对导体（如金属件、导电的带子、导电容器和人体等）上的静电进行泄放。同时，配以静电消除器，用于中和绝缘体上积累的电荷，这些电荷在绝缘体上不能流动，无法用泄漏接地的方法释放掉。

（2）生产过程的防静电。

① 定期检查车间内外的接地系统。车间外的接地系统应每年检测一次，电阻要求在 2Ω 以下，改线时需要重新测试。

防静电桌垫、防静电地板垫、接地系统应每 6 个月测试一次，应符合防静电接地要求。

检测机器与地线之间的电阻时，要求电阻为 1MΩ，并做好检测记录。

② 每天测量车间内温度湿度两次，并做好有效记录，以确保生产区恒温、恒湿。

③ 任何人员进入车间之前必须做好防静电措施。

对于直接接触产品的操作人员，要戴防静电手腕带，并要求戴防静电手腕带的操作人员每天上、下午上班前各测试一次，以保证手腕带与人体的良好接触。同时，每天安排相关人员监督检查，并对员工进行防静电方面的知识培训和现场管理。

④ 生产过程中手拿产品时，仅能拿产品边缘无电子元器件处；生产后产品必须装在防静电包装中；安装时，要求一次拿一块产品，不允许一次拿多块产品。

⑤ 返工操作时，必须将要修理的产品放在防静电装置中，再拿到返修工位。

⑥ 整个生产过程中用到的设备和工具都应具有防静电能力。

⑦ 测试验收合格的产品，应用离子喷枪喷射一次再包装起来。

（3）静电敏感器件的存储和使用。

（4）对静电反应敏感的电子器件称为静电敏感器件（Statistic Sensitive Device，SSD），其存储和使用注意事项如下。

SSD 运输过程中不得掉落在地，不得任意脱离包装。

存放 SSD 的库房，相对湿度不低于 40%。

SSD 存放过程中应保持原包装，更换包装时，要使用具有防静电性能的容器。

库房里，在放置 SSD 的位置上应贴有防静电专用标签。

发放 SSD 时应用目测的方法，在 SSD 的原包装内清点数量。

（5）手工焊接、返修调试等工序应在静电安全区进行，如图 4-1-4 所示。

总之，静电防护工程在 SMT 行业中越来越重要，它涉及面广，是一项系统工程，某一个环节的失误都会导致不可挽救的损失。

因此首先要抓好工作人员的教育，使各级人员认识到它的重要性，培训合格后方能上岗操作，同时要严格防静电的工艺纪律和管理，完善防静电设施，把握好每个环节，切实做好防静电工作。

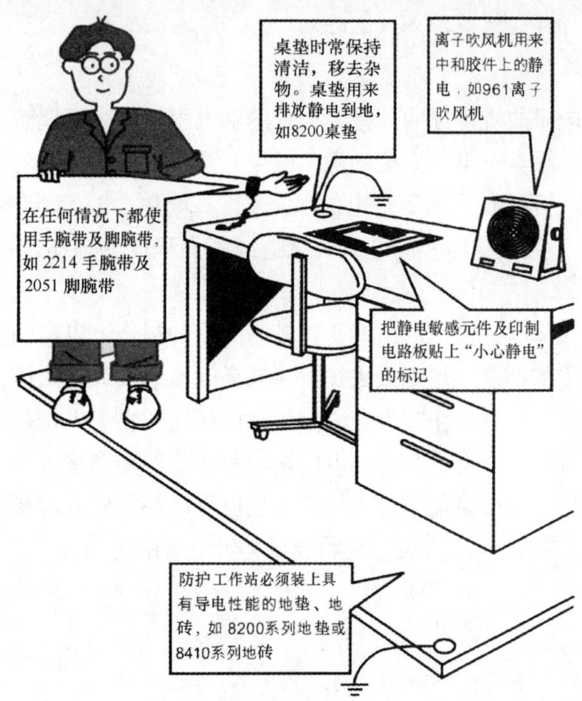

图 4-1-4 典型的静电安全工作区

（6）静电防护的每日 10 项自检步骤。

① 检查自己的工位以确保在工作台上没有会产生静电的物体（如塑料袋）或会产生静电的工具。

② 检查自己工位的接地线是否被拆开或松动，特别是当仪器或设备被移动过之后。

③ 如果使用离子风机，则打开开关检查是否正常。

④ 清除掉工作范围内易产生静电的物体，如塑料袋、盒子、泡沫、胶带及个人物品等，至少放置在 1m 以外。

⑤ 确保所有 ESD 敏感零件、部件或产品都妥善放置在导电容器内，而不暴露在外。

⑥ 确保不会有易产生静电的物品放置在贴有 ESD 敏感标志的导电容器内。

⑦ 确保所有导电容器外都贴有相应的静电警示标志。

⑧ 所有的清洁器具、溶剂、毛皮和喷雾器在工位上使用都必须有静电防护责任人的书面同意。

⑨ 不允许任何没有防静电措施的人员进入 ESD 静电保护区域 1m 以内的范围。任何人员进入静电防护区域或接触任何物品，必须采取措施并穿戴防静电手腕带、防静电衣帽和防静电手套。

⑩ 穿戴好防静电手腕带或防静电脚腕带及防静电防护衣。根据静电防护责任人的演示方法测量手腕带或脚腕带。

4.1.3 安全生产

在工厂里，安全对于我们非常重要，特别是 SMT 工厂。这里指的安全是一个非常广义的概念。通常我们所讲的安全是指人身安全，但这里我们须树立一个较为全面的安全常识，就是在强调人身安全的同时亦必须注意设备、产品的安全。

1．人员安全

（1）用电安全。触电事故统计证明，极大部分的触电事故是由于偶然接触电气装置无防护的裸体载流部分所造成，如果具有电气安全知识，就会有意识地去预防触电事故发生。

① 触电对人体造成的损伤。人碰到带电的裸露导线或物体，电流就要通过人体，这就叫触电。

电流通过人体，对于人的身体和内部组织会造成不同程度的损伤。这种损伤分电击和电伤两种。

电击是指电流通过人体时，使内部组织受到较为严重的损伤。电击伤会使人觉得全身发热、发麻，肌肉发生不由自主的抽搐，逐渐失去知觉，如果电流继续通过人体，将使触电者的心脏、呼吸机能和神经系统受伤，直到停止呼吸，心脏活动停顿而死亡。电伤是指电流对人体外部造成的局部损伤。电伤从外观看一般有电弧伤、电的烙印和熔化的金属渗入皮肤（称皮肤金属化）等伤害。总之，当人触电后，由于电流通过人体和发生电弧，往往使人体烧伤，严重时造成死亡。

② 与触电危险度有关的因素。人触电后将要威胁触电者的生命安全，其危险程度和下列因素有关。

通过人体的电压。

通过人体的电流。

电流作用时间的长短。

电流通过人体的路径。

人体的电阻。

③ 上述因素的危险程度。通过人体的电压：较高的电压对人体的危害十分严重，轻的引起灼伤，重的则足以使人致死。较低的电压，人体抵抗得住，可以避免伤亡。从人触碰的电压情况来看，一般除 36V 以下的安全电压外，高于这个电压人触碰后都将是危险的。

通过人体的电流：决定于接触者接触到电压的高低和人体电阻的大小。人体接触的电压越高，通过人体的电流越大，只要超过 0.1A 就能造成触电死亡。

电流作用时间的长短：电流通过人体时间的长短，和对人体的伤害程度有很密切的关系。人体处于电作用下，时间越短获救的可能性越大。电流通过人体时间越长，电流对人体的机能破坏越大。电流对人体的机能破坏越大，获救的可能性也就越小。

电流通过人体的路径：如果是从头到脚再到地，中间经过重要器官（心脏）时最为危险；电流通过的路径如果是从从脚到脚再到地，则危险性相对小一些。触电时电流通过人体的路径又决定心脏所通过电流的多少。

人体的电阻：人触电时与人体的电阻有关。人体的电阻一般为 10 000 ~ 100 000Ω，主要是皮肤角质层电阻最大。当皮肤角质失去时，人体电阻就会降到 800 ~ 1 000Ω。如果皮肤出汗、潮湿和有灰尘（金属灰尘、炭质灰尘）也会使皮肤电阻大大降低。

④ 工作中预防人身触电事故的方法。

必须安装防触电保护装置。

养成安全操作的良好习惯。

严格按照规范和规程操作。

定期进行安全检查，发现安全隐患，立即向有关人员报告并处理。

不懂电气技术或一知半解的人对电气设备不要乱装、乱拆。

不要用湿手或其他湿的部位动用电气设备（如按开关、按钮）。

清扫时，应先断开电源，不要用湿抹布擦电线、开关按钮。绝对不要用水冲洗电线及各种用电器具。

⑤ 发现有人触电的应急措施。

千万不能徒手去接触正在触电的人。

迅速切断电源（拉开关）。

立即采取抢救。

第一时间拨打医疗急救报警电话“120”，并说清楚出事的准确地点。

向有关部门或主管报告。

（2）机械设备操作安全。很多 SMT 设备是高速运动的机器，是由多个机械和电子组件组成的，有很多动力源（马达）通过动力传输机构（皮带、链条），驱动动作机构（高速旋转的贴片头、工作台）以及机架、夹爪的移动，它们还有锋利的切纸刀口等。类似这些转动、移动的机械，如果在使用操作过程中稍微不慎，就可能造成伤人事故。因此在操作时应注意下列问题。

在设备运行或调试过程中，如发生意外，应迅速按下紧急停止按钮，或拉下电源开关，使设备立即停止工作。

更换某些部件时应在机器停止状态下进行，同时应锁紧紧急停止按钮（防止别人误操作）。

在一般情况下对设备进行维护时，应在设备停止工作的状态下进行操作，情况特殊不能停机，应有一个人以上在旁监护，并放置警示标志。

应按设备操作规程使用设备。

尽量少开设备的门窗或防护罩，防止意外发生。

（3）防止烫伤。电子产品制造离不开焊接，必然会接触高温，如手工焊接、回流焊接、波峰焊接等。因此在操作时应注意下列要求。

手工焊接时，在没有焊接动作时，烙铁必须放置在烙铁架上。

打开回流焊接设备时应注意防止烫伤，同时也要戴好手套。

在进行波峰焊接操作时，不能随意打开防护罩，如要打开，必须穿戴防护用品。

（4）防止化学品侵害。在电子产品制造工艺中要用到很多种化学物品或含化学物品的材料，如清洗剂、助焊剂、稀释剂、粘结剂、填充剂、焊膏等。因此在操作前必须经过严格培训，在操作时应注意下列要求。

化学物品应存放在指定区域，应远离工作区，并在规定的安全距离以上，同时必须配备安全设施。

在进行化学物品搬运和使用时，必须穿戴防护用品，按操作规程进行操作。

化学物品发生泄漏、腐蚀、引燃时，必须按操作规范和规程进行操作，防止事故扩大。

化学物品使用完后，必须及时按操作规范和规程进行操作，放回规定的容器中，防止事故隐患产生。

（5）防止气体冲击。很多 SMT 设备工作时，或某道工序要用到高压气体。因此在操作时应注意下列要求。

在设备运行或调试过程中，如发生意外，应迅速按下紧急停止按钮，或拉下电源开关，使设备立即停止工作，同时关闭气源。

气枪必须放置在规定位置，并有醒目警示，防止别人误操作。

在用气枪操作时，必须穿戴防护用品，戴防护眼镜，必须按操作规范和规程进行操作。

（6）视觉保护。很多 SMT 设备工作时，其照相设备或光源在不断运行。因此在操作时应注意下列要求。

在设备运行、调试、修理过程中，眼睛不要直视光源。

必要时戴防护眼镜。

尽量少开设备的门窗或防护罩，防止意外发生。

2．防火安全

由于 SMT 生产过程中要用到很多化学物品和某些包装材料，并且工厂的仓库中含有多种易燃物品，所以，凡是进入厂区的人员必须树立防火思想。防火必须以预防为主的原则。

以下是日常防火常识。

对易燃品使用后必须盖紧瓶盖，并放置到规定位置。避免在阳光下暴晒及高温干燥环境中放置。

进入厂区严禁使用火种。特殊情况使用火种时，应确保火种已完全熄灭，方可离开。

使用电力时应确保电源线的良好，严禁“一插多用”的现象。避免电线过负荷而起火。

员工必须学会使用消防器材。

一旦发生火警，则应第一时间拨打消防报警电话“119”，说清楚火警出现的准确地点，并迅速疏散。

立即组织有效的灭火工作。

3．设备操作安全规范

由于 SMT 的生产设备自动化程度很高，因此，保证设备安全运行非常重要，在操作时必须严格按照操作规范和规程进行，且操作人员必须经过相关培训。

在对设备进行操作时，必须严格按照操作规范和规程进行。

在设备运行或调试过程中，如发生意外，应迅速按下紧急停止按钮，或拉下电源开关，使设备立即停止工作，防止故障扩大。

随时观察和定期记录设备的运行状态，发现问题立即上报和解决。

禁止野蛮操作。

应按设备保养规程进行保养和维修，使用合格的零部件和保养品。

4．有害物质的保管

由于 SMT 生产过程中可能会接触到有害物质，因此，操作人员在操作前必须经过严格培训，在操作时必须严格按照操作规范和规程进行，对有害物质的保管和处理必须严格按照有关规定执行。

有害物质应存放在指定区域和位置，应远离工作区，并在规定的安全距离以上，同时必须配备安全设施。

在进行有害物质搬运和使用时，必须穿戴防护用品，按操作规程进行操作。

有害物质如果发生泄漏、腐蚀、引燃时，必须按操作规范和规程进行操作，防止事故扩大，同时第一时间拨打消防报警电话“119”，说清楚事故出现的准确地点，并迅速疏散。

对于含有有害物质的废弃物，必须及时按操作规范和规程进行操作，按规定进行处理，防止事故的发生。

对于有害物质的排放，应严格执行以下标准。

《GBJ4—73 工业“三废”排放标准》规定，有害物质铅的排放浓度 $< 34mg/m^3$。

《TJ 36—90 工业企业设计卫生标准》规定，有害物质铅烟浓度 $< 0.03mg/m^3$。

《GB 7355—87 大气中铅及其无机化合物的卫生标准》规定，居住大气中铅及其无铅化合物的日平均最高容许浓度为 0.001 5mg/m^3。

5．物料保管

由于 SMT 生产过程中用到种类繁多的物料，因此，对于物料的保管必须非常严格，不允许产生差错、损坏，在操作时必须严格按照操作规范和规程进行，必须严格按照物料管理的规定执行。

物料应存放在指定区域，分门别类、整齐摆放，并做好标志。

在进行物料搬运和使用时，轻拿轻放，使用专门器具，按操作规程进行操作，防止损坏。

对于有特殊要求的物料，如温度、湿度、静电防护、安全距离等，必须按要求存放。

对于存储和使用有时间要求的物料，必须严格按照规定执行。

6．安全标志

高电压警示标志：请勿接近。

易燃物体警示标志：请勿靠近火源。

激光警示标志：请勿与眼睛对射。

高温物体警示标志：请勿接触。

毒性物体警示标志：请勿接触。

注意机械损伤警示标志：请勿靠近。

静电防止区域警示标志：请注意防静电保护。

佩戴防护目镜警示标志：注意保护眼睛，请勿直视光源。

防火警示标志：小心火焰喷射伤害。

小心操作警示标志：小心操作，注意保护。

常用安全标志如图 4-1-5 所示。

当心坠落　当心伤手

图 4-1-5　常用安全标志

4.1.4　SMT 质量管理

1．质量管理的发展过程

由于产品质量是企业中各环节、各方面、人和工作质量的综合反映，为了保证和提高产品质量，就必须把影响质量的各种因素，运用科学的管理办法，全面系统地管理起来，为适应这一需要，便产生和发展了质量管理。

从质量管理的产生、形成、发展和日益完善的过程来看，它大体经历了 3 个发展阶段：质量检验阶段、统计质量控制阶段、全面质量管理阶段。

2．ISO 9000

ISO（International Organization for Standardization）即国际标准化组织。

ISO 系列标准是由设在瑞士日内瓦的国际标准化组织，即由各国标准化团体组成的世界性的联合会于 1987 年制定的质量保证的系列标准，它包括以下内容。

ISO 9000 质量管理和质量保证标准——选择和使用指南。

ISO 9001 质量体系——设计/开发，生产，安装和使用指南。

ISO 9002 质量体系——生产、安装和服务的质量模式。

ISO 9003 质量体系——最终检验和试验的质量保证模式。

ISO 9004 质量体系——质量管理和质量体系要素指南。

ISO1 4001 环境管理体系。

OHSAS 18001 职业安全体系。

该标准每 5 年修订一次，重新发布。

该标准的目的是帮助管理者通过制定一个切实可行的质量管理体系来实现自己预定的方针目标。

（1）ISO 9000 基本内容。

① ISO 9000 总要求。ISO 9000 的总要求是建立文件化体系，有效实施、保持和持续改进其有效性，确保对影响产品符合性的外包过程实施控制。

② 文件总要求。

文件总要求是建立质量方针、质量目标和质量政策。

建立标准要求的程序文件（至少 6 个）。

建立组织为有效策划、运作和控制过程所需的文件；建立标准要求的记录。

③ 文件控制。管理体系要求的文件需受控；记录是一种特殊类型的文件，需要受控；文件化程序。

文件按信息的性质分为质量手册、质量计划、程序和作业指导书/表格/记录。

④ 记录控制。记录应保持清晰、易识别和检索。

记录是符合要求和有效运行的证据。

（2）八项管理原则。质量管理越来越成为所有组织管理工作的重点。

ISO/TC176/SC2/WG15 结合 ISO 9000 标准 2000 年版制定工作的需要，制定了质量管理八项原则。

原则 1——以顾客为中心。

组织依存于他们的顾客，因而组织应理解顾客当前和未来的需求，满足顾客需求并争取超过顾客的期望。

原则 2——领导作用。

领导者建立组织相互统一的宗旨、方向和内部环境。所创造的环境能使员工充分参与实现组织目标的活动。

原则 3——全员参与。

各级人员都是组织的根本，只有他们的充分参与才能使他们的才干为组织带来益处。

原则 4——过程方法。

将相关的资源和活动作为过程来进行管理，可以更高效地达到预期的目的。

原则 5——系统管理。

针对制定的目标，识别、理解并管理一个由相互联系的过程所组成的体系，有助于提高组织的有效性和效率。

原则 6——持续改进。

持续改进是一个组织永恒的目标。

原则 7——以事实为决策依据。

有效的决策是建立在对数据和信息进行合乎逻辑和直观的分析基础上。

原则 8——互利的供方关系。

组织和供方之间保持互利关系，可增进两个组织创造价值的能力。

（3）五大精华要素。ISO 9000 系列标准中，质量管理体系明确确定了 20 个要素以及这些要素应符合的标准。

这 20 个要素的精华为 “人、机、料、法、环”。

“人” 即生产者。是生产的主体，对于复杂的电子产品制造过程来说，流水线上每个工位的工人都在从事简单劳动，但是经过这些工人集体劳动所生产出来的必须是符合要求的产品，可见产品的设计者和生产的管理者就是产品生产的关键。现代化的生产过程，从最初的设计到产品试制再到规模化的生产，每个环节都离不开人的因素。

“机” 即生产设备。大规模的生产线要用到很多精密的机械设备，这些设备虽然造价高，但大大提高了生产的自动化程度，节省了人力资源，使产品质量稳定，产量提高。在小规模生产、新产品试制和产品维护时，一些基本的手工工具也是非常重要的生产装备。

“料” 即生产材料。如电子产品里的电路板、电子元器件、焊膏、焊料、助焊剂等都是电子产品生产的基本材料。

“法” 即生产方法。各种产品的生产应根据产品不同的生产成本和科技含量，选择适当的生产方法。

“环” 即生产环境，在产品生产过程中，对环境的要求都很高，如湿度、温度、灰尘等都是直接影响产品质量直通率的因素。

综上所述，“人、机、料、法、环” 五大要素是保证生产质量的关键。

4.1.5　生产管理

采用 SMT 生产的产品品种多，其复杂程度不同，元器件种类复杂，生产批量大小不一。要组织好生产，制造出合格的产品，首先要做好管理和组织工作。

生产管理主要实施在工作流程管理、工序管理、质量监控等环节。涉及工厂的各个部门和工作流程。主要有工厂的行政、财务、市场、人力资源、技术工艺、设备、质量、生产、制造、物资管理和流通等部门及相关的管理流程。

1. 企业主要管理部门及职责说明

（1）企业管理流程。总经理──→副总经理──→部门经理──→岗位──→员工

（2）生产管理。

市场部门：根据市场和本单位需要组织订单，并下达采购任务单和生产任务单；了解本批次产品的验收情况及安排售后服务计划。

生产制造部门：接受生产任务单，安排生产计划，根据生产计划和采购计划安排具体生产计划，根据制造工艺和质量要求进行人员和设备的合理安排，配合质量管理部做好产品的质量控制和交验工作。

技术和工艺部门：接受生产任务单，根据生产计划准备技术资料，与客户确定技术资料；根据生产任务单确定生产工艺，根据生产工艺确定生产线；对来料和设备进行确认；根据生产物料明细表和工艺，提供设备运行程序和材料表；根据制造工艺提供设备配置和工艺装备要求；提供相关数据给质量管理部和生产制造部。

质量管理部门：根据生产任务单安排检验计划，根据生产任务单和产品工艺制定检验标准和工艺，做好各环节的检验工作（如 IQC、AQC、OQC 等）。

设备部门：接受生产任务单，根据生产计划准备生产设备和工艺装备；根据制造工艺确保生产线和设备的正常运行，做好生产过程中的设备运行和监控记录；根据生产计划确定生产设备的

点检、日检、周检、旬检、月检、季度检、年检等日常和规定的保养工作，并做好记录；当设备出现故障时，按设备故障处理程序进行；提供相关数据给质量管理部和生产制造部；在生产过程中，因设备原因，质量不能满足客户提出的要求时，及时通知生产制造部和质量管理部等相关部门，并及时处理；根据生产工艺提出的更改要求，及时更改设备配置和运行状态，并与相关部门确认。

物料部门：接收、保管和发放各种生产、管理、设备物料，接受生产任务单，根据生产计划准备生产物料，做好日常和生产过程中的物料补充和监控记录；根据生产计划确定物料库存及需求量，提供相关数据给采购和生产制造部。

各部门共同配合项目：根据客户要求和物料、生产工艺、质量要求进行产品首件试生产，首件产品生产确认后，进行正常生产，做好各环节生产的交验工作，做好生产过程记录和质量记录工作。在生产过程中，客户提出的更改要求及时通知生产制造部和质量管理部等相关部门，根据客户提出的更改要求及时更改技术资料，并与客户确认。

2．生产环境管理

（1）生产环境管理应按照企业评审通过的 ISO 9000 中的有关规定执行。

（2）生产环境管理应按照企业评审通过的 ISO 14000 中的有关规定执行。

（3）生产环境管理应按照企业制定的 5S 管理执行。

3．生产人员管理

制造一件合格的产品，要有管理、设备、工艺、物料等方面的保证。但生产人员的素质和管理至关重要。它直接影响企业的形象和产品的质量。

（1）人力资源管理部门应按照企业对管理者、岗位、设备、技术工艺、技能等方面综合考虑录用和推荐人才。并负责企业的培训工作。

（2）SMT 工厂必须具备以下人员。

SMT 工艺工程师：确定产品生产流程，编制工艺、编制作业指导书，进行技术培训，参与质量管理等。

SMT 设备工程师：负责设备的安装和调校，设备的维护和保养，进行技术培训，参与质量管理等。

质量管理工程师：负责产品质量的管理，编制检验标准和检验工艺、制定检验作业指导书，进行质量管理培训等。

现场管理：负责实施工艺和质量管理，监视设备运行状态和工艺参数等。

统计员：生产数据的统计和分析，质量数据的统计和分析，参与质量管理。

设备操作员：正确和熟练操作设备，并进行设备的日常保养、生产数据记录、参与质量管理等。

检验员：负责产品制造的各个环节的质量检验，记录检验数据等。

装配焊接操作员：产品制造过程中的装配、焊接、返修，参与质量管理等。

保管员：负责物料、耗材、材料、工艺装备等的管理，参与质量管理等。

4.2 产品制作

产品 HX203T 调频调幅收音机制作简介。

HX203T 调频调幅收音机是以 CXA1691M 单片集成电路为主体，加上少量外围元件构成的小型低压收音机。

该电路的推荐工作电压范围为 2 ~ 7.5V，VCC＝6V 时，RL＝8Ω 的音频输出功率＝500mW。

HX203T 调频调幅收音机外观如图 4-2-1 所示。

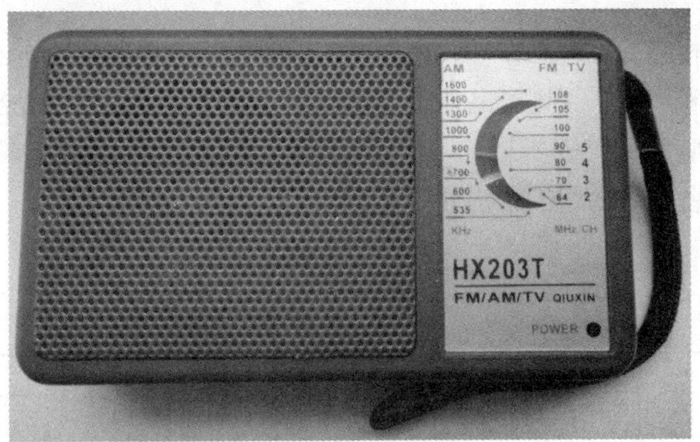

图 4-2-1　HX203T 调频调幅收音机外观

HX203T 调频调幅收音机内部如图 4-2-2 所示。

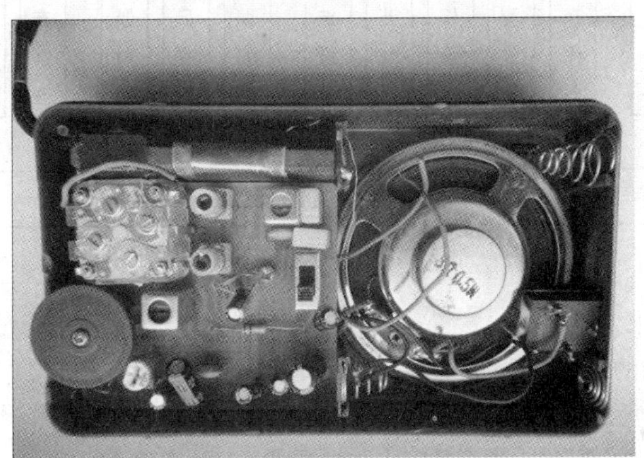

图 4-2-2　HX203T 调频调幅收音机内部

该产品由印制板组件和外壳组件组成，适合初学者和实训组装。

其制作工艺模块流程如图 4-2-3 所示。

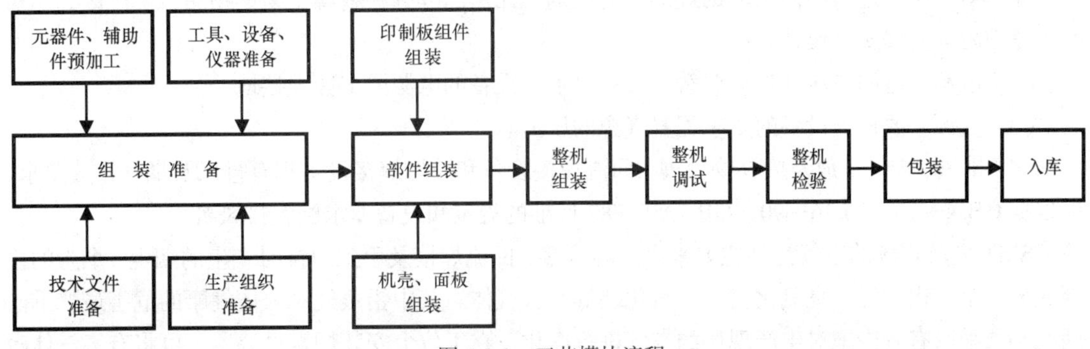

图 4-2-3　工艺模块流程

4.2.1 产品制作的准备

企业除了要做好相应的管理工作外，在生产前还要做好各项准备工作，以保证产品的正常生产、以及产品的质量和产量。否则产品在生产过程中和生产完成后会出现各种各样的问题，会直接影响到产品的生产质量和产量。

产品的生产前准备工作的组织结构如图 4-2-4 所示。

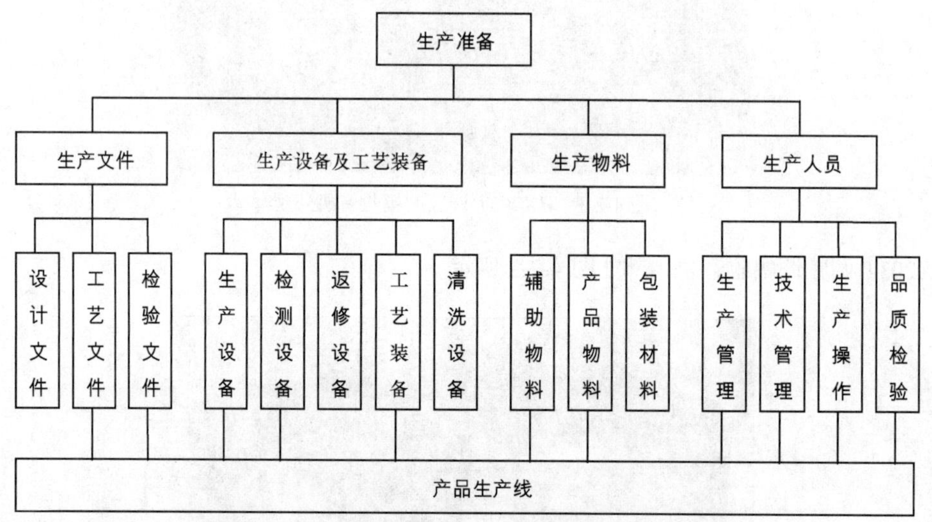

图 4-2-4 准备工作组织结构

1. 生产环境要求

SMT 是一项复杂的综合性系统工程技术，因此，SMT 生产设备和 SMT 工艺对生产现场的电、气、通风、照明、环境温度、环境湿度、空气清洁度、静电防护等条件有专门的要求。

（1）厂房承重能力、振动、噪声及防火防爆要求。

① 厂房地面的承载能力应大于 $8kN/m^2$。

② 振动应控制在 70dB 以内，最大值不应超过 80dB。

③ 噪声应控制在 70dBA 以内。

④ SMT 生产过程中使用的助焊剂、清洗剂、无水乙醇等材料属于易燃物品，生产区和库房必须考虑防火防爆安全设计。

（2）电源。电源电压和功率要符合设备要求。设备的电源要求独立接地。

（3）气源。要根据设备的要求配置气源的压力。

（4）排风、烟气排放及废弃物处理。回流焊接设备和波峰焊接设备都有排风及烟气排放要求，应根据 GBJ4—73、TJ 36—90、GB 7355—87 标准的规定和设备要求配置排风机。

SMT 生产现场的空气污染主要来自波峰焊接、回流焊接及手工焊接时产生的烟尘，烟尘的主要成分为铅、锡蒸气、臭氧化物、一氧化碳等有害气体。其中铅蒸气对人体健康的危害最严重。因此必须采取有效措施对生产现场的空气进行净化。在工位上安装烟雾过滤器，可将有害气体吸收和过滤掉。

对生产中产生的废弃物应根据 GBJ4—73、TJ 36—90、GB 7355—87 标准的规定进行处理，

例如，对废汽油、乙醇、清洗液，废弃的焊膏、贴片胶、助焊剂、焊锡渣、元器件包装袋等分类收集，交给有能力处理并符合国家环保要求的单位处理。

（5）照明。厂房内应有良好的照明条件，理想的照明度为 800 ~ 1200lx，至少不应低于 300lx。低照明度时，在检验、返修、测量等工作区应安装局部照明。

（6）工作环境。SMT 生产设备是高精度的机电一体化设备，设备和工艺材料对环境的清洁度、温度、湿度都有一定的要求，为了保证设备正常运行和组装质量，对工作环境有以下要求。

工作间保持清洁卫生，无尘土、无腐蚀性气体。空气清洁度为 100000 级《GBJ 73—84》。

在空调环境下，要有一定的新风量，尽量将 CO_2 含量控制在 1233mg/m^3 以下，CO 含量控制在 12.33mg/m^3 以下，以保证人体的健康。

环境温度以（25 ± 2）℃为最佳。一般为 17℃ ~ 28℃，极限温度为 15℃ ~ 35℃。

相对湿度为 45% ~ 70%RH。

（7）SMT 制造中的静电防护要求。在电子产品的生产中，从元器件的预处理、涂敷、贴装、焊接、清洗、测试直到包装，都有可能因静电放电造成对元器件的损害，因此静电防护显得越来越重要。

关于静电防护的相关内容见：4.1.2　SMT 生产过程中的静电防护。

2．生产文件的准备

生产前必须将设计文件提供的产品设计技术文件，通过相应方法转换成生产过程中所需要的物料管理文件、工艺文件、生产文件、检验文件和其他文件。

3．生产设备的准备

生产设备是将不同品种和数量的物料通过一定的方式对物料进行装联的装置。采用 SMT 制造工艺的产品在制造过程中，都需要相应的设备支持。如其中的涂敷设备、贴装设备、回流焊接设备、AOI 检测设备等。这些设备通过一定的组合，就能达到产品制造的目的。生产设备决定了产品的装联精度、组成、质量、产量等方面的要求。

所以，产品在制造前必须根据工艺文件，用相应方法转换成设备的可执行程序和操作规程。通过对设备的调校、产品的试生产，以达到保证产品的生产和质量的目的。

同时，为了保证产品的可制造性、工艺要求和检验要求等，在制造过程中要用到多种检测设备和工艺装备，以达到产品的制造、检验的要求。

生产设备包括主体设备、周边设备、工艺设备、检测设备、返修设备、清洗设备、工艺装备等。

SMT 的生产设备组成如图 4-2-5 所示。

生产线体是将不同加工方式和数量的生产设备组合成一条可连续自动化进行产品制造的生产形式。生产线体必须保证产品的装联精度、组成、质量、产量等要求。所以在生产前必须做好设备的准备工作。准备工作包括设备的保养维护、精度校准、调校（程序、工艺等）、产品兼容性等。

最基本的生产线体由主体设备（印刷机、高速贴片机、多功能贴片机、回流焊接机等）、周边设备（上板机、下板机、接驳台、空气压缩机、供电系统等）和工艺设备（炉温测试仪、焊膏黏度测试仪、焊膏测厚仪、可焊性分析仪、张力计等）组成。

（1）主体设备的准备。

① 印刷机的准备内容：检查运行状态，工艺文件，涂敷程序，设置工艺参数，模板，焊膏（或贴装胶），工具，运行记录等。

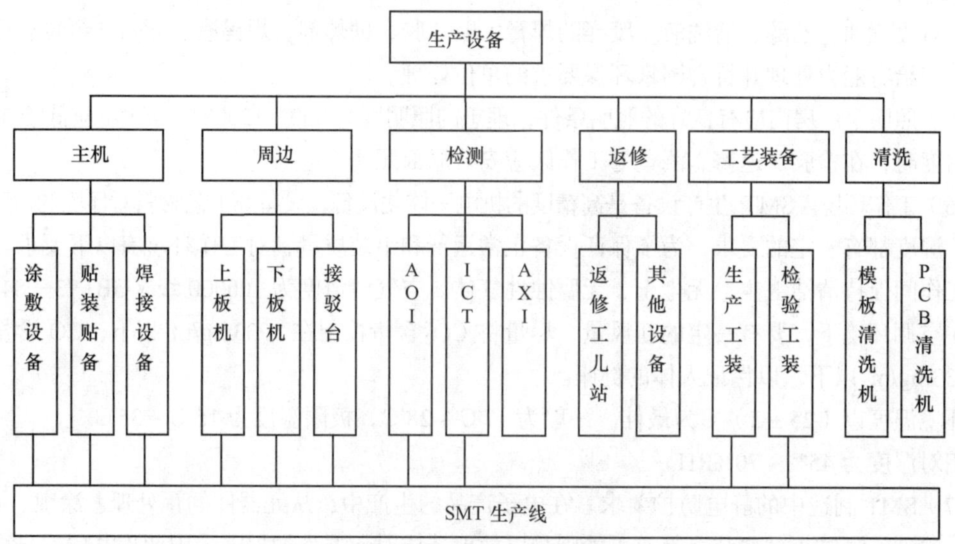

图 4-2-5　SMT 的生产设备组成

② 高速贴片机的准备内容：检查运行状态，工艺文件，贴装程序，设置工艺参数，物料，运行记录等。

③ 多功能贴片机的准备内容：检查运行状态，工艺文件，贴装程序，设置工艺参数，物料，运行记录等。

④ 回流焊接机的准备内容：检查运行状态，工艺文件，焊接程序，设置工艺参数，测试炉温曲线，排风，运行记录等。

⑤ 点胶机的准备内容：检查运行状态，工艺文件，滴涂程序，设置工艺参数，贴装胶，工具，运行记录等。

⑥ 波峰焊接机的准备内容：检查运行状态，工艺文件，焊接程序，设置工艺参数，测试炉温曲线，排风，运行记录等。

（2）周边设备的准备。

① 冰箱的准备内容：温度检查和记录，检查焊膏和贴装胶的存放状态。

② 焊膏搅拌机的准备内容：检查运行状态，搅拌焊膏或贴装胶。

③ 上板机和下板机的准备：检查运行状态，调整轨道宽度，调整进板和出板间距。

④ 接驳台的准备内容：检查运行状态，调整轨道宽度和传送速度。

⑤ 分板机的准备内容：检查运行状态，工艺文件，分板程序，设置工艺参数，运行记录等。

⑥ 排风设备的准备内容：检查运行状态，清洁过滤网。

⑦ 静电防护系统的准备内容：检查接地状态，检查接地线、接地端子和防静电胶垫，检查离子风机运行状态。

⑧ 供电设备的准备内容：检查运行状态，电压、负荷、开关温度，设备供电状态，用电安全，运行记录等。

⑨ 空气压缩机的准备内容：检查运行状态，压缩空气压力，储气罐积水，温度和排风，设备供气状态，气阀，漏气，空气过滤器检查，运行记录等。

⑩ 生产环境保障系统的准备内容：检查空调系统运行状态，检查加湿/去湿系统运行状态，检查排风/通风系统运行状态，检查除尘系统运行状态等。

（3）工艺设备的准备。炉温测试仪的准备内容：检查运行状态，工艺文件，测试程序，设置工艺参数，探头精度，测试样板，运行记录等。

焊膏黏度测试仪的准备内容：检查运行状态，工艺文件，测试程序，设置工艺参数，运行记录等。

焊膏测厚仪（SPI）的准备内容：检查运行状态，工艺文件，测试程序，设置工艺参数，光照，运行记录等。

可焊性分析仪的准备内容：检查运行状态，工艺文件，测试程序，设置工艺参数，温度，运行记录等。

张力计的准备内容：检查存放状态，工艺文件，校零等。

4．检测与返修设备的准备

产品在制造过程中要用到多种检测设备，以在线或离线的形式工作，以达到产品的制造、检验的要求。为了保证产品制造过程中的质量，检测设备的准备非常重要。

（1）检测设备。

① AOI 的准备内容：检查运行状态，工艺文件，检测程序，设置工艺参数，光源，运行记录等。

② ICT 的准备内容：检查运行状态，工艺文件，检测程序，设置工艺参数，运行记录，针床夹具等。

③ AXI 的准备内容：检查运行状态，工艺文件，检测程序，设置工艺参数，防辐射，运行记录等。

（2）返修设备。

① 返修工作站的准备内容：检查运行状态，工艺文件，焊接程序，设置工艺参数和温度曲线，运行记录等。

② 热风维修台的准备内容：检查运行状态，工艺文件，设置温度，喷嘴等。

③ 防静电电焊台的准备内容：检查运行状态，工艺文件，设置温度，烙铁头等。

5．工艺装备的准备

产品在制造过程中要用到多种工艺装备，以达到产品的制造、检验的要求。为了保证产品的可制造性、工艺要求和检验要求等，工艺装备的准备必不可少。

（1）生产用工艺装备。

① 回流焊接用 PCB 夹具的准备内容：检查公差配合，变形状态，清洁度。

② 波峰焊接用 PCB 夹具的准备内容：检查公差配合，变形状态，清洁度。

③ 柔性 PCB 贴装用夹具的准备内容：检查公差配合，变形状态，清洁度。

④ 特殊 PCB 贴装用夹具的准备内容：检查公差配合，变形状态，清洁度。

⑤ 印刷模板的准备内容：检查表面张力，变形状态，表面清洁度，表面光洁度，漏孔清洁度，检查与 PCB 的一致性，使用记录。

（2）检验用工艺装备。

① 检验罩板的准备内容：检查公差配合，变形状态，清洁度，静电检测。

② 针床夹具的准备内容：检查探针弹簧压力，探针变形状态，探针接触电阻，清洁度，使用记录。

③ 显微镜的准备内容：检查光源，清洁镜片。

④ 数码相机的准备内容：检查相机拍摄状态，电池容量，存储卡容量，设置分辨率。

⑤ 推力计的准备内容：检查探针弹簧压力，探针变形状态，校零，清洁度。

6．清洗设备的准备

产品在制造过程中存在不同物质（如助焊剂）的残留，涂敷模板存在焊膏或贴装胶的残留，贴片机的吸嘴存在杂质的堵塞，过滤网的灰尘堵塞，产品喷涂三防涂层前的清洁、产品出厂前的清洁等。为了保证产品的质量、设备的正常运行，要做好清洗设备的准备工作。

超声波清洗机的准备内容：检查运行状态，工艺文件，设置振动强度、时间，清洗液，确定放入吸嘴的数量。

水清洗机的准备内容：检查运行状态，工艺文件，清洗程序，设置工艺参数，清洗液，确定放入 PCB 的数量，使用记录等。

气动清洗机的准备内容：检查运行状态，工艺文件，清洗程序，设置工艺参数，检查气压，确定放入涂敷模板的尺寸，使用记录等。

7．生产物料的准备

物料是产品进行装联的前提。生产物料的准备直接决定了产品制造的可行性。合格的物料在数量保证的前提下，通过生产线体达到产品制造的目的。生产物料的质量直接影响到产品的质量。

所以，产品在生产前必须根据检验标准、检测工艺文件对生产物料进行检验，以达到保证产品的生产和质量的目的。同时也必须保证物料的正常供给，以确保产品的生产。

生产物料包括产品物料、工艺材料、生产辅助材料、包装材料等。

生产物料组成如图 4-2-6 所示。

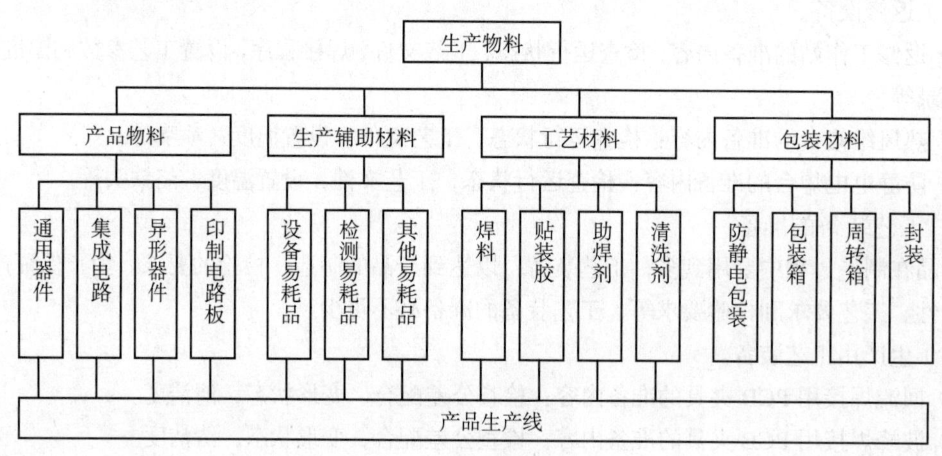

图 4-2-6　生产物料组成

（1）产品物料与印制电路板（PCB）。产品物料是组成产品的基本材料，它直接装联在 PCB 上形成产品。产品物料的准备有物料的领取、存放、保管、配料、发放，报损，补差等环节。为了保证产品的质量和产量，产品物料准备工作不但要提前做好，而且非常重要。

PCB 的准备内容：验证品种，规格，代码，板号，数量，包装，有效期。按要求存放和生产前烘烤。根据生产计划配料和发放，同时分别提供 1 块印制电路板给工艺和品质部门，以便做好生产前准备。

装联物料的准备内容：验证品种，规格，代码，板号，数量，包装，有效期。按要求分类和

存放。根据生产计划配料和发放。其中集成电路等特殊物料要存放在防静电干燥柜中，BGA 等特殊集成电路在贴装前提前进行烘烤，并根据生产班次产量发放。

（2）工艺材料。工艺材料是产品进行装联工艺的基本材料，它随着装联的完成驻留在 PCB 上形成产品的一部分。工艺材料的准备有物料的领取、存放、保管、发放等环节。为了保证产品的质量，工艺材料准备工作不但要提前做好，而且非常重要。

焊膏的准备内容：验证品种，规格，代码，数量，包装，有效期。按照焊膏的存放要求将焊膏存放在冰箱里并做好标记，存取时采用先进先出的原则。同时做好焊膏的存放温度记录。并根据生产班次的产量提前回温、搅拌和发放。

贴装胶的准备内容：验证品种，规格，代码，数量，包装，有效期。按照贴装胶的存放要求将贴装胶存放在冰箱里并做好标记，存取时采用先进先出的原则。同时做好贴装胶的存放温度记录。并根据生产班次的产量提前回温、搅拌和发放。

助焊剂的准备内容：验证品种，规格，代码，数量，包装，有效期。按照助焊剂的存放要求将助焊剂存放在指定的安全位置并做好标记，存取时采用先进先出的原则。同时在发放前做好比重的测量和记录工作。

清洗剂的准备内容：验证品种，规格，代码，数量，包装，有效期。按照清洗剂的存放要求将清洗剂存放在指定的安全位置并做好标记，存取时采用先进先出的原则。同时在发放前做好比重的测量和记录工作。

（3）包装材料。包装材料是对产品进行保护和便于流通的基本材料，包装是产品生产完成后的末道工序。是产品交付客户的一部分。包装材料的准备有物料的领取、分类、存放、保管、发放等环节。为了保证产品在流通时的安全，包装材料的准备工作要提前做好，而且在存放时注意防潮和防污染。同时做好包装材料的回收、分类、整理工作。

防静电包装的准备内容：品种，规格，代码，数量，包装，防静电标志。按照防静电包装的存放要求存放。在发放前做好防静电的检测和记录工作。

包装箱的准备内容：验证品种，规格，代码，数量，包装，标志。按照包装箱的存放要求存放。在存放时注意防潮和防污染。发放时确认标志。

周转箱的准备内容：型号，数量，防静电标志，编号。根据生产状况发放和回收。在存放时注意防潮和防污染。在发放前做好维护、防静电的检测和记录工作。

封装材料（含标贴）的准备内容：品种，规格，代码，数量，包装，标志，黏度。根据生产计划配料和发放。

包装标志材料（含标贴）的准备内容：验证品种，规格，代码，数量，包装，标志，黏度。根据生产计划配料和发放。

（4）生产辅助材料。生产辅助材料是产品在生产过程中所使用的材料，但并不一定存在在产品上。它的使用能保证生产设备的正常运行，产品质量的提高。为了保证产品的质量和产量，生产辅助材料要提前做好准备和保证富余量，同时体现在工艺文件里。

① 设备易耗品。设备易耗品是设备在运行和保养过程中所消耗的材料。

印刷机擦拭纸的准备内容：规格，密度，数量。

贴片机吸嘴过滤棉的准备内容：规格，数量。

回流焊接机链条高温润滑油的准备内容：牌号，规格，数量。

② 检测易耗品。检测易耗品是产品在检验和测试过程中所消耗的材料。

检验标签的准备内容：品种，规格，数量，黏度，残留痕迹。

针床探针的准备内容：品种，型号，规格，数量。

③ 其他易耗品。其他易耗品是产品在生产过程中所消耗的材料。

烙铁头的准备内容：品种，规格，数量。

流通标志的准备内容：品种，规格，数量。

防护用品的准备内容：品种，规格，数量。

胶带的准备内容：品种，规格，数量，黏度，残留痕迹。

4.2.2 产品制作——SMT

根据产品制作流程，在所有的准备工作完成后，首先要进行主板组件的 SMT 工序的组装。

- 根据产品特点，确定主板 SMT 工艺采用：焊膏——→回流焊工艺。
- 主板在进行 SMT 制作时，PCB 采用三拼版形式。

产品主板 PCB 如图 4-2-7 所示。

图 4-2-7 产品主板

- 确定 SMT 组装的工艺流程，如图 4-2-8 所示。

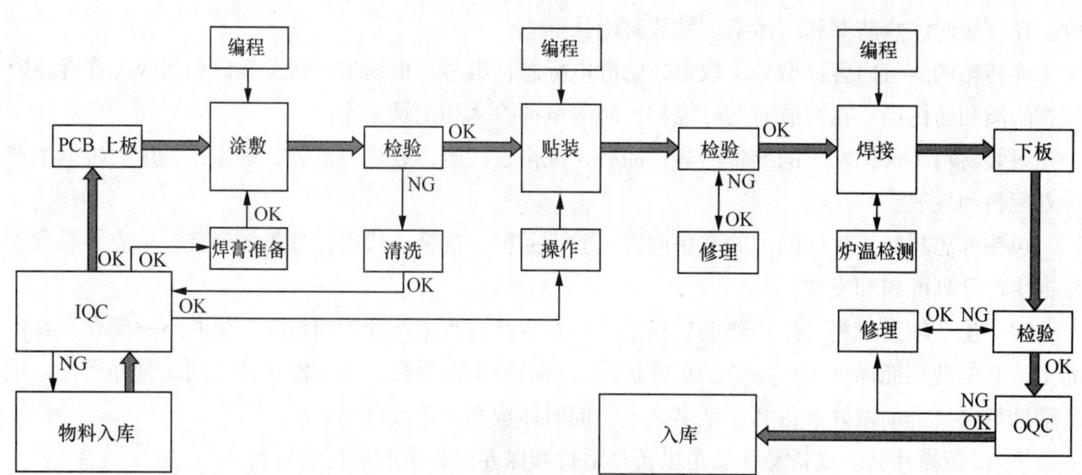

图 4-2-8 SMT 组装的工艺流程

- 根据 SMT 组装的工艺流程，确定 SMT 生产线。

SMT 组装的设备组成如图 4-2-9 所示。

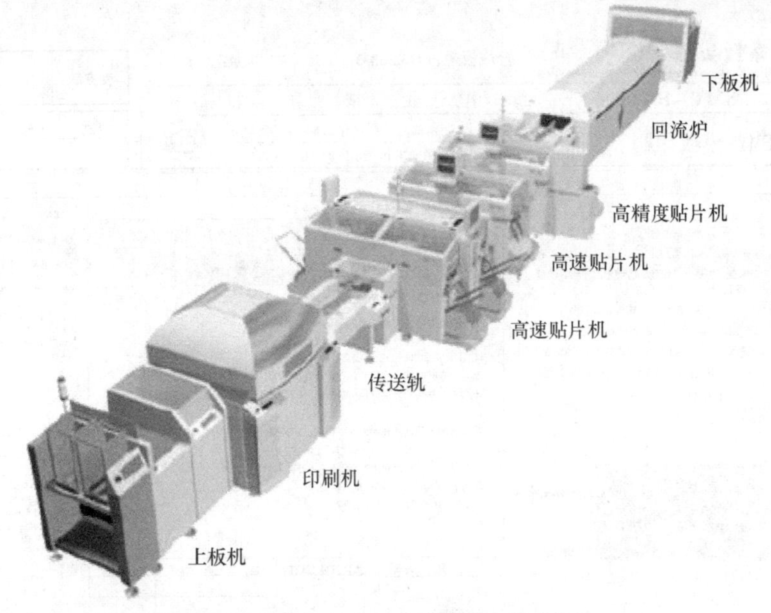

图 4-2-9　SMT 组装的设备组成

1．涂敷（印刷焊膏）

涂敷就是在涂敷设备的作用下，通过模板将焊膏或贴装胶涂敷到 PCB 焊盘或对应位置的图形上。

（1）涂敷设备操作及编程。

① 涂敷设备如图 4-2-10 所示。

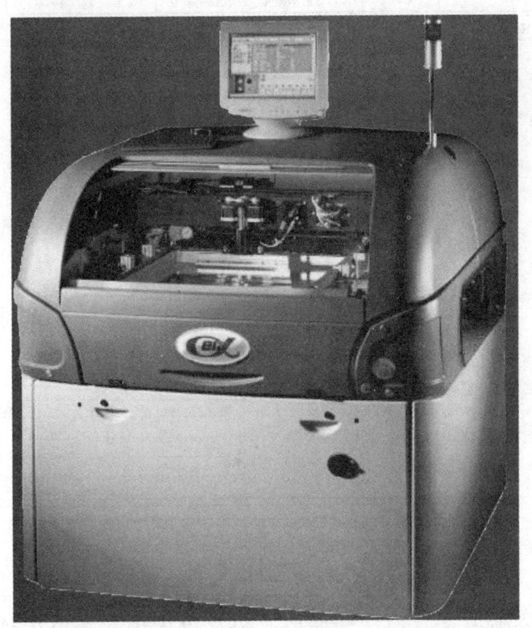

图 4-2-10　涂敷设备

② 涂敷工序作业指导书如图 4-2-11、图 4-2-12 所示。

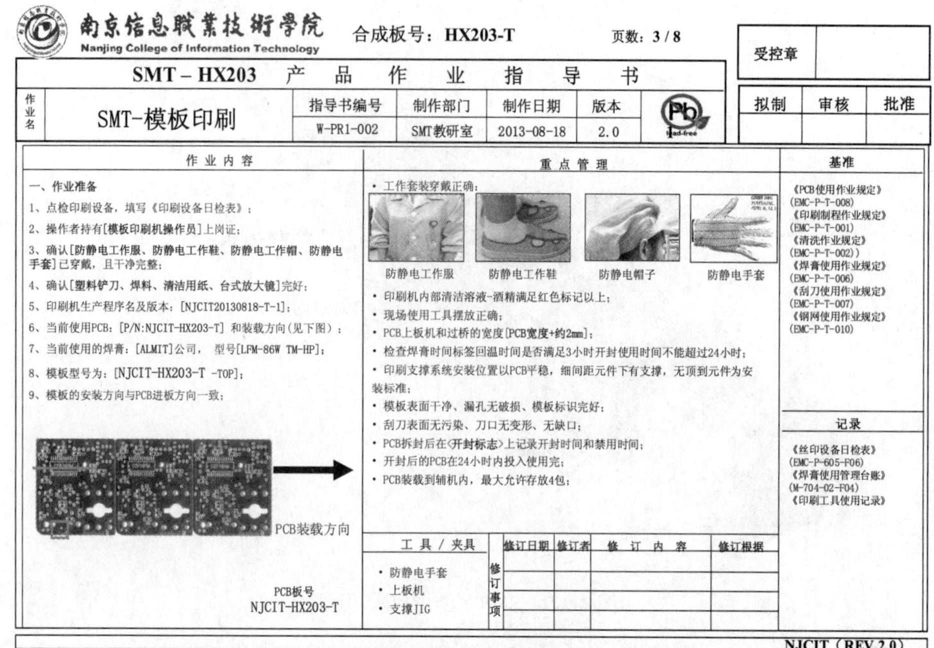

南京信息職業技術學院 Nanjing College of Information Technology　合成板号：HX203-T　页数：3 / 8　受控章

SMT－HX203　产　品　作　业　指　导　书

作业名	指导书编号	制作部门	制作日期	版本	拟制	审核	批准
SMT-模板印刷	W-PR1-002	SMT教研室	2013-08-18	2.0			

作业内容

一、作业准备

1、点检印刷设备，填写《印刷设备日检表》；

2、操作者持有[模板印刷机操作员]上岗证；

3、确认[防静电工作服、防静电工作鞋、防静电工作帽、防静电手套]已穿戴，且干净完整；

4、确认[塑料铲刀、焊料、清洁用纸、台式放大镜]完好；

5、印刷机生产程序名及版本：[NJCIT20130818-T-1]；

6、当前使用PCB：[P/N:NJCIT-HX203-T] 和装载方向（见下图）；

7、当前使用的焊膏：[ALMIT]公司，　型号[LFM-86W TM-HP]；

8、模板型号为：[NJCIT-HX203-T -TOP]；

9、模板的安装方向与PCB进板方向一致；

PCB装载方向

PCB板号 NJCIT-HX203-T

重点管理

- 工作套装穿戴正确：

防静电工作服　防静电工作鞋　防静电帽子　防静电手套

- 印刷机内部清洁溶液-酒精满足红色标记以上；
- 现场使用工具摆放正确；
- PCB上板机和过桥的宽度[PCB宽度+约2mm]；
- 检查焊膏时间标签回温时间是否满足3小时开封使用时间不能超过24小时；
- 印刷支撑系统安装位置以PCB平稳，细间距元件下有支撑，无顶到元件为安装标准；
- 模板表面干净、漏孔无破损、模板标识完好；
- 刮刀表面无污染、刀口无变形、无缺口；
- PCB拆封后在〈开封标志〉上记录开封时间和禁用时间；
- 开封后的PCB在24小时内投入使用完；
- PCB装载到辅机内，最大允许存放4包；

工具 / 夹具

- 防静电手套
- 上板机
- 支撑JIG

修订事项	修订日期	修订者	修订内容	修订根据

基准

《PCB使用作业规定》(EMC-P-T-008)
《印刷制程作业规定》(EMC-P-T-001)
《清洗作业规定》(EMC-P-T-002))
《焊膏使用作业规定》(EMC-P-T-006)
《刮刀使用作业规定》(EMC-P-T-007)
《钢网使用作业规定》(EMC-P-T-010)

记录

《丝印设备日检表》(EMC-P-605-F06)
《焊膏使用管理台账》(M-704-02-F04)
《印刷工具使用记录》

NJCIT（REV.2.0）

图 4-2-11　涂敷作业指导书-1

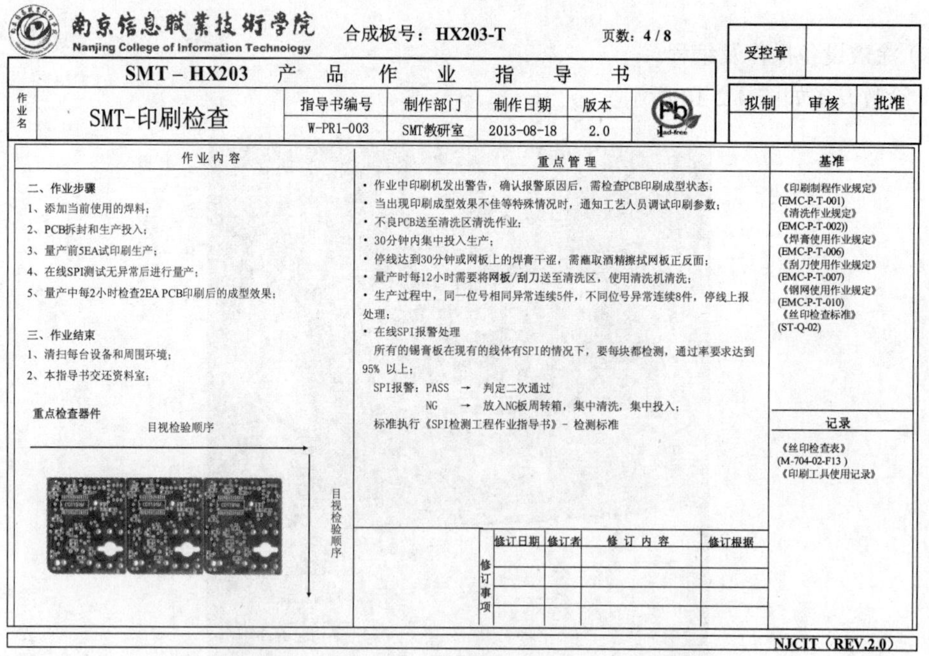

南京信息職業技術學院 Nanjing College of Information Technology　合成板号：HX203-T　页数：4 / 8　受控章

SMT－HX203　产　品　作　业　指　导　书

作业名	指导书编号	制作部门	制作日期	版本	拟制	审核	批准
SMT-印刷检查	W-PR1-003	SMT教研室	2013-08-18	2.0			

作业内容

二、作业步骤

1、添加当前使用的焊料；

2、PCB拆封和生产投入；

3、量产前5EA试印刷生产；

4、在线SPI测试无异常后进行量产；

5、量产中每2小时检查2EA PCB印刷后的成型效果；

三、作业结束

1、清扫每台设备和周围环境；

2、本指导书交还资料室；

重点检查器件

目视检验顺序

目视检验顺序

重点管理

- 作业中印刷机发出警告，确认报警原因后，需检查PCB印刷成型状态；
- 当出现印刷成型效果不佳等特殊情况时，通知工艺人员调试印刷参数；
- 不良PCB送至清洗区清洗作业；
- 30分钟内集中投入生产；
- 停线达到30分钟或网板上的焊膏干涩，需蘸取酒精擦拭网板正反面；
- 量产时每12小时需要将网板/刮刀送至清洗区，使用清洗机清洗；
- 生产过程中，同一位号相同异常连续5件，不同位号异常连续8件，停线上报处理；
- 在线SPI报警处理

所有的锡膏板在现有的线体有SPI的情况下，要每块都检测，通过率要求达到95% 以上；

SPI报警：PASS　→　判定二次通过

NG　→　放入NG板周转箱，集中清洗，集中投入；

标准执行《SPI检测工程作业指导书》－检测标准

修订事项	修订日期	修订者	修订内容	修订根据

基准

《印刷制程作业规定》(EMC-P-T-001)
《清洗作业规定》(EMC-P-T-002))
《焊膏使用作业规定》(EMC-P-T-006)
《刮刀使用作业规定》(EMC-P-T-007)
《钢网使用作业规定》(EMC-P-T-010)
《丝印检查标准》(ST-Q-02)

记录

《丝印检查表》(M-704-02-F13)
《印刷工具使用记录》

NJCIT（REV.2.0）

图 4-2-12　涂敷作业指导书-2

③ 涂敷设备操作。涂敷设备开机：按照涂敷设备操作规范和操作规程的要求开启涂敷设备；按照涂敷设备操作规范和操作规程的要求检查涂敷设备运行状态是否正常；涂敷设备操作界面如图 4-2-13 所示。

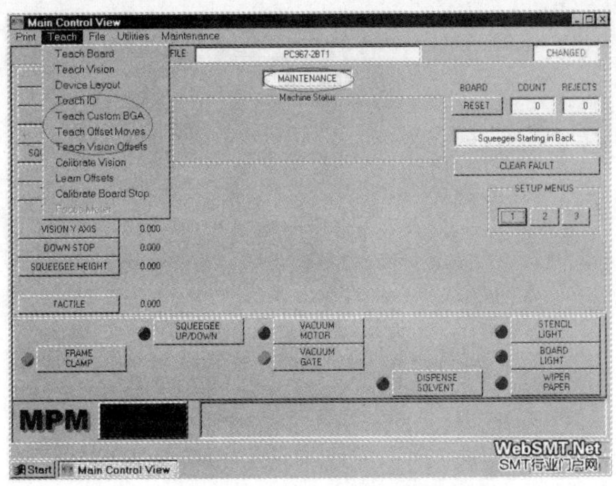

图 4-2-13　涂敷设备操作界面

④ 安装涂敷模板。确定支撑方式和支撑点，如图 4-2-14 所示；安装涂敷模板，如图 4-2-15 所示。

图 4-2-14　支撑点

图 4-2-15　安装模板

⑤ 涂敷模板定位。模板 Mark 点识别；模板定位如图 4-2-16 所示。

图 4-2-16　模板定位

⑥ 设定涂敷工艺参数。设定涂敷工艺参数：PCB 方向、轨道宽度、刮刀起始点、刮刀位置、刮刀压力、涂敷速度、分离速度、清洗频率等，如图 4-2-17 所示。

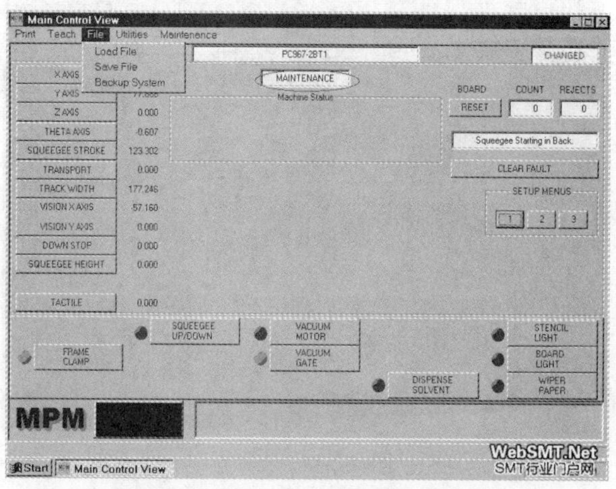

图 4-2-17　设定涂敷工艺参数

⑦ 涂敷程序优化。在编制完成程序后，必须在线对程序进行模拟优化，并验证程序的完整性。

（2）添加焊膏。

① 焊膏搅拌。按工艺要求和焊膏管理规定从冰箱取出焊膏，并对焊膏进行回温操作，如图 4-2-18 所示；按工艺要求和焊膏管理规定对焊膏进行搅拌，如图 4-2-19 所示。

图 4-2-18　焊膏

图 4-2-19　焊膏搅拌

按工艺要求对焊膏黏度进行检测。

② 添加焊膏。按照涂敷工艺要求添加适量焊膏，如图 4-2-20 所示。

（3）涂敷作业。按照涂敷作业指导书进行涂敷操作。

在进行首件试生产后，针对涂敷精度进行程序优化。

在进行首件试生产后，针对涂敷速度进行程序优化。

涂敷后产品如图 4-2-21 所示。

图 4-2-20　添加焊膏

图 4-2-21　涂敷后产品

（4）涂敷质量检验。

① 涂敷质量的判定标准如图 4-2-22 所示。

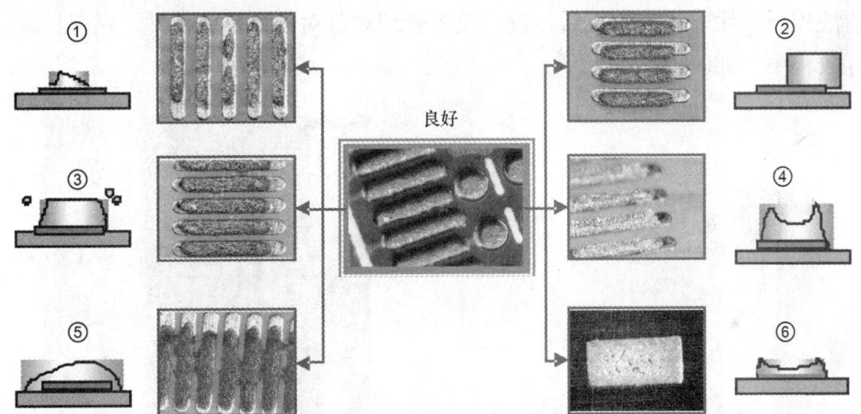

图 4-2-22　涂敷质量判定标准

② 检验。目视检验放大镜，如图 4-2-23 所示；目视检验显微镜，如图 4-2-24 所示。检验焊膏涂敷厚度（SPI），如图 4-2-25 所示；检验焊膏涂敷图形（AOI），如图 4-2-26 所示。

图 4-2-23　目视检验放大镜

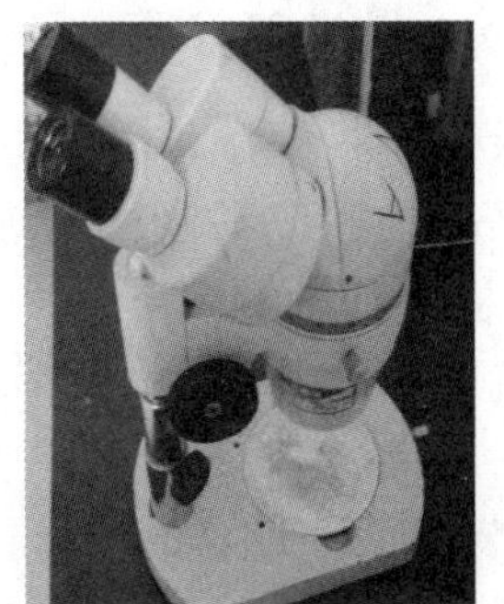

图 4-2-24　目视检验显微镜

图 4-2-25　焊膏涂敷厚度检验（SPI）

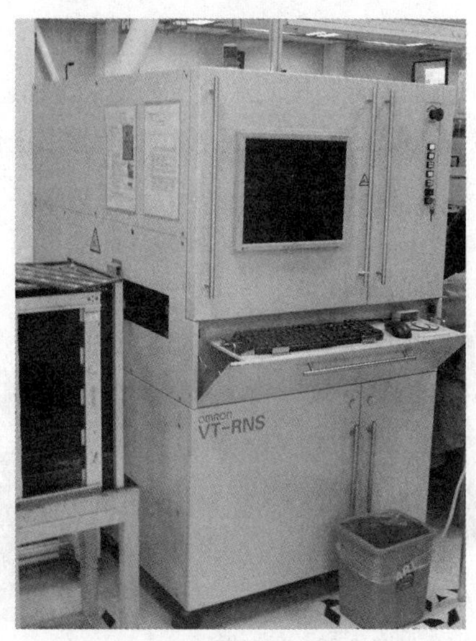

图 4-2-26　检验焊膏涂敷图形（AOI）

（5）回收焊膏。涂敷操作完成后，按照焊膏管理规范对焊膏进行回收，并及时存放于冰箱，如图 4-2-27 所示。

（6）清洗模板。涂敷操作完成后，按照模板管理规范对模板进行清洗，贴保护膜，并及时存放于模板存放柜中，如图 4-2-28 所示。

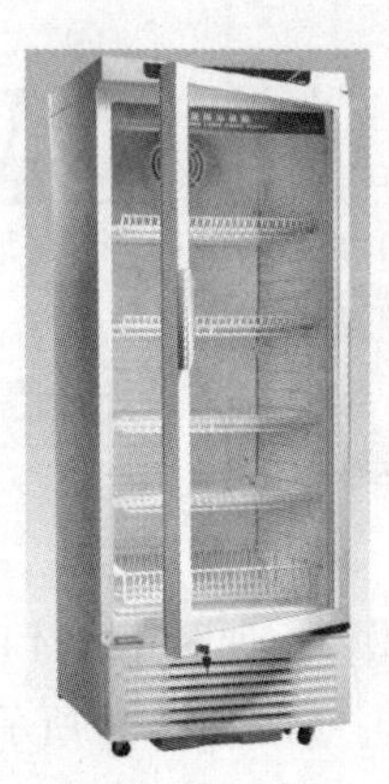

图 4-2-27　冰箱

图 4-2-28　清洗模板

（7）涂敷设备保养。涂敷操作完成后，按照设备管理规范对涂敷设备进行保养。

涂敷操作完成后，按照 5S 管理规范对涂敷设备及相关部分和范围进行操作。

2. 贴装

贴装就是在贴装设备的作用下，将元器件准确贴装到 PCB 的指定坐标上。

（1）贴装设备操作。

① 贴装设备如图 4-2-29 所示。

② 贴装工序作业指导书如图 4-2-30、图 4-2-31 所示。

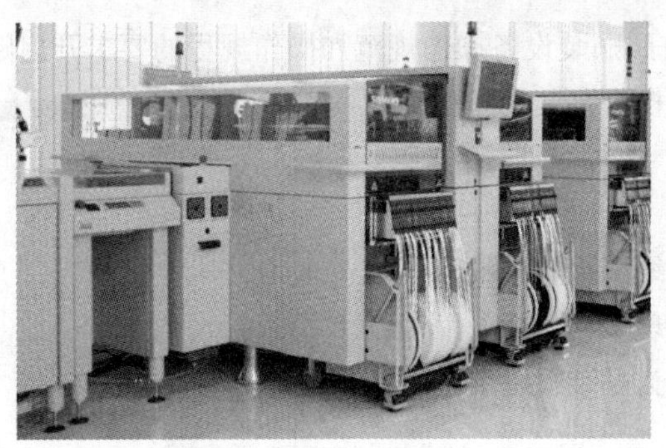

图 4-2-29　贴装设备

南京信息職業技術學院 Nanjing College of Information Technology　合成板号：HX203-T　页数：2 / 8

受控章	

SMT－HX203　产　品　作　业　指　导　书

作业名	指导书编号	制作部门	制作日期	版本	Pb lead-free
SMT-BOM	W-PR1-001	SMT教研室	2013-08-18	2.0	

拟制	审核	批准

序号	代　码	名　称	规　格	数量	备　注
1		贴片电阻	0805-151	1	R1
2		贴片电阻	0805-221	1	R5
3		贴片电阻	0805-471	1	R6
4		贴片电阻	0805-222	1	R4
5		贴片电阻	0805-362	1	R7
6		贴片电阻	0805-512	2	R2, R8
7		贴片电容	0805-030	1	C3
8		贴片电容	0805-300	1	C1
9		贴片电容	0805-181	1	C4
10		贴片电容	0805-103	1	C7
11		贴片电容	0805-223	1	C11
12		贴片电容	0805-473	1	C16
13		贴片电容	0805-104	3	C6, C12, C15
14		集成电路	CXA1191M	1	IC1
15	NXY7.820.001	印制电路板	NJCIT-HX203-T	1	
16	LFM-86W TM-HP	焊膏			
17		清洁用纸			

NJCIT（REV.2.0）

图 4-2-30　贴装工序作业指导书-1

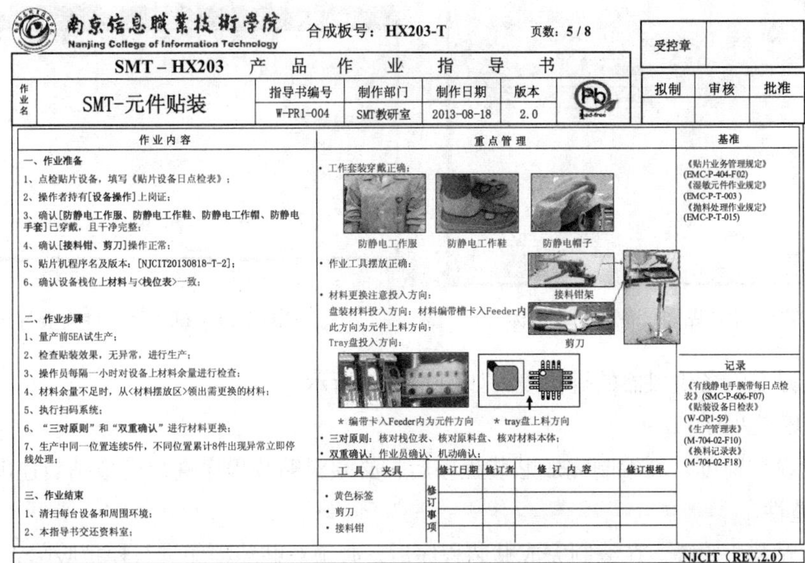

南京信息職業技術學院 Nanjing College of Information Technology　合成板号：HX203-T　页数：5 / 8

受控章	

SMT－HX203　产　品　作　业　指　导　书

作业名	指导书编号	制作部门	制作日期	版本	Pb lead-free
SMT-元件贴装	W-PR1-004	SMT教研室	2013-08-18	2.0	

拟制	审核	批准

作业内容

一、作业准备

1、点检贴片设备，填写《贴片设备日点检表》；
2、操作者持有[设备操作]上岗证；
3、确认[防静电工作服、防静电工作鞋、防静电工作帽、防静电手套]已穿戴，且干净完整；
4、确认[接料钳、剪刀]操作正常；
5、贴片机程序名及版本：[NJCIT20130818-T-2]；
6、确认设备栈位上材料与<栈位表>一致；

二、作业步骤

1、量产前5EA试生产；
2、检查贴装效果，无异常，进行生产；
3、操作员每隔一小时对设备上材料余量进行检查；
4、材料余量不足时，从<材料摆放区>领出需更换的材料；
5、执行扫码系统；
6、“三对原则”和“双重确认”进行材料更换；
7、生产中同一位置连续5件，不同位置累计8件出现异常立即停线处理；

三、作业结束

1、清扫每台设备和周围环境；
2、本指导书交还资料室；

重点管理

- 工作套装穿戴正确：

防静电工作服　防静电工作鞋　防静电帽子

- 作业工具摆放正确：

接料钳架　剪刀

- 材料更换注意投入方向：

盘装材料投入方向：材料编带槽卡入Feeder内此方向为元件上料方向；

Tray盘投入方向：

＊编带卡入Feeder内为元件方向　＊tray盘上料方向

- 三对原则：核对栈位表、核对原料盘、核对材料本体；
- 双重确认：作业员确认、机动确认；

工具 / 夹具	修订事项	修订日期	修订者	修订内容	修订根据
· 黄色标签 · 剪刀 · 接料钳					

基准

《贴片业务管理规定》(EMC-P-404-F02)
《湿敏元件作业规定》(EMC-P-T-003)
《抛料处理作业规定》(EMC-P-T-015)

记录

《有线静电手腕带每日点检表》(SMC-P-606-F07)
《贴装设备日检表》(W-OP1-59)
《生产管理表》(M-704-02-F10)
《换料记录表》(M-704-02-F18)

NJCIT（REV.2.0）

图 4-2-31　贴装工序作业指导书-2

③ 贴装设备操作。按照贴装设备操作规范和操作规程的要求开启贴装设备；按照贴装设备操作规范和操作规程的要求检查贴装设备运行状态是否正常。

（2）贴装程序编程。

① 离线编程。贴装离线编程软件的作用是对设计文件进行导入，实现平衡优化及贴装程序的编程、生成，使之成为贴装设备能够进行识别和运行的程序。

离线编程软件界面如图 4-2-32 所示。

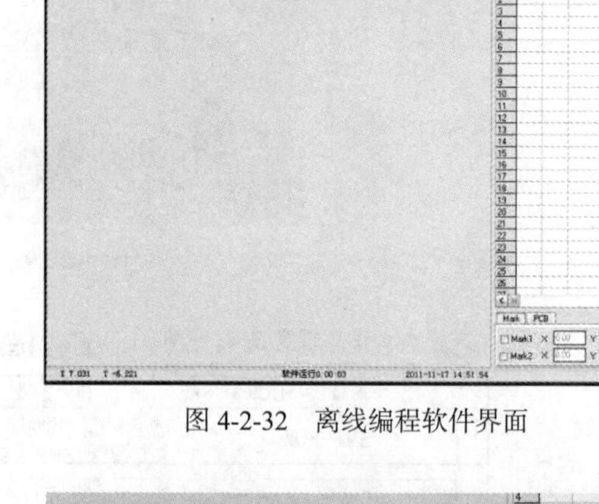

图 4-2-32　离线编程软件界面

- 导入 CAD 数据。将设计文件中的 CAD 数据导入至离线编程软件，如图 4-2-33 所示。
- 确定 PCB 数据，如图 4-2-34 所示。

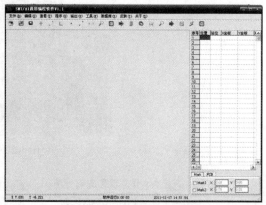

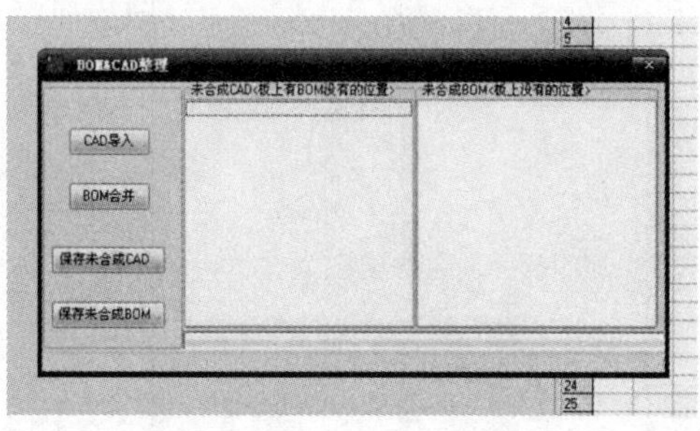

图 4-2-33　导入 CAD 数据

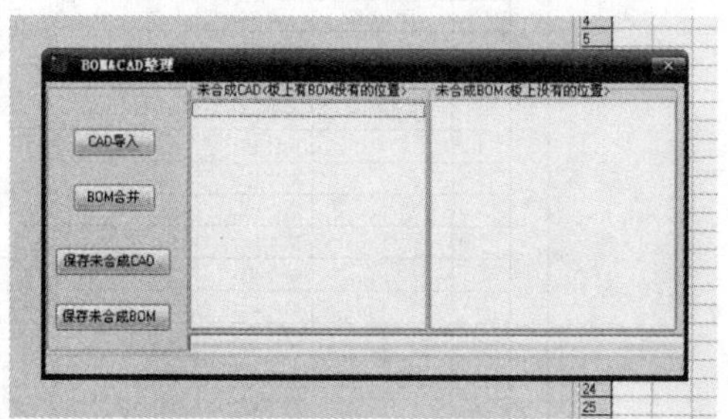

图 4-2-34　确定 PCB 数据

- 生成贴装设备的贴装坐标，如图 4-2-35 所示。
- 确定贴装元器件在贴装设备元器件库中的元器件封装规格，如图 4-2-36 所示。

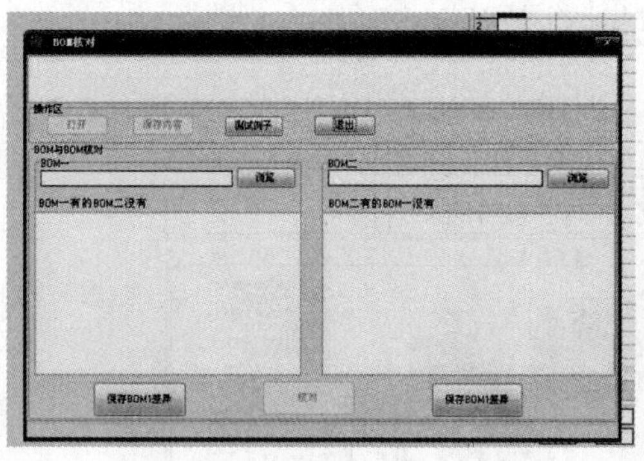

图 4-2-35　生成贴装设备的贴装坐标

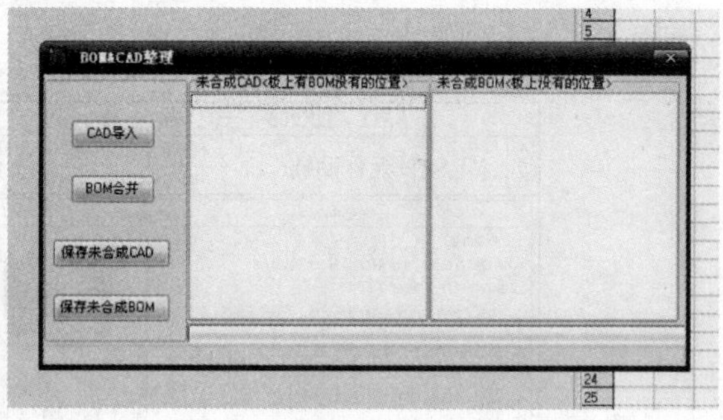

图 4-2-36　确定元器件封装规格

- 确定贴装设备供料器的排位表，如图 4-2-37 所示。

② 优化贴装程序。

- 优化贴装速度。在编制完成贴装程序后，必须对贴装程序进行模拟贴装速度优化，并验证程序的完整性。
- 优化贴装头吸嘴。在编制完成贴装程序后，必须对贴装程序进行模拟吸嘴工作状态优化，并验证程序的完整性。

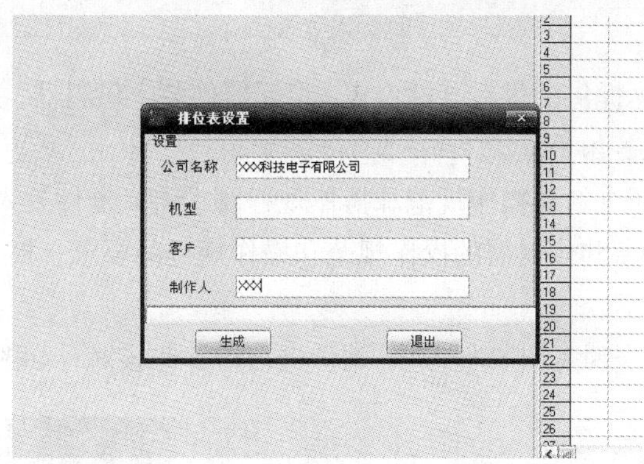

图 4-2-37　确定贴装设备供料器的排位表

- 优化供料器站位。在编制完成贴装程序后，必须对贴装程序进行模拟供料器站位合理性优化，并验证程序的完整性。

③ 贴装程序的格式转换和贴装程序输出。

- 格式转换。在编制完成贴装程序后，对贴装程序进行格式转换，生成贴装设备能够进行识别和运行的程序，如图 4-2-38 所示。

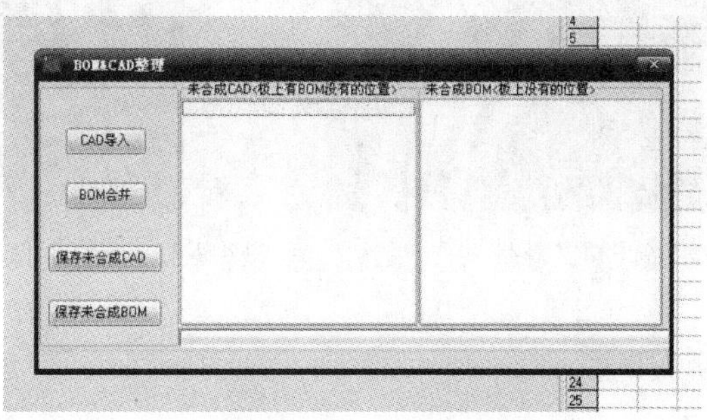

图 4-2-38　格式转换

- 输出贴装程序。在编制完成贴装程序后，将贴装程序复制到媒介中，以便输入到设备中，如图 4-2-39 所示。

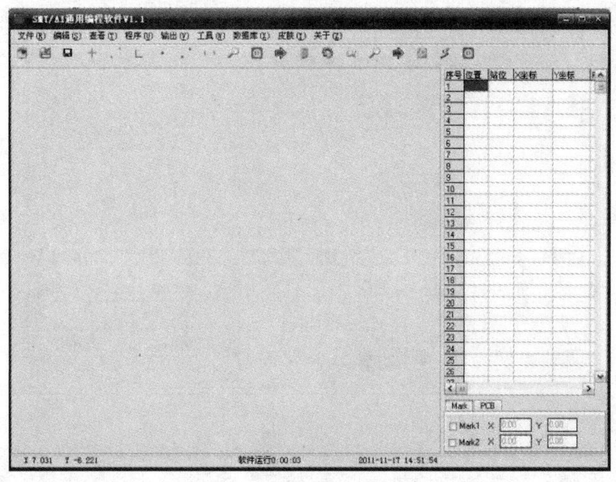

图 4-2-39　贴装程序输出

（3）供料器操作。

① 按照离线编程程序提供的供料器站位表，将元器件装上供料器，并将供料器安装到贴装设备对应的站位上，如图 4-2-40 所示。

② 安装供料器。按照供料器操作规范和操作规程要求将元器件装入供料器，设定供料步进，并进行核对；按照贴装设备和供料器的操作规范和操作规程的要求，根据站位表，将供料器安装到贴装设备上，并进行核对。

③ 对元器件的型号、规格、供料步进、站位进行检查和核对，如图 4-2-41 所示。

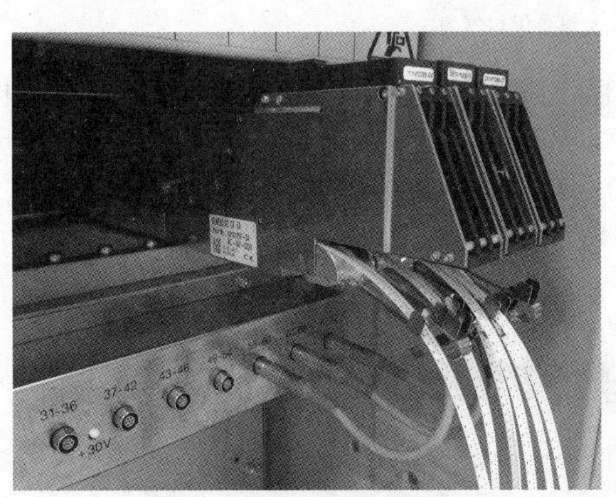

图 4-2-40 安装元器件和供料器

图 4-2-41 对元器件的型号、规格、供料步进、站位进行检查和核对

（4）贴装作业。

① 导入贴装程序。将离线编程的贴装程序导入到贴装设备里，如图 4-2-42 所示。

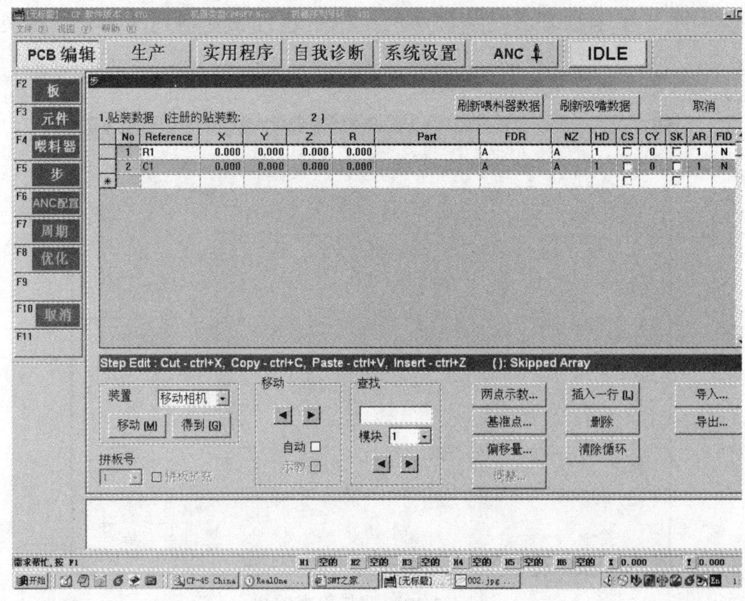

图 4-2-42 导入贴装程序

② 设定工艺参数。按照离线编程程序提供的数据对贴装设备进行工艺参数设置，如图 4-2-43 所示。

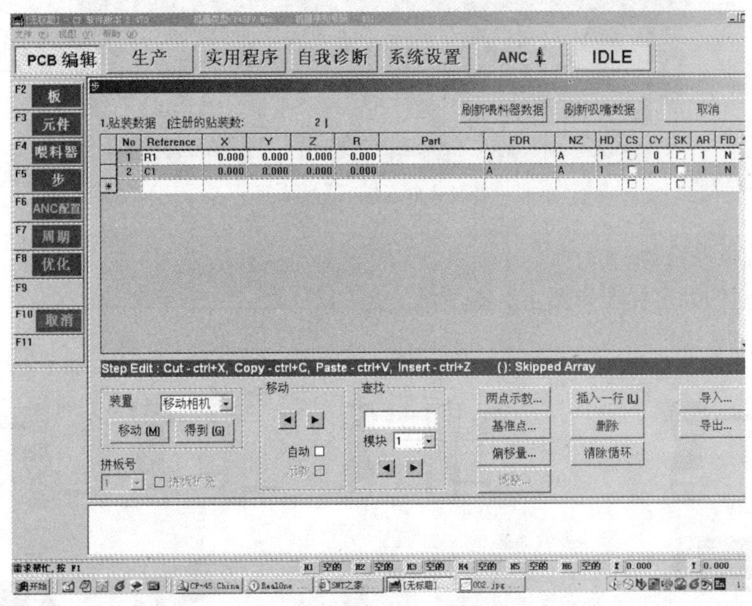

图 4-2-43　设定工艺参数

③ 程序优化。在线对贴装设备进行程序优化（速度、吸嘴、站位、影像等），如图 4-2-44 所示。

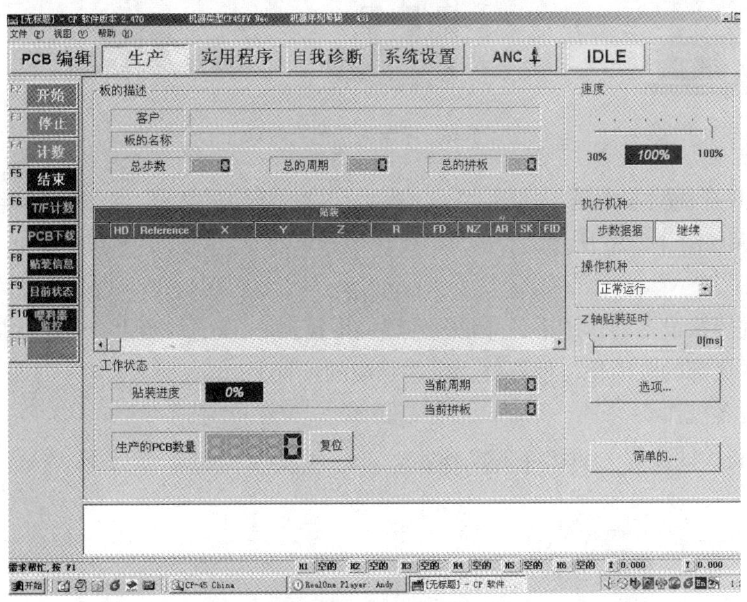

图 4-2-44　程序优化

④ 贴装作业。按照贴装作业指导书进行贴装操作。

在进行首件试生产后，针对贴装精度进行程序优化。

在进行首件试生产后，针对贴装速度进行程序优化。

贴装后产品如图 4-2-45 所示。

图 4-2-45　贴装后产品

（5）贴装质量检验。

① 贴装质量的判定标准如图 4-2-46 所示。

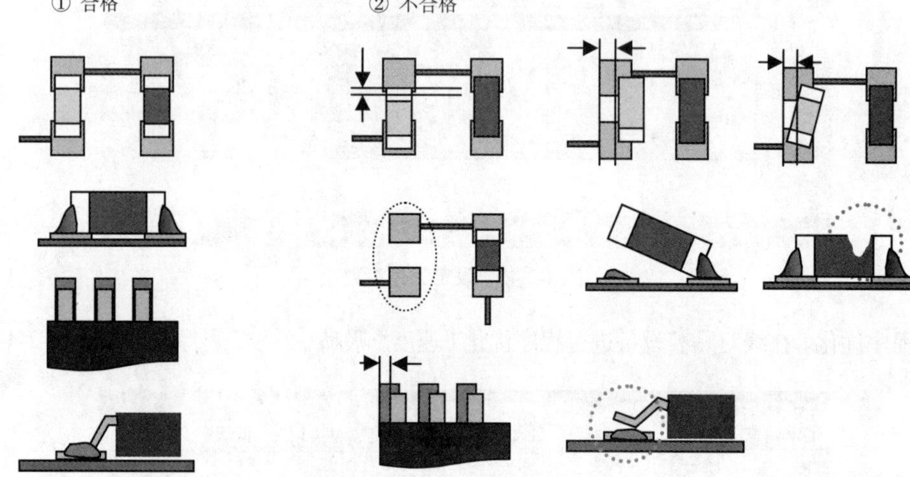

图 4-2-46　贴装质量的判定标准

② 检验。目视检验放大镜，如图 4-2-23 所示；目视检验显微镜，如图 4-2-24 所示；检验贴装质量（AOI），如图 4-2-26 所示。

3．焊接

焊接就是在焊接设备的作用下，将元器件焊端焊接到 PCB 的焊盘上；固化就是在焊接设备的作用下，将器件底部的胶固化，使器件固定在相应的位置上。

（1）焊接设备操作。

① 焊接设备（回流焊）如图 4-2-47 所示。

图 4-2-47　回流焊接设备

② 焊接工序作业指导书如图 4-2-48、图 4-2-49、图 4-2-50 所示。

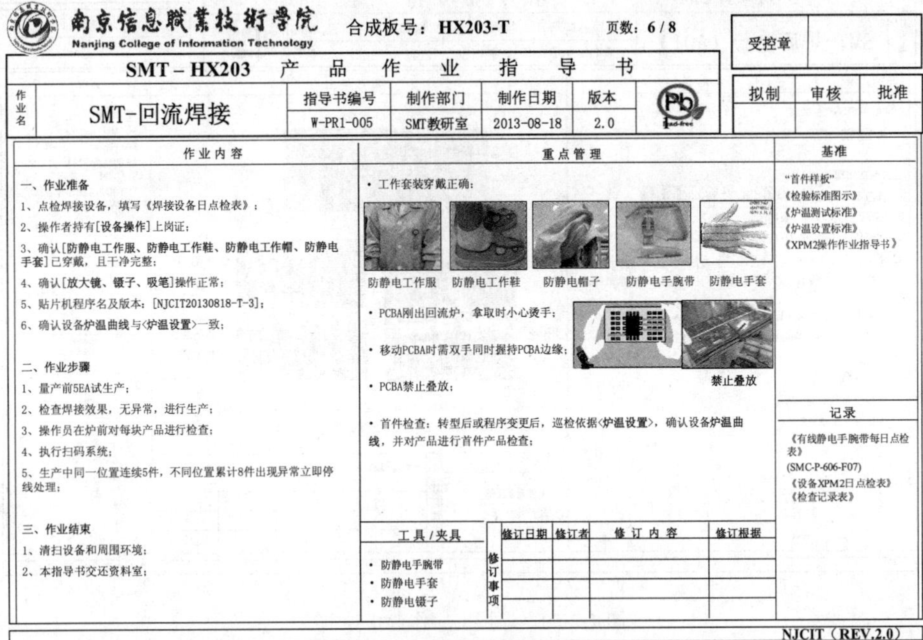

南京信息职業技術學院 Nanjing College of Information Technology　合成板号：HX203-T　页数：6 / 8

受控章

SMT－HX203 产 品 作 业 指 导 书

作业名	指导书编号	制作部门	制作日期	版本
SMT-回流焊接	W-PR1-005	SMT教研室	2013-08-18	2.0

拟制	审核	批准

作业内容

一、作业准备

1、点检焊接设备，填写《焊接设备日点检表》；

2、操作者持有[设备操作]上岗证；

3、确认[防静电工作服、防静电工作鞋、防静电工作帽、防静电手套]已穿戴，且干净完整；

4、确认[放大镜、镊子、吸笔]操作正常；

5、贴片机程序名及版本：[NJCIT20130818-T-3]；

6、确认设备炉温曲线与〈炉温设置〉一致；

二、作业步骤

1、量产前5EA试生产；

2、检查焊接效果，无异常，进行生产；

3、操作员在炉前对每块产品进行检查；

4、执行扫码系统；

5、生产中同一位置连续5件，不同位置累计8件出现异常立即停线处理；

三、作业结束

1、清扫设备和周围环境；

2、本指导书交还资料室；

重点管理

• 工作套装穿戴正确：

防静电工作服　防静电工作鞋　防静电帽子　防静电手腕带　防静电手套

• PCBA刚出回流炉，拿取时小心烫手；

• 移动PCBA时需双手同时握持PCBA边缘；

• PCBA禁止叠放；

禁止叠放

• 首件检查：转型后或程序变更后，巡检依据〈炉温设置〉，确认设备炉温曲线，并对产品进行首件产品检查；

基准

"首件样板"
《检验标准图示》
《炉温测试标准》
《炉温设置标准》
《XPM2操作作业指导书》

记录

《有线静电手腕带每日点检表》
(SMC-P-606-F07)
《设备XPM2日点检表》
《检查记录表》

工具 / 夹具

• 防静电手腕带
• 防静电手套
• 防静电镊子

修订事项	修订日期	修订者	修 订 内 容	修订根据

NJCIT（REV.2.0）

图 4-2-48　焊接工序作业指导书-1

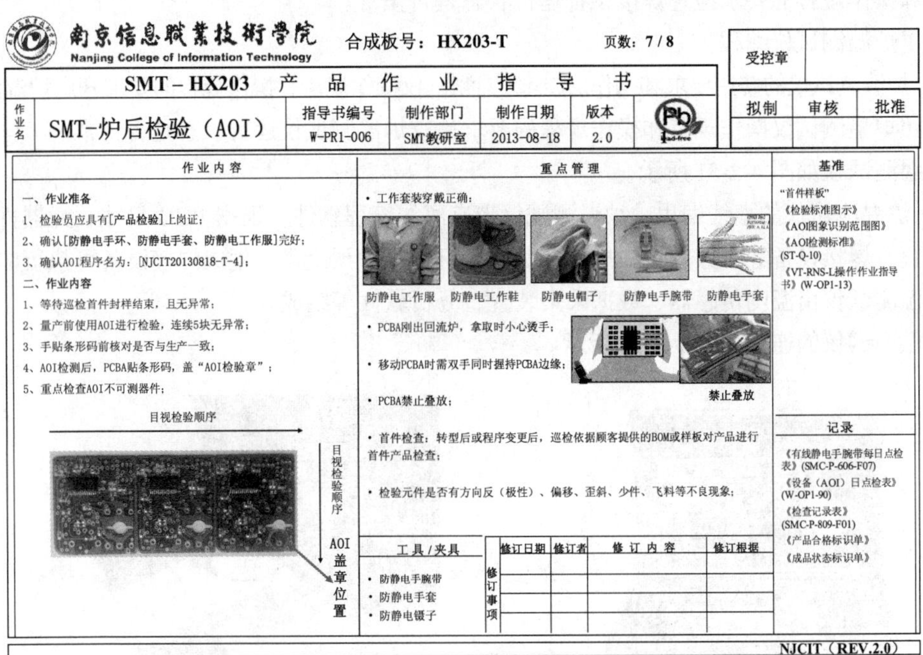

南京信息职業技術學院 Nanjing College of Information Technology　合成板号：HX203-T　页数：7 / 8

受控章

SMT－HX203 产 品 作 业 指 导 书

作业名	指导书编号	制作部门	制作日期	版本
SMT-炉后检验（AOI）	W-PR1-006	SMT教研室	2013-08-18	2.0

拟制	审核	批准

作业内容

一、作业准备

1、检验员应具有[产品检验]上岗证；

2、确认[防静电手环、防静电手套、防静电工作服]完好；

3、确认AOI程序名为：[NJCIT20130818-T-4]；

二、作业内容

1、等待巡检首件封样结束，且无异常；

2、量产前使用AOI进行检验，连续5块无异常；

3、手贴条形码前核对是否与生产一致；

4、AOI检测后，PCBA贴条形码，盖"AOI检验章"；

5、重点检查AOI不可测器件；

目视检验顺序

目视检验顺序

AOI盖章位置

重点管理

• 工作套装穿戴正确：

防静电工作服　防静电工作鞋　防静电帽子　防静电手腕带　防静电手套

• PCBA刚出回流炉，拿取时小心烫手；

• 移动PCBA时需双手同时握持PCBA边缘；

• PCBA禁止叠放；

禁止叠放

• 首件检查：转型后或程序变更后，巡检依据顾客提供的BOM或样板对产品进行首件产品检查；

• 检验元件是否有方向反（极性）、偏移、歪斜、少件、飞料等不良现象；

基准

"首件样板"
《检验标准图示》
《AOI图象识别范围图》
《AOI检测标准》
(ST-Q-10)
《VT-RNS-L操作作业指导书》(W-OP1-13)

记录

《有线静电手腕带每日点检表》(SMC-P-606-F07)
《设备（AOI）日点检表》
(W-OP1-90)
《检查记录表》
(SMC-P-809-F01)
《产品合格标识单》
《成品状态标识单》

工具 / 夹具

• 防静电手腕带
• 防静电手套
• 防静电镊子

修订事项	修订日期	修订者	修 订 内 容	修订根据

NJCIT（REV.2.0）

图 4-2-49　焊接工序作业指导书-2

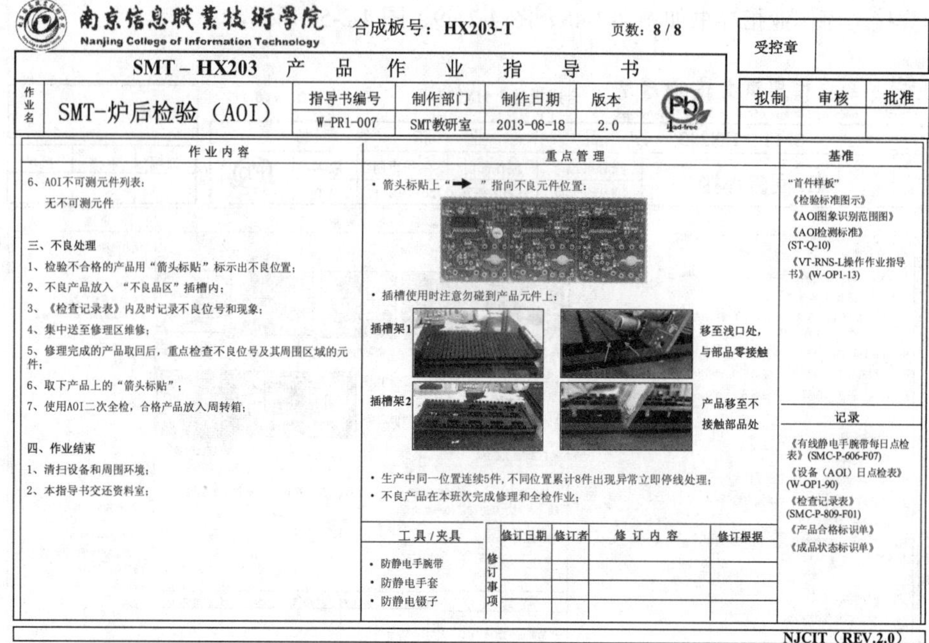

南京信息職業技術學院
Nanjing College of Information Technology
合成板号：HX203-T　页数：8 / 8

受控章	

SMT－HX203 产品作业指导书

作业名	指导书编号	制作部门	制作日期	版本
SMT-炉后检验（AOI）	W-PR1-007	SMT教研室	2013-08-18	2.0

拟制	审核	批准

作业内容

6、AOI不可测元件列表：
无不可测元件

三、不良处理
1、检验不合格的产品用“箭头标贴”标示出不良位置；
2、不良产品放入 “不良品区”插槽内；
3、《检查记录表》内及时记录不良位号和现象；
4、集中送至修理区维修；
5、修理完成的产品取回后，重点检查不良位号及其周围区域的元件；
6、取下产品上的“箭头标贴”；
7、使用AOI二次全检，合格产品放入周转箱；

四、作业结束
1、清扫设备和周围环境；
2、本指导书交还资料室；

重点管理

- 箭头标贴上“➔”指向不良元件位置：
- 插槽使用时注意勿碰到产品元件上：

插槽架1　移至浅口处，与部品零接触
插槽架2　产品移至不接触部品处

- 生产中同一位置连续5件，不同位置累计8件出现异常立即停线处理；
- 不良产品在本班次完成修理和全检作业；

工具 / 夹具
- 防静电手腕带
- 防静电手套
- 防静电镊子

修订事项	修订日期	修订者	修订内容	修订根据

基准
“首件样板”
《检验标准图示》
《AOI图象识别范围图》
《AOI检测标准》(ST-Q-10)
《VT-RNS-L操作作业指导书》(W-OP1-13)

记录
《有线静电手腕带每日点检表》(SMC-P-606-F07)
《设备（AOI）日点检表》(W-OP1-90)
《检查记录表》(SMC-P-809-F01)
《产品合格标识单》
《成品状态标识单》

NJCIT（REV.2.0）

图 4-2-50　焊接工序作业指导书-3

③ 焊接设备操作。按照焊接设备操作规范和操作规程的要求开启焊接设备；按照焊接设备操作规范和操作规程的要求检查焊接设备运行状态是否正常。

（2）炉温测试仪编程。

① 炉温测试仪的使用要求和操作。按照炉温测试仪操作规范和操作规程的要求开启炉温测试仪；按照炉温测试仪操作规范和操作规程的要求检查炉温测试仪运行状态是否正常。

炉温测试仪如图 4-2-51 所示。

② 炉温测试仪的离线编程。炉温测试仪带有离线编程软件，根据 PCB 尺寸、元器件规格和安装位置、焊接设备等参数，对焊接温度曲线进行计算和预设置，生成焊接设备可执行的程序。

炉温测试仪由温度传感器、数据采集装置、分析软件等组成。

炉温测试仪的连接如图 4-2-52 所示。

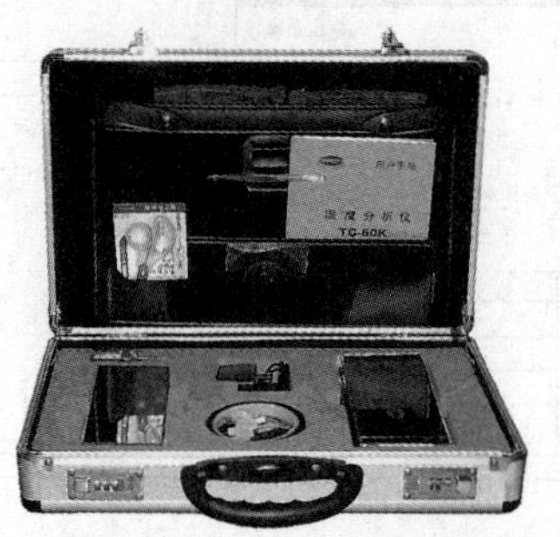

图 4-2-51　炉温测试仪

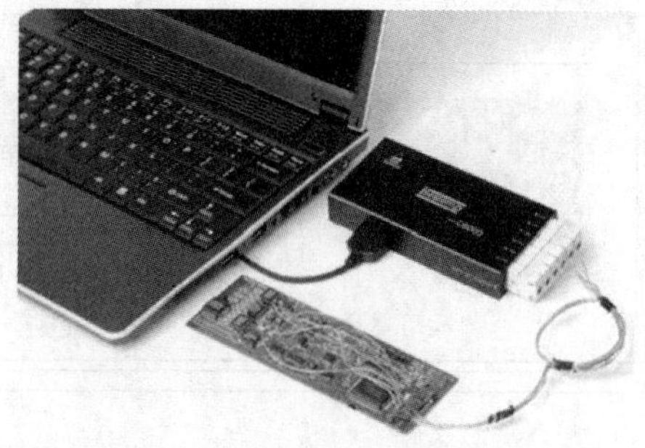

图 4-2-52　炉温测试仪的连接

（3）导入焊接程序。将炉温测试仪预设的焊接程序导入焊接设备，如图 4-2-53 所示；导入焊接程序后的焊接设备界面如图 4-2-54 所示。

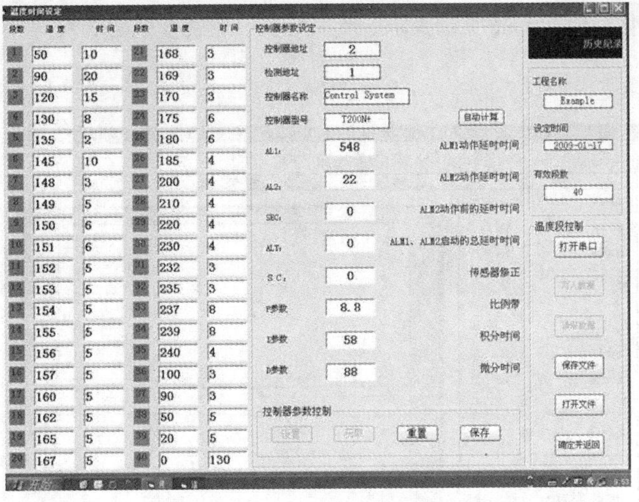

图 4-2-53　导入焊接程序

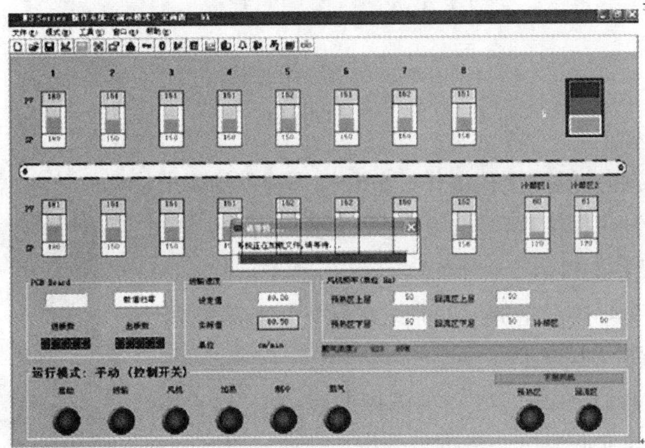

图 4-2-54　焊接设备界面

（4）焊接设备的工艺参数设定和程序优化。

① 设定焊接设备的各温区的温度、产品传送速度、轨道宽度、风量、氮气含量等工艺参数。焊接设备的设定界面如图 4-2-55 所示。

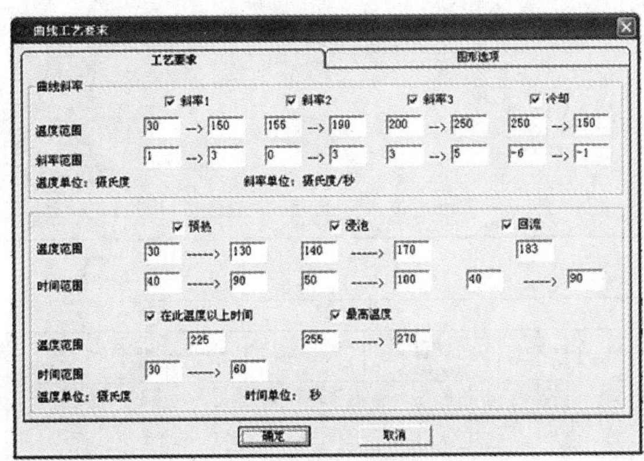

图 4-2-55　焊接设备的设定界面

② 焊接程序优化。根据产品质量要求、产品特征、设备参数等，对焊接程序进行优化，如图 4-2-56 所示。

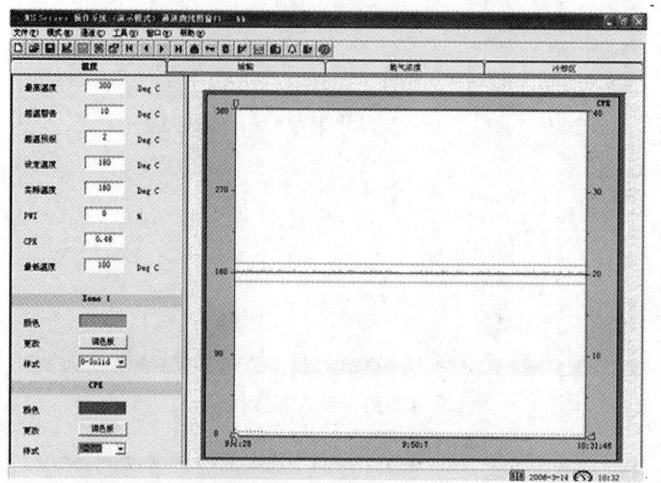

图 4-2-56　焊接程序优化

（5）炉温测试及校正。

① 炉温测试。按照炉温测试仪操作规范和操作规程的要求将温度传感器焊接到 PCB 相应测试点上；按照炉温测试仪操作规范和操作规程的要求将炉温测试仪和 PCB 放入焊接设备的轨道上。

运行焊接设备，对焊接设备的温度曲线进行数据采集。炉温测试仪数据采集器如图 4-2-57 所示。

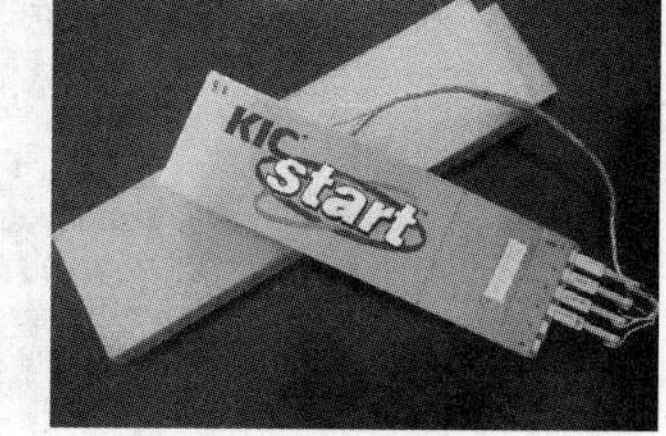

图 4-2-57　炉温测试仪数据采集器

② 将炉温测试仪数据采集器获得的温度曲线数据导入炉温测试仪，用分析软件对实际温度曲线进行分析。

如果实际焊接温度曲线没有达到预设的结果，则再次对温度曲线进行修正。并将修正后的焊接程序再次导入焊接设备。焊接温度曲线如图 4-2-58 所示。

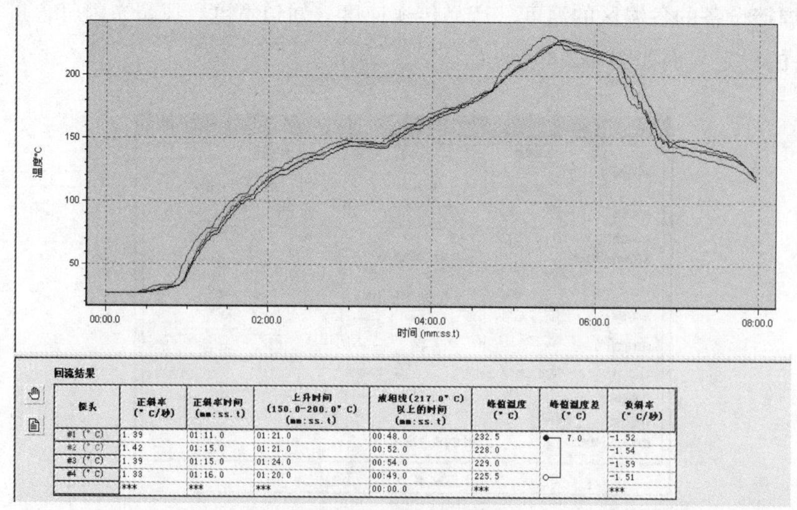

回流结果

探头	正斜率（° C/秒）	正斜率时间（mm:ss. t）	上升时间（150. 0–200. 0° C）（mm:ss. t）	液相线（217. 0° C）以上的时间（mm:ss. t）	峰值温度（° C）	峰值温度差（° C）	负斜率（° C/秒）
#1（° C）	1. 39	01:11. 0	01:21. 0	00:48. 0	232. 5	7. 0	-1. 52
#2（° C）	1. 42	01:15. 0	01:21. 0	00:52. 0	228. 0		-1. 54
#3（° C）	1. 39	01:15. 0	01:24. 0	00:54. 0	229. 0		-1. 59
#4（° C）	1. 33	01:16. 0	01:20. 0	00:49. 0	225. 5		-1. 51
	***	***	***	00:00. 0	***		***

图 4-2-58　焊接温度曲线

③ 炉温曲线校正。再次运行焊接设备，对修正后的焊接温度曲线进行数据采集。并分析是否与理想的温度曲线重叠。理想的温度曲线如图 4-2-59 所示。

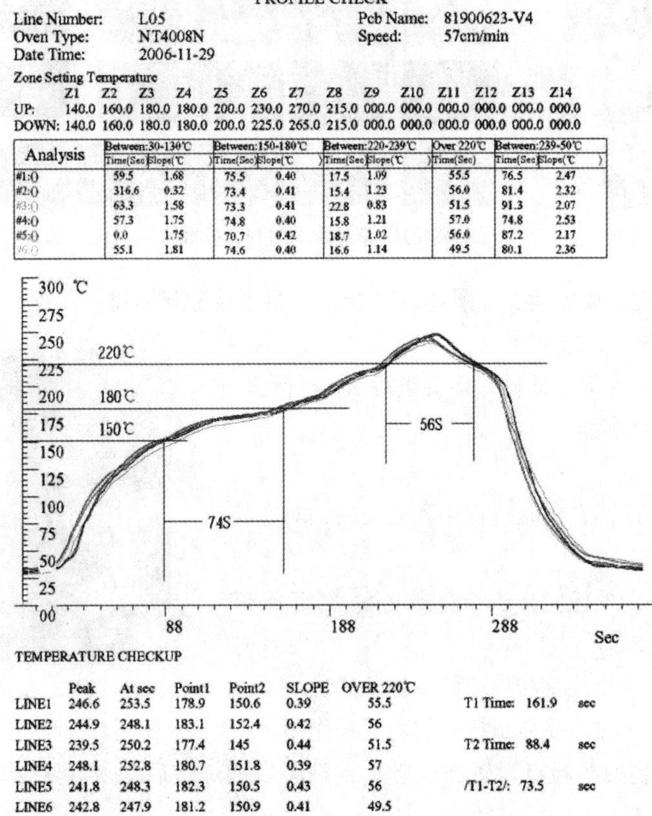

炉温曲线分析报告

PROFILE CHECK

Line Number: L05　　Pcb Name: 81900623-V4

Oven Type: NT4008N　　Speed: 57cm/min

Date Time: 2006-11-29

Zone Setting Temperature

	Z1	Z2	Z3	Z4	Z5	Z6	Z7	Z8	Z9	Z10	Z11	Z12	Z13	Z14
UP:	140.0	160.0	180.0	180.0	200.0	230.0	270.0	215.0	000.0	000.0	000.0	000.0	000.0	000.0
DOWN:	140.0	160.0	180.0	180.0	200.0	225.0	265.0	215.0	000.0	000.0	000.0	000.0	000.0	000.0

Analysis	Between:30-130℃		Between:150-180℃		Between:220-239℃		Over 220℃	Between:239-50℃	
	Time(Sec)	Slope(℃)	Time(Sec)	Slope(℃)	Time(Sec)	Slope(℃)	Time(Sec)	Time(Sec)	Slope(℃)
#1:()	59.5	1.68	75.5	0.40	17.5	1.09	55.5	76.5	2.47
#2:()	316.6	0.32	73.4	0.41	15.4	1.23	56.0	81.4	2.32
#3:()	63.3	1.58	73.3	0.41	22.8	0.83	51.5	91.3	2.07
#4:()	57.3	1.75	74.8	0.40	15.8	1.21	57.0	74.8	2.53
#5:()	0.0	1.75	70.7	0.42	18.7	1.02	56.0	87.2	2.17
#6:()	55.1	1.81	74.6	0.40	16.6	1.14	49.5	80.1	2.36

TEMPERATURE CHECKUP

	Peak	At sec	Point1	Point2	SLOPE	OVER 220℃			
LINE1	246.6	253.5	178.9	150.6	0.39	55.5	T1 Time:	161.9	sec
LINE2	244.9	248.1	183.1	152.4	0.42	56			
LINE3	239.5	250.2	177.4	145	0.44	51.5	T2 Time:	88.4	sec
LINE4	248.1	252.8	180.7	151.8	0.39	57			
LINE5	241.8	248.3	182.3	150.5	0.43	56	/T1-T2/:	73.5	sec
LINE6	242.8	247.9	181.2	150.9	0.41	49.5			

图 4-2-59　理想的温度曲线

（6）焊接作业。按照焊接作业指导书进行焊接操作。

在进行首件试生产后，针对焊接质量进行程序优化。

在进行首件试生产后，针对焊接速度进行程序优化。

焊接后产品如图 4-2-60 所示。

图 4-2-60　焊接后产品

（7）焊接质量检验。

① 焊接质量的判定标准如图 4-2-61 所示。

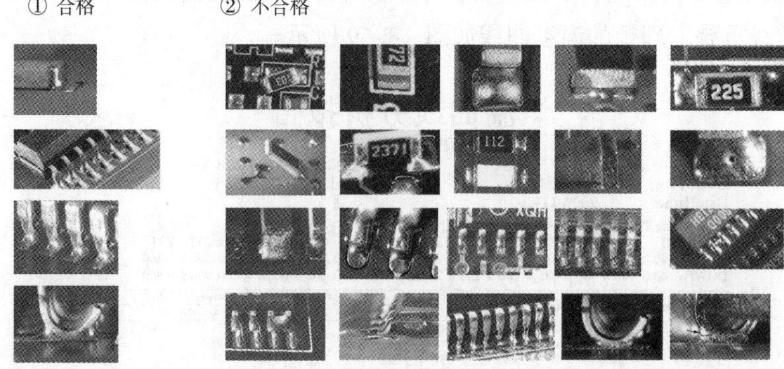

图 4-2-61　焊接质量的判定标准

② 检验。目视检验放大镜，如图 4-2-23 所示；目视检验显微镜，如图 4-2-24 所示；检验焊接质量（AOI），如图 4-2-26 所示。

如果产品含有 BGA 等元器件，还要进行 X-ray 检验。X-ray 设备如图 4-2-62 所示。

图 4-2-62　X-ray 设备

4．检验和修理

（1）产品检验。产品在组装过程中和完成后，对产品的检验非常重要。

检验就是通过一定的检验方法和检测设备，判定 SMT 组装是否符合质量要求。

主要检验方法为目视检验和检验设备检验等。

合理安排检验点，对产品质量控制起着关键作用。

通常，SMT 组装的检验点设置在涂敷后、贴装后和焊接后这 3 个主要环节，如图 4-2-63 所示。

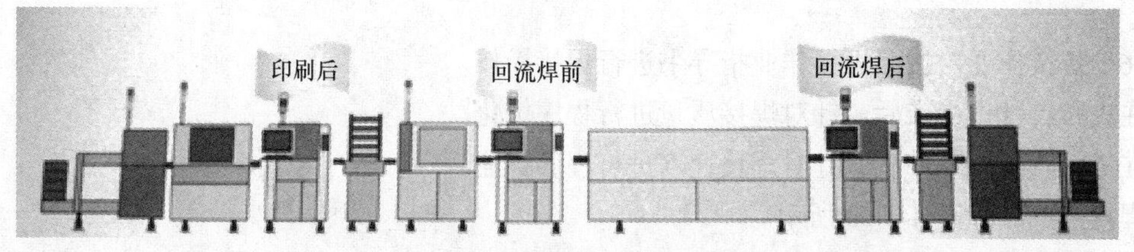

图 4-2-63　SMT 组装的检验点

① 通常，SMT 组装的质量判定标准为《**IPC-A-610D**》。

② 检验工具和设备主要包括目视放大镜、显微镜、SPI、AOI、X-ray 等。

（2）产品返修。在产品组装过程中，可能会出现质量问题。对检查出的质量问题，必须进行修理合格后才能转入下一道工序。

返修就是通过返修设备，对缺陷进行修理，使产品符合质量要求。

① 返修要求。对不合格产品采取必要的修理措施；修理后能使其满足规定的使用要求。

② 返修工具和设备主要包括电焊台、热风吹焊台、BGA 返修工作站等。

4.2.3　产品制作——THT

图 4-2-64　产品主板

根据产品制作流程，所有的准备工作完成后，在主板组件的 SMT 工序的组装完成后，将进行主板元器件的通孔插装（THT）工序。

- 根据产品特点，确定主板通孔插装采用人工插装焊接工艺。
- 主板在进行 THT 制作时，PCB 采用单块板形式。产品主板 PCB 如图 4-2-64 所示。
- 确定 THT 组装的工艺流程，如图 4-2-65 所示。
- 根据 THT 组装的工艺流程，确定组装生产线。

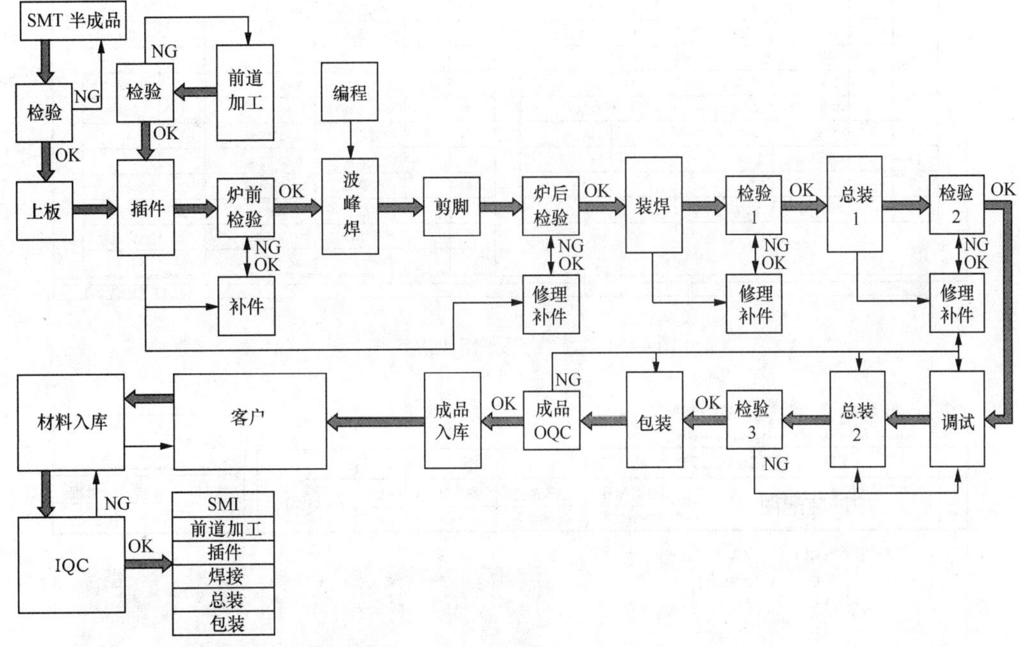

图 4-2-65　SMT 组装的工艺流程

1．插装、焊接

在人工插装生产线上，作业人员按照作业指导书的要求将元器件插装、焊接到 PCB 上。

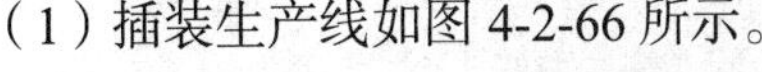

（1）插装生产线如图 4-2-66 所示。

图 4-2-66　插装生产线

（2）插装工序作业指导书如图 4-2-67、图 4-2-68、图 4-2-69、图 4-2-70、图 4-2-71、图 4-2-72 所示。

南京信息職業技術學院 Nanjing College of Information Technology　合成板号：HX203-T　页数：2 / 7

受控章	

THT－HX203 产品作业指导书				
作业名	指导书编号	制作部门	制作日期	版本
THT-BOM	W-PR2-001	SMT教研室	2013-08-18	2.0

lead-free

拟制	审核	批准

BOM-1

序号	代码	名　称	规　格	数量	备　注
1		炭膜电阻	100KΩ	1	R3
2		微调电阻	51KΩ	1	RV1
3		瓷片电容	473（0.047μ）	1	C2
4		电解电容	4.7μ	2	C5, C9
5		电解电容	10μ	3	C8, C10, C13
6		电解电容	220μ	1	C14
7		电解电容	470μ	1	C17
8		滤波器	465KHz（3脚）	2	CF2, CF3
9		滤波器	10.7MHz（3脚）	1	CF4
10		鉴频器	10.7MHz（2脚）	1	CF1
11		中波振荡	DD ML7B-19	1	T2（红）
12		中波中周	DD TF7B-12C	1	T3（黄）
13		调频天线	4.5T	1	L1
14		调频本振	3.5T	1	L2
15		焊锡丝	φ0.8		

BOM-2

序号	代码	名　称	规　格	数量	备　注
1		发光二极管	φ3红	1	D1
2		电位器	51KΩ	1	RP
3		可变电容	CBM-443DF	1	C0
4		波段开关	1×2	1	S1
5		磁棒支架	B5×13×14mm	1	
6		磁棒	B5×13×55mm	1	
7		AM天线线圈	B5×13×X23mm	1	T1
8		导线（红）	110mm	1	正极片
9		导线（白）	90mm	1	主板输出
10		导线（红）	70mm	1	W1
11		导线（黄）	70mm	1	主板负
12		调谐盘	φ38×2mm	1	
13		电位器盘	Φ20×2mm	1	
14		沉头螺钉	M2.5×4mm	1	调谐盘
15		沉头螺钉	M2.5×5mm	2	
16		球面螺钉	M1.7×4mm	1	电位器盘
17		焊锡丝	φ0.8		

NJCIT（REV.2.0）

图 4-2-67　插装工序作业指导书-1

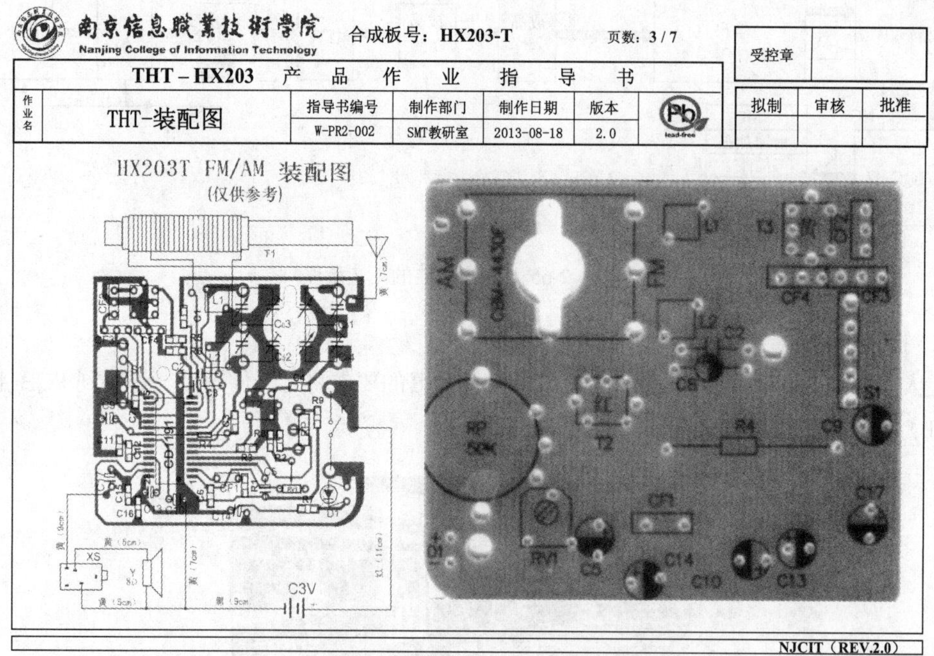
南京信息職業技術學院 Nanjing College of Information Technology　合成板号：HX203-T　页数：3 / 7

受控章	

THT－HX203 产品作业指导书				
作业名	指导书编号	制作部门	制作日期	版本
THT-装配图	W-PR2-002	SMT教研室	2013-08-18	2.0

lead-free

拟制	审核	批准

HX203T FM/AM 装配图

（仅供参考）

NJCIT（REV.2.0）

图 4-2-68　插装工序作业指导书-2

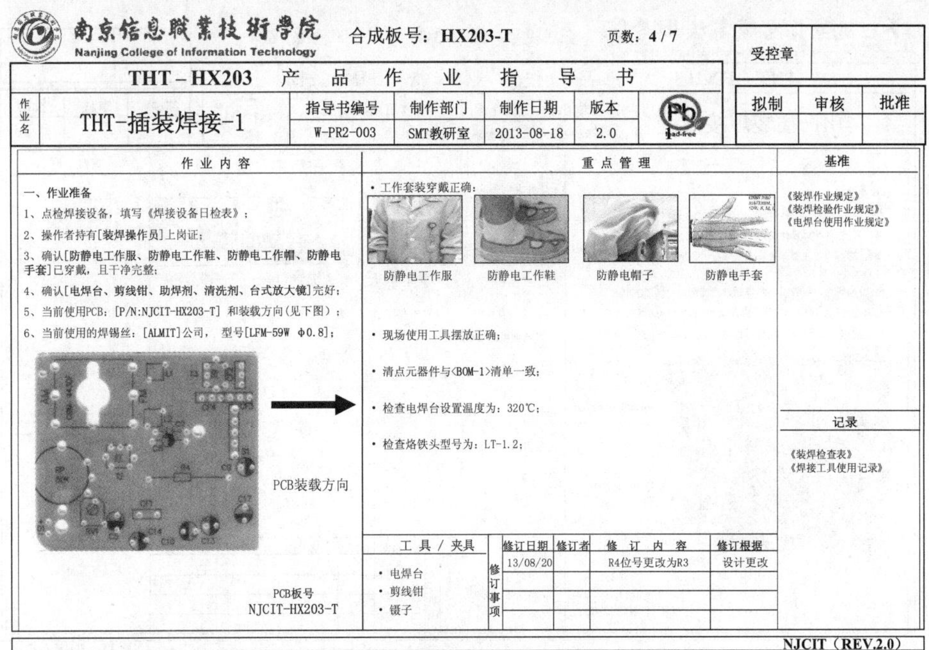

南京信息職業技術學院 Nanjing College of Information Technology　合成板号：HX203-T　页数：4 / 7　受控章

THT－HX203　产　品　作　业　指　导　书

作业名	指导书编号	制作部门	制作日期	版本	拟制	审核	批准
THT-插装焊接-1	W-PR2-003	SMT教研室	2013-08-18	2.0			

作业内容

一、作业准备

1、点检焊接设备，填写《焊接设备日检表》；

2、操作者持有[装焊操作员]上岗证；

3、确认[防静电工作服、防静电工作鞋、防静电工作帽、防静电手套]已穿戴，且干净完整；

4、确认[电烙台、剪线钳、助焊剂、清洗剂、台式放大镜]完好；

5、当前使用PCB：[P/N:NJCIT-HX203-T] 和装载方向(见下图)；

6、当前使用的焊锡丝：[ALMIT]公司，型号[LFM-59W Φ0.8]；

PCB装载方向

PCB板号 NJCIT-HX203-T

重点管理

· 工作套装穿戴正确：

防静电工作服　防静电工作鞋　防静电帽子　防静电手套

· 现场使用工具摆放正确；

· 清点元器件与<BOM-1>清单一致；

· 检查电焊台设置温度为：320℃；

· 检查烙铁头型号为：LT-1.2；

基准

《装焊作业规定》
《装焊检验作业规定》
《电焊台使用作业规定》

记录

《装焊检查表》
《焊接工具使用记录》

工具／夹具

· 电焊台
· 剪线钳
· 镊子

修订事项	修订日期	修订者	修订内容	修订根据
	13/08/20		R4位号更改为R3	设计更改

NJCIT（REV.2.0）

图 4-2-69　插装工序作业指导书-3

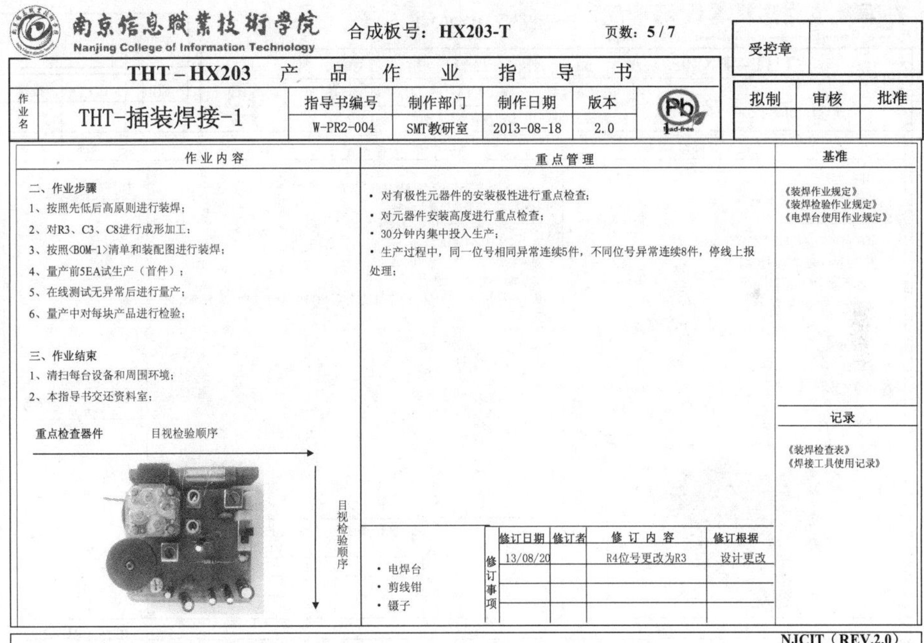

南京信息職業技術學院 Nanjing College of Information Technology　合成板号：HX203-T　页数：5 / 7　受控章

THT－HX203　产　品　作　业　指　导　书

作业名	指导书编号	制作部门	制作日期	版本	拟制	审核	批准
THT-插装焊接-1	W-PR2-004	SMT教研室	2013-08-18	2.0			

作业内容

二、作业步骤

1、按照先低后高原则进行装焊；

2、对R3、C3、C8进行成形加工；

3、按照<BOM-1>清单和装配图进行装焊；

4、量产前5EA试生产（首件）；

5、在线测试无异常后进行量产；

6、量产中对每块产品进行检验；

三、作业结束

1、清扫每台设备和周围环境；

2、本指导书交还资料室；

重点检查器件　目视检验顺序

目视检验顺序

重点管理

· 对有极性元器件的安装极性进行重点检查；

· 对元器件安装高度进行重点检查；

· 30分钟内集中投入生产；

· 生产过程中，同一位号相同异常连续5件，不同位号异常连续8件，停线上报处理；

基准

《装焊作业规定》
《装焊检验作业规定》
《电焊台使用作业规定》

记录

《装焊检查表》
《焊接工具使用记录》

· 电焊台
· 剪线钳
· 镊子

修订事项	修订日期	修订者	修订内容	修订根据
	13/08/20		R4位号更改为R3	设计更改

NJCIT（REV.2.0）

图 4-2-70　插装工序作业指导书-4

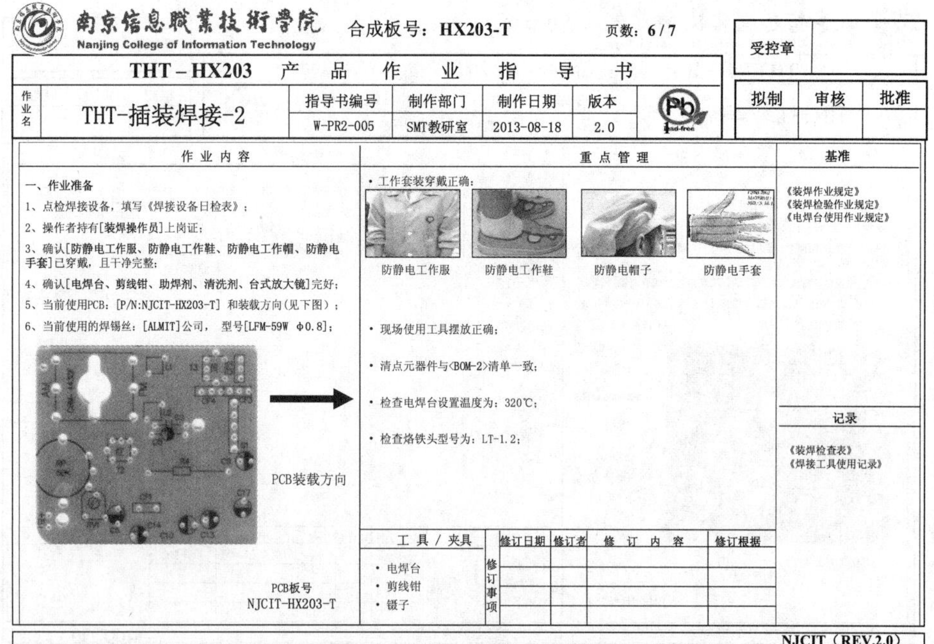

南京信息職業技術學院 Nanjing College of Information Technology　合成板号：HX203-T　页数：6 / 7

受控章	

THT－HX203　产　品　作　业　指　导　书

作业名	指导书编号	制作部门	制作日期	版本
THT-插装焊接-2	W-PR2-005	SMT教研室	2013-08-18	2.0

拟制	审核	批准

作业内容

一、作业准备

1、点检焊接设备，填写《焊接设备日检表》；

2、操作者持有[装焊操作员]上岗证；

3、确认[防静电工作服、防静电工作鞋、防静电工作帽、防静电手套]已穿戴，且干净完整；

4、确认[电焊台、剪线钳、助焊剂、清洗剂、台式放大镜]完好；

5、当前使用PCB：[P/N:NJCIT-HX203-T] 和装载方向（见下图）；

6、当前使用的焊锡丝：[ALMIT]公司，　型号[LFM-59W　ϕ0.8]；

PCB装载方向

PCB板号
NJCIT-HX203-T

重点管理

• 工作套装穿戴正确：

防静电工作服　防静电工作鞋　防静电帽子　防静电手套

• 现场使用工具摆放正确；

• 清点元器件与〈BOM-2〉清单一致；

• 检查电焊台设置温度为：320℃；

• 检查烙铁头型号为：LT-1.2；

基准

《装焊作业规定》
《装焊检验作业规定》
《电焊台使用作业规定》

记录

《装焊检查表》
《焊接工具使用记录》

工具 / 夹具		修订日期	修订者	修订内容	修订根据
• 电焊台 • 剪线钳 • 镊子	修订事项				

NJCIT（REV.2.0）

图 4-2-71　插装工序作业指导书-5

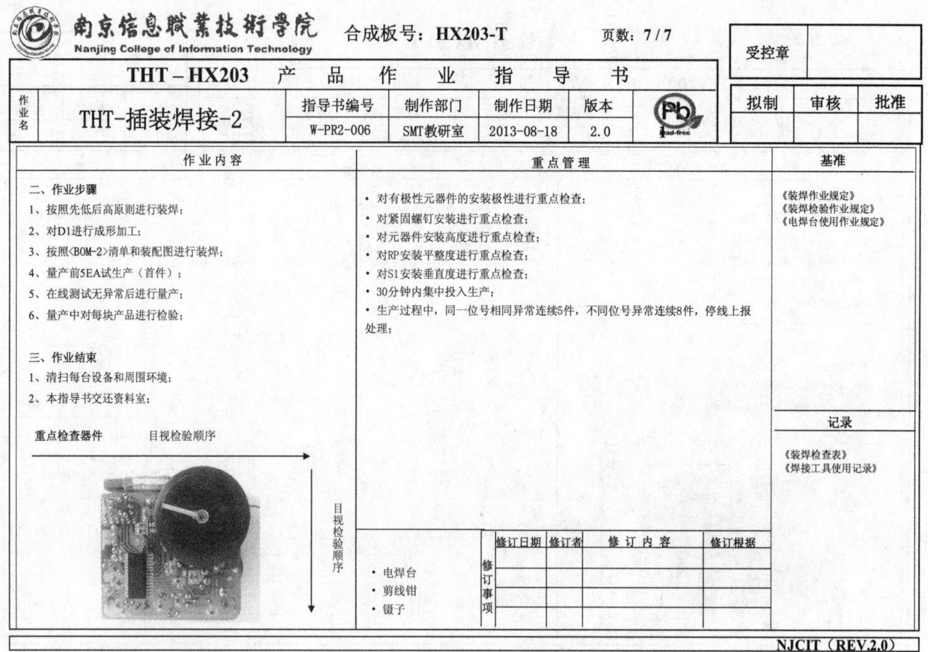

南京信息職業技術學院 Nanjing College of Information Technology　合成板号：HX203-T　页数：7 / 7

受控章	

THT－HX203　产　品　作　业　指　导　书

作业名	指导书编号	制作部门	制作日期	版本
THT-插装焊接-2	W-PR2-006	SMT教研室	2013-08-18	2.0

拟制	审核	批准

作业内容

二、作业步骤

1、按照先低后高原则进行装焊；

2、对D1进行成形加工；

3、按照〈BOM-2〉清单和装配图进行装焊；

4、量产前5EA试生产（首件）；

5、在线测试无异常后进行量产；

6、量产中对每块产品进行检验；

三、作业结束

1、清扫每台设备和周围环境；

2、本指导书交还资料室；

重点检查器件　目视检验顺序

目视检验顺序

重点管理

• 对有极性元器件的安装极性进行重点检查；

• 对紧固螺钉安装进行重点检查；

• 对元器件安装高度进行重点检查；

• 对RP安装平整度进行重点检查；

• 对S1安装垂直度进行重点检查；

• 30分钟内集中投入生产；

• 生产过程中，同一位号相同异常连续5件，不同位号异常连续8件，停线上报处理；

基准

《装焊作业规定》
《装焊检验作业规定》
《电焊台使用作业规定》

记录

《装焊检查表》
《焊接工具使用记录》

工具 / 夹具		修订日期	修订者	修订内容	修订根据
• 电焊台 • 剪线钳 • 镊子	修订事项				

NJCIT（REV.2.0）

图 4-2-72　插装工序作业指导书-6

（3）PCBA 组装原则和要求。

① PCBA 组装原则。先低后高、极性正确、无极性元器件外观标志方向一致。

② 焊接要求和工艺。

a．焊接要求。

电气要求：良好的电器导通。

机械连接强度要求：持久的机械连接。

外观要求：光洁整齐的外观和良好的润湿，焊点具有明亮、光滑、有光泽的表面。

b．手工焊接工艺，如图 4-2-73 所示。

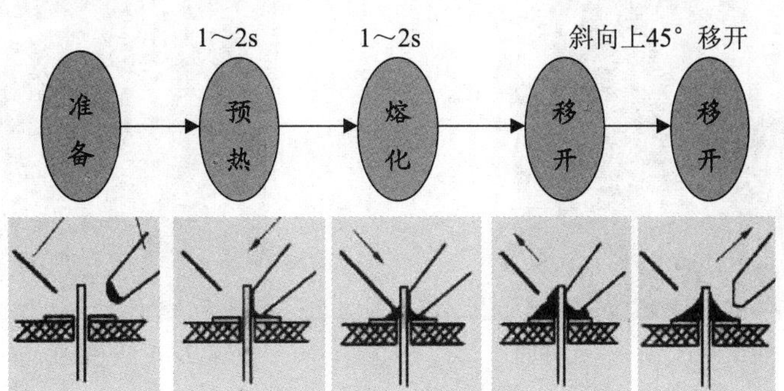

图 4-2-73　手工焊接工艺

（4）主板部件组装。按照组装作业指导书进行组装操作。

在进行首件试生产后，针对组装质量进行工艺优化。

在进行首件试生产后，针对组装速度进行工艺优化。

产品装配图如图 4-2-74 所示。

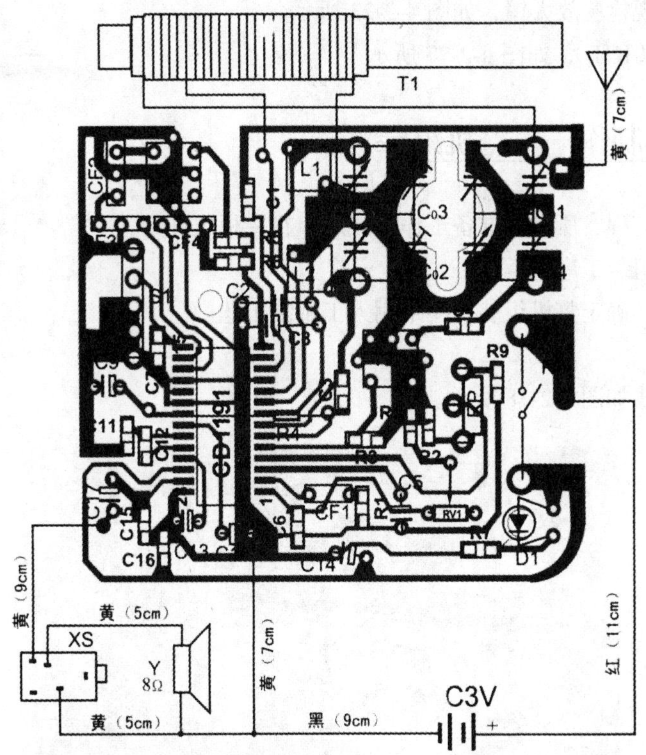

图 4-2-74　HX203T FM/AM 产品装配图

组装后产品如图 4-2-75、图 4-2-76 所示。

图 4-2-75　组装后产品——元件面

图 4-2-76　组装后产品——焊接面

2. 组装质量检验

组装质量检验包括焊接质量检验、机械部分组装质量检验和外观检验。

（1）焊接质量的判定标准参照《IPC-A-610D》。

（2）机械部分组装质量要求安装零件紧贴 PCB，固定螺丝必须拧紧。

（3）外观检查要求元器件形状整齐，PCB 无污染和残留物。

（4）检验。目视检验放大镜，如图 4-2-23 所示。

针床测试检验（ICT），如图 4-2-77 所示。

图 4-2-77　针床测试检验（ICT）

4.2.4　产品制作——整机组装

根据产品制作流程，所有的准备工作完成后，在主板组件完成后，将进行整机组装工序。

根据产品特点，确定整机组装工序采用人工组装工艺。

1. 整机组装

（1）组装生产线如图 4-2-78 所示。

图 4-2-78　组装生产线

（2）产品整机组装工序作业指导书如图 4-2-79、图 4-2-80、图 4-2-81、图 4-2-82、图 4-2-83、图 4-2-84 所示。

南京信息职业技术学院 Nanjing College of Information Technology　合成板号：HX203-T　页数：2 / 7

受控章	

THT－HX203　产　品　作　业　指　导　书

作业名	指导书编号	制作部门	制作日期	版本
总装-BOM	W-PR3-001	SMT教研室	2013-08-18	2.0

拟制	审核	批准

序号	代码	名　称	规　格	数量	备　注
1		前框		1	
2		后盖		1	
3		金属网罩	70×56mm	1	
4		面板	32×56mm	1	
5		喇叭	ф57mm	1	Y
6		耳机插孔	ф3.5mm	1	XS
7		正极片		1	
8		负极簧		1	
9		组合极簧		1	
10		FM拉杆天线	ф5×360mm	1	
11		焊片	ф3.5mm	1	W1
12		拎带	5×120mm	1	
13		导线（黑）	90mm	1	负极簧（短）
14		导线（蓝）	50mm	2	Y
15		沉头螺钉	M2.5×5mm	1	拉杆天线
16		自攻螺钉	M2.5×6mm	1	主板
17		焊锡丝	ф0.8		

NJCIT（REV.2.0）

图 4-2-79　整机组装工序作业指导书-1

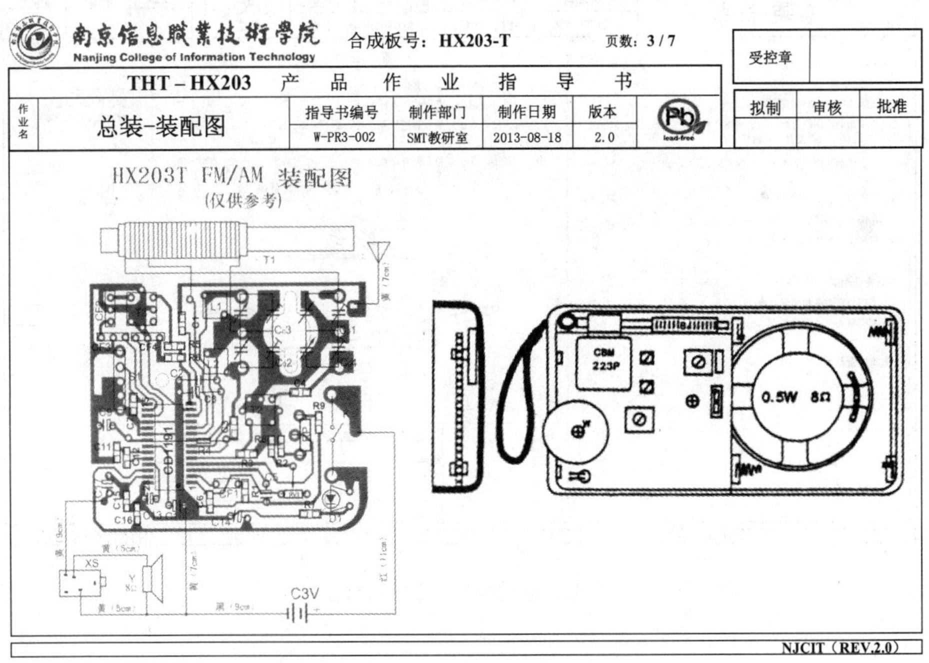
南京信息职业技术学院 Nanjing College of Information Technology　合成板号：HX203-T　页数：3 / 7

受控章	

THT－HX203　产　品　作　业　指　导　书

作业名	指导书编号	制作部门	制作日期	版本
总装-装配图	W-PR3-002	SMT教研室	2013-08-18	2.0

拟制	审核	批准

NJCIT（REV.2.0）

图 4-2-80　整机组装工序作业指导书-2

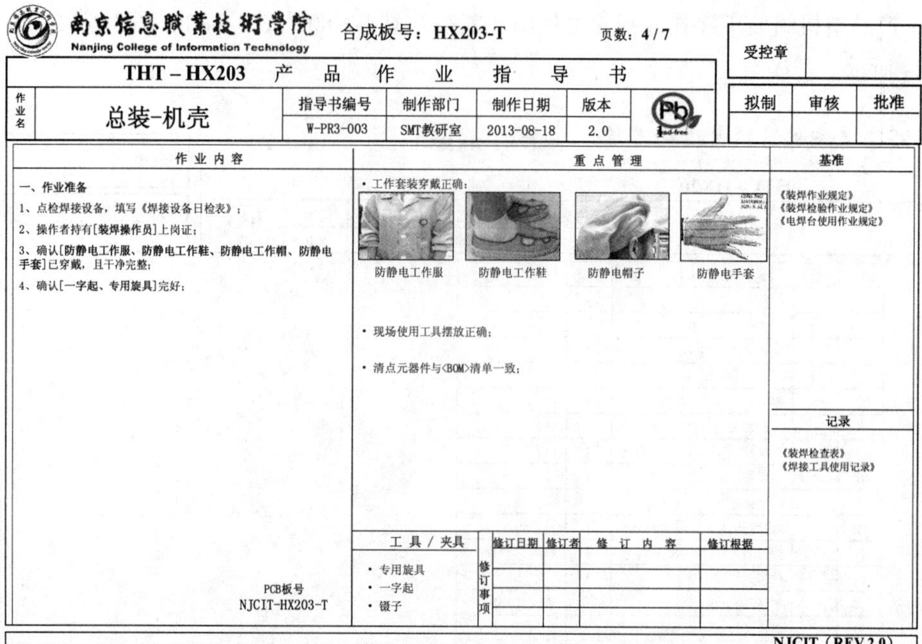

南京信息職業技術學院 Nanjing College of Information Technology　合成板号：HX203-T　页数：4 / 7

受控章	

THT－HX203　产　品　作　业　指　导　书

作业名	指导书编号	制作部门	制作日期	版本
总装-机壳	W-PR3-003	SMT教研室	2013-08-18	2.0

拟制	审核	批准

作业内容	重点管理	基准
一、作业准备 1、点检焊接设备，填写《焊接设备日检表》； 2、操作者持有[装焊操作员]上岗证； 3、确认[防静电工作服、防静电工作鞋、防静电工作帽、防静电手套]已穿戴，且干净完整； 4、确认[一字起、专用旋具]完好； PCB板号 NJCIT-HX203-T	• 工作套装穿戴正确： 防静电工作服　防静电工作鞋　防静电帽子　防静电手套 • 现场使用工具摆放正确； • 清点元器件与<BOM>清单一致；	《装焊作业规定》 《装焊检验作业规定》 《电焊台使用作业规定》 记录 《装焊检查表》 《焊接工具使用记录》

工具 / 夹具		修订日期	修订者	修订内容	修订根据
• 专用旋具 • 一字起 • 镊子	修订事项				

NJCIT（REV.2.0）

图 4-2-81　整机组装工序作业指导书-3

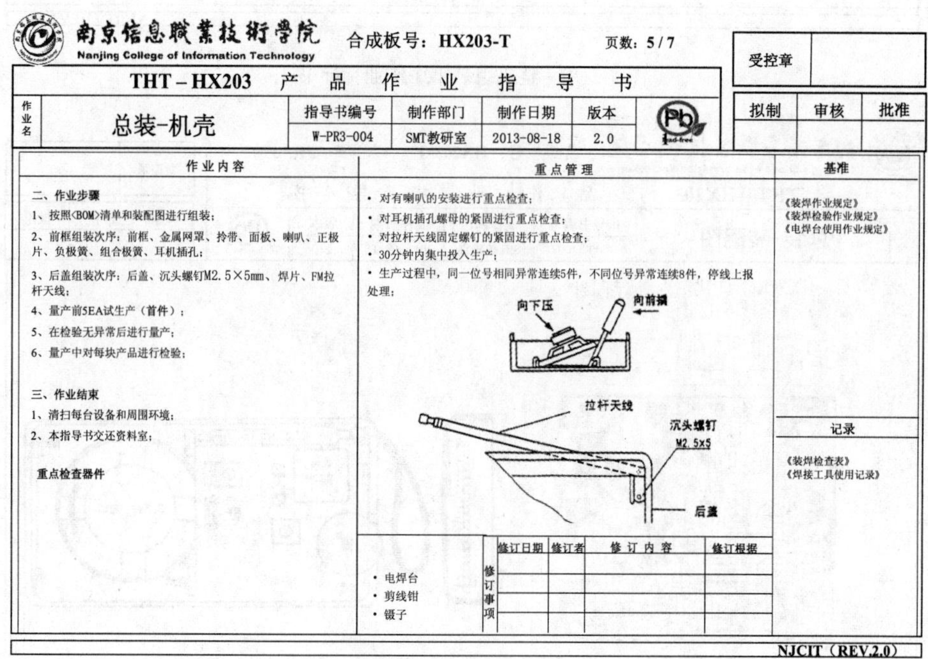

南京信息職業技術學院 Nanjing College of Information Technology　合成板号：HX203-T　页数：5 / 7

受控章	

THT－HX203　产　品　作　业　指　导　书

作业名	指导书编号	制作部门	制作日期	版本
总装-机壳	W-PR3-004	SMT教研室	2013-08-18	2.0

拟制	审核	批准

作业内容	重点管理	基准
二、作业步骤 1、按照<BOM>清单和装配图进行组装； 2、前框组装次序：前框、金属网罩、拎带、面板、喇叭、正极片、负极簧、组合极簧、耳机插孔； 3、后盖组装次序：后盖、沉头螺钉M2.5×5mm、焊片、FM拉杆天线； 4、量产前5EA试生产（首件）； 5、在检验无异常后进行量产； 6、量产中对每块产品进行检验； 三、作业结束 1、清扫每台设备和周围环境； 2、本指导书交还资料室； 重点检查器件	• 对有喇叭的安装进行重点检查； • 对耳机插孔螺母的紧固进行重点检查； • 对拉杆天线固定螺钉的紧固进行重点检查； • 30分钟内集中投入生产； • 生产过程中，同一位号相同异常连续5件，不同位号异常连续8件，停线上报处理； 向下压　向前摘 拉杆天线　沉头螺钉 M2.5X5　后盖	《装焊作业规定》 《装焊检验作业规定》 《电焊台使用作业规定》 记录 《装焊检查表》 《焊接工具使用记录》

工具 / 夹具		修订日期	修订者	修订内容	修订根据
• 电焊台 • 剪线钳 • 镊子	修订事项				

NJCIT（REV.2.0）

图 4-2-82　整机组装工序作业指导书-4

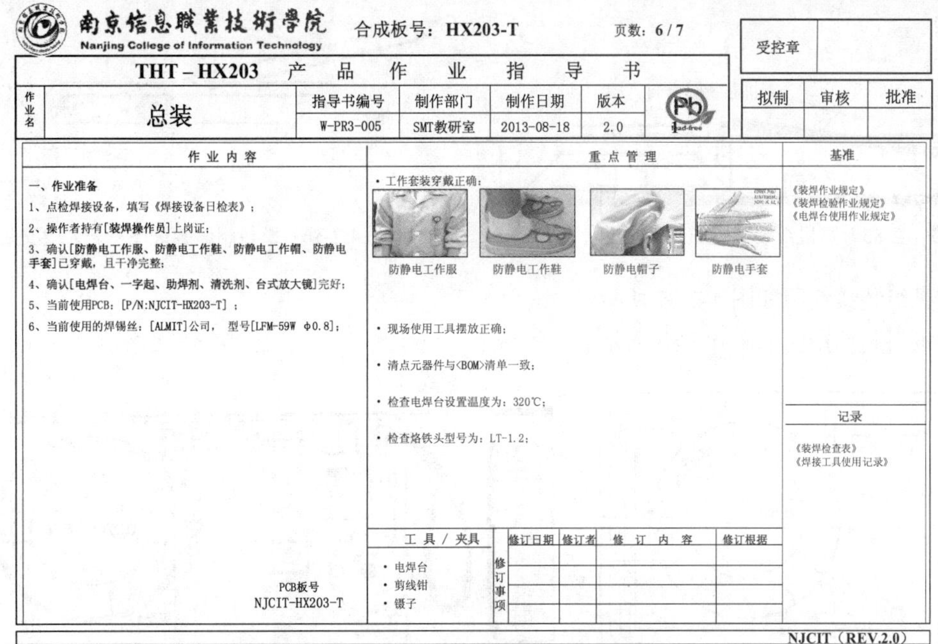

南京信息職業技術學院 Nanjing College of Information Technology　合成板号：HX203-T　页数：6 / 7

受控章

THT－HX203　产　品　作　业　指　导　书

作业名	指导书编号	制作部门	制作日期	版本	拟制	审核	批准
总装	W-PR3-005	SMT教研室	2013-08-18	2.0			

作业内容

一、作业准备

1、点检焊接设备，填写《焊接设备日检表》；

2、操作者持有[装焊操作员]上岗证；

3、确认[防静电工作服、防静电工作鞋、防静电工作帽、防静电手套]已穿戴，且干净完整；

4、确认[电焊台、一字起、助焊剂、清洗剂、台式放大镜]完好；

5、当前使用PCB：[P/N:NJCIT-HX203-T]；

6、当前使用的焊锡丝：[ALMIT]公司，　型号[LFM-59W　Φ0.8]；

PCB板号 NJCIT-HX203-T

重点管理

• 工作套装穿戴正确：

防静电工作服　防静电工作鞋　防静电帽子　防静电手套

• 现场使用工具摆放正确；

• 清点元器件与<BOM>清单一致；

• 检查电焊台设置温度为：320℃；

• 检查烙铁头型号为：LT-1.2；

基准

《装焊作业规定》
《装焊检验作业规定》
《电焊台使用作业规定》

记录

《装焊检查表》
《焊接工具使用记录》

工具／夹具

• 电焊台
• 剪线钳
• 镊子

修订事项	修订日期	修订者	修订内容	修订根据

NJCIT（REV.2.0）

图 4-2-83　整机组装工序作业指导书-5

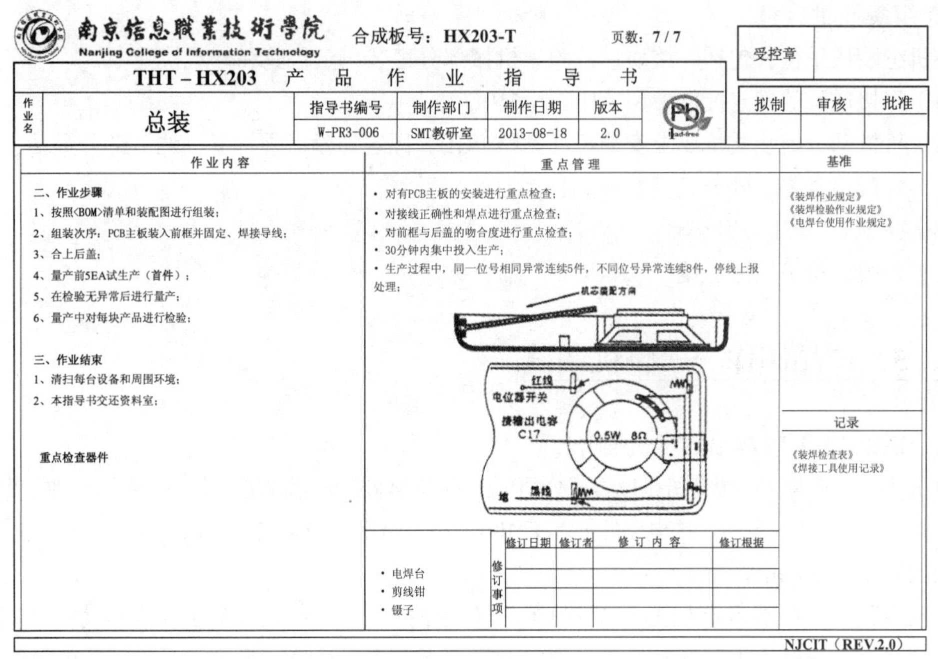

南京信息職業技術學院 Nanjing College of Information Technology　合成板号：HX203-T　页数：7 / 7

受控章

THT－HX203　产　品　作　业　指　导　书

作业名	指导书编号	制作部门	制作日期	版本	拟制	审核	批准
总装	W-PR3-006	SMT教研室	2013-08-18	2.0			

作业内容

二、作业步骤

1、按照<BOM>清单和装配图进行组装；

2、组装次序：PCB主板装入前框并固定、焊接导线；

3、合上后盖；

4、量产前5EA试生产（首件）；

5、在检验无异常后进行量产；

6、量产中对每块产品进行检验；

三、作业结束

1、清扫每台设备和周围环境；

2、本指导书交还资料室；

重点检查器件

重点管理

• 对有PCB主板的安装进行重点检查；

• 对接线正确性和焊点进行重点检查；

• 对前框与后盖的吻合度进行重点检查；

• 30分钟内集中投入生产；

• 生产过程中，同一位号相同异常连续5件，不同位号异常连续8件，停线上报处理；

基准

《装焊作业规定》
《装焊检验作业规定》
《电焊台使用作业规定》

记录

《装焊检查表》
《焊接工具使用记录》

• 电焊台
• 剪线钳
• 镊子

修订事项	修订日期	修订者	修订内容	修订根据

NJCIT（REV.2.0）

图 4-2-84　整机组装工序作业指导书-6

（3）整机组装。按照整机组装作业指导书进行整机组装操作。

在进行首件试生产后，针对组装质量进行工艺优化。

在进行首件试生产后，针对组装速度进行工艺优化。

整机组装装配图如图 4-2-85、图 4-2-86 所示。

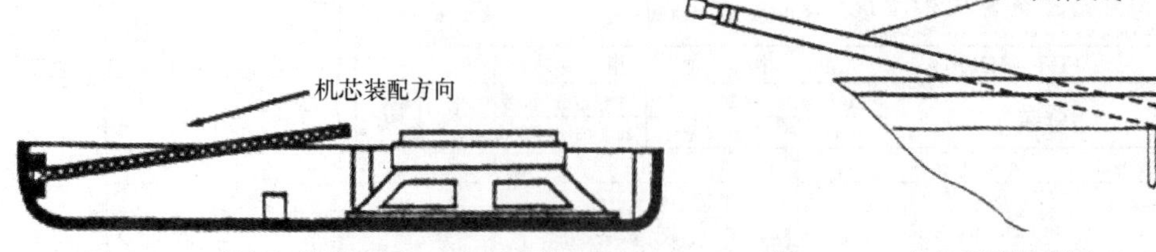

图 4-2-85　整机组装装配图——主板安装　　图 4-2-86　整机组装装配图——天线安装

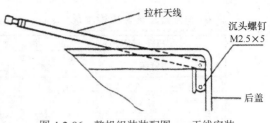

整机组装接线图如图 4-2-87 所示。

整机组装后产品如图 4-2-88 所示。

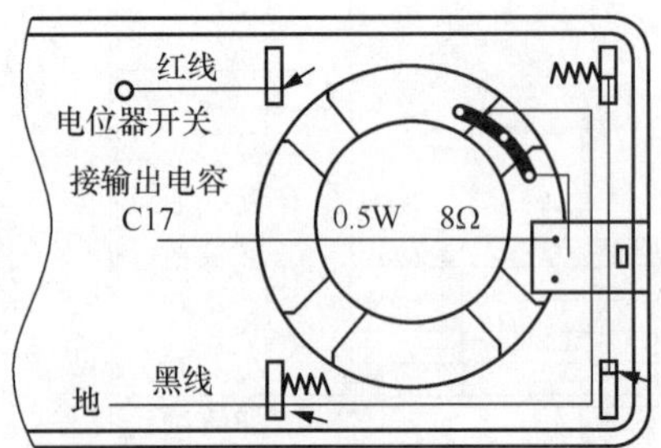

图 4-2-87　整机组装装配图——接线图

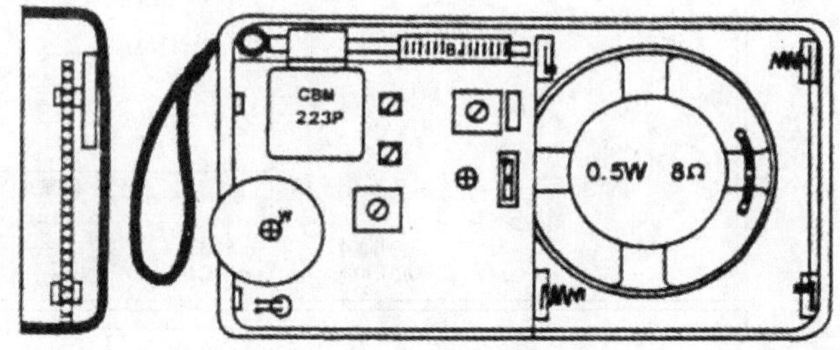

图 4-2-88　整机组装后产品

2．组装质量检验

整机组装质量检验包括焊接质量检验、机械部分组装质量检验和外观检验。

（1）焊接质量的判定标准参照《IPC-A-610D》。

（2）机械部分组装质量要求安装零件紧贴 PCB，固定螺丝必须拧紧，调节部分灵活。

（3）外观检查要求外壳光亮、整洁、无划痕。

（4）检验。

目视检验，可采用放大镜。

4.2.5　产品制作——整机调试

1．HX203T 调频调幅收音机简介

（1）概述。调频调幅收音机是以索尼公司生产的 CXAl691M 单片集成电路为主体，加上少量外围元件构成的微型低压收音机。该电路的推荐工作电源电压范围为 2～7.5V，VCC=6V 时，RL=8Ω的音频输出功率为 500mW。

电路内除设有调谐指示 LED 驱动器，电子音量控制器之外，还设有 FM 静噪功能。在调谐波段未收到电台信号时，内部增益处于失控状态，因而产生的静噪声很大，可通过检出无信号时的控制电平，使音频放大器处于微放大状态，从而达到静噪。

（2）调频调幅收音机电原理图。调频调幅收音机电原理图如图 4-2-89 所示。

（3）HX203T 调频调幅收音机电原理分析。

① 调幅（AM）部分。中波调幅广播信号由磁棒线圈 T1 和可变电容 C_0、微调电容 C_{01} 组成的调谐回路选择，送入 IC 第 10 引脚。本振信号由振荡线圈 T2 和可变电容 C_0、C4、C_{04}、微调电容及与 IC 第 5 引脚的内部电路组成的本机振荡产生，并与由 IC 第 10 引脚送入的中波调幅广播信

号在 IC 内部进行混频，混频后产生多种频率的信号，经过中频变压器 T3（包含内部的谐振电容）组成的中频选频网络及 465kHz 陶瓷滤波器 CF2、CF3 双重选频，得到的 465kHz 中频调幅信号耦合到 IC 第 16 引脚进行中频放大，放大后的中频信号在 IC 内部的检波器中进行检波，检出的音频信号由 IC 的第 23 引脚输出，进入 IC 第 24 引脚进行功率放大，放大后的音频信号由 IC 第 17 引脚输出，推动扬声器发声。本选频回路经双 465kHz 滤波后，选择性大大提高。

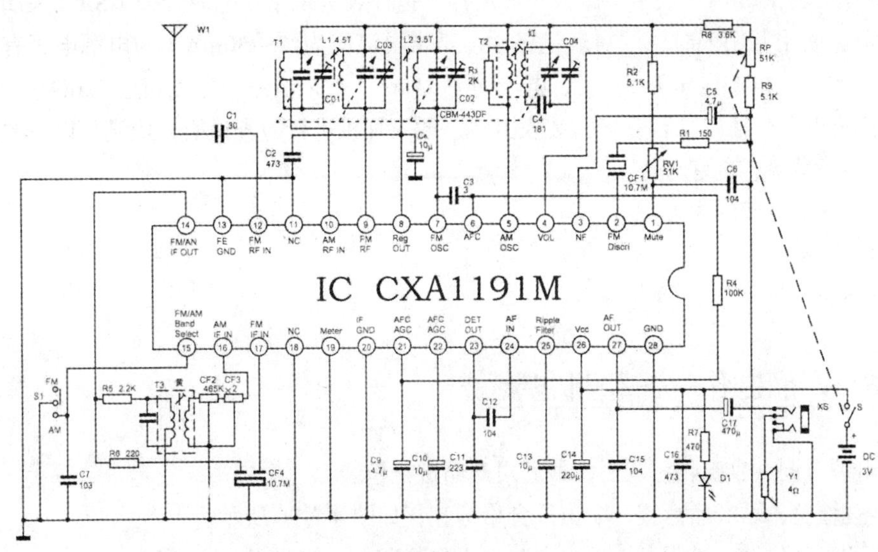

图 4-2-89　调频调幅收音机电原理图

② 调频（FM）部分。由拉杆天线接收到的调频广播信号，经 C1 耦合，到 IC 的第 12 引脚脚进行高频放大，放大后的高频信号被送到 IC 的第 9 引脚，接 IC 第 9 引脚的 L1 和可变电容 C_0、微调电容 C_{03} 组成调谐回路，对高频信号进行选择，在 IC 内部进行混频。本振信号由振荡线圈 L2、可变电容 C_0、微调电容 C_{02} 与 IC 第 7 引脚相连的内部电路组成的本机振荡器产生，在 IC 内部与高频信号混频后得到多种频率的合成信号，由 IC 的第 14 引脚输出，经 R6 耦合至 10.7MHz 的陶瓷滤波器 CF4 得到的 10.7MHz 中频调频信号进入 IC 第 17 引脚 FM 中频放大。鉴频后得到的音频信号由 IC 的第 23 引脚输出，进入 IC 的第 24 引脚进行放大，放大后的音频信号由 IC 的第 27 引脚输出，推动扬声器发声。

③ 音量控制电路。由 50kΩ 的电位器 RP 调节 IC4 引脚的直流电位高低来控制收音机的音量大小。

④ AM/FM 波段转换电路。由电路图可以看出，当 IC 第 15 引脚接地时，IC 处于 AM 工作状态；当 IC 第 15 引脚与地之间串接 C7 时，IC 处于 FM 工作状态。波段开关控制电路非常简单，只需用一只单刀双掷（1 × 2）开关，便可方便地进行波段转换控制。

⑤ AGC 和 AFC 控制电路。CXAl691 的 AGC（自动增益控制）电路由 IC 内部电路和接于第 21 引脚、第 22 引脚的电容 C9、C10 组成，控制范围可达 45dB 以上。AFC（自动频率微调控制）电路由 IC 的第 21 引脚、第 22 引脚所连接内部电路和 C3、C9、R4 及 IC 第 6 引脚所连接电路组成，它能使 FM 波段接收频率稳定。

⑥ FM 增益调整电路。IC 第 1 引脚接一可调电阻 RV1，可根据需要调整电路的增益，控制灵敏度的高低。

2．HX203T 调频调幅收音机调试

（1）测量整机总电流。

① 检查无误后将电源线焊接到电池片上。

② 在电位器开关断开的状态下装入电池。

③ 插入耳机。

④ 将万用表 200mA（数字表）或 50mA 挡（指针表）跨接在电源开关（SA，关闭状态时）两端测电流，使用万用表时应注意表笔极性。正常电流应为 7 ~ 30mA（与电源电压有关）并且 LED 正常点亮。当电源电压为 3V 时，电流约为 24mA。如果电流为零或超过 35mA 应检查电路。

（2）搜索电台广播。总装完毕，装入电池，插入耳机进行检查试听，应满足以下要求。

① 电源开关手感良好。

② 音量正常可调。

③ 收听正常。

④ 表面无损伤。

4.2.6 产品制作——整机包装

产品组装、调试、验收完成后，最后对产品进行包装。

1．外观检验，贴产品标签，贴出厂合格标签，如图 4-2-90 所示。

2．将主机、附件、说明书、保修卡装入小包装盒中，如图 4-2-91 所示。

图 4-2-90 外观检验，贴产品标签、出厂合格标签

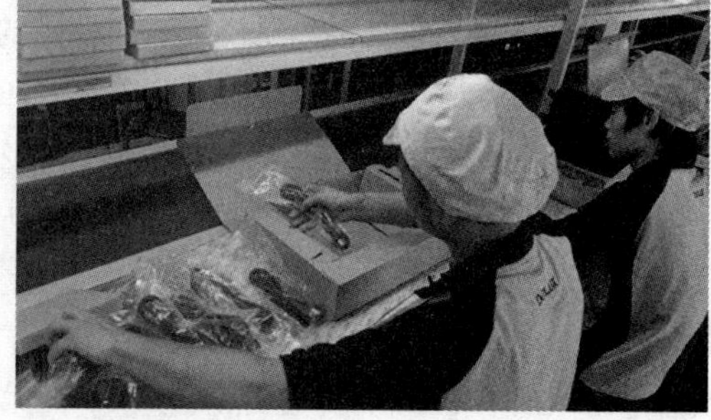

图 4-2-91 将主机、附件、说明书、保修卡装入小包装盒中

3．将小包装产品装入大包装箱中，如图 4-2-92 所示。

图 4-2-92 将小包装产品装入大包装箱中

4．大包装箱封口，贴标签。

5．将包装好的产品放入成品库。

本章小结

电子产品制造是一项复杂的综合性系统工程技术，涉及基板、元器件、工艺材料、设计技术、组装工艺技术、高度自动化的组装和检测设备、管理等多方面因素，涵盖机、电、气、光、热，物理、化学，新材料、新工艺、计算机、新的管理理念和模式等多学科的综合技术。

本章通过生产管理相关内容和产品制作工艺两个方面，系统描述了 5S 管理、静电防护、质量管理、生产管理、产品制作工艺流程等方面内容。

通过本章学习，读者能够理解、掌握生产管理和产品制作等方面的知识和能力。

最后通过一个产品的实际制作案例，让读者全面体会产品制作的整个过程，以及在管理、工艺、质量控制、设备等方面的要求。

习题与思考

1．描述 5S 管理的内容和具体实施步骤。

2．静电对电子工业的危害有哪些？

3．静电防护的基本思路是什么？

4．在生产过程中可以采用哪些静电防护方法？

5．安全生产主要有哪几个方面？要求是什么？

6．质量管理方法有哪些？

7．ISO9000 的主要内容是什么？

8．八项管理原则是什么？

9．简述五大精华要素。

10．生产管理由哪些部分组成？并做具体描述。

11．阅读并理解实训产品的全套工艺文件。

12．制作实训产品。

附录A SMT 中英文专业术语

A

Accelerated Stress Test　加速应力试验

Acceptable Quality Level（AQL）　允收水平

Action on Output　成品改善

Accuracy　精确度

Acoustic Microscopy　声学显微技术

Activator　活性剂，活化剂

Active Component　有源元件

Adhesive　粘结剂

Advanced Shipment Notification　（ASN）　提前装运通知

Air Knife　热风刀

Alloy　合金

Alumina　氧化铝、矾土

Anisotropic Adhesive　各向异性胶

Antimony（Sb）锑

Antistatic Material　抗静电材料

Aperture　孔径，模板开孔

Aperture file（s）　孔径文件

Application Specific Integrated Circuit（ASIC）　专用集成电路

Aqueous Cleaning　水清洗

Aqueous Flux　水溶性助焊剂

Archimedes Pump　阿基米德泵

Aspect Ratio　宽厚比

Association Connecting Electronics Industries（IPC）　美国电子电路和电子互连行业协会

Auger Pump　螺旋泵

Automatic Optical Inspection（AOI）　自动光学检测

Automatic X-ray Inspection　（AXI）　自动 X 射线检测

Auto-Insertion（AI）　自动插件

Automatic Test Equipment（ATE）　自动测试设备

B

Ball Grid Array（BGA）　球栅阵列封装

Ball Pitch　焊球间距

Bar Code　条形码

Bare Board　裸板

Bare Die　裸芯片

Beam Reflow Soldering　光束回流焊

Bill of Material（BOM）　元件清单

Bismuth（Bi）　铋

Blind Via　盲孔

Bonding　粘合

Bulk　散装

Bulk Components　散装元件
Bulk Feeder　散装供料器
Bumpered Quad Flat Package（BQFP）　带凸点的四方扁平封装
Bulk Feeder　散件供料器
Bump Chip Carrier　（BCC）　凸点芯片载体封装
Buried Via　埋孔
Business plan　经营计划

C

Calibration　校准
Center Line（CL）　中心线
Centering Jaw　定心爪
Central Processing Unit（CPU）中央处理器
Ceramic Ball Grid Array（CBGA）　陶瓷球栅阵列封装
Ceramic Column Grid Array　（CCGA）　陶瓷柱栅阵列封装
Chemical Tin　化学电镀锡
Chip　芯片
Chip Mounting Technology　（CMT）　芯片安装技术
Chip On Board（COB）　板载芯片
Chip Shooter　芯片射片机
Chip Scale Package（CSP）　裸芯片封装
Chip Size Package（CSP）裸芯片封装
Coefficient of Thermal Expansion（CTE）　热膨胀系数
Cold Solder Joint　冷焊点
Component　元件
Component Camera　元件摄像机
Computer Integrated Manufacturing（CIM）　计算机集成制造
Computer Aided Design（CAD）　计算机辅助设计
Computer Aided Manufacturing（CAM）　计算机辅助制造
Conducting Adhesive　导电胶
Conductor　导线，导体
Conductor Thickness　导线厚度，导体厚度
Conductor Width　导线宽度，导体宽度
Conformal Coating　共形涂层
Contingency Plan　应急计划
Continuous Improvement Plan/Program　持续改进计划/方案
Continual Improvement　持续改善
Contract　合同
Control Limits　管制界限
Control Plan　控制计划
Controlled Collapse Chip Connection　（C4）　可控塌陷芯片连接
Controlled Convection　可控对流
Convection　对流
Cool Down　冷却
Cooling Zone　冷却区
Coplanarity　共面度
Copper（Cu）铜
Copper Clad Laminate（CCL）覆铜箔层压板
Copper Mirror Test　铜镜测试
Corrosion Test　腐蚀性测试
Cost of Poor Quality　不良质量成本
Count by Pieces　计件
Count by Points　计点
Critical Process Characteristics　关键制程特性
Critical Product Parameter　关键产品特性
Curing　固化
Cycle Time　循环时间

D

Debug　调试
Defects Per Million　（DPM）　百万缺陷率
Defects Per Million Opportunity　（DPMO）　每百万机会缺陷数
Defects Per Unit Control Chart　单位缺点数管制图
Defects Per Unit　单位缺点数
Defect Parts Per Million Control Chart　每百万缺点数管制图
Defect Rate　缺陷率

Degree Celsius　摄氏度
Delamination　分层
Delta T　温度差
Design for Assembly （DFA） 装配性设计
Design for Cost （DFC） 成本设计
Design for Manufacture （DFM） 可制造性设计
Design for Testability（DFT） 可测试性设计
Design of Experiment （DOE） 实验设计
Design Record　设计记录
Design-Responsible Suppliers　设计责任供方
Desoldering　拆焊
Dwell Time　停留时间
Dewetting　去湿
Dip Soldering　浸焊
Discrete Component　分立元件
Dispenser　滴涂器
Dispensing　滴涂
Distribution　分配
Documentation　文件
Double Layer Printed Circuit Board 双层印制电路板
Double Sided Reflow Soldering　双面回流焊
Dross　浮渣
Dry Out Procedure　烘干工序
Dry-Pack　干燥封装
Dry Run　空转
Dual Wave Soldering　双波峰焊
Due care　安全关注
Dummy Component　非功能模块

E

Edge Conveyor　料架尾端/边缘传输带
Electroless Nickel-Immersion Gold （ENIG） 化学镀镍—金
Electromagnetic Compatibility （EMC） 电磁兼容性
Electromagnetic Interference（EMI） 电磁干扰
Electromagnetic Relay （EMR）电磁继电器
Electron Migration （EM） 电子迁移
Electronic Iron　电烙铁
Electronics Manufacturing Services（EMS） 电子制造服务业
Electronic Design Automatization （EDA） 电子设计自动化
Electrostatic Discharge（ESD）静电释放
ESD Safe Workstation　静电安全工作区
Electrostatic Discharge Protected Area （EPA） 防静电工作区
Emergency Stop Switch　紧急停止开关
Engineering Approved Authorization 工程批准的授权
English Unit　英制单位
Epoxy Resin（EP） 环氧树脂
Equipment　设备
Equipment Variation　仪器变异
Erasable Programmable Read Only Memory （EPROM） 可擦写可编程只读存储器
Estimated Process Percent Defectives 估计不良率
Estimated Standard Deviation　估计标准差
Estimated Average　估计平均数
Etched Stencil　蚀刻模板
Etching　蚀刻
Eutectic Solder Alloy　共晶焊料
Executive Responsibility　执行职责

F

Failure Analysis （FA）失效分析
Failure Mode and Effects Analysis （FMEA） 失效模式及后果分析
Feasibility　可行性
Feeder　供料器
Feeder Holder　供料器架
Fiducial Camera　基准点照相机
Fiducial Mark　基准点
Field Effect Transistor （FET） 场效应管
Fillet　焊角
Fine Pitch　细间距

Fine Pitch Ball Grid Array（FPBGA）　细间距球栅阵列封装

Fine Pitch Device　（FPD）细间距器件

Fine Pitch Placer　细间距贴片机

Fine Pitch Quad Flat Package（FPQFP）　细间距四方扁平封装

Fine Pitch Technology（FPT）　细间距技术

Finite Element Analysis　（FEA）　有限元分析

First Pass Yield　首次检查通过率

First in First out　（FIFO）　先进先出

Flex PCB　柔性印制电路板

Flip-Chip（FC）　倒装芯片

Flood Bar　溢流棒

Floor Life　现场使用寿命

Flow Soldering　流动性焊接

Flux　助焊剂

Flux Activation Temperature　助焊剂活化温度

Flux Activity　助焊剂活性

Fluxer　助焊剂涂敷系统

Flying　飞片

Flying Probe Test　飞针测试

Foam Fluxer　发泡式助焊剂涂敷系统

Forced Convection　强迫对流

Forced Convection Furnace　强迫对流炉

Forced Convection Oven　强迫对流炉

Foot Length　引脚长度

Foot Width　引脚宽度

Footprint　焊盘丝印图形

FR2　苯酚基底材料的 PCB 层压板

FR4　环氧玻璃纤维 PCB 层压板

Functional Test　（FT）　功能测试

Functional Verification　功能验证

G

Gauge　仪器设备、治具

General Equipment Module（GEM）　通用设备模块

Glass Fiber　玻璃纤维

Glass Transition Temperature（Tg）　玻璃化转变温度

Global Fiducial Marks　整板基准标记点

Global Positioning System　（GPS）　卫星全球定位系统

Gold（Au）　金

Golden Board　镀金板

GRR Study　仪器设备能力研究

Gull Wing Lead　欧翼形引脚

H

Halide　卤化物

Halide Content　卤化物含量

Hand Soldering　手工焊

Hard Disc Drive　（HDD）　硬盘驱动器

Heating Zone　加热区

High Density Interconnection（HDI）　高密度互连

High Density Packaging（HDP）　高密度封装

High Speed Placement Equipment　高速贴片机

Histogram　直方图

Hot Air Leveling（HAL）　热风整平

Hot Air Reflow Soldering　热风回流焊

Hot Air Solder Leveling（HASL）　热风整平

Hot Plate Reflow Soldering　热板回流焊

Humidity Indicator Card（HIC）　湿度指示卡

Hybrid Integrated Circuit（HIC）　混合集成电路

I

Immersion Silver　浸银

Immersion Tin　浸锡

In Circuit Test　（ICT）　在线测试

Indium（In）　铟

Individual　个别值

Individual-Moving Range Control Chart　个别值—移动全距管制图

Inert Gas　惰性气体

Information about Performance　绩效报告

Infrared（IR）　红外线

Infrared Reflow Soldering（IRS）　红外回流焊

Inherent Process Variation　固有制程变异

Inner Layer　内层

Insufficient Solder　焊料不足

Integrated Circuit （IC） 集成电路

Intelligent Feeder　智能供料器

Intermetallic Layer　金属间化合物层

Ion Cleanliness　离子洁净度

Ionic Contaminant　离子污染物

J

J lead　J 形引脚

Job Instruction　作业指导书

Joint　焊点

K

Known Good Board （KGB） 优质板

Known Good Module （KGM） 合格组件

L

Laboratory　实验室

Laboratory scope　实验室范围

Land　焊盘

Land Pattern　焊盘图形

Large Component Mounter　大元件贴片机

Large Scale Integration （LSI） 大规模集成电路

Large Scale Integrated Circuit （LSIC） 大规模集成电路

Laser Cut Stencil　激光切割的模板

Laser Reflow Soldering　激光回流焊

Last off Part Comparison　末件比较

Layout Inspection　全尺寸检验

Lead（Pb） 铅

Lead　引脚

Lead Bent　引脚弯曲

Lead Coplanarity　引脚共面性

Lead-Free　无铅

Lead-Free Solder　无铅焊料

Lead-Free Soldering　无铅焊

Leadless Ceramic Chip Carrier （LCCC） 陶瓷无引脚芯片载体封装

Leadless Component　无引脚元件

Lead Pitch　引脚间距

Light Emitting Diode （LED） 发光二极管

Liquid Flux　液体助焊剂

Liquidus Temperature　液相温度

Local Fiducial Marks　局部基准点

Location　中心位置

Lower Control Limit （LCL） 管制下限

Long Term Process Capability Study 长期制程能力研究

Lower Specification Limit （LSL） 规格下限

Low Speed Placement Equipment　低速贴片机

M

Main Menu　主菜单

Manual Assembly　手工组装

Mass Soldering　群焊

Matrix Tray　矩阵形托盘

Median　中位数

Median-Range Control Chart 中位数—全距管制图

Mean Time between Failure （MTBF） 平均故障间隔时间

Mean Time to Failure（MTF） 平均故障时间

Measurement System Error　测量系统误差

Melting Point　熔点

Mesh Screen　丝网

Mesh Size　网孔数目/网孔大小

Metal Content　金属含量

Metal Electrode Leadless Face（MELF） 金属电极无引脚端面

Metal Stencil　金属模板

Metric Unit　公制单位

MicroBGA　微间距的 BGA

Microelectronics Packaging Technology （MPT） 微组装技术

Micro Pitch Technology　微间距技术

Mistake proofing　防错

Mixed Lot　混批

Moisture Barrier Bag （MBB） 防潮湿包

Moisture Sensitive Device（MSD） 湿敏器件

Mounter　贴片机

Multichip Module （MCM） 多芯片组件
Multichip Package （MCP） 多芯片封装
Multilayer PCB 多层印制电路板
Multilayer Ceramic Capacity （MLC） 多层片状瓷介电容器
Multilayer Printed Circuit Board 多层印制电路板
Multi-disciplinary Approach 多方论证方法

N

Nickel（Ni） 镍
Nitrogen（N_2） 氮气
No-Clean 免清洗
No-Clean Flux 免清洗助焊剂
No-Clean Solder Paste 免清洗焊膏
No-Clean Soldering 免清洗焊接
Nominal 标称值
Non-wetting 不润湿
Normal Distribution 常态分配
Nozzle 吸嘴
Number of Defectives Control Chart 不良数管制图
Number of Defects Control Chart 缺点数管制图
Number of Defectives 不良数
Number of Defects 缺点数

O

Off-line Programming 离线编程
Operational Performance 运行业绩
Optic Correction System 光学校准系统
Organic Acid Flux（OA）有机酸性助焊剂
Organic Solderability Preservative （OSP） 有机可焊性保护剂/有机耐热预焊剂
Original Equipment Manufacturer （OEM） 设备承包制造商
Out of Control 不在管制状态下
Over Molded Plastic Array Carrier（OMPAC） 模压树脂封装
Over Adjustment 过度调整
Oxidation 氧化

P

Package in Package Stacking （PIP） 封装堆叠封装
Package on Package（POP）封装上堆叠封装
Packaging Density 组装密度
Pad 焊盘
Panel 拼板
Pareto Diagram 柏拉图
Part 部件/元件
Parts Per Million（PPM）百万分之一
Passive Component 无源元件
Paste Application Inspection 施膏检验
Paste In Hole Reflow Soldering 通孔回流焊
Paste Working Life 焊膏工作寿命
Paste Separating 焊膏分层
Paste Shelf Life 焊膏储存寿命
PCB Support 印制电路板支架
Peak Temperature 峰值温度
Percent Defectives 不良率
PH 测量液体酸碱度的计量单位
Pick and Place（P&P） 贴装
Pick and Place Head （P&P Head）贴片头
Pick and Place Process 贴装工艺
Pin Grid Array （PGA） 针栅阵列封装
Pin-in-Hole Reflow （PIHR） 通孔回流焊
Pin In Paste Reflow Soldering 通孔回流焊
Pin Transfer Dispensing 针式转印
Piston Pump 活塞泵
Pitch 间距
Placement 贴片
Placement Accuracy 贴装精度
Placement Equipment 贴片机
Placement Head 贴片头
Placement Inspection 贴装后检验
Placement Pressure 贴装压力
Placement Program 贴片程序
Placement Speed 贴装速度
Placer 贴片机

Plastic Ball Grid Array（PBGA） 塑封球栅阵列封装
Plastic Leaded Chip Carrier（PLCC） 塑封有引脚芯片载体封装
Plastic Surface Mount Component （PSMC） 塑封表面组装元件
Plated Through Hole （PTH） 电镀通孔
Poisson Distribution 卜氏分析
Polyimide （PI） 聚酰亚胺
Poor Wetting 弱润湿
Popcorning 爆米花现象
Post-soldering Inspection 焊后检验
Preform 预成型
Preheat 预热
Predictive Maintenance 预见性维护
Premium Freight 超额运费
Preventive Maintenance 预防性维护
Precise Placement Equipment 精密贴片机
Precision 精密度
Printed Circuit Board（PCB） 印制电路板
Printed Circuit Board Assembly（PCBA/PCA） 印制电路板组件
Printed Wiring Board（PWB） 印制线路板
Printing Process 印刷工艺
Printing Speed 印刷速度
Process Control 制程控制
Profiler 回流焊炉温测试仪
Procedure 工序
Process Audit 过程审核
Process Flow Diagram Flow Chart 过程流程图
Process Capability 制程能力
Process Capability Chart 制程能力图
Process Performance Index 制程绩效指数
Product 产品
Product Realization 产品实现
Product Audit 产品审核
Project Management 项目管理
Population 群体
Percent Defectives Control Chart 不良率管制图
Process Capability Chart 制造流程图

Q

Quad Flat No Lead （QFN） 方形扁平无引脚封装
Quad Flat Package（QFP） 四方扁平封装
Quality Function Deployment （QFD） 质量功能展开
Quality Manual 质量手册

R

Random Access Memory （RAM） 随机存取存储器
Range 全距
Rational Subgrouping 合理的分组
Read Only Memory （ROM） 只读存储器
Repeatability 再现性
Reflow Furnace 回流焊炉
Reflow Oven 回流焊炉
Reflow Period 回流焊阶段
Reflow Process 回流焊工艺
Reflow Soldering 回流焊接
Reflow Temperature 回流焊温度
Reaction plan 反应计划
Remote location 外部场所
Repeatability and Reproducibility Studies 重复性和再现性研究
Reproducibility 再生性
Relative Humidity （RH） 相对湿度
Reliability 可靠性
Repair 返修
Repeatability 可重复性
Resin 树脂
Resolution 分辨率
Rework 返修
Rework Process 返修工艺
Rework Station 返修工作站
Rheology 触变性
RoHS 电气、电子设备中限制使用某些有害物质指令

Rosin　松香
Rosin flux（R）　松香助焊剂
Rosin Activated（RA）　活性松香助焊剂
Rosin Mildly Activated（RMA）　中等活性松香助焊剂
Root Mean Square（RMS）　均方根
Run Chart　制程能力图

S

Sample　样本
Sampling　抽样
Scanning Electron Microscope （SEM）　扫描电子显微镜
Scooping　刮
Screen Mesh　丝网
Screen Printing　丝网印刷
Selective Wave Soldering　选择性波峰焊
Self-Alignment　自对准
Selica Gel　冷凝胶吸湿的晶体
Semiaqueous Cleaning　半水清洗
Separation Speed　分离速度
Shelf Life　储存期限
Short　短路
Shrink Small Outline Package（SSOP）　收缩型小外形封装
Short Term Process Capability Study　短期制程能力研究
Single Layer Printed Circuit Board　单层印制电路板
Silver（Ag）　银
Simple Random Sampling　简单随机抽样
Single Chip Package （SCP）　单芯片封装
Site　现场
Skew　偏移
Skewness　偏态
Slump　塌陷
Slump Test　塌陷测试
Small Scale Integration （SSI）　小规模集成电路
Small Outline（SO）　小外形
Small Outline Diode（SOD）　小外形二极管
Small Outline Integrated Circuit（SOIC）　小外形集成电路
Small Outline J-lead package（SOJ）　小外形 J 形引脚封装
Small Outline Package（SOP）　小外形封装
Small Outline Transistor（SOT）　小外形晶体管
Snap Off Distance　印刷间距
Soak Period　保温阶段
Solder　焊料
Soldering　软钎焊接
Solderability　可焊性
Solder Alloy　焊料合金
Solder Ball　焊料球
Solder Bead　焊锡珠
Solder Bridge　桥连
Solder Joint　焊点
Solder Mask　阻焊膜
Solder Pad　焊盘
Solder Paste　焊膏
Solder Paste Slump　焊膏坍塌
Solder Paste Viscosity　焊膏黏度
Solder Pot　锡锅
Solder Powder　焊料粉末
Solder Preform　焊料预成型
Solder Wire　焊锡丝
Solid Flux　固态助焊剂
Solidus Temperature　固相温度
Solvent　溶剂
Special Cause　特殊原因
Specification Limits　规格界限
Spray Fluxer　喷射式助焊剂涂敷系统
Squeegee　刮刀
Stabilization Period　保温阶段
Static Dissipative Material　静电消散材料
Static Shielding Material　静电屏蔽材料
Static Sensitivity Device（SSD）　静电敏感器件

Statistical Process Control（SPC）
统计制程控制

Statistical Process Control and Diagnosis（SPCD）　统计过程控制与诊断

Stencil　模板

Stencil Printing　模板印刷

Stick　棒状包装

Stick Feeder　棒式供料器

Stage Random Sampling　分段随机抽样

Stability　稳定性

Stratified Lot　分层批

Stratified Random Sampling　分层随机抽样

Standard Deviation　标准差

Stratification　分层分析

Stringing　拉丝

Substrate　基板

Subgroup Median　组中位数

Subcontractor　分承包方

Subcontractor development　分承包方的开发

Subgroup Standard Deviation　组标准差

Subgroup Average　组平均数

Super Large Scale Integration（SLSI）
超大规模集成电路

Supplier 供方

Surface Insulation Resistance（SIR）
表面绝缘电阻

Surface Insulation Resistance Test
表面绝缘电阻测试

Surface Mount Assembly（SMA）
表面组装组件

Surface Mount Board（SMB）
表面组装印制电路板

Surface Mount Component（SMC）
表面组装元件

Surface Mounted Device（SMD）
表面组装器件

Surface Mount Equipment Manufacturers Association（SMEMA）
表面组装设备制造商协会

Surface Mount Relay（SMR）
表面组装继电器

Surface Mount Switch（SMS）表面组装开关

Surface Mount Technology（SMT）
表面组装技术

Surface Tension　表面张力

Swimming　自对准

Synthetic Activated Flux　合成活性助焊剂

Systematic Sampling　系统抽样

System in Package（SIP）系统级封装

System on a Chip（SOC）单片系统

T

Tact Time　贴装周期

Target　中心值

Tape　编带

Tape and Reel　编带包装

Tape Carrier　载带

Tape Cover　盖带

Tape Automated Bonding（TAB）
载带自动键合

Tape Ball Grid Array（TBGA）
载带球栅阵列封装

Tape Feeder　带式供料器

Tape Pitch　载带上元件之间的间距

Tape width　载带宽度

Teach Mode Programming　示教编程

Tender　投标

Tempering　干预

Temperature Profile　温度曲线

Terminal　引线端

Tin（Sn）锡

Thermal Cycle Test（TCT）热循环测试

Thin Quad Flat Package（TQFP）
薄型四方扁平封装

Thin Shrink Quad Flat Package（TSQFP）
薄型收缩四方扁平封装

Thin Shrink Small Outline Package（TSSOP）
薄型收缩小外形封装

Thin Small-Outline Package（TSOP）
薄型小外形封装

Thixotropy 触变性

Through Hole Technology （THT） 通孔插装技术

Through Hole Component （THC） 通孔插装元件

Through Hole Device（THD） 通孔插装器件

Time Above Liquidus 液态时间

Tomb Stoning 立碑

Tooling Hole 工艺孔

Tool/tooling 工具/工装

Total Process Variation 总制程变异

Total Quality Management （TQM） 全球质量管理

Total Variation 总变异

Total Average 总平均数

Touch Less Centering 非接触对中

Touch-Up 补焊

Tray 托盘

Tray Elevator 托盘升降机

Tray Feeder 托盘供料器

Tray Handler 托盘操纵器

Trend Chart 推移图

Tube 管状包装

Tube Feeder 管状供料器

Turret Head 转塔头

U

Ultra Fine Pitch （UFP） 超细间距

Ultra Large Scale Integration （ULSI） 甚大规模集成电路

Under Control 管制状态下

Under Filling 底部填充

Uniform Distribution 均匀分配

Ultraviolet（UV） 紫外光

Upper Control Limit（UCL） 管制上限

Upper Specification Limit（USL） 规格上限

V

Vapor Phase Soldering（VPS） 气相焊

Variable Data 计量值

Variation 变异

Variation between Groups 组间变异

Variation within Group 组内变异

Very Large Scale Integration（VLSI） 超大规模集成电路

Via Hole 过孔

Vibrating Feeder 振动式供料器

Viscosity 黏性

Vision Centering 视觉对中

Visual Inspection （VI） 目检

Void 孔洞

Volatile Organic Compound（VOC） 挥发性有机化合物

W

Wafer Level Processing（WLP） 晶圆级封装

Waffle 华夫盘

Waffle Tray 华夫盘

Water Soluble Flux 水溶性助焊剂

Wave Soldering 波峰焊

Wedge Bonding 楔形键合

Wetting 润湿

Wetting Balance 润湿平衡仪

WEEE 电子设备废物处理法案

Wicking 芯吸

Wire Bonding（WB） 引线键合

Wrist Strap 手腕带

X

X-axis *X* 轴

X-Ray X 射线

Y

Yield Control Chart 良率管制图

Y-axis *Y* 轴

Z

Z-axis *Z* 轴

附录B IPC标准简介

IPC（美国电子电路和电子互连行业协会）成立于1957年，当时称为印制电路学会。1977年，IPC的名称修改为电子电路互连和封装学会（Institute for Interconnecting and Packaging Electronic Circuits），以进一步反映与电子互连行业相应的种类繁多的产品。1998年，IPC名称再次做了更改，即美国电子电路和电子互连行业协会（Association Connecting Electronics Industries），来表明IPC成立后40多年来赢得的国际知名度和凸显IPC服务于电子互连行业的各个技术领域。

IPC是国际性的行业协会，由300多家电子设备与印制电路制造商，以及原材料与生产设备供应商等组成。IPC每个月会通过互联网发布一些有关标准的测定、修改或进展的信息。IPC采用会员制，想要加入IPC的公司或个人只要交纳一定的会费，就可以以较低的价格购买标准，及时得到标准的修订信息等。IPC会员公司的行业领域是印制电路行业、电子组装行业以及设计行业。目前，IPC拥有约2300多家会员公司，他们代表着当今电子互连行业所有的领域。IPC的会员公司分布在全球近50个国家和地区，这些会员公司既有员工人数仅25名的公司，又有全球知名的公司。人们几乎每天都在使用他们的产品。

IPC的关键标准有IPC—A—610C/D《电子组件的可接受性》、IPC—7351《焊盘设计》、IPC—9850《表面贴装设备性能检测》、IPC—7721《印制板和电子组装件的修复与修正》、IPC—7711《电子组装件的返工》、IPC—TM—650《试验方法手册》、IPC—50《术语和定义》等。IPC的标准涉及PCB的设计、元件贴装、焊接、可焊性、质量评估、组装工艺、可靠性、数量控制、返工及测试方法等。

下面列出了与SMT相关的部分IPC电子组装标准。

与 SMT 相关的部分 IPC 标准目录

	标准代号	标准名称
基础	IPC—T—50F	Terms and Definition for Interconnecting and Packaging Electronic Circuits 电子电路互连与封装的定义和术语
	IPC—S—100	Standards and Specifications Manual 标准和详细说明汇编手册
	IPC—E—500	Electronic Document Collection 已出版的 IPC 标准电子文档资料合订本
	IPC—TM—650	Test Methods Manual 试验方法手册
SMT 生产物料	IPC—M—109	Component Handling Manual 元件处理手册
	IPC/JEDEC J—STD—033A	Handling, Packaging, Shipping and Use of Moisture/Reflow Sensitive Surface Mount Devices 对湿度、回流焊敏感表贴元器件的处置、包装、运输和使用
	IPC—DFM—18F	Component Identification Desk Reference Manual 零件分类标志手册
	IPC—SM—780	Component Packaging and Interconnecting with Emphasis on Surface Mounting 以表面贴装为主的元件封装及互连导则
	IPC/EIA J—STD—012	Implementation of Flip Chip and Chip Scale Technology 倒装芯片及芯片级封装技术的应用
	IPC—SM—784	Guidelines for Chip-on-Board Technology Implementation 芯片直装技术实施导则
	IPC/EIA J—STD—026	Semiconductor Design Standard for Flip Chip Applications 倒装芯片用半导体设计标准
	IPC/EIA J—STD—027	Mechanical Outline Standard for Flip Chip and Chip Size Configurations FC（倒装片）和 CSP（芯片级封装）的外形轮廓标准
	IPC/EIA J—STD—028	Performance Standard for Construction of Flip Chip and Chip Scale Bumps 倒装芯片及芯片级凸块结构的性能标准
	J—STD—013	Implementation of Ball Grid Array and Other High Density Technology 球栅阵列 （BGA）及其他高密度封装技术的应用
	IPC—7095	Design and Assembly Process Implementation for BGAs 球栅阵列的设计与组装过程的实施
	IPC/EIA J—STD—032	Performance Standard for Ball Grid Array Balls BGA 球形凸点的标准规范
	IPC—PD—335	Electronic Packaging Handbook 电子封装手册
	IPC—M—106	Technology Reference for Design Manual 设计技术手册
	IPC—4101A	Specifications for Base Materials for Rigid and Multilayer Printed Boards 刚性及多层印制板用基材规范

续表

	标准代号	标准名称
SMT 生产物料	IPC—QE—605A	Printed Board Quality Evaluation Handbook 印制板质量评价
	IPC—2220	Design Standard Series 设计标准系列手册
	IPC—2221A	Generic Standard on Printed Board Design 印制板设计通用标准
	IPC—2222/3	Sectional Standard on Rigid Organic/Flexible Printed Boards 刚/柔性印制板设计分标准
	IPC—2224	Sectional Standard of Design of PWB for PC Card PC 卡用印制电路板设计分标准
	IPC—7351	Generic Requirements for Surface Mount Design and Land Pattern Standard 表面贴装设计和焊盘图形标准通用要求
	IPC—PE—740	Troubleshooting for Printed Board Manufacture and Assembly 印制板制造和组装的故障排除
	IPC—6010 Series	IPC—6010 Qualification and Performance Series 印制电路板质量标准和性能规范系列手册
	IPC—6011	Generic Performance Specification for Printed Boards 印制板通用性能规范
	IPC—6016	Qualification & Performance Specification for High Density Interconnect （HDI） Layers or Boards 高密度互连（HDI）层或印制板的鉴定与性能规范
	IPC—6012A—AM	Qualification and Performance Specification for Rigid Printed Boards Includes Amendment 1 刚性印制板的鉴定与性能规范（包括修改单 1）
	IPC—HM—860	Specification for Multilayer Hybrid Circuits 多层混合电路规范
	IPC—D—322	Guidelines for Selecting Printed Wiring Board Sizes Using Standard Panel Sizes 使用标准印制板尺寸的印制板尺寸选择指南
	IPC—ML—960	Qualification and Performance Specification for Mass Lamination Panels for Multilayer Printed Boards 多层印制板的内层的鉴定与性能规范
	IPC—SM—817	General Requirements for Dielectric Surface Mounting Adhesives 表面组装用介电粘结剂通用要求
	IPC—CA—821	General Requirements for Thermally Conductive Adhesives 导电胶粘结剂通用要求
	IPC—3406	Guidelines for Electrically Conductive Surface Mount Adhesives 表面组装导电胶使用要求
	IPC—SM—840C	Qualification and Performance of Permanent Solder Mask-Includes Amendment 永久性阻焊剂的鉴定及性能（包括修改单 1）
	IPC/EIA J—STD—004	Requirements for Soldering Fluxes-Includes Amendment 1 助焊剂要求（包括修改单 1）

续表

	标准代号	标准名称
SMT生产物料	IPC/EIA J—STD—005	Requirements for Soldering Pastes-Includes Amendment 1 焊膏技术要求（包括修改单 1）
	IPC/EIA J—STD—006	Requirements for Electronic Grade Solder Alloys and Fluxes and Non-Fluxed Solid Solders 电子设备用电子级焊料合金、带助焊剂及不带助焊剂整体焊料技术要求
	IPC—HDBK—840	Guide to Solder Paste Assessment 焊膏性能评价手册
	IPC/EIA J—STD—001C	Requirements for Soldered Electrical & Electronic Assemblies 电气与电子组装件锡焊要求
来料检验	IPC—MI—660	Incoming Inspection of Raw Materials Manual 原材料接收检验手册
	IPC—A—600F	Acceptability of Printed Boards 印制板验收条件
	IPC—9252	Guidelines and Requirements for Electrical Testing of Unpopulated Printed Boards 未组装印制板电测试要求和指南
	IPC—QL—653A	Certification of Facilities that Inspect/Test Printed Boards, Components & Materials 印制板、元器件及材料检验试验设备的认证
可焊性试验	IPC/EIA J—STD—002B	Solderability Tests for Component Leads Terminals and Wires 元件引脚、焊端、焊片、接线柱以及导线可焊性试验
	IPC/EIA J—STD—003	Solderability Tests for Printed Boards 印制板可焊性试验
	IPC—TR—462	Solderability Evaluation of Printed Boards with Protective Coatings Over Long-term Storage 带保护性涂层印制板长期储存的可焊性评价
	IPC—TR—464	Accelerated Aging for Solderability Evaluations 可焊性加速老化评价
	IPC—TR—465—1/2/3	Round Robin Test on Steam Ager Temperature Control Stability 蒸汽老化器温度控制稳定性联合试验
	SMC—WP—001	Soldering Capability White Paper Report 可焊性工艺导论
SMT生产工艺	IPC—CM—770D	Component Mounting Guidelines for Printed Boards 印制板元件组装导则
	IPC—9261	In-Process DPMO and Estimated Yield for PWAs 印制板组装过程中每百万件缺陷数及合格率估计
	IPC/WHMA—A—620	Requirements and Acceptance for Cable and Wire Harness Assemblies 电缆和引线贴装的要求和验收
	IPC—9850—K	Surface Mount Placement Equipment Characterization-KIT 表面贴装设备性能检测方法的描述
	IPC—9850—TM—KW	Test Materials Kit for Surface Mount Placement Equipment Standardization 表面贴装设备性能测试用的标准工具包

续表

	标准代号	标准名称
SMT生产工艺	IPC—7530	Guidelines for Temperature Profiling for Mass Soldering （Reflow & Wave） Processes 群焊（回流焊和波峰焊）过程温度曲线指南
	IPC—9701	Performance Test Methods and Qualification Requirements for Surface Mount Solder Attachments 表面组装焊接件性能试验方法与鉴定要求
	IPC—TP—1090	The Layman's Guide to Qualifying New Fluxes 新型助焊剂雷氏选择法
	IPC—TR—460A	Trouble-Shooting Checklist for Wave Soldering Printed Wiring Boards 印制板波峰焊故障排除检查表
	IPC—TA—772	Technology Assessment of Soldering 锡焊技术精选手册
	IPC—9502	PWB Assembly Soldering Process Guideline for Electronic Component 电子元件的印制板组装焊接过程导则
SMT辅助工艺	IPC—7711	Rework of Electronic Assemblies 电子组装件的返工
	IPC—7721	Repair and Modification of Printed Boards and Electronic Assemblies 印制板和电子组装件的修复和修正
	IPC—M—108	Cleaning Guides and Handbook Manual 清洗导则与手册
	SMC—WP—005	PCB Surface Finishes 印制电路板表面清洗
	IPC—SM—839	Pre and Post Solder Mask Application Cleaning Guidelines 焊接前后阻焊膜的清洗指南
	IPC—CH—65A	Guidelines for Cleaning of Printed Boards & Assemblies 印制板及组装件清洗导则
	IPC—SA—61	Post Solder Semi-aqueous Cleaning Handbook 锡焊后半水溶剂清洗手册
	IPC—AC—62A	Aqueous Post Solder Cleaning Handbook 锡焊后水溶液清洗手册
电子组装	IPC—A—610C/D/E	Acceptability of Electronic Assemblies 印制板组装件验收条件
	IPC—HDBK—610	Handbook and Guide to IPC—A—610 IPC—610 手册和指南
	IPC—EA—100—K	Electronic Assembly Reference Set 电子组装成套手册
	IPC—DRM—53	Introduction to Electronics Assembly Desk Reference Manual 电子组装基础介绍手册
	IPC—M—103	Standards for Surface Mount Assemblies Manuals 所有 SMT 标准合订本

续表

	标 准 代 号	标 准 名 称
电子组装	IPC—M—104	Standards for Printed Board Assembly Manual 10 种常用印制板组装标准合订本
	IPC—TA—723	Technology Assessment Handbook on Surface Mounting 表面组装技术精选手册
	IPC—S—816	SMT-Process Guideline & Checklist 表面组装技术过程导则及检核表
管理	IPC—9191	General Guidelines for Implementation of Statistical Process Control（SPC） 实施统计过程控制的通用导则
	IPC—9199	Statistical Process Control （SPC） Quality Rating 统计分析控制
	IPC—ESD—20—20	Association Standard for the Development of an ESD Control Program 静电释放控制过程（由静电释放协会制定）

参考文献

[1] 王宇鹏. SMT 生产实训[M]. 北京：清华大学出版社，2012.
[2] 朱桂兵. 电子制造设备原理与维护[M]. 北京：国防工业出版社，2011.
[3] 龙绪明. 电子 SMT 制造技术与技能[M]. 北京：电子工业出版社，2012.
[4] 叶莎. 电子产品生产工艺与管理项目教程[M]. 北京：电子工业出版社，2013.
[5] 杜中一. SMT 表面组装技术[M]. 北京：电子工业出版社，2012.
[6] 林长华. 电子微连接技术与材料[M]. 北京：机械工业出版社，2008.
[7] 顾霭云. 表面组装技术（SMT）基础与可制造性设计（DFM）[M]. 北京：电子工业出版社，2008.
[8] 王天曦，王豫明. 贴片工艺与设备[M]. 北京：电子工业出版社，2008.
[9] 顾霭云，罗道军，王瑞庭. 表面组装技术（SMT）通用工艺与无铅工艺实施[M]. 北京：电子工业出版社，2008.
[10] 张文典. 实用表面组装技术[M]. 北京：电子工业出版社，2006.
[11] 樊融融. 现代电子装联无铅焊接技术[M]. 北京：电子工业出版社，2008.
[12] 宣大荣. 无铅焊接微焊接技术分析与工艺设计[M]. 北京：电子工业出版社，2008.
[13] 贾忠中. SMT 工艺质量控制[M]. 北京：电子工业出版社，2007.
[14] 吴兆华，周德俭. 表面组装技术基础[M]. 北京：国防工业出版社，2002.
[15] 周德俭，吴兆华，李春泉. SMT 组装系统[M]. 北京：国防工业出版社，2007.
[16] 何丽梅. SMT——表面组装技术[M]. 北京：机械工业出版社，2006.
[17] 吴懿平. 电子组装技术[M]. 武汉：华中科技大学出版社，2006.
[18] 曹白杨. 电子组装工艺与设备[M]. 北京：电子工业出版社，2007.
[19] 余国兴. 现代电子装联工艺基础[M]. 西安：西安电子科技大学出版社，2007.
[20] 王卫平. 电子产品制造技术[M]. 北京：清华大学出版社，2005.
[21] 王得贵. 电子组装技术的重大变革[J]. 电子电路与封装，2005.
[22] 史建卫等. 再流焊技术的新发展[J]. 电子工业专用设备，2005.6.
[23] 王天曦，李鸿儒. 电子技术工艺基础[M]. 北京：清华大学出版社，2000.
[24] 龙绪明. BGA/CSP 焊接和光学检查[J]. 电子工业专用设备，2003.4.
[25] 宁晓山. 无铅焊接技术[M]. 北京：科学出版社，2004.
[26] 韩元俊，曹秀玲. ISO—9000 系列标准统计技术[M]. 北京：科学出版社，2000.
[27] 李江蛟. 现代质量管理[M]. 北京：中国计量出版社，2002.
[28] 杨清学. 电子装配工艺[M]. 北京：电子工业出版社，2006.
[29] 韩光兴. 电子元器件与使用电路基础[M]. 北京：电子工业出版社，2005.
[30] 郎为民. 表面组装技术（SMT）及其应用[M]. 北京：电子工业出版社，2007.
[31] 任博成，刘艳新. SMT 连接技术手册[M]. 北京：电子工业出版社，2008.
[32] 张宝铭，杜文荻. 静电防护技术手册[M]. 北京：电子工业出版社，2002.
[33] 宣大荣. 袖珍表面组装技术（SMT）工程师使用手册 [M]. 北京：机械工业出版社，2007.

[34] 黄永定. SMT 技术基础与设备[M]. 北京：电子工业出版社，2007.

[35] 周德俭，吴兆华.表面组装工艺技术[M]. 北京：国防工业出版社，2002.

[36] 周德俭等. SMT 组装质量检测与控制[M]. 北京：国防工业出版社，2007.

[37] 刘大喜．影响焊膏印刷的因素[J]．电子工艺技术，2000.

[38] 刘丹．SMT 无铅焊锡膏性能的改进及其组分对性能的影响[D]．哈尔滨：哈尔滨工业大学，2006.

[39] 赵楠．印刷故障分析与诊断方法的研究[D]．西安：西安理工大学，2007.

[40] 王磊. 焊膏印刷性能测试仪器的研制[D]. 武汉：华中科技大学，2004.